미니탭을 이용한
# 실용통계학

윤상운 · 이태섭 지음

자유아카데미

하늘에서도 계속 지켜봐 주시는

故 윤연갑 님 및 故 이상용 님과

지금도 사랑과 기도로 격려해 주시는

김진선 님 및 한경희 님께

깊이 감사드립니다.

# 머 리 말

정보의 홍수 속에 살고 있는 우리는 어떤 형태로든 통계학과 함께 생활하고 있다고 할 수 있습니다. 우리 주변의 예로 일기예보, 주가, 스포츠, 여론조사 등 매일매일 우리에게 전달되는 수많은 정보 등을 들 수 있습니다. 이처럼 우리가 접하게 되는 자료나 정보의 양이 너무 방대하여 옳고 그름은 물론이고 이를 모두 소화시키기도 불가능할 정도입니다. 따라서 현대 사회에 현명하게 대처하려는 사람들은 부정확한 정보로부터 사신을 보호하거나 또는 올바른 의사결정을 내리기 위하여 통계학의 기본 개념을 이해하는 것이 필수적이라 하겠습니다.

이 책은 기본적인 통계이론과 방법론을 소개하는 통계학개론을 다루었습니다. 통계학의 활용범위가 점점 늘어남에 따라 통계학을 통하여 도움을 얻는 사람들도 많겠지만, 오히려 통계학으로 인하여 어려움에 처하는 사람들도 많습니다. 또한 오랜 기간 발전되어온 통계학을 짧은 기간에 한 두 권의 책을 통하여 전부 이해할 수는 없을 것입니다. 그렇지만 이러한 문제를 극복하고자 이 책에서는 가급적 통계학 내용을 쉽게 해석하고 설명하고자 노력하였습니다.

통계학을 전공으로 하지 않는 분들도 통계패키지를 이용하는 경우가 많아졌습니다. 이 책에서는 통계패키지 중 가장 간편하고 쉽다고 알려진 미니탭을 이용하였습니다. 이 책의 부록에 미니탭 사용법을 별도로 소개하였고, 각 장마다 해당되는 미니탭 내용을 설명하였습니다. 혹 미니탭이 아니라 다른 통계패키지를 사용하는 독자들이라도 통계패키지의 내용과 결과물이 서로 유사하기 때문에 이 책의 내용을 이해하는 데에는 아무런 어려움이 없을 것입니다.

이 책은 통계학에 대하여 아무런 경험이 없는 독자들을 대상으로 두 학기 정도의 과정을 염두에 두었습니다. 그러나 만일 이 책을 한 학기용 교과서로 사용하려 한다면, '*' 또는 '**' 표시한 절을 제외한다면 적절하리라고 생각합니다. 또한 독자들의 이해를 돕고자 본문의 중간 중간에 중요한 내용을 박스 속에 넣어 강조하였으며, 각 장마다 마지막 절을 요약 절로 하여 해당 장의 내용을 얼마나 이해하였는지 독자 스스로 체크할 수 있도록 하였습니다.

끝으로 이 책이 출판되기까지 많은 도움을 준 자유아카데미 관계자 여러분께 감사드리며, 좋은 책이 될 수 있도록 세심한 부분까지 정성을 다한 이상혁 군과 유미나 양에게도 고마운 마음을 전합니다. 부디 이 책이 통계학을 공부하고 실무에 적용하려는 독자들에게 큰 도움이 되기를 소망합니다.

2013년 12월

윤상운 · 이태섭

# 차　례

# 1

# 서 론

제1절 통계학의 과거와 현재

제2절 왜 통계학을 공부하는가?

제3절 통계로 거짓말을 ···

제4절 통계패키지의 이용

# 제 1 장 서 론

**통계학**(statistics)이란 원래 'statista'라는 이탈리아어에서 유래된 말로 '정치가'를 의미하는데, 아첸벌(Gottfried Achenwall, 1719~1772)에 의하여 처음 사용되었다. 짐머맨(Zimmerman)이 'statistics'라는 단어를 영국에 소개한 이후 통계학의 사용이 보편화되기 시작한 것은 1790년대로 싱크레어(Sir John Sinclair)가 저술한 'Statistical Account of Scotland'라는 책이 출판된 이후이다.

통계학의 뜻을 알기 위하여 임의의 한 사전을 찾아 본 결과 다음과 같이 정의되어 있었다.

**통계학이란?**

계량적인 자료를 수집, 분석, 설명, 제시하는 것과 관련한 수학의 한 분야

위의 정의를 조금 풀어보면 통계학은 자료가 어떻게 얻어져야 하고, 어떻게 분석되어야 하며, 또한 그 자료를 통한 정보가 유용하게 사용될 수 있기 위해서는 어떻게 구성되어야 할 것인가에 적용되는 학문임을 의미한다. 따라서 이러한 정의로부터는 마치 통계학이 하나의 자료뭉치로 밖에 생각되지 않을 수도 있다. 그러나 현대 통계학의 주된 기여는 비교적 불충분한 자료로부터 유용한 정보를 도출하는데 있다. 여기서 불충분한 자료란 암과 같이 드문 병에 대한 심각성이나, 핵폐기물의 폐기방법이 환경에 미치는 영향에 대한 얻기 어려운 자료, 또는 서로 멀리 떨어져 있는 별들 사이의 힘의 작용에 대한 매우 드문 자료 등을 의미한다.

## 제1절 통계학의 과거와 현재

공식적인 통계는 인류의 역사만큼이나 오래되었다. 구약성경에도 센서스를 한 여러 가지 사례들이 나온다. 예를 들면 바빌로니아, 이집트, 로마 등에서 인구와 자원에 대한 상세한 기록들을 수집했다.

선진국에서는 이미 오래전부터 그 나라의 인구와 재산 등을 추정하기 위하여 센서스를 도입한 바 있다. 이와 관련하여 잘 알려진 예로는 1806년에 완성된 'Domesday Book'에 보고된 센서스를 들 수 있다. 이 센서스에는 영국의 거의 모든 것이 망라되어 있는데, 부동산 소유자들의 명단과 그들이 소유하고 있는 토지 등을 포함한 경제자원 전반을 다루고 있다. 한편 미국에서는 1790년에 처음으로 인구조사를 실시한 바 있는데 여기서는 인구규모만을 다루었다. 그러나 최근의 센서스에서는 인구와 경제에 대한 재산측면에서의 정보를 포함하는 등 그 범위가 매우 넓어졌다.

이러한 센서스 자료들을 어떻게 효과적으로 표현하고, 요약할 것인가 등의 문제가 최근까지 통계학 발전의 근간을 이루었다. 이 센서스 자료들은 표나 그림 등으로 표현되었는데, 이와 같이 표나 그림 등의 형태로 자료를 표현하는 방법을 **서술통계**(descriptive statistics)라고 한다. 그러나 이러한 서술통계는 어떤 통계적 방법을 적용하여 의사결정을 내리게 되는 분석과정을 생략한 채, 다만 자료를 요약하고 표현하는 내용만을 포함한다. 예를 들어 지난 1989년에 우리나라의 자동차 대수가 50만대였고 또한 1999년에 300만대였다면, 10년 동안에 자동차 대수가 6배 증가하였다는 등의 내용을 의미한다. 그러나 이 자료를 이용하여 만일 2009년의 자동차 수를 예측하고자 한다면, 이는 서술통계의 범주를 벗어나게 된다.

서술통계가 통계학을 구성하고 있는 하나의 중요한 분야이고, 또한 점점 더 폭넓게 이용되고 있는 것은 사실이다. 그러나 통계적 정보는 일반적으로 많은 대상 중에서 일부분인 표본을 관찰하여 수집되므로, 이러한 표본자료는 원래의 대상인 모집단을 일반화할 수 있도록 수집되고 또한 분석되어야 한다는 것도 중요하다. 따라서 최근 통계학 발전의 중요한 현상은 자료를 단순히 표현하는 방법인 서술통계로부터 자료를 통하여 모집단에 대한 어떤 특성을 일반화하는 방법, 즉 **통계적 의사결정**(statistical decision making)으로 그 관심이 옮겨지고 있다.

이러한 통계적 의사결정의 예를 들어 보면 다음과 같다.

**통계적 의사결정의 예**

- ▶ TV나 자동차 등 공산품의 수명 예측
- ▶ 2030년의 휴대폰 수요 예측
- ▶ 체중 감량을 위한 두 가지 식이요법의 효과 비교
- ▶ 특정 광고에 대한 반응 분석
- ▶ 승용차 10부제에 따른 통행량 감소분의 추정
- ▶ 수능시험의 성적분포 예측
- ▶ 쌀, 파, 마늘 등 농산물의 수확량 예측
- ▶ 각종 선거결과의 예측
- ▶ 어떤 제품에 대한 소비자의 만족도 분석

이상에서 거론된 각 경우에 있어 불확실성은 항상 존재한다. 왜냐하면 의사결정을 위한 정보가 부분적이거나 불완전하거나 또는 간접적이기 때문이며, 또한 의사결정을 위하여 적용되는 통계기법의 불완전성 때문이다. 그러나 이와 같은 문제는 가능성 또는 확률에 근거를 둔 통계적 방법으로 처리된다.

이러한 통계적 방법은 17세기경부터 사용되기 시작했으나, '동전의 앞면이냐 뒷면이냐' 또는 '홀수냐 짝수냐' 등에 대한 이론이 '아들이냐 딸이냐', '사느냐 죽느냐' 또는 '성공이냐 실패냐' 등의 실제 문제에 응용된 것은 불과 19세기 초의 일

이다. 이와 같이 확률적 이론은 행동과학, 자연과학 및 사회과학 등의 많은 분야에 응용되어 왔으며 근래에는 더욱 확장되어 과학, 사업 또는 일상생활 등 거의 모든 상황을 분석하기 위한 도구를 제공해 주고 있다. 이제 통계는 통계학자의 전유물이 아니라 생활의 지혜와 상식으로 자리를 잡아 가고 있다. 특히 컴퓨터의 발전은 바야흐로 우리를 통계의 홍수 속으로 몰아가고 있다.

## 제2절 왜 통계학을 공부하는가?

우리가 원하든 그렇지 않든 우리 생활의 상당 부분이 통계학의 어떠한 형태에 노출되어 있다. 예를 들어 우리에게 전달되는 사건들에는 고속도로의 통행량, 여론조사의 결과, 주식가격의 변동, 실업률, 국민총생산(GNP), 스포츠나 일기예보 등에 관한 것을 포함한다. 여기서 스포츠나 일기예보에서의 평균, 백분율(%) 및 확률 등에 관한 개념은 이미 우리에게 친숙해져 있다. 또한 우리 생활에 직접적으로 영향을 주는 여러 가지 활동 및 사업은 물론이고 일반적인 과학에서도 계량적인 접근이 확연하게 증가하였다. 그 예로 공기오염도에 대한 평가, 식이요법, 재고관리 및 교육방법에 대한 평가 등을 들 수 있다. 이와 같이 일반 사회에 뿌려지는 정보의 양은 너무도 방대하여 이를 모두 소화시키기가 불가능할 정도이다. 또한 어떤 통계자료가 올바른 것이고, 어떤 자료가 그릇된 것인지를 파악하기도 어려운 실정이다. 따라서 이를 해결하기 위해서는 자료수집과 분석과정, 그리고 기초계획단계에서 통계학을 연구하는 많은 사람들의 참여가 더욱 더 요구된다고 하겠다.

사실상 통계과정과 관련하여 잘못될 수 있는 경우를 생각해 본다면, 이는 너무도 끔직한 일이다. 예를 들어 만약 어떠한 질문이 애매하게 설정되었거나 또는 측정도구가 잘못되었거나 아니면 포함되어야 할 중요한 관련요소들이 고려되지 않았다면, 힘들게 연구한 결과가 아무런 소용이 없을 수도 있으며, 더 나아가 위험한 결과를 초래할 수도 있다. 이와 같이 정치, 경제, 사회 및 과학 등의 각 분야에서 홍수처럼 쏟아지고 있는 정보를 잘못 사용하게 되면 우리는 상당한 혼란과 불행에 처하게 될 것이다. 그러므로 현대 사회에 현명하게 대처하려는 사람들은 부정확한 정보로부터 자신을 보호하거나 또는 올바른 의사결정을 내리기 위하여 통계학의 기본 개념을 이해하는 것이 필수적이다.

## 제3절 통계로 거짓말을 ···

통계학에 대하여 부정적인 평가를 내리고 있는 다음의 몇 가지 코멘트를 인용해 보기로 한다.

**통계학에 대한 부정적인 코멘트**

"세상에는 세 가지 거짓말이 있는데, 그것은 선의의 거짓말과 악의의 거짓말 그리고 통계학이다."

- 벤자민 디스래리(Benjamin Disraeli) -

"사실자료만 먼저 획득하면, 그 사실을 마음껏 요리하여 표현할 수 있다."

- 마크 트웨인(Mark Twain) -

"옛날에는 통계학이 없었으므로 원시 문학에서 자이언트나 기적 또는 경이적인 표현에서의 대단한 과장이 거짓말일 수 밖에 없었지만, 지금은 통계학으로 거짓말을 대신한다."

- 스테판 리콕(Stephen Leacock) -

"그는 마치 주정꾼이 전봇대에 의지하듯 통계학을 사용한다."

- 앤드류 랭(Andrew Lang) -

이상에서 언급한 통계학에 대한 부정적인 의견은 아마도 통계적 결론을 비판 없이 받아들였다가 낭패를 경험한 바 있는 사람들에게서 비롯되었을 것이다. 왜냐하면 통계학자, 광고업자, 정치인, 공무원 및 의사 등이 통계기법을 적절하지 않게 사용하여 사람들을 혼동 시켰거나 때로는 의도적으로 사람들을 그릇된 방향으로 유도한 적도 있기 때문이다.

이제 통계적 표현이나 분석과정이 잘못 적용된 몇 가지 예를 지적하고자 한다. 통계적 정보의 소비자로서 우리는 잘못 인도되는 통계적 결론을 항상 경계해야 할 것이다.

### (1) 설문지의 허실

통계적 문제해결의 첫 단계는 자료를 수집하는 것이다. 그러나 자료의 수집을 위한 **설문지**(questionnaire)에서 질문내용이 잘못 표현되거나 또는 어떠한 의도가 내포되어 있어 그릇된 결론에 도달할 수도 있다. 이와 관련한 하나의 예로 미국 국회에서 유권자들에게 보낸 설문지를 살펴보자. 차기년도 국방예산과 관련하여 뉴욕대표 프레드릭 리치몬드(Fredrick Richmond)는 유권자들에게 다음과 같은 질문을 하였다.

> “국방예산의 낭비요소를 제거하는 것이 좋으냐?”

물론 응답자의 95%가 좋다고 대답하였다. 한편 또 다른 뉴욕대표로 국방지상주의자로 불리는 샘 스트래튼(Sam Stratton)도 국방예산 설정과 관련한 다음의 질문을 유권자에게 하였다.

"정부예산 중 국방비가 차지하는 비율이 진주만 공격이래 금년이 가장 작다. 만약 국방비를 더 이상 줄인다면 미국은 국방력에서 넘버원을 유지할 수 없을 것이다. 다음 두 가지 중에서 어느 것을 택하겠는가?"

① 미국의 국방력은 반드시 넘버원을 유지해야 한다. → 찬성 63%
② 미국의 국방력이 소련에 이어 둘째가 되어도 좋다. → 찬성 27%

자료를 수집하거나 분석하는 사람들은 그들이 원하는 방향으로 결론을 유도하기 위하여 '속이는 요인'을 사용하기가 쉽다. 그러나 쉽게 탄로 나는 거짓말과는 달리 이러한 속이는 요인들은 논리적인 속임수와 궤변으로 매우 질기게 구성되는 특징이 있다. 광고에 이용되는 이러한 사항을 예로 들어 본다. 어느 중견배우가 TV에서 다음의 광고를 했다고 가정하자.

"의사 10명 중 8명이 보약 A에 들어 있는 성분이 좋다고 하였습니다."

그러면 우리가 약국으로 달려가 보약 A를 사야 할 것인가? 어쩌면 의사들이 대부분의 보약에 포함되어 있는 어떤 성분을 언급한 것일지도 모른다. 그렇다면 그들의 언급이 보약 A가 다른 보약에 비하여 더 좋다는 것을 의미하는 것은 아닐 수도 있다.

또 다른 광고의 예를 보자. 캘리포니아 건포도 광고협회는 몇 해 전에 어떤 여성잡지에 다음과 같은 광고를 실었다.

> "당신의 남편이 49개의 건포도를 먹으면 11분 동안 당신과 춤을 출 수 있는 에너지를 얻게 됩니다."

그러면 만일 어느 남편이 건포도를 계속 먹는다면 어떻게 될 것인가? 계속적으로 춤을 출 수 있을까? 그보다는 아마도 큰 고통을 당하는 상황이 발생할 것이다.

이상의 예에서와 같이 속임수 요인이 의도적으로 적용될 수도 있지만, 때로는 분석자의 무지 또는 부주의로 인하여 무의식중에 포함되기도 한다. 예를 들어 1936년 리터러리 다이제스트(Literary Digest)에서는 랜든(Landon)과 루즈벨트(Roosevelt)의 대통령선거에 대한 여론조사를 실시하였다. 여기서 1,000만 명을 대상으로 우편조사를 실시하여 200만 명이 응답한 결과로는 랜든의 승리가 확실한 것으로 나타났다. 그러나 선거결과는 루즈벨트의 승리였다. 다이제스트사는 설문대상자 명단을 전화번호부에서 추출하여 작성하는 실수를 범하였다. 그 당시만 해도 전화를 소유한다는 것은 거의 중산층 이상에만 해당되는 일이었으므로, 여론조사에서 결국 저소득층이 제외되는 결과를 초래하였다. 따라서 보수성이 강한 랜든의 공화당에 대한 지지도가 실제보다 높게 나타날 수 밖에 없었다.

### (2) 평균의 허실

대학교에는 졸업 후 25년이 되는 해의 개교기념일에 동창생들이 함께 모이는 재상봉행사가 있다. 어떤 대학 S학과의 재상봉행사에 40명의 졸업생 중 10명이 참석하였다. 그런데 참석한 사람들에 대한 월수입을 조사해 보니 다음과 같았다.

110, 160, 250, 260, 320, 370, 480, 570, 630, 10000 (만원)

여기서 10명의 **평균**(mean)은 1,315만원이다. 그러면 이 대학의 S학과를 졸업하면 25년이 지난 후에 이 정도의 월수입이 보장된다는 말인가? 이것이 사실이라면 이 대학에 입학시키기 위하여 이른 바 고액과외를 시키지 않을 사람이 누가 있겠는가?

그러나 여기에는 두 가지 허점이 존재한다. 첫 번째는 재상봉행사에 참석한 10명 중 1명이 유수한 사업가의 자녀로서 월수입이 1억원이나 된다는 사실이다. 만약 이 사람을 제외한다면 평균 월수입은 350만원으로 대폭 줄어들게 된다. 두 번째는 졸업 후 25년이 지난 재상봉행사에는 어느 정도 성공한 동창들만이 참석하며, 실패하거나 경제적으로 어려운 동창들은 대체로 참석하지 않는다는 사실이다. 따라서 1,315만원이라는 평균 월수입은 동창생 중에서 성공한 사람들에 대한 결과이지, 결코 전체 동창생들의 평균으로 간주될 수는 없다. 이와 같이 평균에 대한 의도적인 각색 또는 무지에 의하여 전달되는 그릇된 정보는 여러 경우에서 발견된다.

### (3) 표와 그림의 허실

자료를 **표**(table) 또는 **그림**(graph) 등을 통하여 나타내는 것은 자료에 숨겨져 있는 여러 가지 특성을 파악하는데 매우 효과적인 방법이다. 그러나 표나 그림이 제대로 작성되었을 경우에는 유용하지만, 잘못 이용되면 이 역시 사람의 눈을 속이는 경우가 발생한다. 이와 관련한 예를 들어 보기로 한다.

#### ▶ 그래프의 시각적 효과

어떤 대그룹의 계열회사 사장 두 명이 지난 2년 동안의 자기 회사의 실적을 회장에게 보고하기 위하여 <그림 1-1>의 (a)와 (b)처럼 보고 자료를 각각 준비했다고 가정하자.

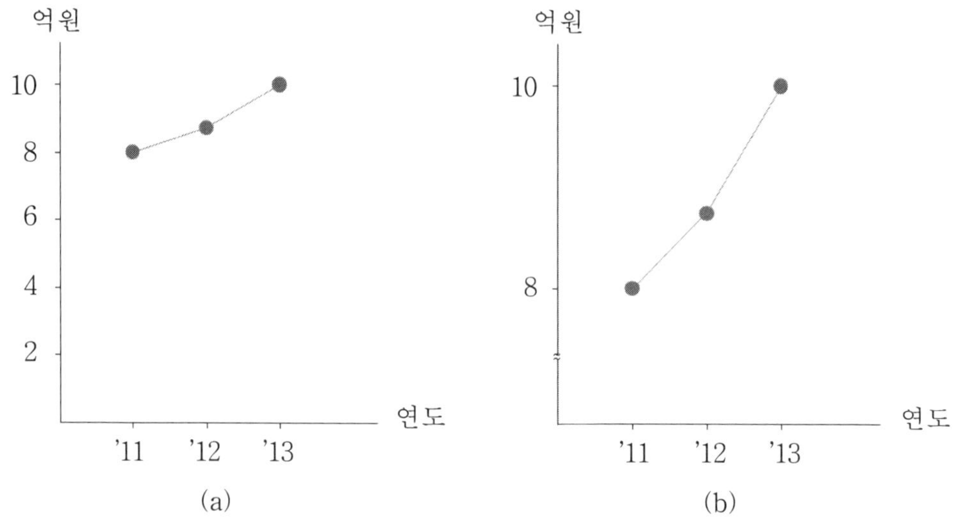


〈그림 1-1〉 어느 회사의 연도별 순이익 비교

여기서 <그림 1-1>의 (a)와 (b)는 똑같은 내용을 의미하지만, 수직축의 척도에 차이가 있다. 즉 (a)에서는 수직축이 0부터 시작되었으나, (b)에서는 0부터 시작하지 않고 중간을 생략하고 8억 원부터 시작한 관계로 1억 원에 대한 간격이 (a)의 경우보다 3배나 넓다. 이러한 수직축의 절단과 단위는 무심코 넘어갈 수도 있으나, 실제로는 중요한 시각적인 차이를 초래한다.

### ▶ 의도하지 않은 오류

1970년대 중반 중동전쟁으로 인하여 오일쇼크가 일어나 원유값이 매우 상승하였다. 그러자 유명한 시사저널 타임(TIME, 1979.4.9, p.57)에 이와 관련한 기사가 <그림 1-2>와 함께 실린 적이 있다. 이 그림은 1979년의 원유값이 배럴당 $13.34로 1973년의 $2.41에 비하여 약 6배로 증가하였다는 사실을 원통의 크기를 달리하여 나타내고 있다. 그러나 원통의 지름과 높이가 각각 6배가 될 때, 원통의 부피는 $6^3$배, 즉 216배가 된다. 따라서 6배의 가격상승을 표현한다는 것이 216배라는 과장된 시각적 오류를 초래하였다.

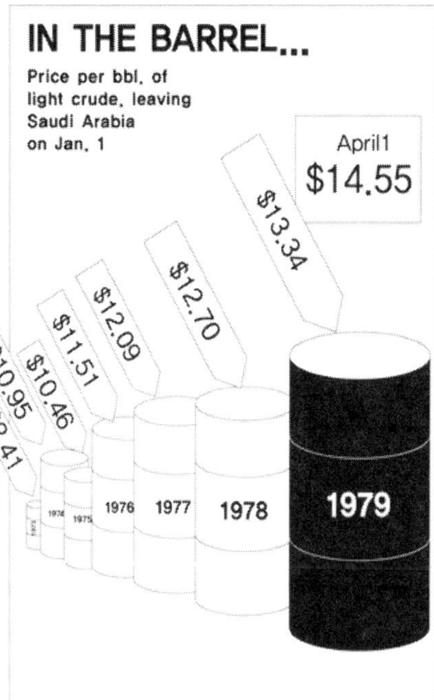


〈그림 1-2〉 연도별 기름값의 상승

### (4) 통계방법 사용상의 허실

**통계방법**(statistical method)의 사용에서 크게 세 가지를 생각할 수 있다. 첫 번째는 분석목적에 적합한 통계방법의 선택이다. 의사가 환자의 병을 잘 진단하여 적절한 치료방법을 선택하지 못한다면, 아무리 좋은 약을 복용하더라도 효과가 없을 것이다. 두 번째는 분석과정이다. 올바른 통계방법을 선택하고도 분석과정에서 오류를 범하는 경우도 많다. 끝으로 통계방법의 적용에 따른 가정사항을 들 수 있다. 분석하려는 자료에 특정 통계방법을 적용하는 경우, 자료가 그 통계방법에서 요구되는 가정사항을 만족하는지를 반드시 확인해야 한다. 아무리 좋은 통계방법을 적용하여 분석하더라도 그 자료가 가정사항을 충족시키지 못한다면, 마치 남자에게 멋진 여자 옷을 입혀 놓은 것과 다름없다. 통계방법을 적용한 연구논문 중에서 가정사항이 만족되지 않는 경우가 의외로 많다. 복잡한 통계방법을 적용하는 경우뿐만 아니라 앞에서 언급한 바와 같이 가장 간단한 통계적인 작업이라 할 수 있는 그래프 또는 평균 등의 적용에서도 잘못 사용된 예를 찾기가 결코 어려운 일이 아니다.

## 제4절 통계패키지의 이용

여러 학문분야에서 그렇듯이 컴퓨터의 발전은 통계학에도 많은 영향을 주었다. 그 결과 통계학자들이 연구대상으로 하는 영역 그 자체도 눈부시게 확장될 수 있었으며, 이제는 가장 기초적인 수준의 통계학 강의에서도 컴퓨터 **통계패키지**(statistical package)에 대한 이용이 일반화되고 있다. 현재 이용되고 있는 통계패키지로는 **SPSS**(statistical package for social sciences), **SAS**(statistical analysis system), **MINITAB** 그리고 **BMDP**(biomedical computer programs) 등을 들 수 있다.

SPSS는 원래 사회과학에 사용되는 통계패키지로 발전되었고, SAS는 통계전문가를 위한 통계패키지로, 그리고 BMDP는 의학분야에서 주로 사용해 온 통계패키지이다. 그러나 각 통계패키지에서 다루는 통계방법들은 처음 통계패키지를 만들었을 때에는 그 내용에 다소 차이가 있었으나, 그 후 보완과정을 거침에 따라 지금은 실제적으로 거의 차이가 없게 되었다.

한편 미니탭은 컴퓨터에 대한 지식이 많지 않은 초보자도 쉽게 이용할 수 있도록 비교적 최근에 개발된 통계패키지이다. 미국 펜실바니아 주립대학교에서 1972년에 처음 개발된 후, 1982년에 PC 버전이 개발됨으로써 여러 학문분야에서 널리 이용되고 있다. 미니탭의 특징은 한 마디로 '매우 쉽고 간편하다'고 할 수 있으며, 특히 작업이 컴퓨터와 사용자가 직접 대화하는 방식, 즉 대화형 모드(interactive mode)로 진행되는 장점을 갖는다. 현재는 메뉴방식을 적용한 윈도우즈용 미니탭이 보급되어 사용이 더욱 편리해졌다.

이 책에서는 사용이 편리한 윈도우즈용 미니탭을 중심으로 여러 통계기법들을 설명한다. 이를 위하여 미니탭에 대한 개요를 부록에서 다루고 있으며, 각각의 통계기법과 관련한 세부적인 사항은 해당 장에서 설명하고 있다. 그러나 독자가 미니탭이 아닌 다른 통계패키지를 이용하더라도, 그 결과의 중요 부분은 매우 유사하므로 이 책의 내용을 이해하는 데에는 아무런 지장이 없을 것이다.

# 2

# 자료의 정리 및 표현

# 제2장 자료의 정리 및 표현

여기서는 주어진 자료를 어떻게 정리하고 요약하여 효과적으로 나타낼 것인가 하는 문제를 다루는데, 이를 통계학에서 서술통계 또는 기술통계라고 한다. 먼저 다음의 자료를 예로 들어 보자.

**〈표 2-1〉 통계학 시험성적자료**

| | | | | | | | | | |
|---|---|---|---|---|---|---|---|---|---|
| 69 | 81 | 69 | 85 | 64 | 55 | 78 | 91 | 63 | 56 |
| 83 | 58 | 87 | 73 | 82 | 90 | 86 | 51 | 85 | |

위의 자료는 대학생 19명의 통계학 시험성적자료인데, 이 자료를 보고 평균이 얼마나 되는지 또는 평균을 중심으로 학생들의 성적이 어떻게 분포되어 있는지를 직접 파악하기는 쉽지 않을 것이다. 따라서 주어진 자료를 효과적으로 압축하고 표현할 수 있는 방법이 요구되는데, 바로 이러한 작업이 서술통계인 것이다. 즉 **서술통계**(descriptive statistics)는 주어진 자료에 담긴 정보를 효과적으로 요약하고 표현하는 과정이다.

다음의 <그림 2-1>은 서술통계에 의한 자료의 압축과정을 보여 주고 있는데, 이는 주어진 자료를 표와 그래프 등의 여러 가지 표현기법을 통하여 나타내거나 또는 평균과 분산 등의 **통계량**(statistic)을 도출함으로써 자료를 효과적으로 서술하는 것이다.

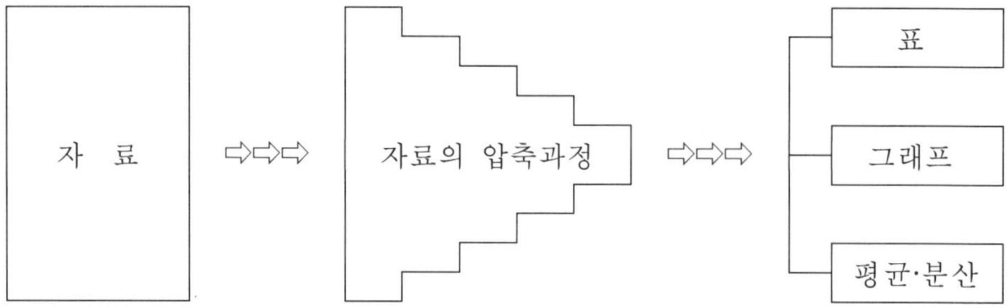


**〈그림 2-1〉 서술통계에 의한 자료의 압축과정**

이 장에서는 서술통계를 이용한 자료의 표현방법과 자료의 정보를 그대로 유지하면서 요약할 수 있는 과정에 대하여 설명한다.

## 제1절 자료의 표현

여기서는 주어진 자료에 대한 **표**(table)와 **그래프**(graph)를 작성하는 방법을 다룬다. 물론 자료를 표 또는 그래프로 표현하는 방법에는 여러 가지가 있겠으나, 이 절에서는 일반적으로 많이 사용되고 있는 도수분포표와 막대그래프 및 줄기와 잎 그림을 중심으로 설명한다. 그리고 이 밖에 미니탭에서 제공되는 각종 표와 그래프에 대해서는 제4절 미니탭의 이용에서 다룬다.

### (1) 도수분포표

**도수분포표**(frequency table)는 계급, 도수 및 상대도수로 구성된다. 한 예로 앞의 <표 2-1>에서 제시된 자료에 대하여 도수분포표를 작성하면 다음의 <표 2-2>와 같다.

〈표 2-2〉 통계학 시험성적자료의 도수분포표

| 계급 | 도수(명) $f$ | 상대도수(%) $f/n$ |
|---|---|---|
| 90 이상 | 2 | 10.53 |
| 80~89 | 7 | 36.84 |
| 70~79 | 2 | 10.53 |
| 60~69 | 4 | 21.05 |
| 59 이하 | 4 | 21.05 |
| 계 | 19 | 100.00 |

여기서 **계급**(class)이란 자료가 취하는 전체 범위를 몇 개의 소집단으로 나눈 것을 의미한다. 또한 **도수**(frequency)는 각 계급에 속하는 자료의 수를 의미하며, **상대도수**(relative frequency)는 도수를 전체 자료의 수, 즉 전체 도수로 나눈 비율을 의미한다.

위의 도수분포표에서는 계급의 수가 다섯 개로 되어 있는데, 이는 분석의 목적에 따라 달라질 수 있다. 예를 들어 만일 학점이 A, B, C, D 및 F의 다섯 단계로 되어 있으면 계급의 수도 다섯 개로 설정하며, 학점이 세분되어 $A^+$, A, $B^+$, B, $C^+$, C, $D^+$, D 그리고 F의 아홉 단계로 구성되어 있다면 계급의 수도 아홉 개로 해야 할 것이다. 그러나 이와는 달리 분석의 목적에 따라 계급의 수가 정해지지 않는다면, 작성자가 임의로 그 수를 정해야 한다. 이러한 경우 일반적으로 **스터지스의 공식**(Sturges' rule), 벨만(Velleman)의 공식 또는 딕슨-크론말(Dixon-Kronmal)의 공식 등을 이용하게 되는데, 한 예로 스터지스의 공식에 따라 계급의 수 $k$를 정하는 기준은 다음과 같다.

**스터지스의 공식**

$k = 1 + 3.3 \log_{10} n$,  여기서 $n$은 자료의 수

예를 들어 <표 2-1>의 자료에 스터지스 공식을 적용하여 계급의 수를 구하면 다음과 같다.

$$k = 1 + 3.3 \log_{10} 19 = 5.22$$

따라서 계급의 수는 다섯 개로 결정된다.

### (2) 막대그래프

자료를 그림으로 나타내기 위한 방법 중 대표적인 것이 **막대그래프**(histogram)인데, 이는 주로 계급간의 크기를 시각적인 차원에서 비교할 때 많이 이용된다. 다음의 <그림 2-2>는 <표 2-2>의 도수분포표를 막대그래프로 나타낸 것이다.

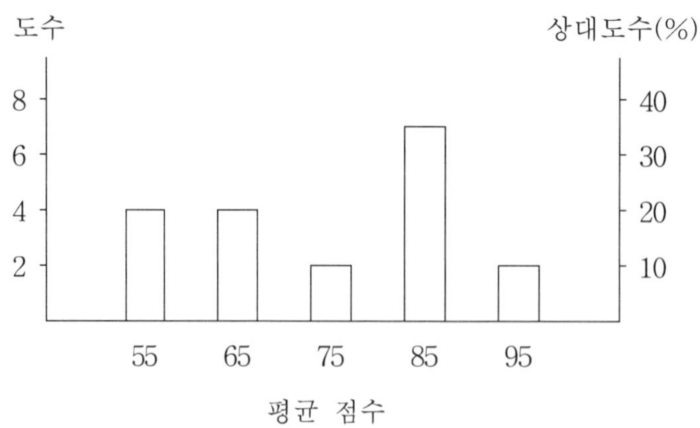


〈그림 2-2〉 통계학 시험성적자료의 막대그래프

막대그래프는 도수분포표를 좀 더 시각적으로 표현한 것으로 막대의 높이에 의하여 각 계급의 크기를 나타내고 있다. 여기서 평균점수로서 55, 65, …, 95 등이 등장하였는데, 이는 각 계급의 중간값을 나타내고 있다. 예를 들어 그림에서 65점이란 60점부터 69점 사이에 포함되는 계급의 중간값이다. 한편 계급의 수 등을 결정하는 문제는 도수분포표의 경우와 동일하다.

### (3) 줄기와 잎 그림

앞의 <표 2-1>에 제시된 통계학 시험성적자료를 다른 방법으로 정리해 보자. 자료의 십의 자리 수를 첫 번째 열에 쓰고, 일의 자리 수를 그 다음 열에 나열한다. 예를 들어 <표 2-1>에서 50점대의 점수 55, 56, 58, 51은 <그림 2-3>의 첫 번째 행과 같이 나타난다.

| | |
|---|---|
| 5 | 5 6 8 1 |
| 6 | 9 9 4 3 |
| 7 | 8 3 |
| 8 | 1 5 3 7 2 6 5 |
| 9 | 1 0 |

**〈그림 2-3〉 줄기와 잎 그림의 예**

이 방법은 자료를 다시 열거하면서 일종의 막대그래프 형태를 구성하게 되는데, 이를 **줄기와 잎**(stem and leaf) **그림**이라 한다. 줄기와 잎 그림에서의 관건은 막대그래프와 마찬가지로 구간을 어떻게 정할 지가 된다. 한편 앞에서 설명한 막대그래프는 바로 이 줄기와 잎 그림을 90 회전한 형태와 같다.

### (4) 꺾은선그래프

**꺾은선그래프**(graph of broken line)는 <그림 2-4>에서와 같이 각 자료의 점을 연결하여 나타낸 그래프인데 주로 $X$축의 값에 따라 $Y$축의 값이 어떻게 변화하는가, 즉 그 변화추이에 관심이 있는 경우에 사용한다.

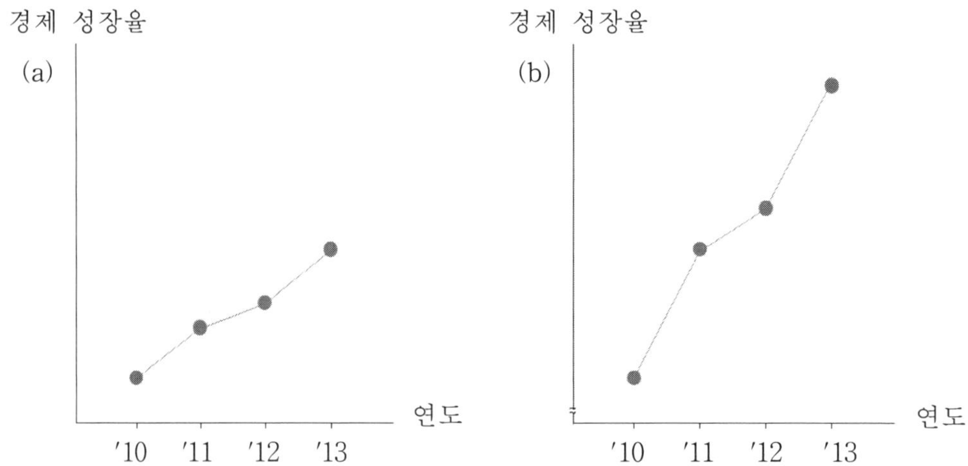


〈그림 2-4〉 연도별 경제성장률에 대한 꺾은선그래프

이 때, 꺾은선그래프는 위의 그림 (a)와 (b)에서 보는 바와 같이 $X$축과 $Y$축의 척도를 어떻게 설정하느냐에 따라 그 느낌이 매우 다를 수 있다.

### (5) 원그래프

일명 **파이차트**(pie chart)라고도 하는 **원그래프**는 전체에 대한 비율의 크기를 비교하는데 이용된다. 예를 들어 대통령선거에서 세 후보 A, B, C에 대한 지지율이 각각 40%, 35% 그리고 25%라 할 때, 이에 대한 원그래프는 <그림 2-5>와 같이

12시 선에서 시작하여 비중이 큰 항목부터 시계방향으로 작성된다.

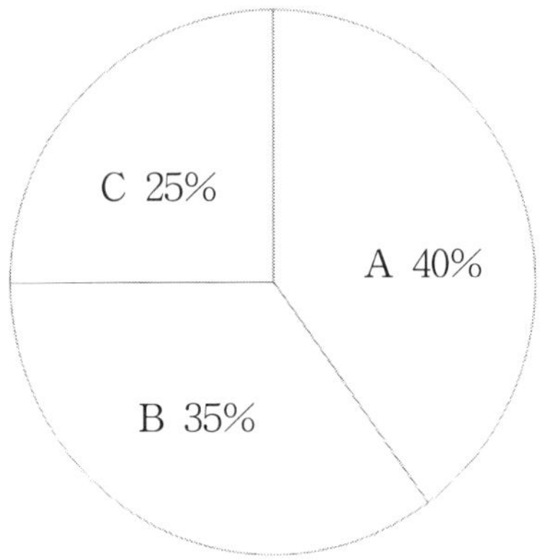


〈그림 2-5〉 원그래프의 예

### (6) 띠그래프

**띠그래프**(band chart)는 원그래프와 유사한 용도로 이용되는데, 위의 예를 적용하여 띠그래프를 작성하면 다음의 <그림 2-6>과 같다.

| A | B | C |
|---|---|---|
| 40% | 35% | 25% |

〈그림 2-6〉 띠그래프의 예

앞의 원그래프는 12시 선에서 시작하여 시계방향으로 작성된 반면, 띠그래프는 왼쪽에서 출발하여 비중이 큰 항목부터 차례로 작성된다.

## 제2절 자료의 중심

어지럽게 헝클어져 있는 자료를 요약하는데 가장 기본적인 방법은 그 자료의 중심과 퍼짐정도를 살펴보는 것이다. 예를 들어 앞의 <표 2-1>에 제시된 19개의 자료를 어떻게 이해해야 할 것인가? 아마 다음과 같은 형태로 자료를 요약할 수 있을 것이다.

> "평균이 74이고, 범위는 (51, 91)이다."
>
> 또는 "평균이 74이고, 표준편차는 13.02이다."

이와 같이 자료의 요약이란 일반적으로 자료가 어떤 값을 기준으로 분포한다고 할 때, 그 중심과 퍼짐정도를 파악하는 것을 의미한다. 먼저 평균으로 대표되는 자료의 중심과 관련한 사항을 이 절에서 살펴보고, 다음 절에서는 분산 등을 비롯한 자료의 퍼짐정도와 관련하여 몇 가지 통계량을 알아보기로 한다.

일반적으로 자료의 **중심**(center)은 자료의 **대표값**(average)을 의미하는데, 이러한 대표값의 개념으로는 평균, 중앙값 그리고 최빈값 등을 들 수 있다.

### (1) 평균

자료의 대표값으로 평균, 중앙값 그리고 최빈값 중에서 가장 많이 이용되는 것이 평균이다. **평균**(mean)은 다음과 같이 자료의 총합을 전체 자료의 수 $n$으로 나눈 값을 의미한다. 예를 들어 $n$개의 자료를 $X_1, X_2, \cdots, X_n$ 으로 표기할 때, 그 평균 $\overline{X}$는 다음과 같다.

$$\overline{X} = \frac{X_1 + \cdots + X_n}{n} = \frac{1}{n}\sum_{i=1}^{n} X_i$$

〔예제 2-1〕 앞의 <표 2-1> 자료에 대한 평균을 구하시오.

☞ $\overline{X} = \dfrac{(69 + 81 + \cdots + 85)}{19} = \dfrac{1406}{19} = 74$ ■

자료의 대표값으로 평균을 계산하는 경우에는 모든 자료가 전부 계산과정에 포함된다. 대표값의 계산에 모든 자료가 영향을 미친다는 것은 바람직하겠으나, 경우에 따라서는 일부 자료를 제외하는 것이 더 좋을 수도 있다. 예를 들어 자료에 예외적으로 매우 큰 값이나 또는 작은 값, 즉 **이상값**(outlier)이 포함되어 있다면 이로 말미암아 평균값이 왜곡될 수도 있다. 이러한 경우에 대비하여 중앙값 또는 최빈값 등이 평균을 대신하여 자료의 대표값으로 고려되기도 한다.

### (2) 중앙값

**중앙값**(median) $M_e$ 은 전체 자료를 크기순으로 나열한 경우 자료의 중앙에 위치한 값을 의미한다. 만일 전체 자료의 수가 짝수라면 중앙에 두 개의 값이 위치하게 되므로, 이 때는 두 값의 평균을 중앙값으로 정의한다. 따라서 중앙값을 나타내는 공식은 자료의 수가 홀수인지 또는 짝수인지에 따라 다음과 같이 구분된다.

$$M_e = \begin{cases} X_{\left(\frac{n+1}{2}\right)}, & n: \text{홀수} \\ \dfrac{X_{\left(\frac{n}{2}\right)} + X_{\left(\frac{n}{2}+1\right)}}{2}, & n: \text{짝수} \end{cases}$$

여기서 $X_{(k)}$는 자료를 크기순으로 나열했을 때, $k$번째에 위치하는 자료값을 의미한다.

〔예제 2-2〕 앞의 <표 2-1>의 자료에서 중앙값을 구하시오.

☞ 이 때는 전체자료의 수가 19개이므로, 크기순으로 나열했을 때 다음과 같이 10번째 자료값 $X_{(10)}$이 중앙값이 된다.

51 55 56 58 63 64 69 69 73 78 81 82 83 85 85 86 87 90 91

↑

$X_{(10)}$

즉 $M_e = X_{(10)} = 78$ 이다. ■

### (3) 최빈값

**최빈값**(mode) $M_o$는 전체 자료 중에서 가장 빈번하게 출현하는 값, 즉 가장 큰 도수를 갖는 자료값을 의미한다. 다음의 <그림 2-7>은 두 가지 경우로 구분하여 최빈값의 예를 보여 주는데, 그림 (b)에서와 같이 최빈값이 하나가 아니라 두 개일 때의 분포를 특별히 **이봉분포**(bimodal distribution)라고 한다.

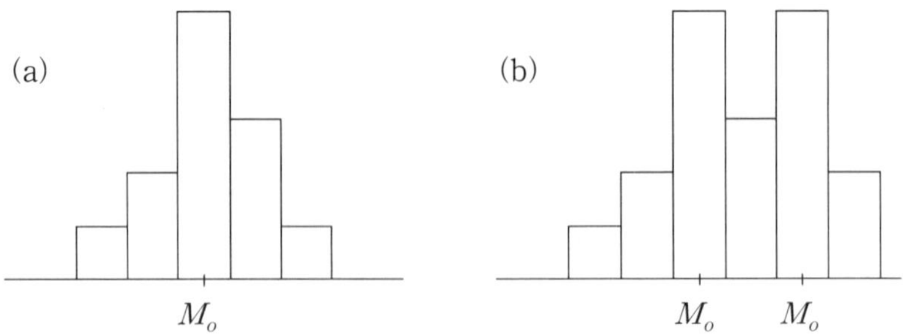


〈그림 2-7〉 최빈값과 이봉분포

앞에서 다룬 <표 2-1>의 자료의 경우에는 69점과 85점이 각각 도수가 2로써 최빈값이 됨을 알 수 있다.

한편 일반적인 비대칭분포에서의 평균 ($\overline{X}$), 중앙값 ($M_e$) 및 최빈값 ($M_0$)의 상대적 위치를 나타내면 <그림 2-8>과 같다.

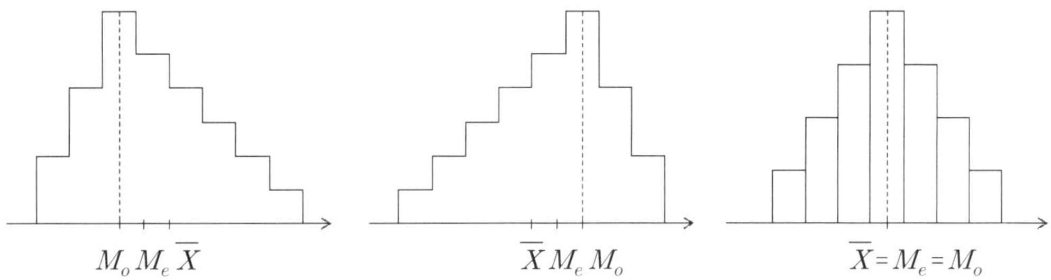


**〈그림 2-8〉 평균, 중앙값 및 최빈값의 상대적 위치**

위의 그림에서 분포의 형태가 좌측으로 기울어졌을 때는 최빈값, 중앙값, 평균의 순서가 되고, 우측으로 기울어졌을 때는 그 반대이다. 또한 좌우대칭일 때는 세 대표값이 일치한다.

## 제3절 자료의 퍼짐정도

자료를 요약하려는 경우에 자료의 중심과 더불어 꼭 고려해야 할 사항이 바로 **퍼짐정도**(dispersion)이다. 자료의 퍼짐정도는 자료가 그 중심에 어느 정도 집중되어 있는지, 아니면 중심으로부터 어느 정도나 퍼져 있는지를 의미한다. 따라서 자료의 중심과 퍼짐정도를 알 수 있다면, 그 자료가 어떠한 형태인가를 거의 정확하게 짐작할 수 있다.

다음 <그림 2-9>의 (a)와 같이 자료의 중심이 같더라도 퍼짐정도가 다른 경우가 있고, 또한 (b)와 같이 자료의 퍼짐정도는 같으나 중심이 다른 경우도 있다. 이러한 이유에서 자료를 구분하기 위해서는 자료의 중심과 더불어 퍼짐정도가 반드시 요구된다고 하겠다.

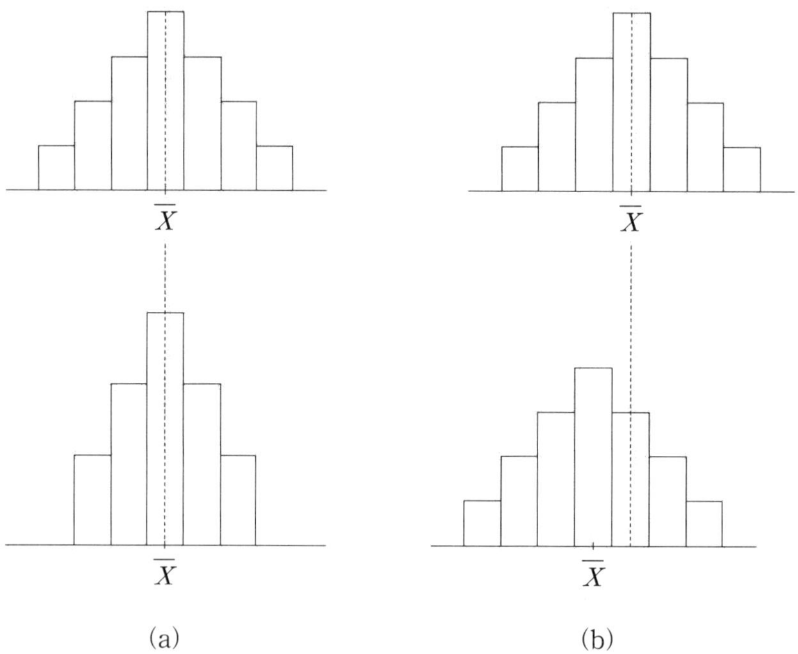


**〈그림 2-9〉 자료의 중심과 퍼짐정도**

자료의 퍼짐정도는 중심과 더불어 자료에 대한 중요한 정보를 제공해 주는데, 그 이유는 중심이 같더라도 퍼짐정도가 다른 두 자료에 대한 이해는 달라져야 하기 때문이다. 그러면 자료의 퍼짐정도를 나타내는 범위, 분산 등의 척도에 대하여 알아본다.

### (1) 범위

자료의 퍼짐정도에 대한 가장 단순한 값인 **범위**(range)는 자료의 최대값과 최소값과의 차이를 의미하는데, 다음과 같이 $R$로 표기한다.

$$R = \text{최대값} - \text{최소값}$$

일반적으로 자료가 넓게 퍼져 있으면 범위도 커지므로, 범위는 자료의 퍼짐정도를 나타내기 위한 매우 단순한 척도가 된다. 그러나 평균과 마찬가지로 자료에 이상값이 존재하는 경우에 결정적인 영향을 받게 되는 단점이 있다.

### (2) 사분위범위

자료의 퍼짐정도를 표현하는 또 다른 척도인 **사분위범위**(inter-quartile range; IQR)를 언급하기에 앞서 사분위수에 대하여 설명한다. **사분위수**(quartile)란 자료를 오름 크기순으로 배열하고 이를 4등분했을 경우에 각각의 4등분되는 위치의 값을 의미한다. 작은 사분위수부터 차례로 제1사분위수(first quartile, Q1), 제2사분위수(second quartile, Q2) 그리고 제3사분위수(third quartile, Q3)로 구분하는데, 제2사분위수는 50백분위수가 되므로 중앙값과 일치한다. 이 때, 제1사분위수와 제3사분위수의 차이가 사분위범위이다.

$$IQR = Q_3 - Q_1$$

사분위범위는 이상값에 취약한 범위의 단점을 보완한 척도라 할 수 있다. 또한 사분위수를 이용하여 자료의 중심과 퍼짐정도를 나타내는 그림을 **상자그림**(box plot)이라 한다.

### (3) 분산

자료의 퍼짐정도를 나타내는 척도로 가장 많이 이용되는 것이 **분산**(variance)인데, 그 공식은 다음과 같다.

$$s^2 = \frac{1}{n-1}\sum_{i=1}^{n}(X_i - \overline{X})^2$$

### (4) 표준편차

분산은 자료들의 제곱형태로 구해지므로 그 단위가 원래 자료단위의 제곱이다. 예를 들어 자료의 단위가 g 이면 분산의 단위는 $g^2$ 이 된다. 따라서 자료와 같은 단위를 갖는 퍼짐정도를 구하기 위하여 분산에 제곱근을 취한 것이 **표준편차** standard deviation)이다.

$$s = \sqrt{s^2} = \sqrt{\frac{1}{n-1}\sum_{i=1}^{n}(X_i - \overline{X})^2}$$

〔예제 2-3〕 앞의 <표 2-1>의 자료에 대하여 범위, 사분위범위, 분산 및 표준편차를 구하시오.

☞ 먼저 자료를 크기순으로 나열하고 사분위수를 구하면 다음과 같다.

| 51 | 55 | 56 | 58 | 63 | 64 | 69 | 69 | 73 | 78 | 81 | 82 | 83 | 85 | 85 | 86 | 87 | 90 | 91 |
|---|---|---|---|---|---|---|---|---|---|---|---|---|---|---|---|---|---|---|
| | | | | Q1 | | | | | Q2 | | | | | Q3 | | | | |

a) 범위 : $R$ = 91-51 = 40

b) 사분위범위 : $IQR = Q_3 - Q_1$ = 85-63 = 22

c) 분산 및 표준편차 : 필요한 계산을 한 결과는 다음과 같다.

| $X$ | $X-\overline{X}$ | $(X-\overline{X})^2$ |
|---|---|---|
| 69 | -5 | 25 |
| 81 | 7 | 49 |
| 69 | -5 | 25 |
| 85 | 11 | 121 |
| 64 | -10 | 100 |
| 55 | -19 | 361 |
| 78 | 4 | 16 |
| 91 | 17 | 289 |
| 63 | -11 | 121 |
| 56 | -18 | 324 |
| 83 | 9 | 81 |
| 58 | -16 | 256 |
| 87 | 13 | 169 |
| 73 | -1 | 1 |
| 82 | 8 | 64 |
| 90 | 16 | 256 |
| 86 | 12 | 144 |
| 51 | -23 | 529 |
| 85 | 11 | 121 |
| 1,406 | 0 | 3,052 |
| $\overline{X}$ = 74 | | |

$$s^2 = \frac{3{,}052}{19-1} = 169.56\ , \qquad s = 13.02$$

■

# 제4절 미니탭의 이용

여기서는 앞에서 다룬 서술통계의 내용을 미니탭을 이용하여 처리하는 절차에 대하여 알아보고자 한다. 먼저 <표 2-1>에 주어진 자료를 미니탭에 입력하는 과정은 다음과 같다. 미니탭 작업지에 변수 C1(시험성적)을 설정하여 <표 2-1>의 통계학 시험성적자료를 다음과 같이 입력한다.

워크시트 1 ***

| ↓ | C1 | C2 | C3 | C4 | C5 |
|---|---|---|---|---|---|
| | 시험성적 | | | | |
| 1 | 69 | | | | |
| 2 | 81 | | | | |
| 3 | 69 | | | | |
| 4 | 85 | | | | |
| 5 | 64 | | | | |
| 6 | 55 | | | | |
| 7 | 78 | | | | |
| 8 | 91 | | | | |
| 9 | 63 | | | | |
| 10 | 56 | | | | |
| 11 | 83 | | | | |
| 12 | 58 | | | | |
| 13 | 87 | | | | |
| 14 | 73 | | | | |
| 15 | 82 | | | | |
| 16 | 90 | | | | |
| 17 | 86 | | | | |
| 18 | 51 | | | | |
| 19 | 85 | | | | |
| 20 | | | | | |

메뉴를 이용하여 표나 그래프 또는 요약 통계량을 구하기 위해서는 '**통계분석(S) > 기초 통계(B) > 기술 통계량 표시(D)...**' 순서로 메뉴를 선택하여 나타나는 대화상자를 이용한다. 다음의 <그림 2-10>은 '**기술 통계량 표시(D)...**' 메뉴를 선택한 경우의 대화상자이다.

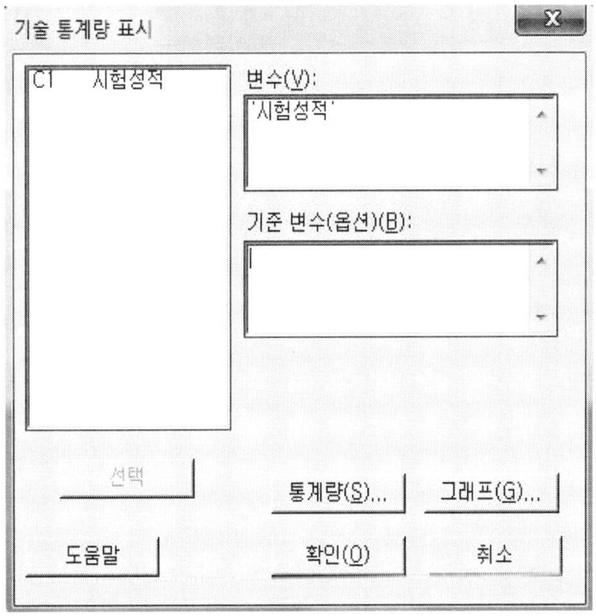


〈그림 2-10〉 **요약 통계량 대화상자**

이 대화상자 중 왼쪽 상단에 있는 상자는 현재 워크시트에 입력되어 있는 변수들이 모두 나열되어 있으며, 이를 **변수목록상자**라고 부른다. 이 가운데 분석을 원하는 변수를 선택한 후, 선택 버튼을 누르면 오른쪽에 있는 **변수(V)** 상자로 이동된다. 미니탭에서는 변수목록상자에 있는 변수가 아니라 변수(V) 상자에 나열된 변수를 대상으로 분석을 수행하게 된다.

변수(V) 상자에는 변수목록상자에 있는 변수들 중에서 두 개 이상의 변수를 동시에 선택할 수도 있다. 분석을 원하는 변수를 선택한 후, 확인(O) 버튼을 누르면 세션에 결과가 나타난다. 또한 대화상자에 있는 '**그래프(G)...**' 버튼을 누르면, 변수(V) 상자에서 선택한 변수와 관련된 막대그래프, 산점도 및 상자그림 등을 그릴 수 있는 대화상자가 나타난다. 이 경우에는 줄기와 잎 그림을 그릴 수 없으며, 이를 위해서는 '**그래프(G)**' 메뉴를 이용해야 한다.

그래프를 그리는 일반적인 방법은 메뉴 바에 있는 그래프(G) 메뉴를 이용하는 것이다. 앞에 제시된 것과 같은 형태의 그래프는 '**그래프(G)**' 메뉴를 선택한 후 나타나는 항목 중 원하는 그래프 항목을 선택하면 되고, 고선명도의 그래프를 그리길 원할 경우에는 그래프(G) 메뉴를 선택한 후 나타나는 항목 중 원하는 것을 선택하면 된다. 각각의 그래프를 그리기 위해서는 아래의 표에 제시된 것과 같은 순서로 메뉴를 선택한 후 나타나는 대화상자를 이용한다.

| 그래프 | 미니탭 메뉴 |
|---|---|
| 줄기와 잎 그림 | 그래프(G) > 줄기-잎 그림(F)... |
| 막대그래프 | 그래프(G) > 히스토그램(H)... |
| 산점도 | 그래프(G) > 점도표(D)... |
| 상자그림 | 그래프(G) > 상자 그림(B)... |

대개의 경우 나타난 대화상자에 그래프를 그리길 원하는 변수를 선택한 후, 확인(O) 단추를 누르기만 하면 그래프를 얻을 수 있다. 이 밖에도 그래프(G) 메뉴를 통해서 산점도(S)..., 확률도(Y)..., 등고선도(C)..., 선 그림(L)..., 3D 산점도(3)... 등을 작성할 수 있다.

이제 미니탭에서 제공되는 자료표현을 위한 몇 가지 메뉴를 이용하여 실제 작업을 해보기로 한다.

## (1) 줄기와 잎 그림

미니탭에서 줄기와 잎 그림을 작성하기 위해서는 '**그래프(G) > 줄기-잎 그림(F)...**' 메뉴를 차례로 이용한다.

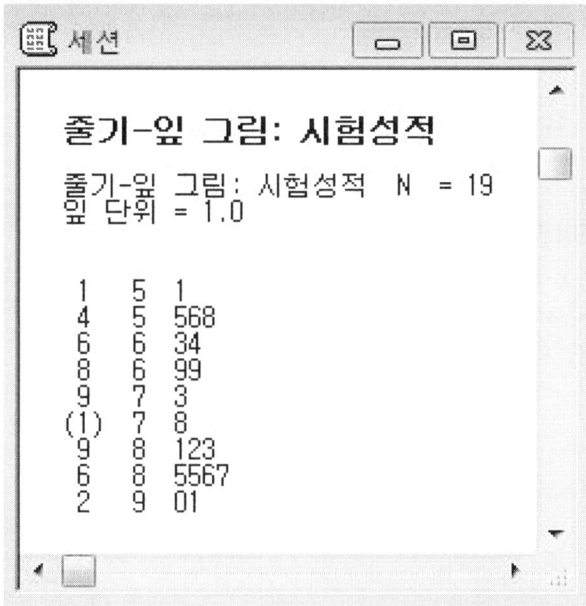


앞의 결과물에서 보는 바와 같이 줄기와 잎 그림은 전체 자료값을 그대로 나타내면서 그림을 통하여 효과적으로 표현한 것이다. 앞의 그림에서 첫 번째 열은 자료의 누적도수를 나타내고 있는데, '( )'로 구분되어 있는 행은 그 행에 중앙값이 포함되어 있음을 의미한다. 또한 두 번째 열과 세 번째 열은 각각 줄기와 잎으로서 자료값을 의미하는데, 여기서는 각각 10단위와 1단위를 나타낸다.

예를 들어 앞의 결과물의 제6행과 제7행을 보기로 한다.

```
(1)   7 8
 9    8 123
```

제6행에는 도수가 '( )'로 표시되어 있으므로 중앙값이 포함되어 있음을 의미하고, 줄기와 잎이 각각 7과 8이므로 자료값은 78임을 알 수 있다. 또한 이 줄기에는 하나의 값만이 존재하므로 이 값이 바로 중앙값이다. 또한 제7행에는 누적도수가 9이며 중앙값 다음이므로 밑에서부터의 누적도수가 9임을 의미하는데, 80과 84 사이에 세 개의 값이 존재하며 그 값은 각각 81, 82 및 83임을 나타낸다.

## (2) 막대그래프

앞의 1절에서 설명한 막대그래프는 미니탭에서 '**그래프(G) > 히스토그램(H)...**'이라는 메뉴를 이용하여 작성할 수 있다. 다음은 <표 2-1>의 자료를 미니탭을 통하여 막대그래프를 작성한 결과이다.

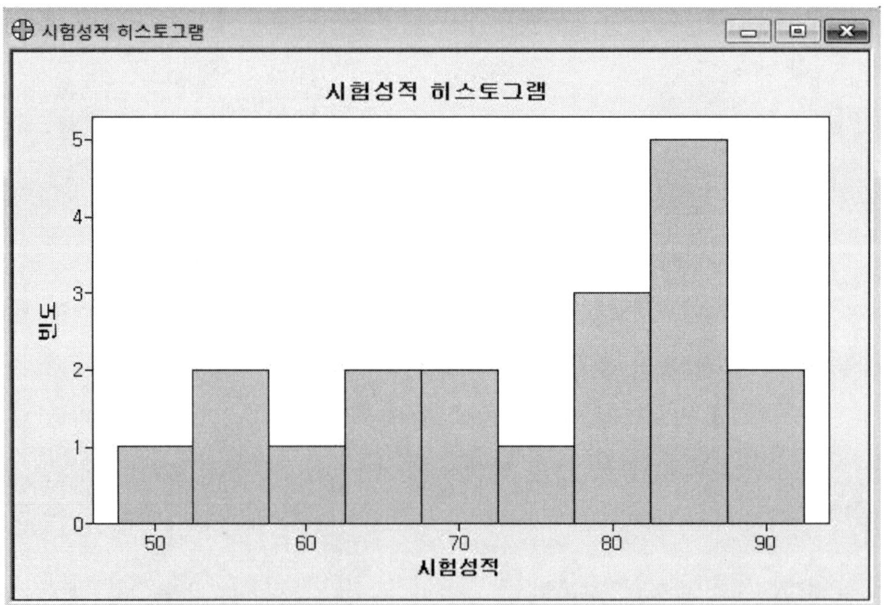


일반적으로 막대그래프는 앞의 줄기와 잎 그림을 90° 회전한 결과이다. 한편 막대그래프에서는 자료의 도수를 막대 높이로 표현하였으나, 앞의 줄기와 잎 그림에서는 실제 자료값의 숫자를 그대로 나열하여 크기를 나타내는 특징이 있다.

### (3) 산점도

다음은 '**그래프(G) > 점도표(D)...**'라는 메뉴를 이용하여 작성되는 자료의 **산점도**(scatter diagram)를 보여주고 있다.

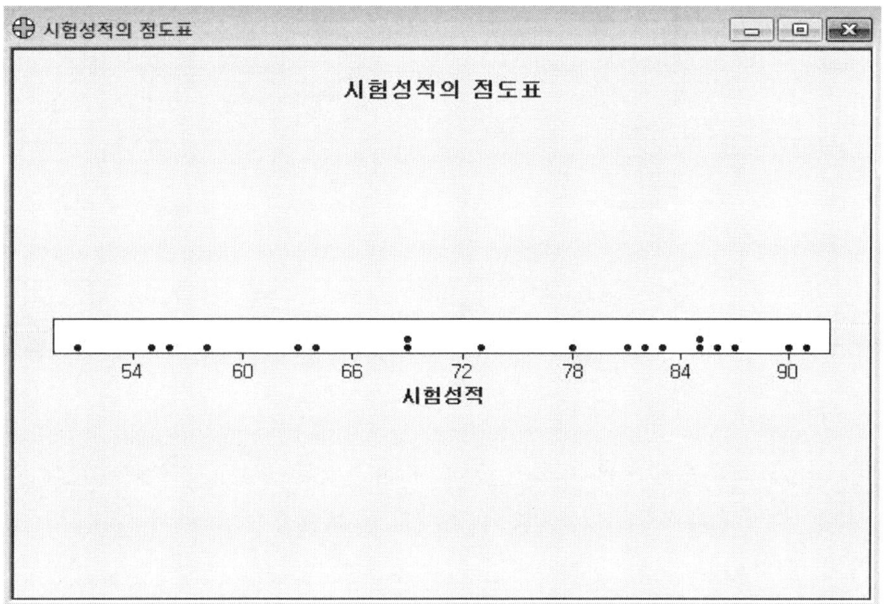


이는 막대그래프의 경우와 유사하나 막대그래프보다 계급, 즉 자료의 구간이 더 세분되어 있는 점이 다르다. 또한 산점도는 이 예에서와 같은 일변수 자료보다는 이변수 자료를 분석하는 경우에 더욱 효과적인 기법이다.

### (4) 상자그림

다음은 '**그래프(G) > 상자 그림(B)...**'이라는 메뉴에 의한 **상자그림**(boxplot)을 보여준다.

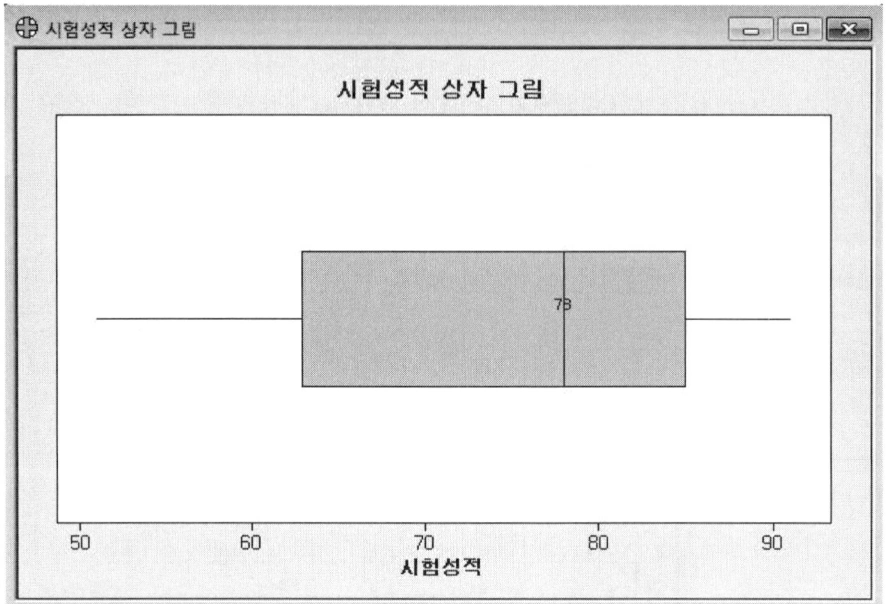


이 그림에서는 상자 내부에 표시된 중앙값 좌측에 최소값과 제1사분위수, 그리고 우측에 제3사분위수와 최대값을 보여준다. 따라서 이 그림을 통하여 사분위범위를 찾을 수도 있다.

### (5) 요약 통계량

이제 미니탭을 이용하여 주어진 자료의 평균과 분산 그리고 사분위수 등의 요약된 통계량을 구하는 자료의 요약절차에 대하여 알아보기로 한다. 이를 위해서는 다음과 같이 '**통계분석(S) > 기초 통계(B) > 기술 통계량 표시(D)...**' 메뉴를 이용한다.

세션

**기술 통계량: 시험성적**

| 변수 | N | N* | 평균 | 평균의 표준 오차 | TrMean | 표준 편차 | 최소값 | Q1 | 중위수 |
|---|---|---|---|---|---|---|---|---|---|
| 시험성적 | 19 | 0 | 74.00 | 2.99 | 74.35 | 13.02 | 51.00 | 63.00 | 78.00 |

| 변수 | Q3 | 최대값 |
|---|---|---|
| 시험성적 | 85.00 | 91.00 |

위의 결과물에서는 자료의 수($N$), 평균, 중앙값(중위수), 절사평균(TrMean), 표준편차, 표준오차(SE 평균), 최소값, 최대값, 제1사분위수(Q1) 및 제3사분위수(Q3) 등을 제공한다. 여기서 절사평균 'TrMean'은 이상값에 민감한 반응을 보이는 산술평균의 단점을 보완한 통계량으로 전체 자료의 양쪽 극단, 즉 하위 5% 값과 상위 5% 값을 제외한 나머지 90%에 해당하는 자료의 산술평균값이다. 또한 표준오차를 나타내는 'SE 평균'은 표준편차를 전체 자료의 수 $N$의 제곱근으로 나눈 것으로서 표본평균의 표준편차를 의미한다.

## 제5절 요약

### 1. 자료의 표현

- ▶ 자료의 효과적 표현 : 자료 → 표 → 그림
- ▶ 그림표의 종류 : 도수분포표, 막대그래프, 줄기와 잎 그림, 꺾은선그래프, 원그래프, 띠그래프, 상자그림 등

## 2. 자료의 중심

▶ 평균 : $\overline{X} = \dfrac{X_1 + \cdots + X_n}{n} = \dfrac{1}{n}\sum_{i=1}^{n} X_i$

▶ 중앙값 : 자료를 크기순으로 나열한 경우 중앙에 위치하는 값

▶ 최빈값 : 가장 큰 도수를 갖는 자료값

## 3. 자료의 퍼짐정도

▶ 범위 : 최대값 - 최소값

▶ 사분위범위 : 제 3 사분위수 - 제 1 사분위수

▶ 표본분산 : $s^2 = \dfrac{1}{n-1}\sum_{i=1}^{n}(X_i - \overline{X})^2$

▶ 표준편차 : $s = \sqrt{\dfrac{1}{n-1}\sum_{i=1}^{n}(X_i - \overline{X})^2}$

## 4. 미니탭의 이용

▶ 히스토그램(H) : 막대그래프 출력

▶ 줄기-잎 그림(F) : 줄기와 잎 그림 출력

▶ 점도표(D) : 자료의 산점도 출력

▶ 상자그림(B) : 자료의 상자그림 출력

▶ 기술 통계량 표시(D) : 자료의 요약 통계량 제공

## ■ 연습문제

**[2.1]** 다음 문장을 읽고 옳으면 '○'표, 또한 틀리면 '×'표를 한 후 틀린 곳을 바르게 고치시오.

a) 중앙값을 계산할 때는 자료의 모든 값들을 고려해야 한다.

b) 자료의 분포가 오른쪽이나 왼쪽으로 기울어졌을 때, 자료의 중심을 중앙값으로 나타내는 것이 좋을 때가 많다.

c) 자료가 구간들에 대한 빈도 수로 이루어진 경우에는 최빈값이 자료의 중심을 나타내는데 많이 쓰인다.

d) 자료에서 매우 크거나 작은 값은 중앙값에 큰 영향을 미친다.

e) 분산은 자료의 관찰값과 같은 척도를 갖는다.

f) 분산은 자료의 모든 관찰값과 그 평균 사이의 거리 평균을 말한다.

g) 자료의 퍼짐정도를 범위로 나타낼 때의 단점은 거의 모든 관찰값 사이의 퍼짐정도를 무시한다는 점이다.

h) 사분위범위는 자료로부터 선택된 두 개의 값으로 정해진다.

**[2.2]** 다음의 자료에 대하여 답하시오.

| | | | | | | | | | |
|---|---|---|---|---|---|---|---|---|---|
| 64 | 76 | 78 | 90 | 60 | 50 | 72 | 92 | 70 | 60 |
| 80 | 62 | 82 | 70 | 82 | 90 | 84 | 54 | 90 | |

a) 도수분포표, 막대그래프, 산점도 및 줄기와 잎 그림을 작성하시오.

b) 평균, 최빈값 및 중앙값을 구하시오.

c) 사분위범위를 구하고 상자그림을 작성하시오.

d) 분산과 표준편차를 구하시오.

**[2.3]** 병원에서 두 가지 치료방법 A와 B를 각각 12명의 환자들에게 적용하고, 각 방법에 따른 불편성 정도를 파악한 결과가 다음과 같다고 한다.

| A | | | B | | |
|---|---|---|---|---|---|
| 조금 | 많이 | 아주 많이 | 조금 | 아주 많이 | 조금 |
| OK | 아주 많이 | 조금 | 많이 | 많이 | OK |
| 아주 많이 | 많이 | 많이 | 조금 | 많이 | 많이 |
| 조금 | 많이 | 조금 | 아주 많이 | 조금 | OK |

a) 위의 자료를 잘 나타낼 수 있는 방법을 제시하고 그 이유를 설명하시오.

b) 대략적인 결과를 유추할 때, B 방법이 A 방법보다 불편성 정도가 큼을 알 수 있겠는가?

**[2.4]** 어떤 회사에서 협력업체로부터 제공받은 25개의 볼트 강도(kg)를 실험한 결과가 다음과 같다고 한다.

| | | | | | | | | | |
|---|---|---|---|---|---|---|---|---|---|
| 478 | 374 | 252 | 411 | 457 | 199 | 333 | 423 | 387 | 257 |
| 420 | 308 | 298 | 412 | 349 | 250 | 289 | 420 | 186 | 330 |
| 511 | 259 | 263 | 409 | 382 | | | | | |

a) 위의 자료를 적절한 방법으로 요약하시오.

b) 200kg의 힘에 견딜 수 있는 볼트의 비율을 구하시오.

c) 만약 볼트의 강도가 400kg 이상이어야 한다면 몇 %를 버려야 하는지 또한 귀하가 책임자라면 협력업체에 대하여 어떤 결정을 내릴지를 서술하시오.

**[2.5]** 어느 백화점에서 요일별로 오후 2시에서 6시 사이의 평균 고객수를 조사한 결과가 다음과 같다. 이 때, 자료의 퍼짐정도를 측정하기 위하여 표본의 분산과 표준편차 중 어느 것을 사용하는 것이 좋은가를 설명하시오.

| 요일 | 월 | 화 | 수 | 목 | 금 | 토 | 일 |
|---|---|---|---|---|---|---|---|
| 평균 고객수 | 851 | 1,376 | 1,731 | 1,542 | 2,315 | 5,426 | 3,212 |

**[2.6]** 주식시장에서 2013년에 거래된 식음료업과 건설업종에 대한 주가 변동비율을 요약한 결과가 다음과 같을 때, 아래 물음에 답하시오.

| 변동비율(%) | 식음료업 수 | 건설업 수 |
|---|---|---|
| -100 ~ -80 | 2 | 4 |
| -79 ~ -60 | 8 | 18 |
| -59 ~ -40 | 11 | 13 |
| -39 ~ -20 | 7 | 3 |
| -19 ~ 0 | 2 | 1 |
| 1 ~ 20 | 1 | 0 |
| 21 ~ 40 | 1 | 0 |
| 41 ~ 60 | 1 | 0 |

a) 두 업종별로 평균, 중앙값, 최빈값을 각각 구하시오.

b) 업종별로 분산과 표준편차를 구하시오.

# 3

# 확률론

# 제3장 확률론

우리는 다음과 같이 확률이라는 용어를 낯설지 않게 듣고 있다.

> ▶ "내일 낮에 비올 확률은 20% 그리고 밤에 비올 확률은 40%입니다.
>
> ▶ "A 대학보다 B 대학에 합격할 확률이 더 높다."
>
> ▶ "K 선수의 자유투 성공률은 72%입니다."

이와 같이 확률은 이제 우리의 일상생활에서도 매우 친숙한 용어가 되었다. 인간은 불확실성 속에서 연속적으로 많은 의사결정을 하면서 살고 있다. 예를 들어 사업에서 대부분의 의사결정은 위험부담을 수반하고, 경제정책, 의사의 치료방법 선택, 법관의 선고 등 모든 분야에서 틀릴 수 있는 가능성을 안고 의사결정을 내린다. 이러한 불확실성의 척도인 확률은 앞으로 다룰 통계적 추정이나 검정의 기본을 이룬다. 그러면 확률을 정의하고 확률과 관련된 몇 가지 이론을 소개한다.

## 제1절 확률의 정의

**확률**(probability)이란 어떤 특정한 사건이 일어날 가능성을 0과 1 사이의 값으로 나타낸 것이다. 따라서 확률이 0에 가까우면 어떤 사건이 일어날 가능성이 거의 없고, 1에 가까우면 거의 확실히 일어난다는 의미이다.

주사위를 던지는 경우 1부터 6 사이의 어떤 눈금이 나올 확률이 모두 1/6이라고 생각한다. 또한 동전의 경우에서도 앞면 또는 뒷면이 나올 확률이 각각 1/2이라고 알고 있다. 이와 같은 확률이 어떻게 결정되는지를 알아보기 위하여 동전던지기 예를 생각해 보자.

하나의 동전을 던지면 나올 수 있는 경우가 앞면($H$) 또는 뒷면($T$)의 두 가지이다. 이러한 동전을 $n$번 반복하여 던진 후, 앞면 및 뒷면의 출현횟수($f$)를 관찰한 결과가 <표 3-1>과 같다.

### 〈표 3-1〉 동전던지기 실험결과

| 구분 | $n$=10 | | $n$=20 | | $n$=40 | | $n$=100 | | ··· | $n=\infty$ | |
|---|---|---|---|---|---|---|---|---|---|---|---|
| | $f$ | $f/n$ | $f$ | $f/n$ | $f$ | $f/n$ | $f$ | $f/n$ | | $f$ | $f/n$ |
| $H$ | 6 | .60 | 14 | .70 | 22 | .55 | 52 | .52 | ··· | $n/2$ | .50 |
| $T$ | 4 | .40 | 6 | .30 | 18 | .45 | 48 | .48 | ··· | $n/2$ | .50 |

위의 결과는 동전을 10번 던졌을 경우 앞면이 6회 그리고 뒷면이 4회 출현하였음을 나타내고 있다. 즉 동전을 10번 던진 결과로 판단할 때 앞면의 출현가능성은 0.60으로 짐작되며, 뒷면의 출현가능성은 0.40이 된다. 또한 동전을 20번 던진 결과는 앞면이 14회 그리고 뒷면이 6회 출현하였으므로 각 면의 출현가능성을 0.70과 0.30으로 추측하게 된다.

그러나 위의 표에서와 같이 시행횟수가 증가함에 따라 앞면과 뒷면의 출현비율이 모두 0.50에 수렴한다면, 앞면 또는 뒷면의 출현확률을 모두 0.50이라고 판단하게 되며 이를 $P(H)$=0.5 또는 $P(T)$=0.5로 표현한다. 다음의 <그림 3-1>은 <표 3-1>의 확률의 수렴과정을 보여준다.

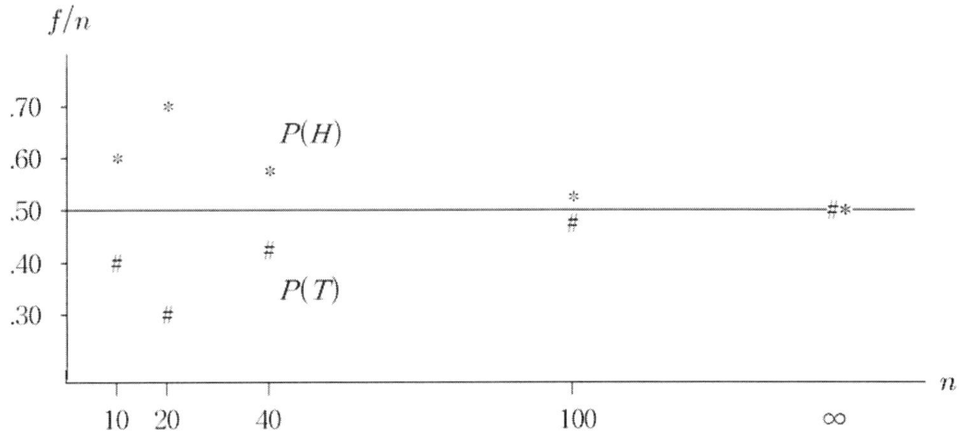


〈그림 3-1〉 확률의 수렴과정

따라서 확률은 그때그때 변하는 값이 아니라 수렴되는 값, 즉 다음과 같이 상대도수의 극한값으로 정의된다.

$$확률 \equiv \lim_{n\to\infty}\left(\frac{f}{n}\right)$$

한편 확률은 경우에 따라 **선험적 확률** 또는 **사전확률**(prior probability), **경험적 확률**(empirical probability) 및 **주관적 확률**(subjective probability) 등으로 구분될 수 있다. 먼저 선험적 확률이란 '주사위가 6면체이므로 각 눈금이 출현할 확률은 1/6이 된다'라고 말할 때의 확률을 의미한다. 또한 경험적 확률은 앞의 예에서와 같이 '동전을 수없이 많이 던져보니까 앞면 또는 뒷면이 나올 확률이 0.5가 되더라' 하는 경우의 확률을 말한다. 끝으로 주관적 확률은 '금년에 류현진 선수가 15승 이상을 할 확률이 90%이다' 와 같이 개인의 주관에 따라 다를 수 있는 확률이다. 앞으로 이 책에서 언급하는 확률은 주로 선험적 확률을 의미한다.

## 제2절 사상의 확률

**사상의 확률**(probability of event)이란 어느 특정 사상이 발생할 가능성을 의미한다. 먼저 **사상**(event)을 설명하기 위하여 다음의 '세 자녀 가정' 예를 들어 본다.

**세 자녀 가정의 예**

자녀의 수가 세 명인 가정에 대하여 아래 그림에서와 같이 첫째, 둘째 및 셋째 아이가 각각 딸(G)인지 또는 아들(B)인지에 따라 GGG부터 BBB까지 모두 여덟 가지의 서로 다른 경우를 생각할 수 있다.

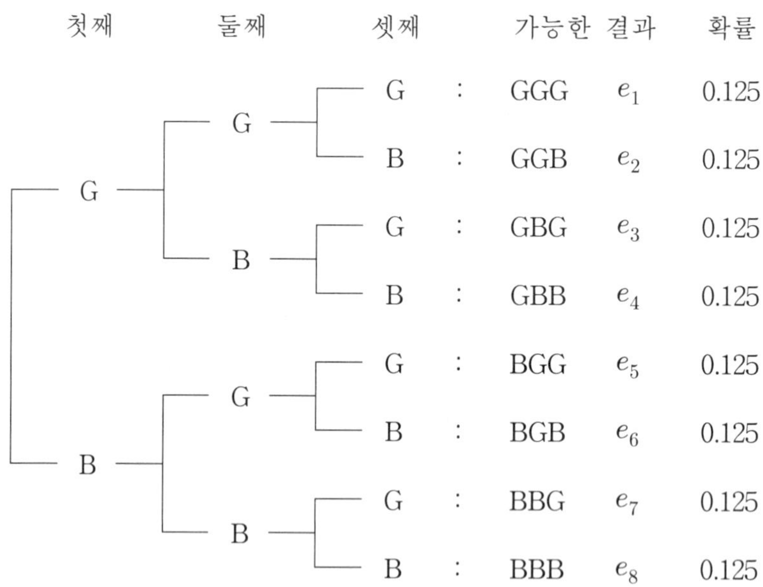


**〈그림 3-2〉 세 자녀 예에서의 확률도**

여기서 딸을 낳을 확률과 아들을 낳을 확률이 동일하다면, 즉 P(G)=P(B)=0.5라면 각 경우의 확률은 모두 0.125가 된다. 앞의 <그림 3-2>와 같이 가능한 각각의 경우를 분석하기 위한 그림을 **확률도**(probability tree)라고 한다.

앞의 그림에서 보는 바와 같이 이 예에서는 GGG($e_1$)부터 BBB($e_8$)까지 여덟 가지의 경우가 존재하는데, 이렇게 가능한 각각의 경우를 **결과**(outcome)라고 한다. 또한 모든 가능한 결과의 집합을 **표본공간**(sample space) 또는 **결과집합**(outcome set)이라 하는데, 세 자녀 가정의 예에서는 표본공간이 다음과 같이 8개의 결과로 구성된다.

$$\Omega = \{GGG, GGB, GBG, GBB, BGG, BGB, BBG, BBB\}$$

↑ 표본공간 ↑ 각 결과들의 집합

한편 사상은 관련 결과들의 집합을 뜻하므로 전체 표본공간의 부분집합으로 정의되며, 사상의 확률은 이러한 사상이 발생할 확률을 의미한다.

〔예제 3-1〕 세 자녀 문제에서 사상 A, B 및 C를 다음과 같이 정의할 때, 각 사상을 해당 결과의 집합으로 나타내고 그 확률을 구하시오.

> A : '딸이 꼭 1명이다'
> B : '아들이 적어도 2명이다'
> C : '자녀의 성(性)이 모두 같다'

☞ A = $\{e_4, e_6, e_7\}$ → $P$(A) = .125 + .125 + .125 = .375

B = $\{e_4, e_6, e_7, e_8\}$ → $P$(B) = .125 + .125 + .125 + .125 = .500

C = $\{e_1, e_8\}$ → $P$(C) = .125 + .125 = .250 ■

## 제3절 결합사상

여기서는 사상들의 연산과정으로 해석될 수 있는 사상들의 결합과 이러한 결합사상의 확률 계산에 대하여 알아보고자 한다. 먼저 사상들의 결합으로는 **합사상**(union), **곱사상**(intersection) 및 **여사상**(complement) 등을 들 수 있다.

두 사상 A와 B의 합사상 $A \cup B$는 사상 A 또는 사상 B에 포함되는 모든 결과들의 집합으로 정의되며, 곱사상 $A \cap B$는 사상 A와 사상 B에 동시에 포함되는 결과들의 집합으로 정의된다. 또한 사상 A의 여사상 $\bar{A}$는 사상 A에 포함되어 있지 않은 모든 결과들의 집합을 의미한다. 이상에서 언급한 세 가지 결합사상을 정리하면 다음과 같다.

**결합사상의 유형**

- ▶ 합사상, $A \cup B$ : 사상 A 또는 B에 속하는 결과들의 집합
- ▶ 곱사상, $A \cap B$ : 사상 A와 B에 동시에 속하는 결과들의 집합
- ▶ 여사상, $\bar{A}$ : 사상 A에 속하지 않는 결과들의 집합

사상의 연산은 그림을 이용하면 쉽게 이해할 수 있다. 표본공간을 점들의 모임으로 나타내는데, 각 점은 특정한 결과를 말한다. 사상 A를 나타내기 위해서는 사상 A에 대응하는 점들을 찾아 둘레에 동그라미를 그려 A라고 표시한다. 이와 같이 표현된 그림을 **벤다이어그램**(Venn diagram)이라 하는데, 다음의 <그림 3-3>에서 보여준다.

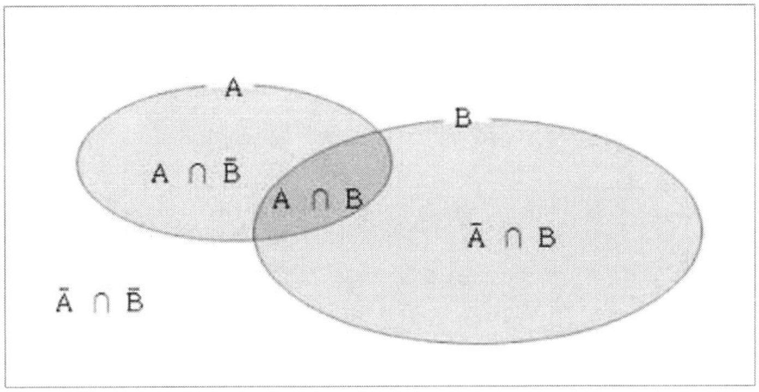


〈그림 3-3〉 결합사상의 벤다이어그램

위의 벤다이어그램을 이용하여 합사상과 곱사상의 관계 및 여사상의 확률이 아래와 같음을 알 수 있다.

$$P(A \cup B) = P(A) + P(B) - P(A \cap B) \cdots (*)$$

$$P(\bar{A}) = 1 - P(A)$$

이 때, 위의 확률계산식 중에서 (*)로 표시된 합사상과 곱사상의 관계식을 **가법정리**(additive theorem)라고 한다.

한편 두 사상 A와 B의 곱사상인 A∩B가 공집합인 경우, 즉 사상 A와 B에 공통적으로 속하는 결과가 하나도 없는 경우에는 두 사상 A와 B를 **배반사상**(exclusive event)이라고 한다. 따라서 배반사상의 곱사상은 확률이 0이 된다.

**배반사상**

A와 B는 배반사상 $\Leftrightarrow$ $A \cap B = \Phi$

$\Leftrightarrow$ $P(A \cap B) = 0$ 또는 $P(A \cup B) = P(A) + P(B)$

예를 들어 [예제 3-1]에서 사상 A와 C는 배반사상이나, 사상 A와 B 그리고 사상 B와 C는 배반사상이 아니다.

〔예제 3-2〕 대학생들을 대상으로 농구(B)와 배구(V)에 대한 선호도를 조사한 결과 농구는 60% 그리고 배구는 50%의 선호도를 나타냈으며, 30%의 학생들은 농구와 배구 두 종목 모두를 선호한다고 답하였다.

a) 농구 또는 배구를 불문하고 어느 한 종목이라도 선호한다고 응답한 학생들의 비율을 구하시오.

☞ $P(B \cup V) = P(B) + P(V) - P(B \cap V) = .60 + .50 - .30 = .80$

b) 농구와 배구 중 어느 한 종목도 선호하지 않는 학생들의 비율을 구하시오.

☞ $P(\overline{B \cup V}) = 1 - P(B \cup V) = 1 - .80 = .20$

c) 농구와 배구는 배반사상인지 밝히시오.

☞ 위 a)에서 $P(B \cup V) \neq P(B) + P(V)$ 이므로 배반사상이 아님 ■

# 제4절 조건확률

**조건확률**(conditional probability)은 어떤 사상이 발생했다는 조건하에 다른 한 사상이 발생하게 될 확률을 의미하는데, 사상 B가 발생했다는 가정하에 사상 A가 발생할 조건확률은 다음과 같이 정의된다.

$$P(\mathrm{A} \mid \mathrm{B}) = \frac{\mathrm{P(A \cap B)}}{\mathrm{P(B)}}$$

〔예제 3-3〕 앞의 [예제 3-1]에서 사상 B와 C가 다음과 같이 정의된 바 있다.

B : '아들이 적어도 2명이다' = $\{e_4, e_6, e_7, e_8\}$

C : '자녀의 성이 모두 같다' = $\{e_1, e_8\}$

이 때, 사상 B가 발생했다는 가정하에 사상 C가 발생할 조건확률을 구하시오.

☞ $P(\mathrm{C} \mid \mathrm{B}) = \frac{\mathrm{P(C \cap B)}}{\mathrm{P(B)}} = \frac{0.125}{0.500} = \frac{1}{4}$ ■

한편 위의 조건확률의 정의로부터 두 사상 A와 B에 대한 곱사상의 확률을 다음과 같이 유도할 수 있는데, 이를 **승법정리**(multiplicative theorem)라고 한다.

$$P(A \cap B) = P(A) \cdot P(B \mid A) = P(B) \cdot P(A \mid B)$$

즉 두 사상 A와 B의 곱사상의 확률은 사상 A의 확률과 사상 A가 발생했다는 가정하에 사상 B가 발생할 조건확률의 곱 또는 사상 B의 확률과 사상 B가 발생했다는 가정하에 사상 A가 발생할 조건확률의 곱으로 나타내짐을 알 수 있다.

〔예제 3-4〕 주머니 속에 흰색(W) 공이 5개, 검정색(B) 공이 3개 들어 있다. 이 때, 주머니 속에서 공을 하나씩 두 번 꺼내는 경우 위의 승법정리를 이용하여 두 개의 공 모두가 흰색일 확률을 구하시오.

☞ $P(W_1 \cap W_2) = P(W_1) \cdot P(W_2 \mid W_1) = \dfrac{5}{8} \cdot \dfrac{4}{7} = \dfrac{5}{14}$ ■

## 제5절 통계적 독립

이제 두 사상의 **통계적 독립**(statistical independence)에 대하여 알아보기로 한다. 사상 A의 확률과 사상 B가 발생했다는 가정하에 사상 A가 발생할 조건확률이 서로 동일한 경우 두 사상 A와 B를 독립이라고 정의하는데, 이를 기호로 나타내면 다음과 같다.

$$P(\mathrm{A} \mid \mathrm{B}) = P(\mathrm{A})$$

이는 사상 A의 발생확률이 사상 B의 발생여부와는 무관함을 의미한다.

또한 위의 관계식을 조건확률의 정의와 관련시켜 정리하면 다음의 관계를 도출할 수 있다. 즉 두 사상 A와 B가 독립인 경우에는 다음과 같이 곱사상의 확률 $P(\mathrm{A} \cap \mathrm{B})$가 각각의 확률 $P(\mathrm{A})$와 $P(\mathrm{B})$의 곱으로 표현된다.

$$P(\mathrm{A} \cap \mathrm{B}) = P(\mathrm{A}) \cdot P(\mathrm{B} \mid \mathrm{A}) = P(\mathrm{A}) \cdot P(\mathrm{B})$$

〔예제 3-5〕 다음은 900명의 여성과 100명의 남성을 대상으로 하여 낙태금지법의 철폐에 대한 여론조사를 실시한 자료이다.

| 구분 | 찬성(Y) | 반대(N) | 소계 |
|---|---|---|---|
| 여성(F) | 468 | 432 | 900 |
| 남성(M) | 52 | 48 | 100 |
| 소계 | 520 | 480 | 1,000명 |

확률 $P(\mathrm{Y})$와 조건확률 $P(\mathrm{Y} \mid \mathrm{F})$를 구한 후, 이를 이용하여 사상 Y와 F가 독립인지를 판단하시오.

☞ a) $P(\mathrm{Y})$ : 즉 임의로 한 명을 추출하였을 때, 낙태금지법의 철폐에 대한 의견이 찬성일 확률

$$\rightarrow P(\mathrm{Y}) = P(\mathrm{Y}\cap\mathrm{F}) + P(\mathrm{Y}\cap\mathrm{M}) = .468 + .052 = .520$$

b) $P(\mathrm{Y}\mid\mathrm{F})$ : 즉 임의로 한 명의 여성을 추출하였을 때, 낙태금지법의 철폐에 대한 의견이 찬성일 확률

$$\rightarrow P(\mathrm{Y}\mid\mathrm{F}) = \frac{P(\mathrm{Y}\cap\mathrm{F})}{P(\mathrm{F})} = \frac{P(\mathrm{Y}\cap\mathrm{F})}{P(\mathrm{Y}\cap\mathrm{F}) + P(\mathrm{X}\cap\mathrm{F})} = \frac{.468}{.468 + .432} = .520$$

이상의 a)와 b)에서 볼 때, $P(\mathrm{Y}) = P(\mathrm{Y}\mid\mathrm{F})$이므로 두 사상 Y와 F는 독립임을 알 수 있다. 한편 이 경우에 곱사상의 확률을 이용하여도 두 사상 Y와 F가 독립이라는 것을 다음과 같이 증명할 수 있다.

$$P(\mathrm{Y}\cap\mathrm{F}) = .468\ ,\quad P(\mathrm{Y}) = 0.520\ ,\quad P(\mathrm{F}) = 0.900$$
$$\rightarrow P(\mathrm{Y}\cap\mathrm{F}) = P(\mathrm{Y})\cdot P(\mathrm{F}) = 0.468$$

■

## *제6절 베이즈정리

이제까지의 확률을 사전확률이라 할 때, **베이즈정리**(Bayes' theorem)에서는 **사후확률**(posterior probability)을 다루게 된다. 먼저 사후확률에 해당하는 예를 들어 보자.

**사후확률의 예**

▶ 임산부 중 일부는 흡연자라고 한다. 어떤 임산부가 유산한 경우, 유산의 원인이 흡연이었을 확률은?

▶ 어떤 가전제품이 품질관리기사로부터는 양품이라고 판정을 받았으나, 실제로는 불량품일 확률은?

▶ 어떤 여학생이 남학생과의 절교를 선언한 경우, 이 결정이 현명하지 못한 결정일 확률은?

그러면 다음의 예를 통하여 베이즈정리에 의한 사후확률의 도출과정을 살펴보기로 한다.

인도네시아의 어떤 지역에 대하여 유전가능성을 조사한다고 가정하자. 지질탐사 전문팀에 의하여 조사를 할 때, 관련된 확률은 다음과 같다고 한다. 먼저 그 지역에 유전이 있을 가능성에 대한 사전확률 $P(O)$와 그렇지 않을 확률 $P(X)$는 각각 다음과 같다.

$$P(O) = 0.10, \qquad P(X) = 0.90$$

또한 유전이 있는 경우, 탐사팀이 유전이 있다고 올바르게 판단하게 될 조건확률 $P(Y|O)$와 유전이 없다고 그릇된 판단을 할 조건확률 $P(N|O)$는 다음과 같다.

$$P(Y|O) = 0.80, \qquad P(N|O) = 0.20$$

한편 유전이 없는 경우, 유전이 있다고 잘못 판단할 조건확률 $P(Y|X)$ 및 유전

이 없다고 제대로 판단할 조건확률 $P(N|X)$는 각각 다음과 같다고 한다.

$$P(Y|X) = 0.30, \qquad P(N|X) = 0.70$$

이제까지 주어진 확률을 정리하면 <그림 3-4>와 같이 나타낼 수 있다.

유전의 유무 ↓ — 탐사결과 ↓

- $O : P(O) = .10$
  - $Y : P(Y|O) = .80$
  - $N : P(N|O) = .20$
- $X : P(X) = .90$
  - $Y : P(Y|X) = .30$
  - $N : P(N|X) = .70$

**〈그림 3-4〉 유전 가능성에 대한 탐사팀의 판단능력**

이상의 가정하에 탐사팀이 유전이 있다는 결론을 내린 경우, 실제로 유전이 있을 사후확률을 구해 보기로 한다. 이 확률은 다음과 같이 유전이 있다고 판단한 가정하에 실제 유전이 존재할 조건확률 $P(O|Y)$로 나타내진다.

$$P(O|Y) = \frac{P(O \cap Y)}{P(Y)}$$

앞의 조건확률식에서 분모, 즉 유전이 있다고 판단할 확률은 다음과 같이 실제 유전이 있는 경우와 그렇지 않은 경우에 대한 두 확률의 합으로 구해진다.

$$P(O \mid Y) = \frac{P(O \cap Y)}{P(O \cap Y) + P(X \cap Y)}$$

위의 분자 및 분모의 확률식은 제4절 조건확률에서 다룬 바 있는 승법정리를 이용하여 다음과 같이 각각의 조건확률식으로 나타낼 수 있는데, 이를 **베이즈정리**라고 한다.

$$P(O \mid Y) = \frac{P(O) \cdot P(Y \mid O)}{P(O) \cdot P(Y \mid O) + P(X) \cdot P(Y \mid X)}$$

이 때, 위 확률식의 모든 항은 이미 알려진 사전확률로 구성되어 있으므로 다음과 같이 확률값을 구할 수 있다.

$$P(O \mid Y) = \frac{(.1)(.8)}{(.1)(.8) + (.9)(.3)} = 0.23$$

그러면 유전탐사팀이 유전이 있다고 결론을 내렸으나 실제로는 유전이 없을 사후확률 $P(X \mid Y)$는 위에서 다룬 경우의 여사상이 되므로, 다음과 같이 확률값을 구하게 된다.

$$P(X \mid Y) = 1 - P(O \mid Y) = 1 - 0.23 = 0.77$$

이제 탐사팀이 유전이 없다고 판단한 경우, 그 판단이 옳을 확률 즉 실제 유전이 없을 사후확률을 구해 보기로 한다. 이는 앞에서와 마찬가지로 탐사팀이 유전이 없다고 판단했다는 가정하에 실제 유전이 없을 조건확률 $P(X \mid N)$으로 표현되는데, 다음과 같이 그 확률값을 구할 수 있다.

$$P(X|N) = \frac{P(X \cap N)}{P(N)}$$

$$= \frac{P(X \cap N)}{P(X \cap N) + P(O \cap N)}$$

$$= \frac{P(X) \cdot P(N|X)}{P(X) \cdot P(N|X) + P(O) \cdot P(N|O)}$$

$$= \frac{(.9)(.7)}{(.9)(.7) + (.1)(.2)} = 0.97$$

그러면 앞의 여사상, 즉 탐사팀이 유전이 없다고 판단했다는 가정하에 실제로는 유전이 있을 조건확률 $P(O|N)$은 다음과 같이 구해진다.

$$P(O|N) = 1 - P(X|N) = 1 - 0.97 = 0.03$$

이상에서 살펴 본 바와 같이 베이즈정리란 우리가 알고 있던 확률을 주어진 조건을 이용하여 더 향상시키는 역할을 하게 된다. 다시 말하여 유전이 있는지 없는지의 판단은 문제에서 가정한 일반적인 유전의 존재가능성인 10%와 그렇지 않을 가능성 90%에 의존할 수밖에 없었으나, 유전탐사팀의 능력을 이용하여 그 확률을 각각 23%와 97%로 상향시킬 수 있다는 것이다.

〔**예제 3-6**〕 학생들은 등교시 버스를 이용하는 경우가 40%이고, 지하철을 이용하는 경우가

60%라고 한다. 그리고 지각할 확률은 버스를 이용하는 날이 30%이며, 지하철을 이용하는 날이 10%라고 한다.

a) 만일 오늘 아침 T 양이 지각했다면, 지하철을 타고 왔을 확률을 구하시오.

☞ 문제에서 주어진 상황으로부터 확률도를 구하면 다음과 같다.

- $P(\text{버스}) = .40$
  - $P(\text{지각} \mid \text{버스}) = .30$
  - $P(\text{정상} \mid \text{버스}) = .70$
- $P(\text{지하철}) = .60$
  - $P(\text{지각} \mid \text{지하철}) = .10$
  - $P(\text{정상} \mid \text{지하철}) = .90$

이제 베이즈정리를 이용하여 사후확률을 구한다.

$$P(\text{지하철} \mid \text{지각}) = \frac{P(\text{지하철} \cap \text{지각})}{P(\text{지각})}$$

$$= \frac{P(\text{지하철} \cap \text{지각})}{P(\text{지하철} \cap \text{지각}) + P(\text{버스} \cap \text{지각})}$$

$$= \frac{P(\text{지하철}) \cdot P(\text{지각} \mid \text{지하철})}{P(\text{지하철}) \cdot P(\text{지각} \mid \text{지하철}) + P(\text{버스}) \cdot P(\text{지각} \mid \text{버스})}$$

$$= \frac{(.6)(.1)}{(.6)(.1) + (.4)(.3)} = \frac{1}{3}$$

b) 또한 $S$군은 지각하지 않고 등교했다고 할 때, 버스를 타고 왔을 확률을 구하시오.

☞ 앞의 a)에서와 마찬가지로 베이즈정리를 이용하여 확률을 구하면 다음과 같다.

$$P(\text{버스} \mid \text{정상}) = \frac{P(\text{버스} \cap \text{정상})}{P(\text{정상})}$$

$$= \frac{P(\text{버스} \cap \text{정상})}{P(\text{버스} \cap \text{정상}) + P(\text{지하철} \cap \text{정상})}$$

$$= \frac{P(\text{버스}) \cdot P(\text{정상} \mid \text{버스})}{P(\text{버스}) \cdot P(\text{정상} \mid \text{버스}) + P(\text{지하철}) \cdot P(\text{정상} \mid \text{지하철})}$$

$$= \frac{(.4)(.7)}{(.4)(.7) + (.6)(.9)} = \frac{14}{41}$$

■

## 제7절 요약

### 1. 확률의 정의

▶ 확률 : 상대도수의 극한값 → $\lim_{n \to \infty} (\frac{f}{n})$

▶ 확률의 갈래 : 선험적 또는 사전확률, 경험적확률, 주관적확률

## 2. 사상의 확률

- 결과 : 가능한 각각의 경우
- 결과집합 또는 표본공간 : 모든 가능한 결과의 집합
- 사상 : 관련 결과들의 집합, 즉 표본공간의 부분집합
- 사상의 확률 : 특정 사상이 발생할 확률

## 3. 결합사상

- 합사상, $A \cup B$ : 사상 A 또는 B에 속하는 결과의 집합
- 곱사상, $A \cap B$ : 사상 A와 B에 동시에 속하는 결과의 집합
- 여사상, $\bar{A}$ : 사상 A에 속하지 않는 결과의 집합
- 가법정리 : $P(A \cup B) = P(A) + P(B) - P(A \cap B)$
- A와 B는 배반사상 : $A \cap B = \Phi \Leftrightarrow P(A \cap B) = 0$

## 4. 조건확률

- 조건확률 : 어떤 사상 B가 발생했다는 조건하에 다른 한 사상 A가 발생하게 될 확률

  $$\rightarrow \quad P(A \mid B) = \frac{P(A \cap B)}{P(B)}$$

- 승법정리 : $P(A \cap B) = P(A) \cdot P(B \mid A) = P(B) \cdot P(A \mid B)$

### 5. 통계적 독립

▶ 두 사상의 독립 : 사상 A의 확률과 사상 B가 발생했다는 가정하에 사상 A가 발생할 조건부확률이 같은 경우

$\rightarrow P(A \mid B) = P(A) \Leftrightarrow P(A \cap B) = P(A) \cdot P(B)$

### 6. 베이즈정리

▶ 베이즈정리 : 알려져 있는 사전확률로부터 조건부확률식 및 승법정리 등을 이용하여 사후확률을 구하는 공식

$$\rightarrow P(O \mid Y) = \frac{P(O) \cdot P(Y \mid O)}{P(O) \cdot P(Y \mid O) + P(X) \cdot P(Y \mid X)}$$

## ■ 연습문제

**[3.1]** 다음 문장을 읽고 옳으면 '○'표, 또한 틀리면 '×'표를 한 후 틀린 곳을 바르게 고치시오.

a) 주관적 확률은 일종의 추측에 불과할 수도 있다.

b) 만약 한 사상의 출현이 다른 사상의 출현에 영향을 주지 않는다면, 두 사상은 배반사상이다.

c) 만약 두 사상 A와 B가 배반사상이면, $P(A \cup B) = P(A) + P(B)$이다.

d) 두 사상에 공통된 결과가 전혀 없는 경우, 이 두 사상을 배반사상이라 한다.
e) 만약 $P(A \cap B) = P(A) \cdot P(B)$이면, 두 사상 A와 B를 배반사상이라 한다.
f) 두 사상이 독립이라면, 어느 한 사상의 출현 여부가 다른 사상의 출현 확률에 영향을 주지 않는다.
g) 동전을 5번 던진 결과 모두 앞면이 나왔다고 가정할 때, 6번째 던진 동전이 또 다시 앞면일 조건확률은 1/64이다.
h) 두 개의 사상 A와 B가 서로 종속적이면, A와 B 사상이 동시에 일어날 확률은 $P(A) \cdot P(B)$이다.
i) 베이즈정리는 사전확률을 이용한 조건확률에 대한 활용이다.

**[3.2]** 옛날에는 아들을 선호하는 경향이 많았으나 근래에는 아들보다 딸을 더 좋아하는 경향을 보이고 있다. 만일 모든 부부가 '딸을 한 명 낳을 때까지만 자녀를 낳겠다'라는 가족계획을 수립하고 실천한다면, 이 세상의 남녀구성비가 어떻게 될 것인가를 확률도를 작성한 후 분석하시오.

**[3.3]** 두 개의 주사위를 동시에 던지는 놀이를 생각하자. 여기서 두 주사위를 똑같은 눈금이 나올 때까지 계속 던진다고 하면, 두 개의 주사위를 평균 몇 번이나 던지게 될 것인가를 확률도를 작성한 후 이를 이용하여 구하시오.

**[3.4]** 주머니 속에 흰색(W) 공이 6개, 노란색(Y) 공이 3개, 그리고 검정색(B) 공이 1개 들어 있다고 한다. 이 주머니에서 하나씩 차례로 세 개의 공을 꺼낼 때, 꺼내진 세 공의 색깔이 모두 다를 경우가 있다. 이 때의 확률을 다음의 두 가지로 구분하여 구하시오.

a) 꺼낸 공을 다시 주머니에 넣고, 다음 공을 꺼내는 경우의 확률은?
b) 꺼낸 공을 다시 주머니에 넣지 않고, 다음 공을 꺼내는 경우의 확률은?

**[3.5]** 세 자녀 가정의 예에서 다음 물음에 답하시오.

a) 아들이 없지는 않다는 가정하에, 적어도 2명의 아들을 갖는 확률을 구하시오.

b) 첫째 아이가 딸이라는 가정하에, 2명 이상의 딸을 갖는 확률을 구하시오.

c) 세 자녀가 모두 딸이라는 가정하에, 네 번째 아이가 또 딸일 확률을 구하시오.

**[3.6]** 자녀가 꼭 4명인 경우를 가정한다. 여기서 사상 A와 B를 다음과 같이 정의할 때, 아래 물음에 답하시오.

A : '자녀 중에서 적어도 한 명은 딸인 경우'
B : '자녀 중에서 적어도 한 명은 딸이고 한 명은 아들인 경우'

a) 이 경우의 표본공간을 정의하시오.

b) 사상 A와 B의 확률을 각각 구하시오.

**[3.7]** 세 가지 사상 A, B, C 그리고 이의 결합사상의 확률이 다음과 같다고 한다.

$P(\mathrm{A}) = .14 \qquad P(\mathrm{B}) = .23 \qquad P(\mathrm{C}) = .37$

$P(\mathrm{A}\cap\mathrm{B}) = .08 \quad P(\mathrm{A}\cap\mathrm{C}) = .09 \quad P(\mathrm{B}\cap\mathrm{C}) = .13 \quad P(\mathrm{A}\cap\mathrm{B}\cap\mathrm{C}) = .05$

여기서 아래 사상의 확률을 구하시오.

a) $P(\mathrm{A} \mid \mathrm{B})$

b) $P(\mathrm{A} \mid \mathrm{B}\cup\mathrm{C})$

c) $P(\mathrm{A} \mid \mathrm{A}\cup\mathrm{B}\cup\mathrm{C})$

d) $P(\mathrm{A}\cup\mathrm{B} \mid \mathrm{C})$

**[3.8]** 두 개의 주사위를 던지는 실험에서 사상 A, B 및 C를 다음과 같이 정의할 때, 아래 물음에 답하시오.

┌ A : '첫 번째 주사위 눈금이 2인 경우'
├ B : '두 번째 주사위 눈금이 4인 경우'
└ C : '두 주사위 눈금의 합이 5인 경우'

a) 이 실험에서의 표본공간을 정의하시오.
b) 사상 A, B 및 C의 확률을 각각 구하시오.
c) 사상 A와 B가 독립인지를 판단하시오.
d) 사상 A와 C가 독립인지를 판단하시오.

**[3.9]** 어느 신문보급소에서 100가구를 대상으로 신문대금 납부현황을 조사한 결과, 80가구는 매달 기한 내에 납부하고 있었으며 나머지 20가구는 납부기일을 항상 넘기고 있었다고 한다. 이 때, 임의로 두 가구를 추출하였을 때 다음 사상의 확률을 구하시오.

a) 한 가구는 기일을 지키며 다른 한 가구는 기일을 어긴다.
b) 두 가구 모두 기일을 지킨다.

**[3.10]** 내셔널리그 우승팀 및 아메리칸리그 우승팀간의 최강자를 가리는 월드시리즈 야구경기를 가정한다. 최근 17차례를 통한 월드시리즈 성적은 내셔널리그 우승팀이 54승 36패로 앞서 있다고 한다. 이러한 상황에서 7전 4선승제로 승자를 가리는 금년도 월드시리즈에서 아메리칸리그 우승팀이 패권을 차지할 확률을 구하시오.

*__[3.11]__ 어느 자동차 회사에서 생산되는 자동차의 불량품 비율은 20%라고 한다. 이 회사에서는 품질관리의 일환으로 품질관리기사를 고용하여 생산품을 검사하고 있는데, 이 기사의 제품 식별력은 90%의 정확도를 갖는다고 한다. 다음 물음에 답하시오.

a) 어떤 제품이 품질관리기사에 의하여 불량품으로 판정되었을 때, 실제 불량품일

확률을 구하시오.

b) 어떤 제품이 양품판정을 받았으나, 사실은 불량품일 확률을 구하시오.

*[3.12] 다음은 흡연과 출산에 관한 내용이다. 임산부 중 흡연자의 비율을 30%라고 가정한다. 또한 흡연자의 유산율은 40%이고, 비흡연자의 유산율은 20%라고 가정한다. 다음 물음에 답하시오.

a) D양이 무사히 출산하였을 때, D양이 비흡연자일 확률을 구하시오.

b) 오늘 S양이 유산하였다고 할 때, S양이 흡연자일 확률을 구하시오.

*[3.13] 김씨는 두 대의 자가용을 소유하고 있는데, 하나는 대형차이고 또 하나는 소형차라고 한다. 그런데 회사의 주차공간이 협소하여 주차하는데 많은 시간이 소요되므로, 소형차를 타고 출근한 날은 10%의 지각률 그리고 대형차를 이용하는 날은 40%의 지각률을 나타낸다고 한다. 한편 이러한 문제로 김씨는 출근하는 날의 75%는 소형차를 그리고 25%는 대형차를 이용한다고 한다. 여기서 오늘 아침에 김씨가 지각하지 않고 정상적으로 출근하였다고 할 때, 소형차를 이용하였을 확률을 구하시오.

# 4

# 확률변수와 확률분포

# 제4장 확률변수와 확률분포

제3장에서 확률에 대한 기초개념과 사상과 관련된 확률을 구하는 방법을 제시하였다. 이 장에서는 확률의 개념을 확장하여 확률변수와 확률분포에 대하여 설명한다. 확률변수란 표본공간의 모든 결과나 사상들을 숫자로 표시하여 계량화한 것이고, 확률분포는 확률변수의 모든 가능한 값에서 확률을 구하는데 사용되는 방정식이나 표 또는 그래프이다. 이 장에서는 이산형 확률분포로서 이항분포와 포아송분포, 또한 연속형으로는 정규분포, 균일분포, 지수분포를 소개한다. 이 분포들은 일상생활이나 연구에 직접 이용될 수도 있고, 또는 표본자료를 분석하는 통계적 추론에서 중요한 역할을 한다. 또한 확률분포를 설명하면서 경우에 따라 어떤 확률분포를 사용하고, 아울러 요구되는 확률을 어떻게 구할 것인가에 대하여도 다루기로 한다.

## 제1절 확률변수

확률변수를 정의하기에 앞서 다룬 세 자녀 가정의 예를 고려하기로 한다. 세 자녀 가정이란 자녀가 세 명인 가정을 말하는데 자녀들의 성을 고려한 모든 가능한 결과, 즉 **표본공간**(sample space)은 딸만 셋인 GGG부터 아들만 셋인 BBB까지 모두 여덟 개의 결과로 구성된다.

$$\Omega = \{ \text{GGG, GGB, GBG, GBB, BGG, BGB, BBG, BBB} \}$$

여기에 일련의 숫자를 부여하여 위 표본공간의 각 결과를 구분해 보기로 하자.

$$\begin{array}{lccccccccc} \Omega = \{ & GGG, & GGB, & GBG, & GBB, & BGG, & BGB, & BBG, & BBB & \} \\ & \downarrow & \downarrow & \downarrow & \downarrow & \downarrow & \downarrow & \downarrow & \downarrow & \\ \Omega' = \{ & 1, & 2, & 3, & 4, & 5, & 6, & 7, & 8 & \} \end{array}$$

즉 표본공간 Ω의 각 결과에 대하여 GGG는 1 그리고 GGB는 2 등으로 숫자화하여 새로운 표본공간 Ω′이 구성되었다. 이와 같이 표본공간의 모든 결과들에 대하여 산술적 값을 대응시킨 함수를 **확률변수**(random variable)라고 한다. 이 때, 표본공간의 각 결과들이 크기나 무게 등과 같이 양적인 값을 갖는 경우에는 그 자체가 바로 확률변수가 될 수 있다.

앞의 예에서는 원래의 표본공간 Ω의 각 원소를 단순히 숫자화하여 새로운 표본공간 Ω′을 구성하였다. 이제는 위의 표본공간 Ω로부터 또 다른 형태의 확률변수를 정의해 보기로 한다. 먼저 표본공간 Ω의 각 결과들 중에서 두 번째, 세 번째 그리고 다섯 번째 결과인 GGB, GBG 및 BGG는 순서만 다를 뿐 딸의 수가 두 명이라는 공통점을 갖고 있다. 여기서 만일 각 결과의 순서에는 관심이 없고 오로지 딸의 수 또는 아들의 수에만 관심이 있다면, 위의 표본공간은 다르게 표현될 수 있다. 따라서 위의 표본공간 Ω를 딸의 수만을 따지는 결과로 구성되는 새로운 표본공간 Ω″으로 나타내보면 다음과 같다.

$$\Omega'' = \{\ 0,\ 1,\ 2,\ 3\ \}$$

이상에서 볼 때, 새롭게 정의된 위의 표본공간 Ω″은 원래의 표본공간 Ω에 비하여 표본공간을 구성하는 결과의 숫자도 작아졌을 뿐만 아니라 GGG는 3 그리고 BBB는 0으로 표시되는 등 다루기가 좀 더 간편해졌음을 알 수 있다. 이 경우에는 딸의 수가 곧 확률변수가 되는 것이다. 즉 확률변수 $X$를 딸의 수라고 정의하면, 원래의 표본공간 Ω는 확률변수 $X$에 의하여 <그림 4-1>에서와 같이 새로운 표본공간 Ω″으로 대응된다.

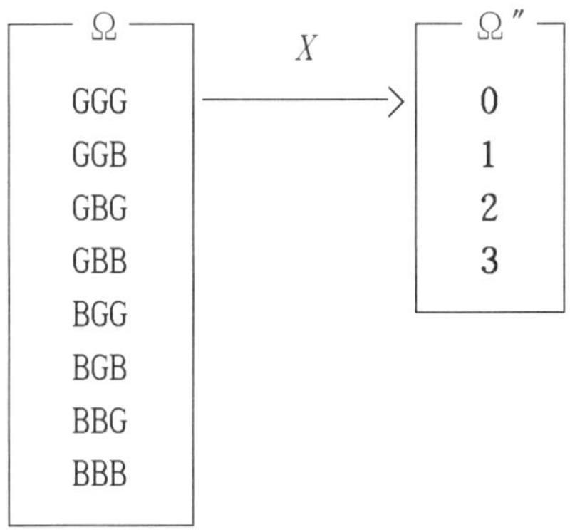


**〈그림 4-1〉 세 자녀 가정 예에서의 딸의 수에 대한 확률변수**

이와 같은 확률변수 $X$는 다음과 같이 정의된다.

> **확률변수**
>
> 확률변수는 원래의 표본공간을 숫자로 표현하여 수학적으로 다루기가 간편한 새로운 표본공간으로 대응시켜 주는 함수이다.

**〔예제 4-1〕** 하나의 동전을 차례로 두 번 던져 앞면(H)이 나왔는지 또는 뒷면(T)이 나왔는지를 관찰한다. 이 경우 나올 수 있는 모든 결과로 구성되는 표본공간 Ω에 대한 확률변수 $X$를 만드시오. 또한 확률변수 $Y$를 앞면이 출현한 횟수라고 정의할 때의 새로운 표본공간 Ω′을 구하시오.

☞ 이 경우 표본공간 Ω는 다음과 같다.

$$\Omega = ( \text{HH, HT, TH, TT} )$$

이 표본공간의 결과들에 대하여 숫자를 다음과 같이 대응시켜 본다.

$$\begin{aligned} HH &\rightarrow 0 \\ HT &\rightarrow 1 \\ TH &\rightarrow 2 \\ TT &\rightarrow 3 \end{aligned}$$

이렇게 하여 만들어진 확률변수 $X$가 취할 수 있는 값은 { 0, 1, 2, 3 }이고, $P(HT) = P(X=1)$ 등과 같이 쓸 수 있다. 또한 앞면의 출현횟수를 확률변수로 하는 새로운 표본공간은 아래와 같이 세 개의 원소로 구성된다.

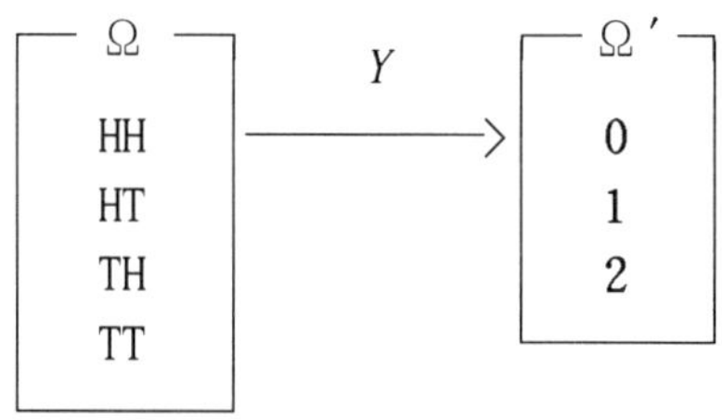


■

한편 확률변수는 취하는 값의 특성에 따라 이산확률변수와 연속확률변수로 구분된다. 먼저 **이산확률변수**(discrete random variable)란 앞의 세 자녀 가정 예에서의 딸의 수 그리고 동전던지기 예에서의 앞면 출현횟수 등과 같이 유한(finite)하거나 또는 셀 수 있는(countable) 값을 취하는 경우의 확률변수를 의미한다. 이와는 달리 **연속확률변수**(continuous random variable)는 전구의 수명시간, 몸무게 등과 같이 연속적인 값을 갖는 경우의 확률변수를 의미한다.

일반적으로 확률변수는 $X$, $Y$, $Z$ 등과 같이 대문자로 표기한다. 예를 들면 주사위를 던지는 경우 나오는 숫자를 확률변수 $X$로 표시할 때, 확률을 다음과 같이 나타낸다.

$$P(X) = \frac{1}{6}, \quad X = 1, \cdots, 6$$

즉 확률변수 $X$가 1부터 6 사이의 어떤 특정한 값을 취할 확률이 모두 1/6이라는 뜻이다.

## 제2절 확률분포

**확률분포**(probability distribution)는 다음과 같이 정의된다.

**확률분포**

> 확률분포는 확률변수가 취할 수 있는 모든 가능한 값, 즉 표본공간의 모든 결과들이 각각 발생할 확률에 대한 분포를 의미한다.

표본공간에 속해 있는 모든 결과들에 대하여 그 결과들이 나타날 확률을 정리해 놓은 것이 확률분포이다. 표본공간이 확률변수로 이루어졌을 때는 모든 확률변수들의 값에 대하여 각각 출현할 확률들을 모은 것이다. 확률분포는 표의 형태로 표현되기도 하고, 확률변수와 확률과의 관계를 규정짓는 방정식의 형태도 있다. 예를 들어 <표 4-1>은 표의 형태이고, 제4절부터 8절까지 소개되는 이항분포와 정규분포 등은 방정식으로 표현된 확률분포이다. 이러한 확률분포는 어떤 결과나 확률변수가 나타날 가능성을 다루므로, 불확실한 상황에서 의사결정을 하는데 유용한 모형이다.

앞의 제1절에서 다룬 세 자녀 가정의 예에서 발생할 수 있는 모든 경우는 GGG부터 BBB까지의 여덟 가지이며, 또한 각 결과들의 발생할 확률은 모두 1/8로 동일하였다. 여기서 딸의 수를 확률변수 $X$로 정의한다면 확률변수 $X$가 취할 수 있는 값은 0, 1, 2, 3의 네 가지가 되는데, 각각의 값이 발생하게 될 확률은 각 값에 해당하는 경우의 수에 따라 다르게 된다. 다음의 <표 4-1>은 딸의 수를 의미하는 확률변수 $X$가 취할 수 있는 모든 값에 대하여 각각의 발생확률을 나타내고 있는데, 이것이 바로 확률변수 $X$의 확률분포가 된다.

**〈표 4-1〉 세 자녀 가정 예에서의 확률분포**

| $e$ | $P(e)$ | | $X$ | $P(X)$ |
|---|---|---|---|---|
| GGG | 1/8 | | 0 | 1/8 |
| GGB | 〃 | ⇔ | 1 | 3/8 |
| GBG | 〃 | | 2 | 3/8 |
| GBB | 〃 | | 3 | 1/8 |
| BGG | 〃 | | | |
| BGB | 〃 | | | |
| BBG | 〃 | | | |
| BBB | 〃 | | | |

한편 <표 4-1>의 확률분포를 그래프로 나타내면 다음의 <그림 4-2>와 같은데, 각 확률변수 값에 대한 상대적인 확률을 더욱 효과적으로 파악할 수 있다.

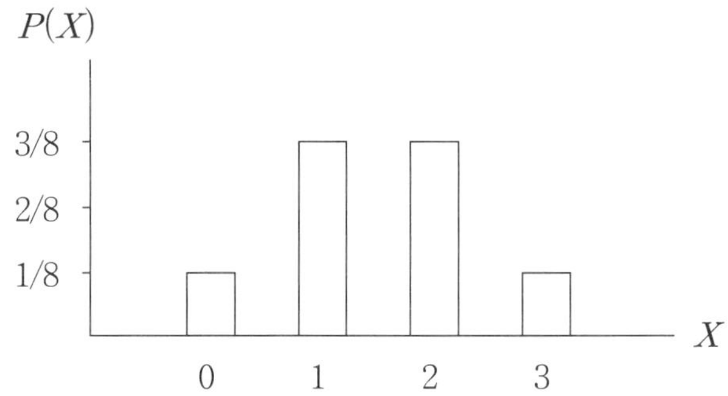


〈그림 4-2〉 확률분포의 그래프

확률분포의 종류는 크게 두 가지로 구분되는데, 해당 확률변수가 이산형인지 또는 연속형인지에 따라 확률분포도 이산확률분포 또는 연속확률분포로 나누어진다.

### ▶ 이산확률분포

**이산확률분포**(discrete probability distribution)는 이산확률변수를 다루는 분포로서 확률값 또는 확률밀도함수 $P(X_i)$는 1이하의 양수가 되며, 모든 확률값을 전부 더하면 1이 되는 특성을 갖는다.

**이산확률밀도함수**

$$0 \le P(X_i) \le 1, \quad i = 1, \cdots, n$$

$$\sum_{i=1}^{n} P(X_i) = 1$$

여기서 $P(X_i)$는 $P(X = X_i)$를 줄여 쓴 것으로 확률변수 $X$가 $X_i$의 값을 취할 확률을 의미한다.

### ▶ 연속확률분포

**연속확률분포**(continuous probability distribution)는 연속확률변수에 대한 분포로서 **확률밀도함수**(probability density function)에 의하여 형성된다. 확률밀도함수 $f(X)$는 확률분포에서 확률변수가 $X$일 때의 값으로서 0보다 작지 않으며, 확률변수의 값이 취할 수 있는 모든 영역에 대하여 이를 적분하면 1이 된다.

**연속확률밀도함수**

$$f(X) \ \geq\ 0, \qquad -\infty < X < \infty$$

$$\int_{-\infty}^{\infty} f(X)\, dX \ =\ 1$$

확률밀도함수는 이산형에서의 확률과는 구분되어야 한다. 즉 $f(X)$는 확률변수가 어떤 값 $X$를 취할 확률을 뜻하지 않는다. 예를 들어 <그림 4-3> 의 확률밀도함수를 보면, $(a, b)$의 좁은 구간에서도 무수히 많은 확률변수의 값, 즉 실수가 존재한다.

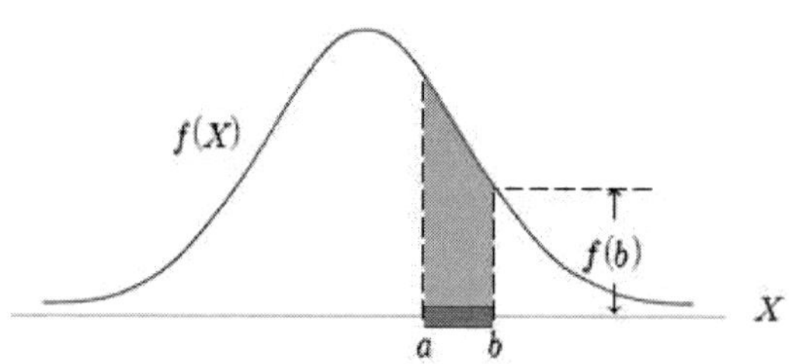


**〈그림 4-3〉 확률밀도함수의 예**

이 구간에서 제일 작은 확률밀도함수의 값은 $f(b)$이다. 만약 확률밀도함수가 확률과 같다면 구간 $(a, b)$ 속에서 무수히 많은 확률변수의 값이 존재하므로, 각 값에서의 확률을 다 더하면 $\infty \cdot f(b)$ 보다 크게 되므로 결국 $X$가 $a$와 $b$ 사이에 있을 확률은 $\infty$가 되는 넌센스가 발생한다. 따라서 연속확률변수에 대해서 어떤 특정한 값에 대한 확률로 표현할 수 없고, 확률변수의 구간에 대한 확률이나 확률밀도함수를 취급하게 된다.

한편 이산확률분포의 확률값 $P(X_i)$를 확률밀도함수에 대비하여 특별히 **확률질량함수**(probability mass function)라고 구분하여 부르기도 한다. 그러나 이 책에서는 특별히 구분이 필요한 경우를 제외하고는 두 가지 모두 확률밀도함수라고 하겠다.

### ▶ 누적분포함수

**누적분포함수**(cumulative distribution function) $F(X)$는 다음과 같이 정의된다.

$$F(a) = P(X \le a)$$

즉 누적분포함수는 확률변수 $X$가 어떤 값 $a$보다 작을 확률을 의미하는데, 그 특성은 다음과 같다.

**누적분포함수와 그 특성**

- ▶ $F(a) = P(X \le a)$
- ▶ $F(X)$는 비감소함수이며, $F(-\infty) = 0$ 및 $F(\infty) = 1$을 만족한다.

이산확률변수의 누적분포함수는 $-\infty$에서 $X$까지의 모든 확률변수값에 대한 확률을 더한 것으로 다음과 같다.

**이산확률변수의 누적분포함수**

$$F(X) = \sum_{u \le X} P(u)$$

그러면 <그림 4-2>의 이산확률분포에 대한 누적분포함수를 구하면 다음과 같다.

$$F(X) = \begin{cases} 0, & X < 0 \\ 1/8, & 0 \le X < 1 \\ 4/8, & 1 \le X < 2 \\ 7/8, & 2 \le X < 3 \\ 1, & X \ge 3 \end{cases}$$

이를 그래프로 나타내면 <그림 4-4>와 같다.

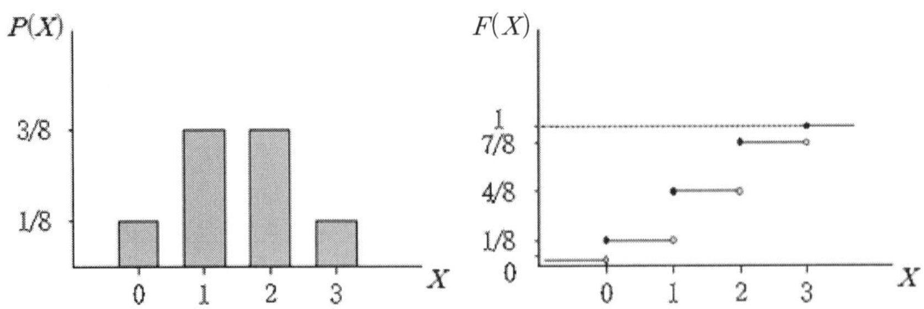


**〈그림 4-4〉 세 자녀 가정 예에서의 누적분포함수**

한편 연속확률변수에 대한 누적분포함수는 확률밀도함수를 $-\infty$ 부터 $X$까지 적분한 것으로 아래와 같다.

**연속확률변수의 누적분포함수**

$$F(X) = \int_{-\infty}^{X} f(u)\,du$$

다음의 <그림 4-5>는 연속확률변수에 대한 확률밀도함수와 누적분포함수의 관계를 보여 준다. 즉 확률변수의 어떤 값 $a$에 대한 누적분포함수 $F(a)$는 확률밀도함수 $f(X)$에서 $a$까지의 면적과 같다.

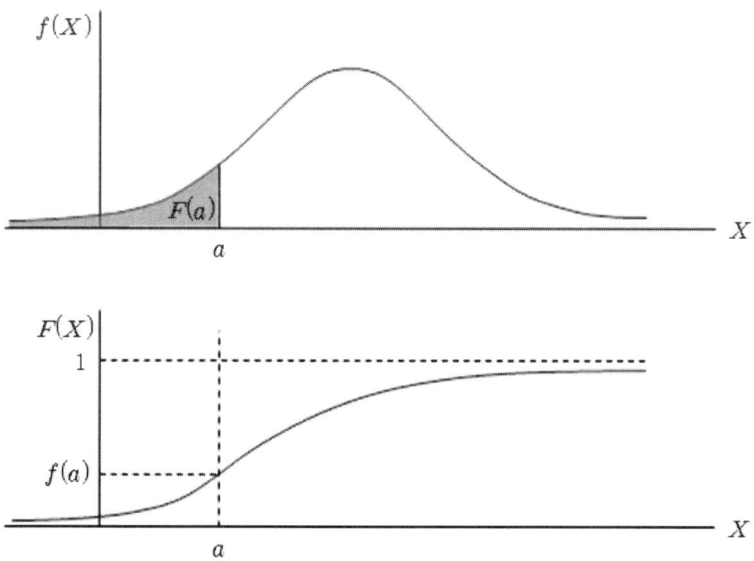


〈그림 4-5〉 연속확률변수의 누적분포함수

〔예제 4-2〕 앞의 [예제 4-1] 에서 확률변수 $Y$에 대한 확률분포와 누적분포함수를 구하고, 이를 그래프로 나타내시오.

☞ 확률변수 $Y$가 취할 수 있는 값 0, 1, 2에 대한 확률값은 각각 1/4, 1/2, 1/4 이 되며, 이 확률분포를 그래프로 나타내면 다음과 같다.

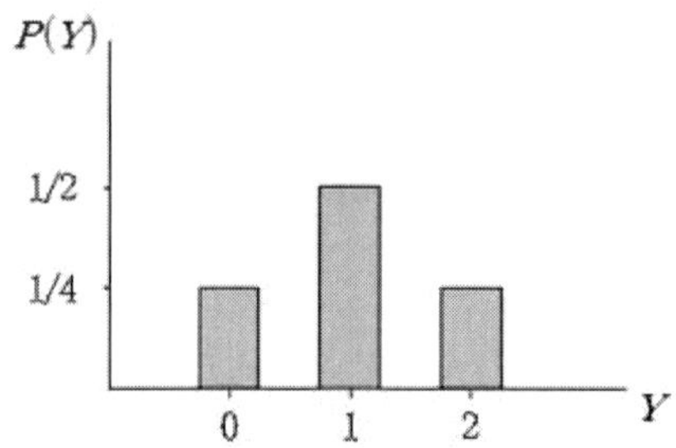


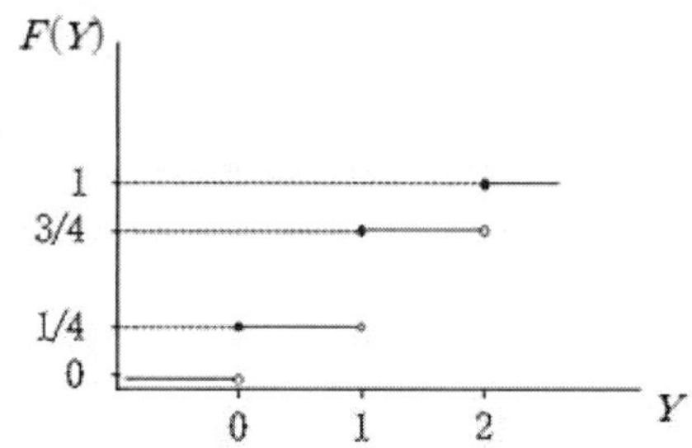


■

앞으로 이 장에서 설명되는 확률분포는 세상에 존재하는 수많은 확률분포 중에서 그 수학적 특성이 뛰어나고 다루기가 쉬워 많이 사용되고 있는 분포들이다. 즉 세상의 모든 확률적 현상들이 꼭 이 분포 중의 하나를 따른다고는 할 수는 없다. 일반적으로 분석하고자 하는 현상을 잘 모형화된 어떤 분포에 근사적으로 적합시킴으로써 문제해결을 용이하게 하려는 시도이다.

## *제3절 확률변수의 기대값

의사결정을 하는 과정에서 가능한 결과들에 대하여 확률을 고려하는 경우가 많다. 그 이유는 가능한 결과들에 대한 확률을 염두에 두고 최선의 결정을 찾아내는 것이 쉽기 때문이다. 그러면 기대값을 설명하기 위하여 앞의 제3장 6절에서 다루었던 다음의 예를 고려한다. 어떤 회사에서 인도네시아의 어느 지점에 유전을 시추해야 할지를 결정하려고 한다. 그동안 여러 가지를 조사해 본 결과 다음과 같은 자료가 집약되었다.

| | |
|---|---|
| 시추비용 | : 4억 달러 |
| 성공하는 경우의 이익 | : 10억 달러 |
| 성공확률 | : 0.23 |

여기서 위의 자료를 토대로 하여 유전 시추 사업에 따른 기대이익을 계산해 보면 다음과 같다.

$$
\begin{aligned}
\text{기대이익} &= \text{성공하는 경우의 이익(10억 달러)} \times \text{성공확률(0.23)} \\
&\quad - \text{실패비용(4억 달러)} \times \text{실패확률(0.77)} \\
&= -0.78\text{억 달러}
\end{aligned}
$$

즉 확률적으로 볼 때 7,800만 달러를 손해 본다는 계산이다. 이를 좀 더 자세히 설명하면 이러한 조건의 사업을 수없이 여러 번 시도한다면 어떤 때는 성공하고 또 어떤 때는 실패하겠지만, 그 평균 이익은 -7,800만 달러가 된다는 의미이다. 이와 같이 표본으로 나올 수 있는 결과들에 그 결과가 나올 확률을 곱하여 합한 것이 **기대값**(expected value)이다. 이러한 기대값은 통계적 의사결정을 하는데 매우 중요한 자료가 된다.

### (1) 이산확률변수의 기대값

이산확률변수의 기대값은 변수의 각 값들에 확률을 곱한 후 합한 것이다. 여기서 $g(X)$를 확률변수 $X$에 대한 임의의 함수라 할 때, $g(X)$의 기대값은 다음과 같이 정의된다.

**이산확률변수의 기대값**

$$E[g(X)] = \sum_X g(X)P(X)$$

▶ **모평균**

모평균 $\mu$는 $g(X)=X$일 때의 기대값으로 다음과 같이 정의된다.

**모평균**

$$\mu = E(X) = \sum_X XP(X)$$

▶ **모분산**

모분산 $\sigma^2$는 아래와 같이 $g(X)=(X-\mu)^2$에 대한 기대값이다.

**모분산**

$$\begin{aligned}\sigma^2 = E[(X-\mu)^2] &= \sum_X (X-\mu)^2 P(X) \\ &= \sum X^2P(X) - 2\mu\sum XP(X) + \mu^2\sum P(X) \\ &= E(X^2) - \mu^2\end{aligned}$$

〔예제 4-3〕 앞 <표 4-1>의 확률변수 $X$에 대하여 평균과 분산을 구하시오.

☞ 딸의 숫자를 나타내는 확률변수 $X$의 평균과 분산을 구하기 위하여 요구되는 계산과정과 그 결과는 다음과 같다.

| $X$ | $P(X)$ | $XP(X)$ | $X^2P(X)$ |
|---|---|---|---|
| 0 | .125 | .000 | .000 |
| 1 | .375 | .375 | .375 |
| 2 | .375 | .750 | 1.500 |
| 3 | .125 | .375 | 1.125 |
| | 1.000 | 1.500 | 3.000 |

$$\begin{cases} \mu = \sum XP(X) = 1.5 \\ \sigma^2 = \sum(X-\mu)^2P(X) = \sum X^2P(X) - \mu^2 = 3.0 - (1.5)^2 = .75 \end{cases}$$

즉 세 자녀 가정에서 딸의 수는 평균 1.5명이며, 분산은 0.75명이다 ■

### (2) 연속확률변수의 기대값

연속확률변수의 기대값은 연속확률변수의 특성이 연속적이므로 이산형의 $\sum$ 대신에 $\int$을 사용하여 적분한다. 즉 연속확률변수의 함수 $g(X)$에 대한 기대값은 다음과 같이 정의된다.

**연속확률변수의 기대값**

$$E[g(X)] = \int_{-\infty}^{\infty} g(X)f(X)dX$$

▶ **모평균**

이산형에서와 마찬가지로 $g(X)=X$일 때의 기대값이 모평균 $\mu$가 된다.

**모평균**

$$\mu = E(X) = \int_{-\infty}^{\infty} Xf(X)dX$$

▶ **모분산**

모분산 $\sigma^2$는 $g(X)=(X-\mu)^2$일 때의 기대값으로 다음과 같이 정의된다.

**모분산**

$$\sigma^2 = E[(X-\mu)^2] = \int_{-\infty}^{\infty} (X-\mu)^2 f(X)\,dX = E(X^2)-\mu^2$$

## (3) 기대값의 특성

이제 기대값에 대한 몇 가지 특성을 살펴보기로 한다. 먼저 $X$와 $Y$를 확률변수 그리고 $a$를 임의의 상수라 할 때, 기대값의 특성은 다음과 같이 정리된다.

**기대값의 특성**

① $E(aX) = aE(X)$

② $E(X \pm Y) = E(X) \pm E(Y)$

③ $E(XY) = E(X)E(Y)$ ← $X$와 $Y$가 독립인 경우

④ $V(aX) = a^2 V(X)$

⑤ $V(X \pm Y) = V(X) + V(Y)$ ← $X$와 $Y$가 독립인 경우

앞의 특성 ①과 ②를 $n$개의 확률변수에 대한 경우로 확장하면 다음과 같다.

$$E(a_1X_1 \pm \cdots \pm a_nX_n) = a_1E(X_1) \pm \cdots \pm a_nE(X_n)$$

그러면 표본평균 $\overline{X}$에 대한 기대값은 아래와 같이 도출된다.

$$\mu_{\overline{X}} = E(\overline{X}) = \frac{1}{n}\mu + \cdots + \frac{1}{n}\mu = \mu$$

또한 앞의 특성 ④와 ⑤로부터 분산에 대한 다음의 식을 유도할 수 있다.

$$V(a_1X_1 \pm \cdots \pm a_nX_n) = a_1^2V(X_1) + \cdots + a_n^2V(X_n)$$

따라서 표본평균 $\overline{X}$에 대한 분산은 다음과 같이 구해진다.

$$\sigma_{\overline{X}}^2 = V(\overline{X}) = V(\frac{1}{n}X_1 + \cdots + \frac{1}{n}X_n) = \frac{1}{n^2}V(X_1) + \cdots + \frac{1}{n^2}V(X_n) = \frac{\sigma^2}{n}$$

[예제 4-4] 주사위를 세 번 던졌을 때, 그 평균의 기대값과 분산을 구하시오.

☞ 세 주사위에서 나오는 숫자를 각각 $X_1$, $X_2$, $X_3$라고 하자. 먼저 각 주사위 눈금 $X$의 기대값은 다음과 같이 구해진다.

$$\mu = E(X) = 1\left(\frac{1}{6}\right) + 2\left(\frac{1}{6}\right) + \cdots + 6\left(\frac{1}{6}\right) = 3.5$$

$$\sigma^2 = V(X) = (1-3.5)^2(\frac{1}{6}) + (2-3.5)^2(\frac{1}{6}) + \cdots + (6-3.5)^2(\frac{1}{6}) = \frac{35}{12}$$

따라서 세 주사위 눈금의 평균 $\overline{X}$에 대한 기대값과 분산은 다음과 같다.

$$E(\overline{X}) = E\left(\frac{X_1 + X_2 + X_3}{3}\right)$$

$$= \frac{1}{3}[E(X_1) + E(X_2) + E(X_3)]$$

$$= \frac{1}{3}(3.5 + 3.5 + 3.5) = 3.5$$

$$V(\overline{X}) = \frac{1}{3^2}\{V(X_1) + V(X_2) + V(X_3)\} = \frac{\sigma^2}{3} = \frac{35}{36}$$ ■

## 제4절 이항분포

**이항분포**(binomial distribution)는 가장 많이 쓰이는 이산확률분포로 다음과 같은 특성을 갖는다.

**이항분포의 특성**

① 실험의 결과가 'YES' 또는 'NO'와 같이 두 가지 중 어느 한 가지로 나타난다.

② 실험은 $n$번의 시행으로 이루어지는데, 각 시행에서 YES가 나올 확률 $p$는 항상 같다.

③ 각 시행은 서로 독립적이다.

④ 확률변수 $X$는 $n$번의 시행에서 YES가 나온 횟수이다.

앞의 제3장에서 다룬 동전의 예나 세 자녀 가정의 경우도 이항분포를 따르는 확률변수이다. 동전을 $n$번 던졌을 때, 앞면이 나오는 횟수가 $X$일 확률, 또 세 명의 자녀 중 $X$명이 딸일 확률은 모두 이항분포를 따른다.

이항분포의 확률밀도함수는 다음과 같이 정의되는데, 일반적으로 $B(n, p)$라는 기호로 나타낸다.

**이항분포의 확률밀도함수**

$$P(X) = \binom{n}{X} p^X (1-p)^{n-X} \sim B(n,p), \qquad \binom{n}{X} = \frac{n!}{X!\,(n-X)!}$$

$$\mu = np, \quad \sigma^2 = np(1-p)$$

여기서 $X$는 각 시행의 성공확률이 $p$일 때 $n$번의 독립시행 중 성공한 횟수이다. 성공확률 $p$는 이항분포를 적용하려는 모집단에 따라 다르다. 이와 같이 모집단의 특성을 결정지어 주는 값을 **모수**(parameter)라고 한다. 확률밀도함수에서 모수를 알면 확률변수만의 함수가 된다. 한편 이항분포에서 $n=1$인 경우를 특히 **베눌리 시행**(Bernoulli trials)이라고 한다. 이항분포의 확률은 <부표 2>를 이용하여 구할 수도 있다.

[예제 4-5] 프로야구 두 팀 $A$와 $B$가 시즌 중 여섯 번 시합을 한다. 매 시합에서 $A$팀이 승리할 확률이 0.6일 때, 아래 물음에 답하시오.

a) 여섯 번의 시합 중 $A$팀이 두 번 승리할 확률을 구하시오.
b) 여섯 번의 시합 중 $A$팀이 승리할 횟수가 두 번 이하일 확률을 구하시오.
c) $A$팀이 승리할 횟수에 대한 평균과 분산을 구하시오.

☞ a) $A$팀이 이긴 횟수를 확률변수 $X$라고 할 때, 여섯 번의 시합 중 $A$팀이 두 번 승리할 확률은 다음과 같이 구해진다.

$$P(X=2) = \binom{6}{2}(.6)^2(.4)^{6-2} = .13824$$

b) $A$팀이 2번, 1번 또는 0번 승리할 확률식은 다음과 같이 나타낼 수 있다.

$$P(X \leqq 2) = \sum_{X=0}^{2} \binom{6}{X}(.6)^X(.4)^{6-X}$$

여기서 <부표 2>에 제시된 이항분포표를 이용하여 위의 확률을 구하면 다음과 같다.

$$P(X \leqq 2) = P(X=0) + P(X=1) + P(X=2)$$

$$= .004 + .037 + .138 = .179$$

c) $A$ 팀이 이길 횟수에 대한 평균과 분산은 다음과 같이 계산된다.

$$\begin{cases} \mu = np = 6(.6) = 3.6 \\ \sigma^2 = np(1-p) = 6(.6)(1-.6) = 1.44 \end{cases}$$

■

## *제5절 포아송분포

**포아송분포**(Poisson distribution)는 다음의 예에서와 같이 어떤 정해진 시간 또는 일정한 면적에서 매우 드물게 발생하는 사건의 수에 대한 분포로 사용된다.

**포아송분포의 예**

- ▶ 어떤 공장에서 매달 발생하는 안전사고 건수
- ▶ 출고되는 자동차의 도색 결함 수
- ▶ 아파트 엘리베이터의 월간 고장 수
- ▶ 성수대교의 상판 1개당 불량용접 수
- ▶ 타이핑 원고당 오타의 수
- ▶ 매일의 자동차사고 사망자 수

먼저 포아송분포의 확률밀도함수는 다음과 같은데, 포아송분포의 평균과 분산은 똑같이 $\lambda$를 갖는다. 이 때, $\lambda$는 단위시간당 또는 단위면적당 어떤 특성의 발생률을 의미하는 모수이다. 포아송분포에 대한 확률은 <부표 3>에서 찾을 수 있다.

**포아송분포의 확률밀도함수와 특성**

$$P(X) = \frac{\lambda^X}{X!}\exp(-\lambda) \sim P(\lambda), \quad X = 0, 1, 2, \cdots, \quad \lambda > 0$$

$$\mu = \sigma^2 = \lambda$$

한편 포아송분포는 이항분포와 매우 밀접한 관계를 갖는다. 이항분포의 시행횟수 $n$이 매우 크고 또한 출현율 $p$가 매우 작은 경우, 이항분포의 확률밀도함수는 포아송분포의 확률밀도함수로 접근한다.

$$\binom{n}{X} p^X (1-p)^{n-X} \approx \frac{\lambda^X}{X!} \exp(-\lambda), \quad \text{여기서 } \lambda = np$$

위의 관계식은 이항분포의 시행횟수 $n$이 클수록 또한 출현율 $p$가 작을수록 더욱 근접해진다. 일반적으로는 다음의 사항이 충족될 때, 이항분포를 포아송분포로 적용하는 데에 별 무리가 없다.

$$n \geqq 100, \quad p \leqq 0.01, \quad np \leqq 20$$

모수를 달리하며 이항분포와 포아송분포의 확률값을 비교한 결과를 다음의 <표 4-2>에서 보여준다.

### 〈표 4-2〉 이항분포와 포아송분포의 확률값 비교

| $X$ | 이항분포 | | 포아송분포 |
|---|---|---|---|
| | $B(20, .05)$ | $B(100, .01)$ | $P(1)$ |
| 0 | .358 | .366 | .368 |
| 1 | .378 | .370 | .368 |
| 2 | .189 | .185 | .184 |
| 3 | .059 | .061 | .061 |
| 4 | .013 | .015 | .015 |
| 5 | .003 | .003 | .003 |
| 6 | .000 | .000 | .001 |

앞의 표를 보면 $B(100, .01)$이 $B(20, .05)$보다는 $P(1)$에 더 근접한 값을 나타냄을 알 수 있다.

[예제 4-6] 어떤 상담원은 하루에 평균 500통의 전화를 받는다고 한다. 그런데 이 중 약 1%는 장난전화이다. 오늘 상담원이 세 건의 장난전화를 받을 확률을 구하시오.

☞ 이 경우 장난전화의 수는 다음과 같이 $\lambda = 5$인 포아송분포를 따르게 된다.

$$\lambda = np = 500\,(.01) = 5$$

따라서 포아송분포에서 $X = 3$일 확률을 구하면 다음과 같다.

$$P(X=3) = \frac{\lambda^X}{X!}\exp(-\lambda) = \frac{5^3}{3!}\exp\,(-5) = .140$$ ■

## 제6절 정규분포

**정규분포**(normal distribution)는 통계학에서 가장 많이 활용되는 연속확률분포이다. 그 이름도 여러 가지인데 가우스분포(Gauss distribution), 종 모양의 분포(bell shaped distribution) 등으로 불리기도 한다. 정규분포는 앞으로 다루게 될 추정 및 가설검정 그리고 회귀분석 등 대부분의 통계방법에 활용된다. 먼저 정규분포의 특성을 살펴보면 다음과 같다.

**정규분포의 특성**

① 정규분포는 평균 $\mu$를 중심으로 대칭을 이룬다.

② 확률분포에 상관없이 어떤 확률변수라도 표본평균의 분포는 표본수가 증가함에 따라 정규분포에 접근한다(제5장 3절).

③ 정규분포를 따르는 확률변수들의 변형으로부터 통계방법에 많이 활용되는 $\chi^2$ 분포, $t$ 분포 및 $F$ 분포 등이 파생된다(제5장 4절).

정규분포는 두 개의 모수인 평균과 분산에 의하여 결정되는데, 확률변수 $X$가 평균이 $\mu$이고 분산이 $\sigma^2$인 정규분포를 따를 때의 확률밀도함수를 $N(\mu, \sigma^2)$로 표기한다. 또한 정규분포는 확률변수 $X$가 $-\infty$로부터 $\infty$ 사이의 값을 가지며, 확률밀도함수 $f(X)$는 모든 $X$에서 0보다 크다.

**정규분포의 확률밀도함수**

$$f(X) = \frac{1}{\sqrt{2\pi}\,\sigma} \exp\left\{-\frac{(X-\mu)^2}{2\sigma^2}\right\} \sim N(\mu, \sigma^2), \quad \infty < X < \infty$$

모평균 : $\mu$ , 분산 : $\sigma^2$

정규분포의 확률은 표준편차 $\sigma$와 $\mu$ 사이에 일정한 관계를 갖는다. 다음의 <그림 4-6>에서와 같이 $\mu$를 기준으로 $\pm\sigma$의 구간은 0.683, 또한 $\pm 2\sigma$의 구간은 0.954, 그리고 $\pm 3\sigma$의 구간은 0.997의 확률을 갖는다.

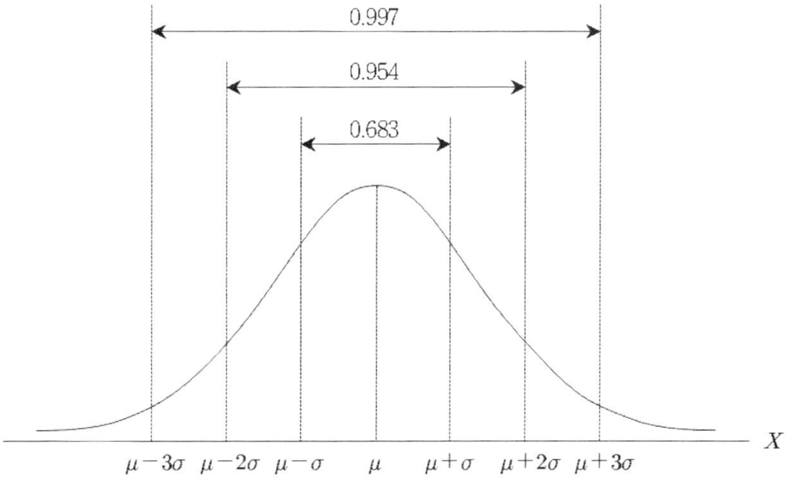


**〈그림 4 6〉 정규분포의 확률밀도함수**

다음 <그림 4-7>의 (a)에서는 분산은 똑같이 $2^2$ 이지만 $\mu$가 5와 10으로 다를 때 중심의 위치가 바뀌는 것을 보여주고, (b)에서는 평균은 5로 같지만 분산이 1과 4일 때의 분포형태를 보여주고 있다.

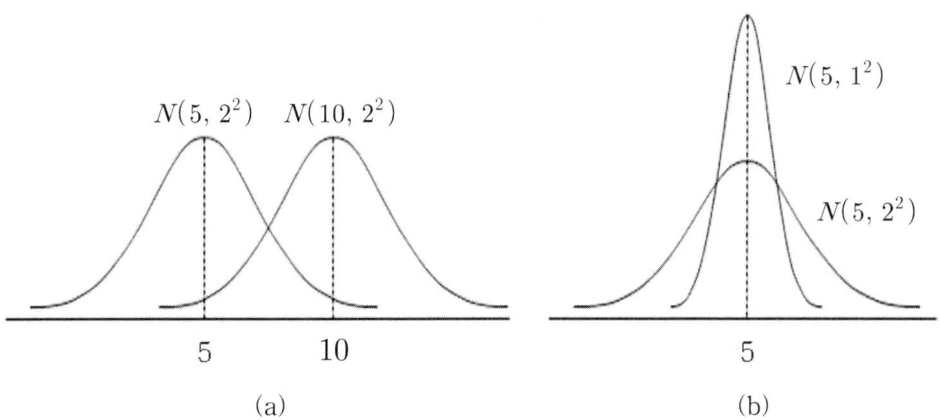


**〈그림 4-7〉 $\mu$와 $\sigma^2$의 변화에 따른 정규분포의 형태**

### (1) 표준정규분포

정규분포에서 평균이 0이고 분산이 1일 때, 즉 $N(0,1)$을 특별히 **표준정규분포** (standard normal distribution)라고 한다. 이는 정규분포의 가장 단순한 형태인데, 표준정규분포를 따르는 확률변수를 특별히 $Z$로 나타낸다. 따라서 표준정규분포를 간략히 $Z$분포라고도 한다.

#### ▶ 확률계산

정규분포의 확률은 계산하기가 매우 복잡하다. 그래서 표준정규분포에 대하여 만들어 놓은 <부표 4> 표준정규분포표를 이용한다.

먼저 <부표 4>를 이용하여 표준정규분포의 확률을 구해보기로 한다. <부표 4>의 표준정규분포표에 제시된 값은 다음과 같이 표준정규분포의 오른쪽 꼬리면적을 나타내고 있다.

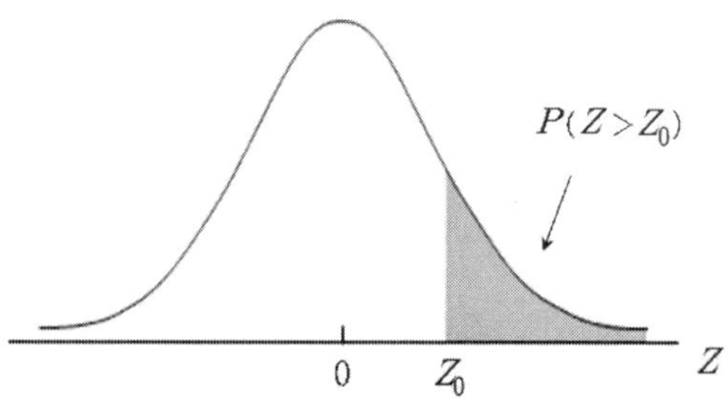


예를 들어 $Z_0 = 1$이면 <부표 4> 로부터 꼬리면적이 아래 그림과 같이 0.159임을 알 수 있다.

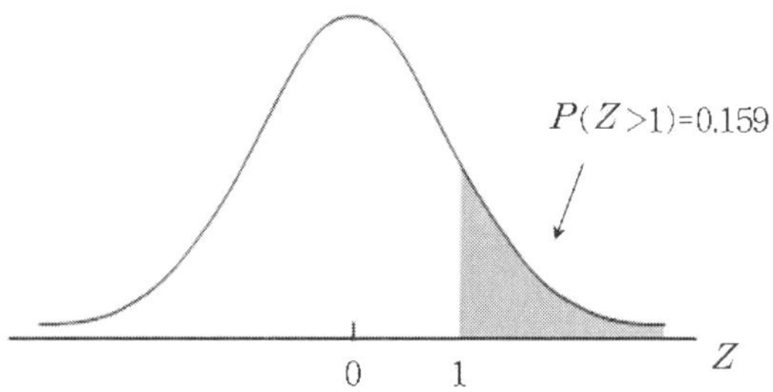


만일 왼쪽 꼬리면적을 구하고자 하는 경우에는 정규분포의 대칭성을 이용하여 아래 그림과 같이 오른쪽 꼬리면적을 구하는 문제로 전환할 수 있다.

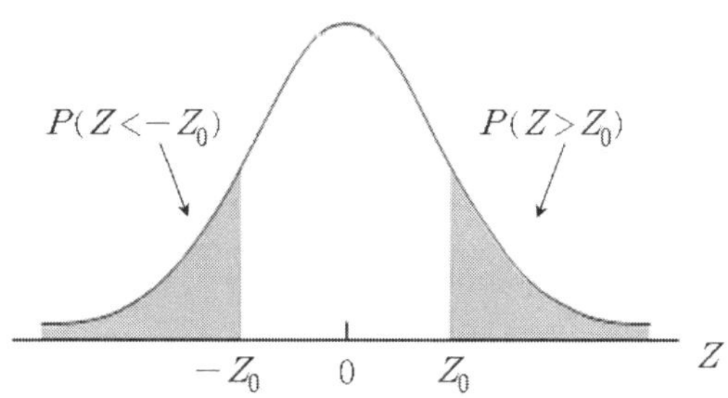


여기서 $P(Z < -Z_0) = P(Z > Z_0)$이다. 예를 들어 $Z_0$ = -2일 때의 왼쪽 꼬리면적은 $Z_0$ = 2일 때의 오른쪽 꼬리면적과 같으므로 0.023의 확률을 얻게 된다.

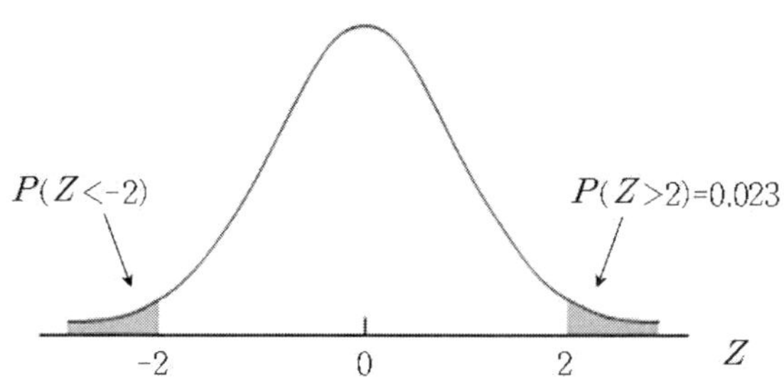

〔예제 4-7〕 다음의 확률을 <부표 4>를 이용하여 구하시오.

a) $P(Z>1.96)$ b) $P(Z<1.96)$

c) $P(Z<-1.96)$ d) $P(1<Z<2)$

e) $P(-1<Z<2)$ f) $P(-1.5<Z<1.5)$

☞ a) $P(Z>1.96) = .025$

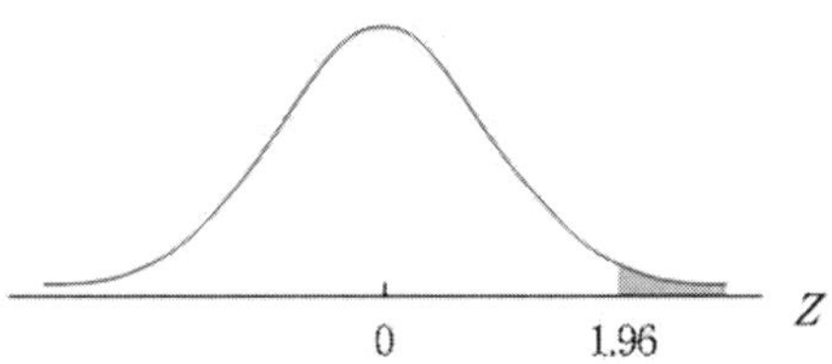


b) $P(Z<1.96) = 1 - P(Z>1.96) = 1 - .025 = .975$

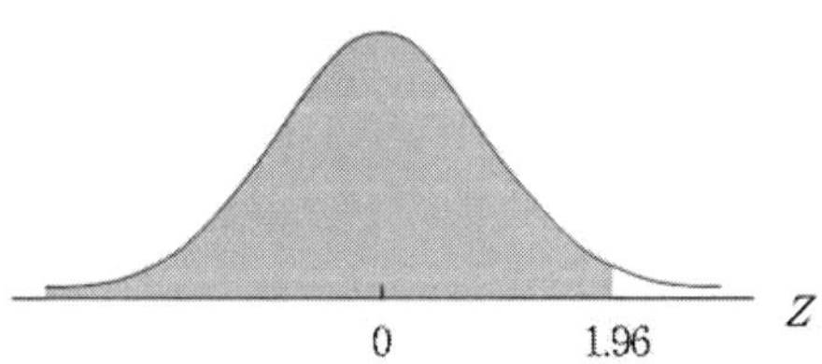


c) $P(Z<-1.96) = P(Z>1.96) = .025$

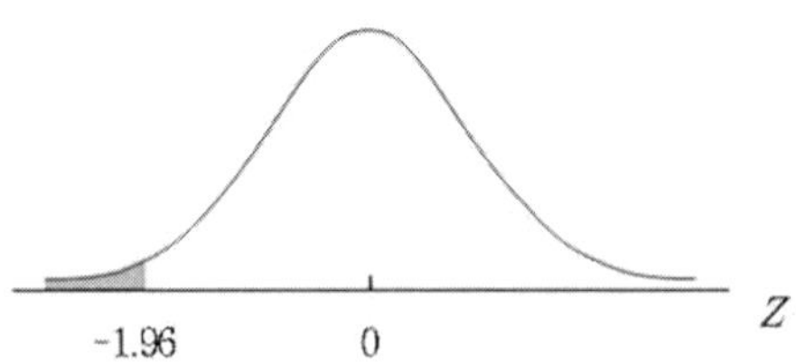

d) $P(1<Z<2) = P(Z>1) - P(Z>2) = .159 - .023 = .136$

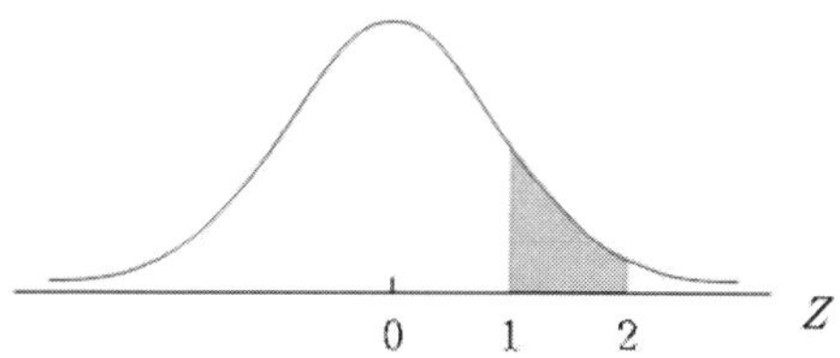


e) $P(-1<Z<2) = 1 - P(Z>1) - P(Z>2) = 1 - .159 - .023 = .818$

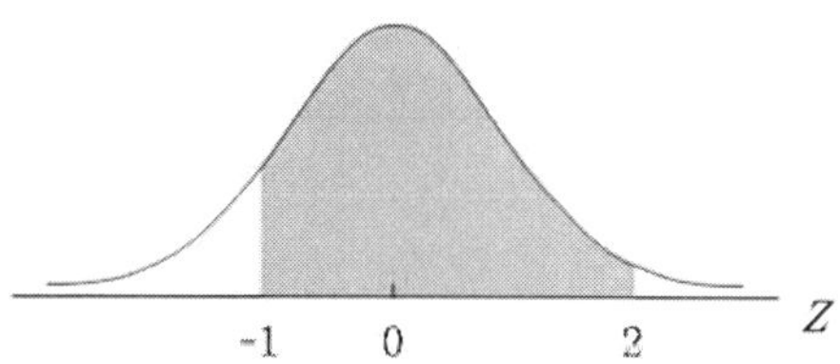


f) $P(-1.5<Z<1.5) = 1 - 2P(Z>1.5) = 1 - 2(.067) = .866$

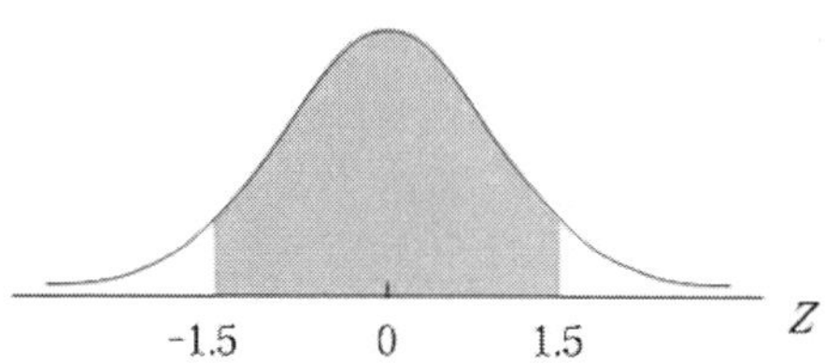


## (2) 표준정규분포로의 전환

정규분포의 확률밀도함수는 매우 복잡하여 확률변수의 어떤 구간에 대한 확률을 계산하기 어렵다. 따라서 정규분포의 확률계산은 우선 정규분포를 표준정규분포로 전환하여 <부표 4>를 이용하게 된다.

확률변수 $X$가 평균 $\mu$이고 분산 $\sigma^2$인 정규분포를 따를 때, $X$에서 평균 $\mu$를 빼고 표준편차 $\sigma$를 나누어 주면 다음과 같이 표준정규분포 $Z$로 전환된다.

**표준정규분포로의 전환식**

$$X \sim N(\mu, \sigma^2) \ \Rightarrow \ \frac{X-\mu}{\sigma} = Z \sim N(0, 1)$$

따라서 정규분포에서의 확률이 아래와 같이 표준정규분포 확률로 전환될 수 있다.

$$P(X \le a) = P(\frac{X-\mu}{\sigma} \le \frac{a-\mu}{\sigma}) = P(Z \le \frac{a-\mu}{\sigma})$$

다음의 <그림 4-8>에서 보는 바와 같이 $N(3, 2^2)$에서 $X$가 5이상일 확률은 $N(0, 1)$에서 $Z$가 1이상일 확률로 전환된다.

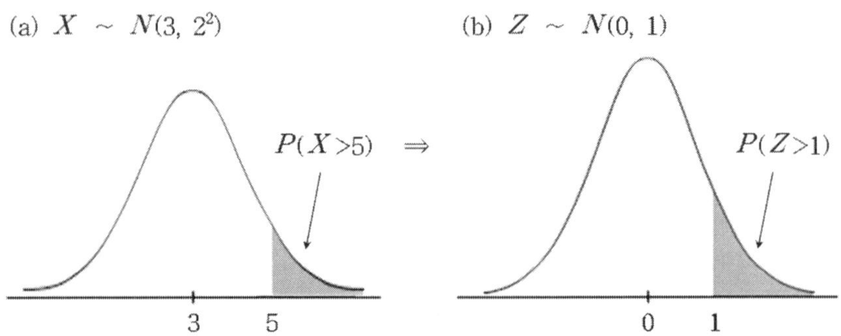


〈그림 4-8〉 정규분포의 확률을 표준정규분포의 확률로 전환

즉 이 경우의 확률은 다음과 같이 계산된다.

$$P(X \geqq 5) = P(\frac{X-3}{2} \geqq \frac{5-3}{2}) = P(Z \geqq 1) = 0.159$$

〔예제 4-8〕 중학생들의 체중은 평균이 50 kg이고 분산이 16 kg인 정규분포를 따른다고 할 때, 다음 물음에 답하시오.

a) 체중이 46 kg 이하인 학생의 비율을 구하시오.

b) 체중이 48 kg과 54 kg 사이인 학생의 비율을 구하시오.

c) 체중이 상위 5%에 해당하는 학생들의 체중을 구하시오.

☞ a) $P(X<46) = P(Z = \dfrac{X-\mu}{\sigma} < \dfrac{46-50}{4} = -1) = P(Z< -1) = P(Z> 1) = .159$

b) $P(48<X<54) = P(\dfrac{48-50}{4} < \dfrac{X-50}{4} < \dfrac{54-50}{4}) = P(-0.5 <Z< 1)$

$= 1 - P(Z> 0.5) - P(Z> 1) = 1 - .309 - .159 = .532$

c) <부표 4>에서 보간법을 이용하여 0.05에 해당하는 $Z_0$값을 구하면 1.645이다.

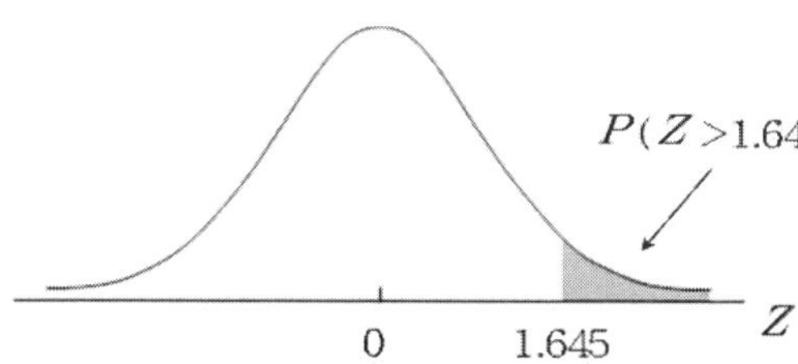


따라서 상위 5% 에 해당하는 학생들의 체중 $X$는 다음과 같이 구할 수 있다.

$$Z = \frac{X-50}{4} > 1.645 \Rightarrow X > 50 + 4(1.645) = 56.58$$

즉 상위 5%에 해당하는 학생들의 체중은 56.58 kg 이상이다. ■

### (3) 이항분포의 정규근사

앞의 제4절에서 이항분포를 소개한 바 있다. 그런데 이항분포는 시행횟수 $n$이 커지면 확률계산이 매우 복잡해진다. 그러나 다행스러운 것은 시행횟수 $n$이 커짐에 따라 이항분포는 $p$가 특별히 크거나 작지만 않다면 정규분포에 접근하게 되는데, 이를 이항분포의 **정규근사**(normal approximation)라 한다.

예를 들어 다음의 <그림 4-9>에서 $p=0.4$일 때 $n$을 5, 15 및 30으로 증가시키면서 분포의 변화를 관찰한다.

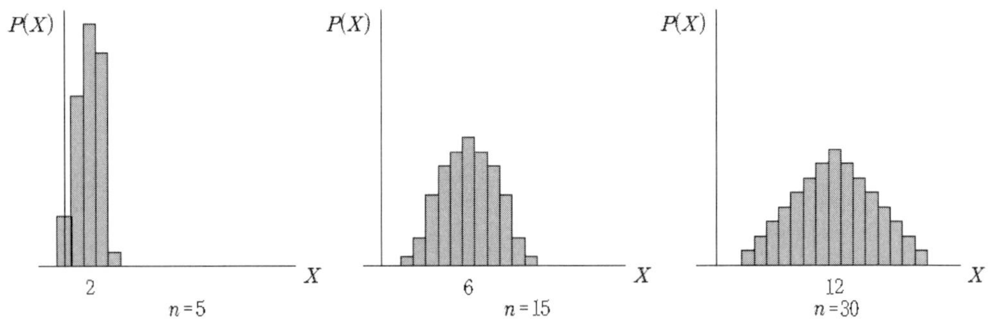


〈그림 4-9〉 $p=0.4$일 때 $n=5$, 15 및 30인 이항분포

여기서 $n$이 커질수록 이항분포가 정규분포에 근접한 모습을 보였는데, 이론적으로도 $n$이 $\infty$에 접근하면 이항분포가 정규분포로 수렴함을 증명할 수 있다.

한편 이항분포를 정규분포로 전환시키는 과정은 다음과 같다. 먼저 정규분포의 모수 $\mu$와 $\sigma^2$를 이항분포의 평균과 분산인 $np$와 $np(1-p)$로 대체한다.

**이항분포를 정규분포로 근사**

$$np \rightarrow \mu,\ np(1-p) \rightarrow \sigma^2 \ \Leftrightarrow\ B(n,\ p) \rightarrow N(np,\ np(1-p))$$

### ▶ 수정계수

또한 이항확률변수는 이산형이고 정규확률변수는 연속형이므로 수정계수 0.5를 사용한다. 예를 들어 이항분포에서 $(X \leq 5)$일 확률이 정규분포에서는 $(X \leq 5.5)$일 확률로 바뀐다. 그 이유는 이항확률변수에서는 5 다음에는 6이므로 $(X \leq 5)$일 확률이나 $(X \leq 5.99)$의 확률은 같다. 그러나 정규분포에서는 $(X \leq 5)$일 확률과 $(X \leq 5.99)$의 확률은 분명히 다르다. 다음의 <그림 4-10>에서는 이항분포의 $(X = a)$일 확률이 정규분포의 $(a - 0.5 \leq X \leq a + 0.5)$일 확률과 근사하다는 것을 보여준다. 그러므로 수정계수 0.5를 사용하여 이항분포에서 $P(X \leq a)$일 확률은 정규분포에서 $P(X \leq a + 0.5)$일 확률로 계산한다.

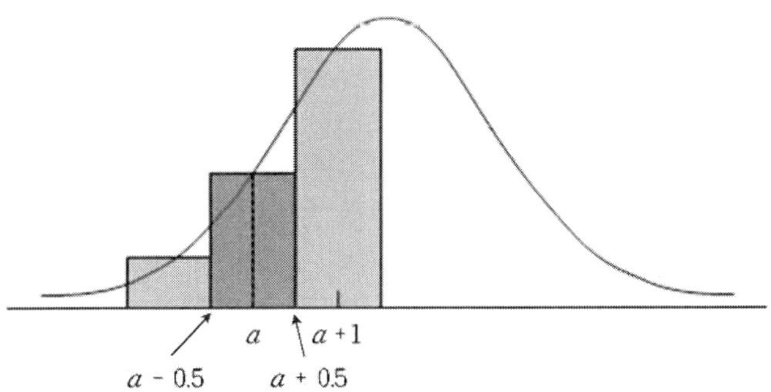


〈그림 4-10〉 이항분포와 정규분포와의 관계

따라서 일반적으로 다음의 관계가 성립한다.

| ▶ 이항분포 확률 | | ▶ 정규분포 확률 |
|---|---|---|
| $P(X = a)$ | $\approx$ | $f(a - 0.5 \leq X \leq a + 0.5)$ |
| $P(X \leqq a)$ | $\approx$ | $f(X \leq a + 0.5)$ |
| $P(a \leq X \leq b)$ | $\approx$ | $f(a - 0.5 \leq X \leq b + 0.5)$ |
| $P(a < X \leq b)$ | $\approx$ | $f(a + 0.5 \leq X \leq b + 0.5)$ |

〔예제 4-9〕 미국의 미식축구 선수 심슨(Simpson)의 살인사건과 관련한 재판 결과에 대하여 미국 흑인 중 80%가 찬성한다고 한다. 흑인 1,000명에 대한 표본조사에서 재판 결과에 찬성하는 사람의 수가 780명 이하일 확률을 구하시오.

☞ 여기서 $n=1{,}000$ 및 $p=0.8$이므로 평균과 분산이 다음과 같이 유도된다.

$$\mu = np = 800 \ , \qquad \sigma^2 = np(1-p) = 160$$

또한 이항분포에서 $(X \le 780)$일 확률은 정규분포에서 $(X \le 780.5)$이므로, 이를 이용하여 확률을 구하면 다음과 같다.

$$P(X \le 780) = P\left(Z \le \frac{780.5 - 800}{\sqrt{160}}\right)$$
$$= P(Z < -1.54) = P(Z > 1.54) = 0.062$$

■

## *제7절 균일분포

**균일분포**(uniform distribution)는 확률밀도함수가 모두 동일한 경우의 확률분포인데, 이산형 균일분포 및 연속형 균일분포 두 가지로 구분된다.

### (1) 이산형 균일분포

확률변수 $X$가 어떤 특정한 값을 취할 확률이 모두 동일한 경우를 이산형 균일분포라 하는데, 다음의 <그림 4-11>에서 이 경우의 확률밀도함수를 보여준다.

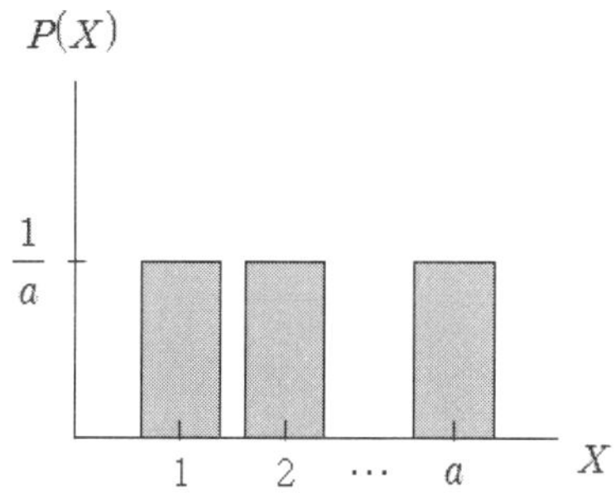


〈그림 4-11〉 이산형 균일분포의 확률밀도함수

예를 들어 주사위를 던져 나오는 눈금을 $X$라 하면, $X$는 이산형 균일분포를 따르게 되며 다음의 확률을 갖는다.

$$P(X) = \frac{1}{6}, \quad X = 1, \cdots, 6$$

(2) **연속형 균일분포**

연속형 균일분포는 <그림 4-12>에서 보는 바와 같이 확률변수가 정의되는 구간 $(a, b)$에서 확률밀도함수의 값이 모두 동일한 확률분포로 정의된다.

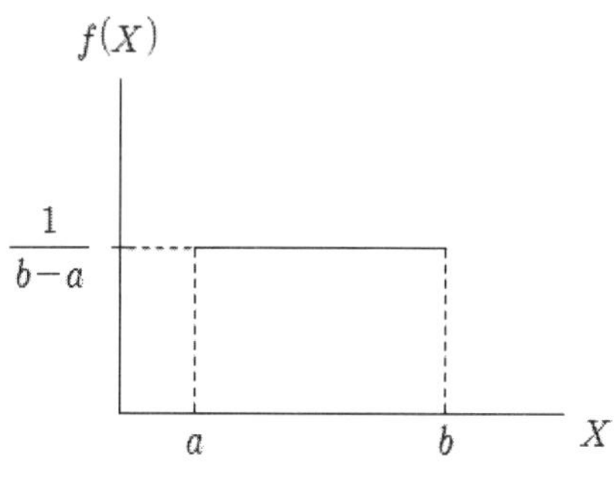


〈그림 4-12〉 연속형 균일분포의 확률밀도함수

연속형 균일분포의 확률밀도함수와 평균과 분산을 구하면 각각 다음과 같다.

**균일분포의 확률밀도함수**

$$f(X) = \frac{1}{b-a} \sim U(a,b), \quad a \le X \le b$$

$$\mu = \frac{a+b}{2}, \quad \sigma^2 = \frac{(b-a)^2}{12}$$

이제 연속형 균일분포의 예를 들어보자. 출퇴근 시간대에 있어 지하철 4호선의 전동차 배차는 4분 간격으로 이루어진다. 이 경우 지하철 승객이 전동차를 기다리게 되는 시간을 확률변수 $X$라고 하면, $X$는 0부터 4분 사이의 값을 취하는 연속형 균일분포를 따르게 된다. 이 경우의 확률밀도함수 $f(X)$는 다음과 같다.

$$f(X) = \frac{1}{4}, \quad 0 \le X \le 4$$

[예제 4-10] 4분 간격으로 배차되고 있는 4호선 지하철에서, 전동차를 기다리게 되는 평균시간을 구하시오. 또한 전동차를 기다리는 시간이 3분 이상일 확률을 구하시오.

☞ a) $\mu = \dfrac{a+b}{2} = \dfrac{0+4}{2} = 2\,(\text{분})$

b) $P(X \ge 3) = \displaystyle\int_3^4 f(X)\,dX = \int_3^4 \frac{1}{4}\,dX = \frac{1}{4}$ ■

# *제8절 지수분포

**지수분포**(exponential distribution)는 단조감소함수 형태의 확률밀도함수를 취하는데, 신뢰성분석에서 수명분포로 많이 사용되고 또한 백화점이나 병원의 대기시간 등과 관련한 확률분포로도 사용된다.

**지수분포의 예**

- ▶ 제품의 수명시간
- ▶ 병원이나 백화점 등에서 어떤 고객이 도착하는 시간과 다음 고객이 도착하는 시간의 간격

지수분포의 확률변수 $X$는 양의 값만을 취하는데, $\theta$를 모수로 하는 확률밀도함수는 다음과 같다.

**지수분포의 확률밀도함수**

$$f(X) = \frac{1}{\theta}\exp(-\frac{X}{\theta}) \sim \exp(\theta), \quad X \geq 0,\ \theta > 0$$

$$\mu = \theta, \quad \sigma^2 = \theta^2$$

그러면 지수분포의 확률밀도함수를 그림으로 나타내면 다음과 같다.

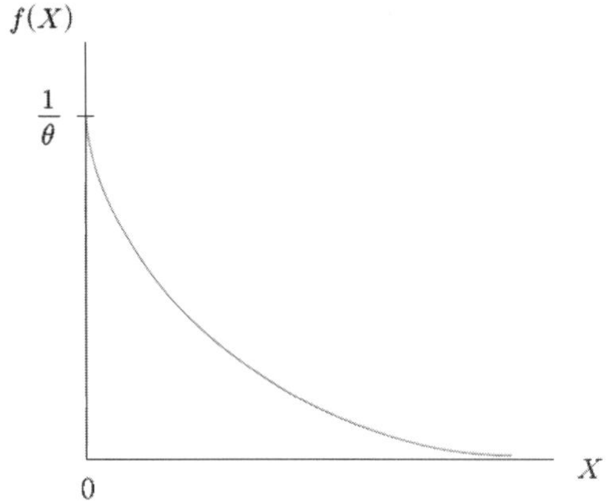


**〈그림 4-13〉 지수분포의 확률밀도함수**

한편 지수분포는 기억상실증 분포라고도 불리는데, 그 이유는 다음의 관계가 성립하기 때문이다.

$$P(X \geq a+b \mid X \geq a) = P(X \geq b)$$

즉 확률변수 $X$가 $a$보다 크다는 전제하에서 $(a+b)$보다 클 조건확률이 $X$가 $b$보다 클 확률과 같다는 뜻이다. 예를 들어 위암환자가 수술을 받은 후 얼마나 더 살 수 있을지, 그 기간이 지수분포를 따른다고 하자. 이 때 수술 후 $b$시간 이상 살아남을 확률은 $a$시간까지 살아남았을 경우, 그 이후 $b$시간을 더 살 수 있을 가능성과 같다는 뜻이다. 이와 같은 특성 때문에 지수분포는 여러 분야에서 이용되고, 또한 수학적으로도 다루기가 매우 쉬운 편이다.

**[예제 4-11]** 어떤 전자제품의 수명시간은 평균이 500인 지수분포를 따른다고 한다. 이 제품의 수명시간이 700시간 이상일 확률을 구하시오.

☞ 수명모수 $\theta$가 500인 지수분포를 따른다는 가정하에, 이 부품의 수명이 700시간 이상 지속될 확률을 구하면 다음과 같다.

$$P(X \geq 700) = 1 - F(700) = 1 - \int_0^{700} \frac{1}{500} \exp(-X/500) dX$$

$$= 1 - \left\{ 1 - \exp(-\frac{700}{500}) \right\}$$

$$= \exp(-\frac{700}{500}) = \exp(-1.4) = .2466$$

■

## 제9절 미니탭의 이용

앞에서 여러 가지 확률분포를 다루었는데, 여기서는 미니탭을 이용하여 이러한 확률분포의 그래프개형을 도출하는 방법을 살펴보기로 한다.

확률분포와 관련된 함수값은 '**계산(C) > 확률 분포(D)**' 메뉴를 선택한 후, 구하고자 하는 확률분포를 선택하여 나타나는 대화상자를 이용하여 구한다. 이 메뉴를 이용하면 여러 확률분포의 확률밀도함수값, 누적확률값, 누적확률의 역함수값 등을 구할 수 있다. 대화상자가 나타나면 사용자는 위에 나열된 세 개의 값 중 하나를 선택하여 그 값을 구할 수 있으며, 구하고자 하는 확률분포의 모수값을 반드시 지정해 주어야 한다.

다음의 <그림 4-14>는 '**계산(C) > 확률 분포(D) > 정규 분포(N)...**'를 선택하여 나타나는 정규분포 대화상자로서, C1에 입력되어 있는 값에 대하여 평균이 50이고 분산이 20인 정규분포의 누적확률값을 계산하여 C4에 저장하게 된다.

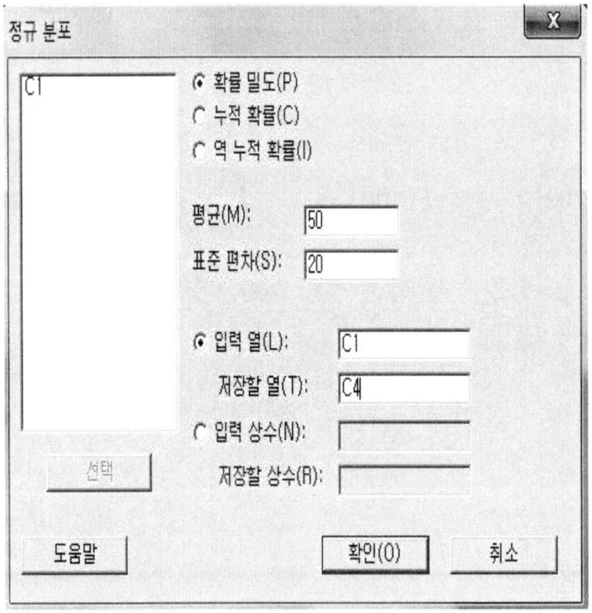


**〈그림 4-14〉 정규분포의 대화상자**

한편 확률값을 구한 후, 확률분포의 그래프 개형을 그리려면 '**그래프(G) > 산점도(S)...**' 메뉴를 이용하면 된다. 이상의 작업으로 나타나는 대화상자에서 $y$축과 $x$축의 변수를 지정한 후, 확인(O) 버튼을 누르면 된다.

| 계산(C) > 패턴있는 데이터 만들기(P) > 등간격 숫자 집합(S)... |
|---|

먼저 확률밀도함수 그래프를 구성하는 $X$축, 즉 확률변수의 값을 0부터 2간격으로 100까지 51개의 값을 변수 C1에 위의 '등간격 숫자 집합(S)' 메뉴를 이용하여 입력한 결과는 다음과 같다.

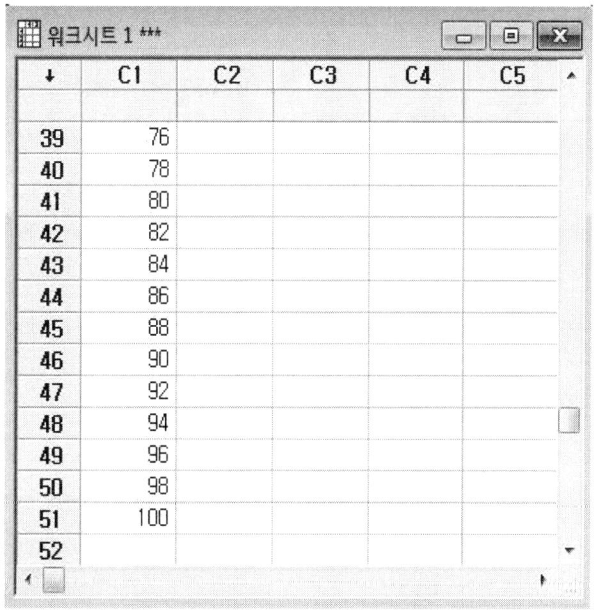


| ↓ | C1 | C2 | C3 | C4 | C5 |
|---|---|---|---|---|---|
| | | | | | |
| 39 | 76 | | | | |
| 40 | 78 | | | | |
| 41 | 80 | | | | |
| 42 | 82 | | | | |
| 43 | 84 | | | | |
| 44 | 86 | | | | |
| 45 | 88 | | | | |
| 46 | 90 | | | | |
| 47 | 92 | | | | |
| 48 | 94 | | | | |
| 49 | 96 | | | | |
| 50 | 98 | | | | |
| 51 | 100 | | | | |
| 52 | | | | | |

## (1) 이항분포의 확률밀도함수

다음의 메뉴를 이용하면 이항분포의 확률밀도함수를 구할 수 있다.

> 계산(C) > 확률 분포(D) > 이항 분포(B)...

위의 명령문에 따라 변수 C2에는 각 C1에 대한 이항분포의 확률밀도함수 값이 저장된다. 한편 $n$과 $p$에는 각각 이항분포의 모수인 시행횟수와 성공확률을 부여한다. 그러면 한 예로 $B(100, 0.30)$인 경우의 확률밀도함수는 다음의 과정을 통하여 도출된다.

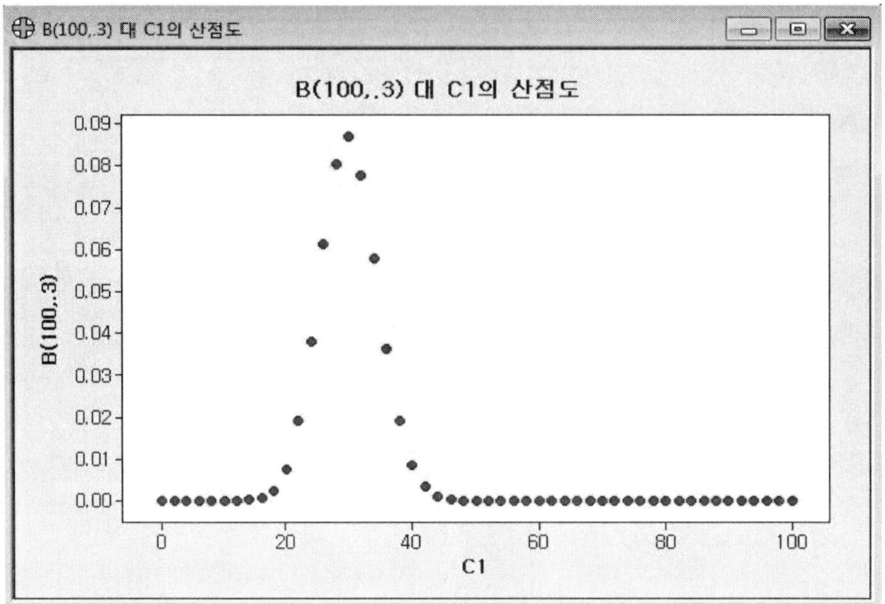


### (2) 포아송분포의 확률밀도함수

포아송분포의 확률밀도함수도 이항분포의 경우와 유사한 과정을 통하여 구해지는데, 다만 '**포아송(P)...**' 메뉴를 이용한다.

| 계산(C) > 확률 분포(D) > 포아송(P)... |
|---|

역시 위의 명령문에서 $\lambda$에는 포아송분포의 모수인 평균값을 입력한다. 그러면 평균이 10인 포아송분포의 확률밀도함수의 그래프개형을 구해 보면 다음과 같다.

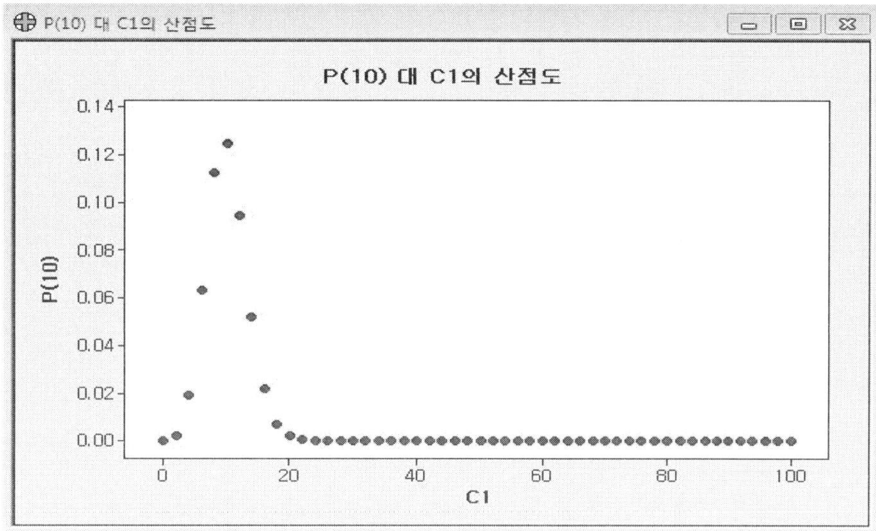


## (3) 정규분포의 확률밀도함수

마찬가지 방법으로 평균과 분산이 각각 50과 20인 정규분포, 즉 $N(50, 20^2)$의 확률밀도함수는 '**정규 분포(N)...**'를 이용하여 다음과 같이 도출된다.

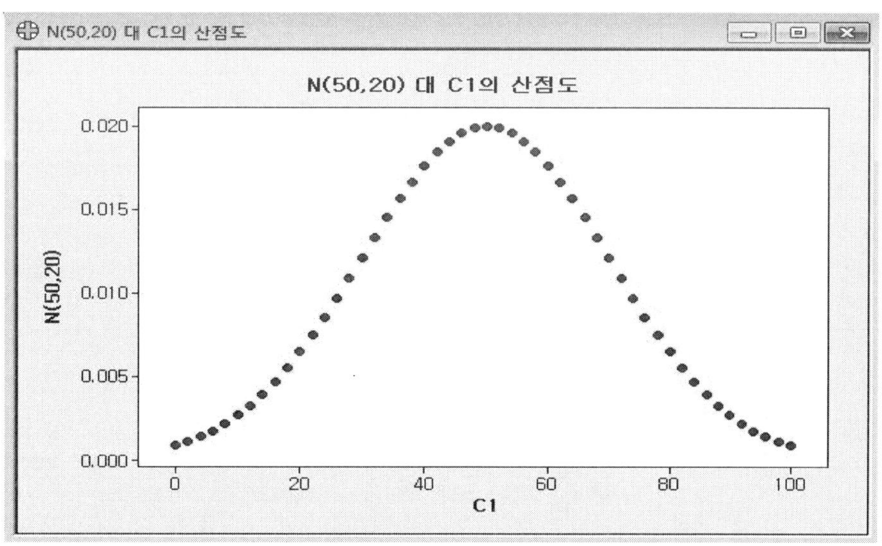

### (4) 균일분포의 확률밀도함수

구간 (30,70)에서 정의되는 균일분포는 '**균등 분포(U)...**'를 이용하여 구한다.

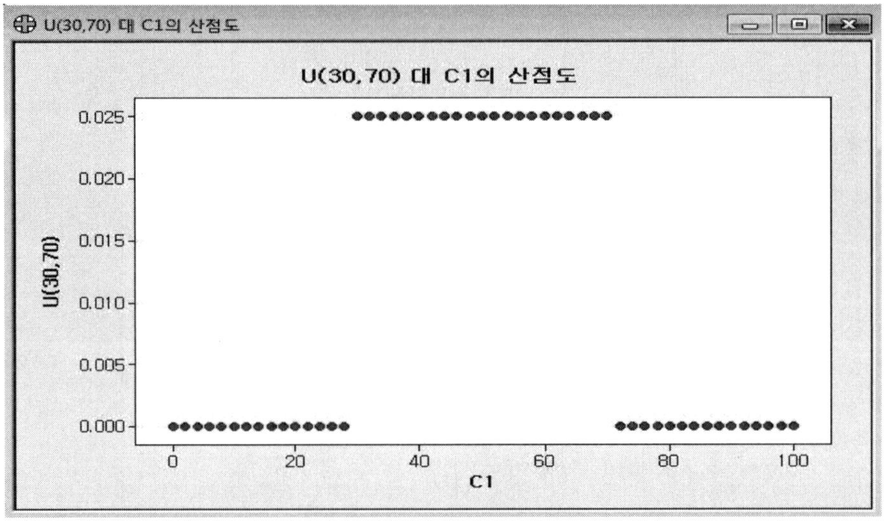


### (5) 지수분포의 확률밀도함수

평균이 10인 지수분포의 그래프개형은 '**지수 분포(X)...**'를 이용한다.

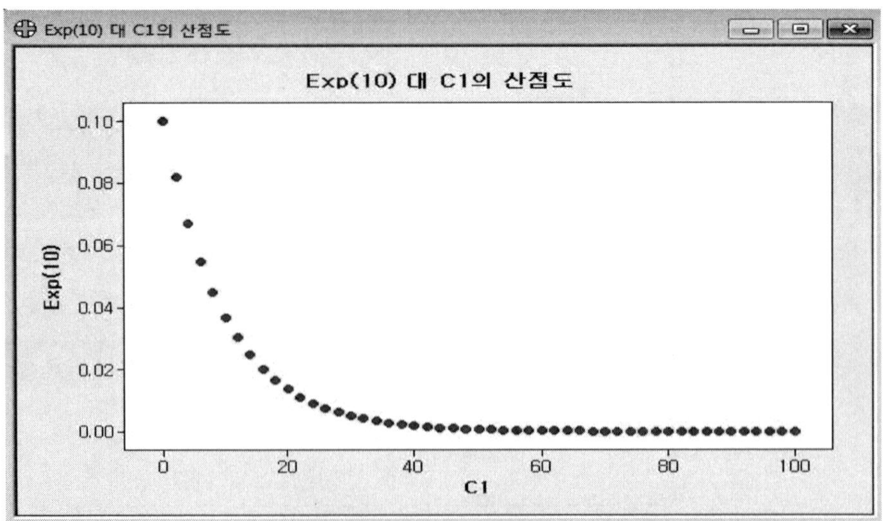

# 제10절 요약

## 1. 확률변수

▶ 확률변수 : 원래의 표본공간을 숫자로 나타내어 다루기에 간편한 새로운 표본공간으로 대응시키는 함수

▶ 확률변수의 종류

① 이산확률변수 : 유한하거나 셀 수 있는 값을 취하는 확률변수

② 연속확률변수 : 연속적인 실수에서 정의되는 확률변수

## 2. 확률분포

▶ 확률분포 : 확률변수가 취할 수 있는 모든 가능한 값, 즉 표본공간의 모든 결과들이 각각 발생할 확률의 분포

▶ 이산확률분포 : 이산확률변수의 분포

$$0 \le P(X_i) \le 1, \quad i = 1, \cdots, n$$

$$\sum_{i=1}^{n} P(X_i) = 1$$

▶ 연속확률분포 : 연속확률변수의 분포

$$f(X) \ge 0$$

$$\int_{-\infty}^{\infty} f(X)\,dX = 1$$

▶ 누적분포함수 : $F(x) = P(X \le x)$

## 3. 확률변수의 기대값

▶ 평균과 분산

$$\mu = E(X)$$

$$\sigma^2 = E(X-\mu)^2 = E(X^2) - \mu^2$$

▶ 기대값의 특성

$$E(aX) = aE(X)$$

$$E(X \pm Y) = E(X) \pm E(Y)$$

$E(XY) = E(X)E(Y)$ : 단 $X$와 $Y$가 독립일 때

$$E(a_1X_1 \pm \cdots \pm a_nX_n) = a_1E(X_1) \pm \cdots \pm a_nE(X_n)$$

## 4. 이항분포

▶ 이항분포 : 실험 또는 관찰의 결과가 YES 또는 NO, 성공 또는 실패 등과 같이 두 가지 중 어느 한 가지로 나타나는 경우에 대하여, $n$번의 독립시행에서 $X$번 YES 또는 성공이 나올 가능성에 대한 확률분포

▶ 확률밀도함수 : $P(X) = \binom{n}{X} p^X (1-p)^{n-X} \sim B(n,p)$

여기서 $\binom{n}{X} = \dfrac{n!}{X!\,(n-X)!}$

▶ 분포의 특성값 : $\mu = np, \quad \sigma^2 = np(1-p)$

## 5. 포아송분포

▶ 포아송분포 : 단위시간당 또는 단위면적당 어떤 특성을 나타내는 숫자를 확률변수로 취하는 확률분포

▶ 확률밀도함수 : $P(X) = \dfrac{\lambda^X}{X!}\exp(-\lambda) \sim P(\lambda),\ \lambda > 0,\ X = 0, 1, 2, \cdots$

▶ 분포의 특성값 : $\mu = \sigma^2 = \lambda$

## 6. 정규분포

▶ 정규분포 : 가장 많이 이용되는 확률분포

▶ 표준정규분포 : 평균이 0 그리고 분산이 1인 정규분포

▶ 표준정규분포로의 전환

$$X \sim N(\mu, \sigma^2) \Rightarrow Z = \frac{X-\mu}{\sigma} \sim N(0, 1)$$

▶ 이항분포를 정규분포로 근사

$$X \sim B(n,\ p) \Rightarrow X \sim N(np,\ np(1-p))$$

## 7. 균일분포

▶ 균일분포 : 확률변수의 모든 값에서 확률이 동일한 분포이다.

▶ 확률밀도함수 : $f(X) = \dfrac{1}{b-a} \sim U(a, b),\quad a \le X \le b$

▶ 분포의 특성값 : $\mu = \dfrac{a+b}{2}$ , $\sigma^2 = \dfrac{(b-a)^2}{12}$

### 8. 지수분포

- ▶ 지수분포 : 양의 값만 취하며 단조감소형태의 분포이다.
- ▶ 확률밀도함수 : $f(X) = \dfrac{1}{\theta}\exp(-\dfrac{X}{\theta}) \sim \exp(\theta),\ X \geqq 0,\ \theta > 0$
- ▶ 분포의 특성값 : $\mu = \theta$ , $\sigma^2 = \theta^2$

### 9. 미니탭의 이용

- ▶ 이항분포 확률밀도함수 : 계산(C) 〉 확률 분포(D) 〉 이항 분포(B)...
- ▶ 포아송분포 확률밀도함수 : 계산(C) 〉 확률 분포(D) 〉 포아송(P)...
- ▶ 정규분포 확률밀도함수 : 계산(C) 〉 확률 분포(D) 〉 정규 분포(N)...
- ▶ 균일분포 확률밀도함수 : 계산(C) 〉 확률 분포(D) 〉 균등 분포(U)...
- ▶ 지수분포 확률밀도함수 : 계산(C) 〉 확률 분포(D) 〉 지수 분포(X)...

## ■ 연습문제

**[4.1]** 다음 문장을 읽고 옳으면 '○'표, 또한 틀리면 '×'표를 한 후 틀린 곳을 바르게 고치시오.

a) 연속확률분포에서 확률변수의 값이 $X$가 될 확률은 $f(X)$이다.

b) 연속확률밀도함수 $f(X)$는 0보다 작을 수 있다.

c) 성인의 키에 대한 분포는 이항분포로 표현될 수 있다.

d) 이항분포에서 $p=0.5$이면, 이 분포의 형태는 대칭이다.

e) 정규분포의 왼쪽과 오른쪽 꼬리는 수평축과 만나지 않으면서 무한히 뻗는다.

f) 정규분포에서 평균은 항상 중앙값과 최빈값 사이에 있다.

g) 정규분포에서 확률변수가 어떤 구간에 들어갈 확률을 구하기 위해서는 표준정규분포의 확률표를 이용할 수 있다.

h) 이항분포에서 $n$이 80보다 클 때 근사적으로 정규분포를 사용할 수도 있다.

i) 내각제에 대한 여론을 파악하고자 500명의 표본을 추출하였다. 국민 전체의 찬성비율을 $p$라 하면, 500명 중 $X$명이 찬성할 확률은 이항분포를 따른다.

**[4.2]** 프로야구 경기가 열리고 있다. 9회말 A팀이 마지막 공격에서 한 점 리드당하고 있는데, 1사 만루의 좋은 반격기회를 맞이하고 있다. 여기서 강공과 번트작전 중 어떤 작전을 내릴지를 고민하고 있는데, 각각의 공격방법에 따른 가능한 결과와 그 확률은 다음과 같다고 한다.

| 강공 | | 번트 | |
|---|---|---|---|
| 가능한 결과 | 확률 | 가능한 결과 | 확률 |
| 안타(2점 득점) | .20 | 성공(타자는 아웃) | .60 |
| 타자만 아웃 | .60 | 실패(타자만 아웃) | .40 |
| 병살타 | .20 | | |

여기서 여러분이 감독이라면 강공과 번트 중 어떤 작전을 지시할 것인지를 설명하시오.

**[4.3]** 이항분포에서 평균과 분산은 다음과 같은데, 이의 도출과정을 밝히시오.

$$\mu = np \quad , \quad \sigma^2 = np(1-p)$$

**[4.4]** 지금 여러분은 LG와 두산의 더블헤더 경기가 열리는 잠실야구장에 와 있다고 가정하자. 오늘의 두 경기 동안 LG의 K선수에게 모두 아홉 번의 타격기회가 주어진다고 할 때, 3할의 타율을 유지하고 있는 K선수가 네 개 이상의 안타를 기록할 확률을 구하시오.

**[4.5]** 모비스와 KGC의 농구경기를 가정한다. 모비스의 S군은 자유투 성공율이 90%인데, 오늘 경기에서 모두 8개의 자유투를 얻는다고 하자. 이 중 7개 이상의 자유투를 성공시킬 확률을 구하시오.

**[4.6]** 베어링을 생산하는 어느 공장의 불량률을 30%라고 가정한다. 이 공장에서 생산되는 베어링 10개를 표본으로 추출하여 검사하는 경우 다음 물음에 답하시오.

a) 불량품 수의 평균과 분산을 구하시오.

b) 불량품이 두 개 이하일 확률을 구하시오.

*__[4.7]__ Y양은 타이핑을 하는 경우 원고 1장당 평균 4개의 오타를 범한다고 한다. 아래의 물음에 답하시오

a) 어느 날 Y양이 1장의 타이핑에서 오타가 전혀 없을 확률을 구하시오.

b) 오타가 2개 이하일 확률을 구하시오.

*__[4.8]__ 어느 부동산 중개업소에서는 하루 평균 세 건의 계약을 성사시킨다고 한다. 어느 날 이 중개업소에서 네 건 이상의 계약을 성사시킬 확률을 구하시오.

**[4.9]** 일반 전구의 수명시간은 평균이 200일 그리고 분산이 400일인 정규분포를 따른다고 할 때, 다음 물음에 답하시오.

a) 전구의 수명이 180일 이상일 확률을 구하시오.

b) 전구의 수명이 220일 이상 240일 이하일 확률을 구하시오.

**[4.10]** 학생들의 통계학 성적은 평균이 72점이고, 표준편차가 10점인 정규분포를 따른다고 한다. 다음 물음에 답하시오.

a) 67점부터 84점 사이의 성적을 받은 학생의 비율은?

b) 12.3%의 학생에게 F학점을 준다면, 이에 해당하는 학생들의 점수는?

**[4.11]** 해외유학을 희망하는 학생들을 대상으로 영어시험을 실시한 결과는 평균이 70점 그리고 분산이 36점인 정규분포를 따르는 것으로 나타났다. 여기서 영어점수가 상위 70%에 속하는 학생에게만 유학을 허가하려고 할 때, 이에 해당하는 점수를 구하시오.

*__[4.12]__ 확률변수 $X$가 연속형 균일분포를 따르는 경우에 $X$의 평균과 분산이 다음과 같이 도출됨을 보이시오.

$$\mu = \frac{a+b}{2} \quad , \quad \sigma^2 = \frac{(b-a)^2}{12}$$

*__[4.13]__ 하나의 주사위를 던질 때 나오는 눈금을 확률변수 $X$라고 할 때, $X$의 평균과 분산을 구하시오.

**[4.14]** 휴대폰 부품을 생산하는 어느 공장의 불량률은 0.08%라고 한다. 이 공장에서 생산된 5,000개의 부품 중에서 불량품이 2개 이하일 확률을 구하시오.

**[4.15]** 어떤 스프링회사에서 생산하는 제품의 불량률이 10%라고 알려져 있다. 이 회사에서 생산된 제품 중에서 10개의 표본을 추출하여 불량품 여부를 조사하는 경우 다음 물음에 답하시오.

a) 불량품이 두 개일 확률을 구하시오.

b) 불량품이 두 개 이하일 확률을 구하시오.

**[4.16]** 연인사이인 L군과 K양은 내일 2시에 덕수궁에서 만나기로 데이트 약속을 하였다. 그러나 복잡한 교통사정상 이들은 각각 1시 50분부터 2시 10분 사이의 임의 시점에 도착할 것으로 예측된다. 이 때, K양이 L군을 5분 이상 기다리게 될 확률을 구하시오.

*__[4.17]__ 소형 건전지의 수명시간이 평균 20시간인 지수분포를 따른다고 할 때, 임의의 한 건전지 수명이 20시간 이상일 확률을 구하시오.

**[4.18]** 어떤 회사에서는 영업사원들에게 그들의 영업실적에 따라 다음과 같이 보너스를 주기로 하였다.

| 영업실적 | 보너스 |
|---|---|
| 1억원 이하 | 100만원 |
| 1억원~2억원 | 300만원 |
| 2억원 이상 | 500만원 |

이 회사 영업사원의 연간 판매액이 평균이 1.7억원 그리고 표준편차가 0.4억원이라고 할 때, 다음 물음에 답하시오.

a) 100만원의 보너스를 받을 영업사원의 비율을 구하시오.
b) 500만원의 보너스를 받을 영업사원의 비율을 구하시오.
c) 이 회사의 평균 보너스를 구하시오.

# 5

# 모집단과 표본의 추출

# 제5장 모집단과 표본의 추출

우리가 수행하려는 어떠한 연구 또는 조사에서의 대상이 되는 모집단과 표본 그리고 표본의 추출에 관하여 알아보기로 한다. 이를 위하여 먼저 모집단과 표본을 정의하고, 확률표본의 의미와 확률표본을 기약할 수 있는 표본추출방법에 대하여 살펴본다. 또한 표본평균으로부터 통계학의 근간이 되는 중심극한정리를 유도하고, 표준정규분포에서 파생되는 여러 분포들도 도출한다. 한편 두 변수 사이의 관계를 표현하는 공분산과 상관계수에 대하여 알아보고, 끝으로 표본추출방법에 대하여 살펴보기로 한다.

## 제1절 모집단과 확률표본

이 절에서는 모집단과 표본이 어떻게 구성되어 있으며, 확률표본 및 표본의 추출방법에 대하여 알아보기로 한다.

### (1) 모집단과 표본의 구성

우리나라 사람들의 하루 TV 시청시간은 평균 얼마나 될까? 우리나라 사람들의 TV 시청시간과 관련하여 그 평균과 분산을 알고 싶다면, 이 경우의 모집단은 우리나라 사람들 전체의 TV 시청시간이 되고 모수는 TV 시청시간의 평균과 분산인 $\mu$와 $\sigma^2$가 된다.

그러나 우리나라 사람 전체의 TV 시청시간을 조사하기는 너무 방대하므로 $n$ 명의 표본을 추출하여 시청시간을 조사한 결과 관찰값이 $X_1, \ldots, X_n$으로 얻어졌다고 하자. 이 표본에서 모수 $\mu$와 $\sigma^2$를 추정하기 위한 통계량으로 표본평균 $\overline{X}$와 표본분산 $s^2$를 계산하게 되는데, 이를 요약하면 다음의 <그림 5-1>과 같다.

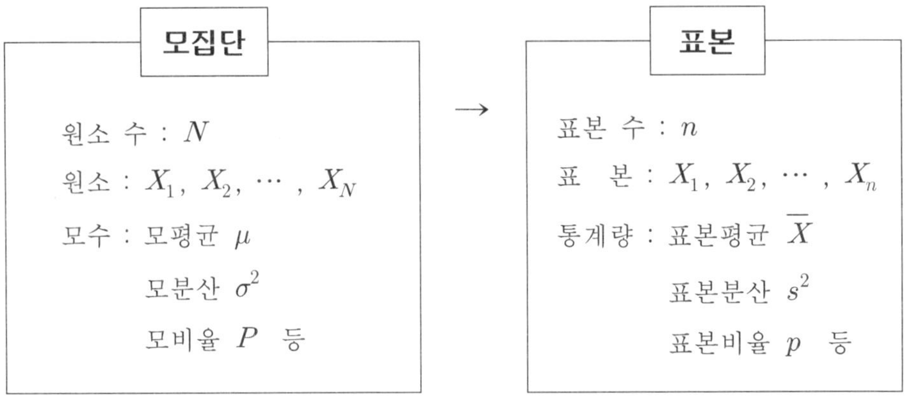


**〈그림 5-1〉 모집단, 모수, 표본 및 통계량**

이처럼 연구 또는 조사의 대상이 되는 모든 원소들의 집합을 **모집단**(population)이라 하고, 모집단의 특성값을 **모수**(parameter)라고 한다. 모수의 대표적인 예로 모평균과 모분산을 들 수 있는데, 그 식은 다음과 같이 정의된다.

$$\mu = \frac{\sum_{i=1}^{N} X_i}{N}, \quad \sigma^2 = \frac{\sum_{i=1}^{N} (X_i - \mu)^2}{N}$$

일반적으로 모수는 미지의 상수로서 모집단을 전부 조사해야만 알 수 있다. 그러나 모집단이 너무 방대하거나 또는 다른 이유로 모집단 전부를 관찰할 수 없는 경우에는 모수를 추정하기 위하여 **표본**(sample)을 추출하게 되는데, 추출된 표본을 요약한 것을 **통계량**(statistic)이라 한다. 앞의 모평균 및 모분산에 대비되는 통계량은 표본평균과 표본분산인데, 그 정의는 다음과 같다.

$$\overline{X} = \frac{\sum_{i=1}^{n} X_i}{n}, \quad s^2 = \frac{\sum_{i=1}^{n} (X_i - \overline{X})^2}{n-1}$$

그러면 통계학의 궁극적인 목적은 이러한 통계량을 이용하여 모집단의 특성인 모수를 추정하는 것으로 요약될 수 있겠다. 이제까지 설명한 모집단, 모수, 표본 및 통계량 등에 대한 용어를 정의하면 다음과 같다.

**용어의 정의**

- ▶ 모집단 : 관심의 대상이 되는 모든 원소들의 집합
- ▶ 모　수 : 모집단에 대한 특성을 수치적으로 요약한 값
- ▶ 표　본 : 모수를 추정하기 위하여 모집단에서 추출된 일부 원소
- ▶ 통계량 : 표본 특성을 요약한 값으로 모수 추정에 이용됨

### (2) 확률표본과 표본의 추출

이제 모집단의 특성을 밝히기 위해 추출하는 표본과 관련하여 확률표본 또는 랜덤표본이 무엇이며 어떻게 구할 수 있는지에 관하여 알아보기로 한다. 표본추출의 중요성은 아무리 강조하여도 충분하지 않다. 모든 통계적 추론은 이러한 표본으로부터 비롯되기 때문이다. 표본을 잘못 추출하여 적합하지 않은 자료가 얻어 진다

면, 아무리 현란한 통계기법을 동원하여 분석을 하더라도 소용이 없다. 마치 미국에 여행간 사람이 그 곳의 모델에 맞춰서 자기 아내의 옷을 골라오는 것과 마찬가지이다.

표본추출과정에서 반드시 유의해야 할 점은 표본을 **랜덤**(random)으로 뽑아야 하는 것이다. 평균 TV 시청시간을 추정하기 위하여 표본을 주로 서울 근처에서만 뽑았다면, 이는 전국의 시청시간을 파악하기엔 미흡하다. 왜냐하면 지역 또는 직업에 따라 TV 시청시간에 차이가 날 수 있기 때문이다. 따라서 전국에서 골고루 랜덤으로 표본을 추출해야 한다.

다음은 **확률표본**(random sample)의 정의인데, 확률표본은 표본추출의 결과가 아니라 표본추출 이전의 상황에 따른 문제임을 유의해야 한다.

**확률표본**

확률표본이란 모집단을 구성하고 있는 각 원소들이 표본으로 추출될 확률이 모두 동일한 상황 하에서 추출된 표본을 의미한다.

그러면 표본추출에서 랜덤성을 보장하는 방법에 대하여 알아보기로 한다. 먼저 모집단의 크기가 크지 않은 경우에는 **항아리모형**(urn model)을 적용할 수 있다. 항아리모형이란 항아리 속에 모집단의 각 원소를 표시하는 제비를 만들어 넣고 이 중 일부를 표본으로 추출하는 방법이다. 이 경우 항아리 속에 들어 있는 모집단의 각 원소를 나타내는 제비가 표본으로 추출될 확률이 모두 동일하다고 기대할 수 있기 때문에 확률표본이 된다.

이제 모집단의 크기가 매우 방대한 경우를 생각해 보자. 이 때는 현실적으로 위의 항아리모형을 적용하기가 곤란하므로 <표 5-1>에서와 같은 **난수표**(random number table)를 이용하게 된다.

**〈표 5-1〉 난수표의 예**

| 79 17 65 52 82 | 58 63 64 58 60 | 19 83 90 05 92 | 22 16 37 03 53 |
|---|---|---|---|
| 31 07 93 71 30 | 52 75 46 67 19 | 84 47 88 58 53 | 63 12 96 88 52 |
| 23 51 23 94 05 | 02 92 36 82 31 | 43 80 89 20 78 | 23 94 82 35 99 |
| 84 49 52 73 75 | 78 24 27 14 48 | 45 73 40 73 79 | 97 39 12 33 33 |
| 81 86 42 52 06 | 56 35 11 72 56 | 19 33 29 77 96 | 10 36 17 81 45 |
| ⋮ | ⋮ | ⋮ | ⋮ |

난수표란 <표 5-1>에서의 예와 같이 0부터 9까지의 숫자를 임의로 나열해 놓은 표이다. 예를 들어 크기가 10,000인 모집단에서 10개의 표본을 추출하는 경우를 생각해 보자. 모집단에 있는 10,000개의 원소에 대하여 0부터 9,999까지 일련번호를 부여했다고 가정한 후 난수표의 임의의 점에서 시작하여 옆으로 또는 밑으로 4자리의 숫자를 10개를 채택한다. 여기서는 난수표의 첫 점, 즉 왼쪽 상단부터 시작하여 옆으로 진행해 나아간다면 다음과 같은 표본번호를 얻게 된다.

7917, 6552, 8258, 6364, 5860, 1983, 9005, 9222, 1637, 0353

따라서 모집단으로부터 위의 번호에 해당하는 원소를 표본으로 추출한다. 여기서 만일 모집단의 크기가 10,000이 아니고 5,000이라면, 위의 난수 중 5,000을 넘는 숫자에 대해서는 그 숫자에서 5,000을 뺀 값을 표본으로 정하게 된다. 그러면 이 경우에는 다음과 같은 표본이 추출된다.

2917, 1552, 3258, 1364, 0860, 1983, 4005, 4222, 1637, 0353

그러나 확률표본을 추출하기 위하여 난수표를 이용하는 방법은 다소 이론적이라

할 수 있으며, 실제 조사에서 표본의 확률성을 보장하기 위해서는 난수표 방법을 각각의 상황에 알맞게 응용되어야 한다.

끝으로 다음의 <그림 5-2>에서와 같은 서로 다른 두 가지 표본추출의 결과를 살펴보기로 한다.

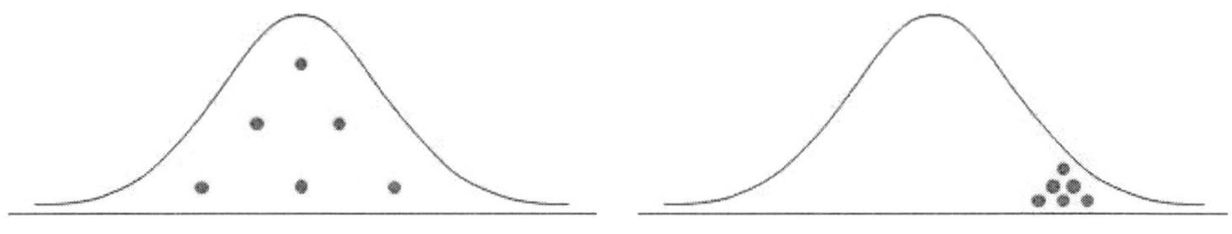


〈그림 5-2〉 표본추출의 두 가지 결과

모두가 (a)에서와 같이 모집단 전체에서 골고루 뽑히는 표본을 원할 것이다. 그러나 확률표본의 여부와는 상관없이 (b)와 같은 최악의 결과가 초래되기도 한다. 따라서 표본을 추출하는 경우에 있어 (b)보다는 (a)의 추출결과가 나올 가능성을 높게 하는 방법을 추구하게 된다. 이를 위해서는 상황에 따라 **층화추출법**(stratified sampling) 또는 **집락추출법**(cluster sampling) 등의 표본추출방법을 도입하는 것도 바람직하겠다.

## ** 제2절 결합확률분포

제4장에서는 한 개의 확률변수에 대한 분포를 다루었다. 여기서는 두 개 이상의 확률변수에 대한 확률분포인 **결합확률분포**(joint probability distribution)에 대하여 설명한다. 표본의 각 관찰값을 얻을 확률은 $n$개의 확률변수에 대한 결합확률

로 볼 수 있으므로, 결합확률분포는 표본분포의 기초가 된다. 또한 제6장 2절의 최우추정법에서 최우추정량을 구하는 과정에서 결합확률분포가 이용된다.

$n$개의 표본 $X_1, X_2, \cdots, X_n$에서 각 표본을 확률변수로 간주하여, 각 관찰값의 결과에 대한 가능성을 $n$개 확률변수에 대한 결합확률분포로서 나타내어 보자. 그러면 $n$개의 확률변수 $X_1, X_2, \cdots, X_n$에 대한 **결합확률밀도함수**(joint probability density function)는 확률변수가 이산형인가 또는 연속형인가에 따라 다음과 같다.

**결합확률밀도함수**

$P(X_1, X_2, \cdots, X_n) = P(X_1 \cap \cdots \cap X_n)$ : 이산확률변수

$f(X_1, X_2, \cdots, X_n)$ · 연속확률변수

이해를 돕기 위하여 가장 간단한 경우인 두 개의 확률변수를 이산형과 연속형으로 구분하여 설명한다. 먼저 이산확률변수의 경우를 예를 들어 본다.

두 개의 주사위를 던질 때 그 결과에 대한 확률변수를 다음과 같이 정의한다.

$X$ : 첫 번째 주사위의 결과

$Y$ : 두 번째 주사위의 결과

그러면 첫 번째 주사위에서 어떤 숫자 $X$가 나오고, 두 번째 주사위에서 $Y$가 나올 결합확률은 다음과 같다.

$$P(X, Y) = P(X \cap Y)$$

이 결합확률의 구체적인 값은 다음의 <표 5-2>에서 제시된다.

다음은 연속확률변수에 대한 예로 가정에서 부부들의 TV 시청시간을 조사하기 위하여 아래와 같은 확률변수를 고려한다.

$X$ : 남자의 TV 시청시간
$Y$ : 여자의 TV 시청시간

TV 시청시간은 연속형 확률변수이므로 결합확률밀도함수는 $f(X, Y)$로 표현되는데, 이는 $X$축 및 $Y$축으로 이루어지는 평면 위에 세워지는 모자, 구릉, 말안장 등의 모습을 띠게 된다.

### ▶ 주변확률분포

한편 확률변수 $X$와 $Y$에 대한 결합확률분포에서 $Y$에는 상관이 없고 확률변수 $X$만을 대상으로 하는 확률분포를 구한 것을 $X$에 대한 **주변확률분포**(marginal probability distribution)라고 한다. 주변확률분포는 고려되지 않는 확률변수들에 대한 모든 값을 취하게 된다. 두 확률변수 $X$와 $Y$로부터 $X$에 대한 주변확률분포를 구하는 과정은 아래와 같다.

**주변확률분포**

$$P_X(X) = \sum_Y P(X, Y) \quad : \text{ 이산확률변수}$$

$$f_X(X) = \int_Y f(X, Y)\, dY \; : \text{ 연속확률변수}$$

앞에서 다룬 주사위 문제에서 $X$에 대한 주변확률분포를 구하면 다음과 같이 계산되는데, 이를 정리하면 <표 5-2>와 같다.

$$P_X(X) = \sum_{Y=1}^{6} P(X,\ Y) = P(X, 1) + \cdots + P(X, 6)$$
$$= \frac{1}{36} + \cdots + \frac{1}{36} = \frac{1}{6}, \quad X = 1, 2, \cdots, 6$$

**〈표 5-2〉 두 주사위 예에 대한 결합확률분포 및 주변확률분포**

| $X$ | $Y$ | | | | $P_X(X)$ |
|---|---|---|---|---|---|
| | 1 | 2 | $\cdots$ | 6 | |
| 1 | 1/36 | 1/36 | $\cdots$ | 1/36 | 1/6 |
| 2 | 1/36 | 1/36 | $\cdots$ | 1/36 | 1/6 |
| $\vdots$ | $\vdots$ | $\vdots$ | | $\vdots$ | $\vdots$ |
| 6 | 1/36 | 1/36 | $\cdots$ | 1/36 | 1/6 |
| $P_Y(Y)$ | 1/6 | 1/6 | $\cdots$ | 1/6 | 1 |

위의 표에서 1/36은 결합확률이고, 오른쪽 끝 열과 마지막 행은 각각 주변확률로서 1/6이 된다.

또한 TV 시청시간 문제에서 $X$에 대한 주변확률분포는 다음과 같다.

$$f_X(X) = \int_0^{\infty} f(X,\ Y)dy$$

여기서 TV 시청시간은 양의 값이므로 $Y$를 0부터 적분하였다.

▶ **확률변수가 독립적일 때**

한편 확률변수들이 서로 독립이면 결합확률분포는 각 확률변수들에 대한 분포들의 곱으로 나타난다.

$$P(X,\ Y,\ \ldots\ ) = P_X(X) \cdot P_Y(Y)\ \ldots \quad : \text{ 이산형}$$

$$f(X,\ Y,\ \ldots\ ) = f_X(X) \cdot f_Y(Y)\ \ldots \quad : \text{ 연속형}$$

일반적으로 $n$개의 독립적인 표본에 대한 결합확률분포는 각 관찰값들의 확률분포가 같으므로, 다음과 같이 각 확률분포의 곱으로 나타난다.

**독립적인 표본에 대한 결합확률분포**

$$P(X_1, X_2, \cdots, X_n) = P(X_1)\,P(X_2)\cdots\ P(X_n) : \text{ 이산형}$$

$$f(X_1, X_2, \cdots, X_n) = f(X_1)\,f(X_2)\cdots\ f(X_n) \quad : \text{연속형}$$

이 절에서는 표본분포를 이해하기 위하여 결합확률분포함수에 대한 정의만 소개하였다. 더 자세한 내용은 수리통계학 책에서 쉽게 찾아 볼 수 있다.

## 제3절 표본평균분포와 중심극한정리

표본평균은 통계량 그 자체로서도 매우 중요하며, 또한 추정과 검정 등 통계적 의사결정과정에서도 많이 이용된다. 이 절에서는 표본평균에 대한 분포의 특성으로서 평균과 분산이 어떻게 달라지는가를 설명하고, 표본평균분포에서 표본의 수 $n$ 이 커질 때 정규분포로 수렴함과 동시에 분산이 점점 작아진다는 중심극한정리에 대하여 설명한다.

그러면 표본평균분포의 특성을 다음의 예를 통하여 알아보기로 한다. 먼저 1, 2, 3, 4의 네 개 원소만이 존재하는 모집단에서 <그림 5-3>과 같이 무작위로 표본을 $n$번 추출하는 경우를 생각하자.

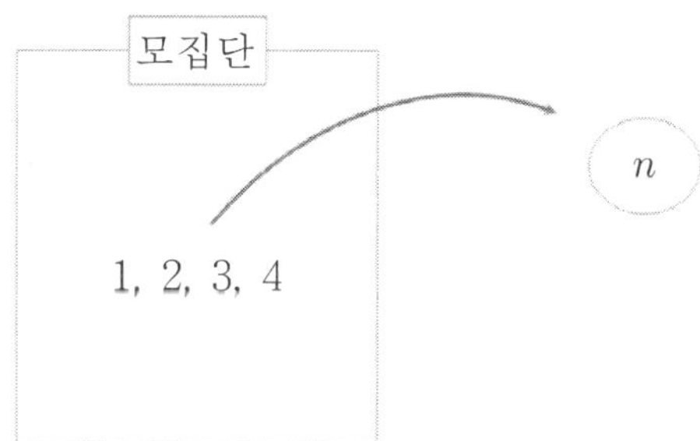


〈그림 5-3〉 복원방법에 의한 표본추출

표본의 추출방법으로는 표본을 추출할 때마다 이미 추출된 원소를 모집단 속으로 다시 되돌려 놓는 **복원추출**(sampling with replacement)과 되돌려 놓지 않는 **비복원추출**(sampling without replacement)이 있는데, 여기서는 복원추출의 경우를 고려하므로 모집단에는 항상 네 개의 원소가 있게 된다.

먼저 표본의 수가 한 개, 즉 $n=1$인 경우의 분포를 알아보기로 한다. 모집단이 1, 2, 3, 4의 네 원소로 구성되었으므로 다음의 <표 5-3>과 같은 분포를 이룬다. 여기서 $f$는 빈도를 나타낸다.

〈표 5-3〉 하나의 표본에 대한 분포

| $\overline{X}$ | $f$ | $P(\overline{X})$ | $\overline{X}P(\overline{X})$ | $\overline{X}^2 P(\overline{X})$ |
|---|---|---|---|---|
| 1 | 1 | 1/4 | 1/4 | 1/4 |
| 2 | 1 | 1/4 | 2/4 | 4/4 |
| 3 | 1 | 1/4 | 3/4 | 9/4 |
| 4 | 1 | 1/4 | 4/4 | 16/4 |
| | 4 | 1 | 10/4 | 30/4 |

따라서 평균과 분산은 다음과 같이 계산된다.

$$\begin{cases} \mu = \sum XP(X) = 10/4 = 2.5 \\ \sigma^2 = \sum X^2 P(X) - \mu^2 = 30/4 - (2.5)^2 = 1.25 \end{cases}$$

또한 복원추출방법을 적용하여 $n = 2$ 인 표본으로부터 표본평균 $\overline{X}$를 구하면 모두 16가지의 경우가 존재하는데, 이의 분포를 구하면 <표 5-4>와 같다.

〈표 5-4〉 표본크기가 2일 때의 표본평균분포

| $\overline{X}$ | $f$ | $P(\overline{X})$ | $\overline{X}P(\overline{X})$ | $\overline{X}^2 P(\overline{X})$ |
|---|---|---|---|---|
| 1.0 | 1 | 1/16 | 1/16 | 1/16 |
| 1.5 | 2 | 2/16 | 3/16 | 4.5/16 |
| 2.0 | 3 | 3/16 | 6/16 | 12/16 |
| 2.5 | 4 | 4/16 | 10/16 | 25/16 |
| 3.0 | 3 | 3/16 | 9/16 | 27/16 |
| 3.5 | 2 | 2/16 | 7/16 | 24.5/16 |
| 4.0 | 1 | 1/16 | 4/16 | 16/16 |
| | 16 | 16/16 | 40/16 | 110/16 |

여기서 표본평균 $\overline{X}$에 대한 평균과 분산은 각각 다음과 같다.

$$\begin{cases} \mu_{\overline{X}} = \sum \overline{X} P(\overline{X}) = 40/16 = 2.5 \\ \sigma^2_{\overline{X}} = \sum \overline{X}^2 P(\overline{X}) - \mu^2_{\overline{X}} = 6.875 - 6.25 = 0.625 \end{cases}$$

이와 같이 표본의 수가 증가함에 따라 표본평균의 분포에 대한 평균과 분산을 정리하면 <표 5-5>와 같다.

**〈표 5-5〉 표본평균분포의 평균과 분산**

| 구분 | 표본의 크기 | | | | | | |
|---|---|---|---|---|---|---|---|
| | 1 | 2 | 3 | 4 | ··· | $n$ | ··· |
| 평균 | 2.5 | 2.5 | 2.5 | 2.5 | | 2.5 | |
| 분산 | 1.25 | 0.625 | 0.4167 | 0.3125 | | $1.25/n$ | |

이상의 과정을 통하여 우리는 다음과 같은 규칙을 발견하게 된다. 즉 표본크기가 증가함에 따라 표본평균분포의 평균은 2.5로 동일하나, 분산은 점차 감소하고 있으며 그 관계식은 $1.25/n$가 됨을 알 수 있다.

한편 제4장 3절에서 표본평균의 평균과 분산을 다음과 같이 구하였다.

$$\mu_{\overline{X}} = \mu, \quad \sigma^2_{\overline{X}} = \frac{\sigma^2}{n}$$

여기서도 $n = 2$일 때, $\mu_{\overline{X}} = \mu = 2.5$, $\sigma^2_{\overline{X}} = \frac{\sigma^2}{n} = \frac{1.25}{2} = 0.625$로 계산되었다.

### ▶ 중심극한정리

표본평균의 분포는 모집단의 분포와 관계없이 표본의 수가 증가함에 따라 분산이 점점 작아지며 정규분포의 형태를 취하게 되는데, 이를 **중심극한정리**(central limit theorem)라고 한다.

**중심극한정리**

평균이 $\mu$이고 분산이 $\sigma^2$인 모집단으로부터 추출한 $n$개의 독립적인 표본을 생각하자. 이 표본의 평균에 대한 분포는 표본크기 $n$이 증가할수록 모집단의 분포유형에 상관없이 평균이 $\mu$ 그리고 분산이 $\sigma^2/n$인 정규분포에 접근한다.

일반적으로 통계방법을 적용할 때 표본평균의 분포를 정규분포로 가정하는데, 그 이론적 근거가 바로 중심극한정리이다. <그림 5-4>에서는 $n$이 증가함에 따라 균일분포에서의 표본평균 분포가 어떻게 변화하는지를 정규분포와 비교하여 보여준다.

다음의 <그림 5-4>의 (b)를 보면, 균일분포에서 출발하여 표본수가 불과 몇 개 되지 않더라도 표본평균의 분포는 곧 정규분포의 모습을 띠는 것을 볼 수 있다. 그리고 표본수가 증가할수록 정규분포의 모습에 매우 흡사해진다는 점도 짐작할 수 있다.

이상에서 살펴본 통계학에서의 중심극한정리는 통계학의 근간을 지탱해주는 매우 중요한 정리라고 하겠다.

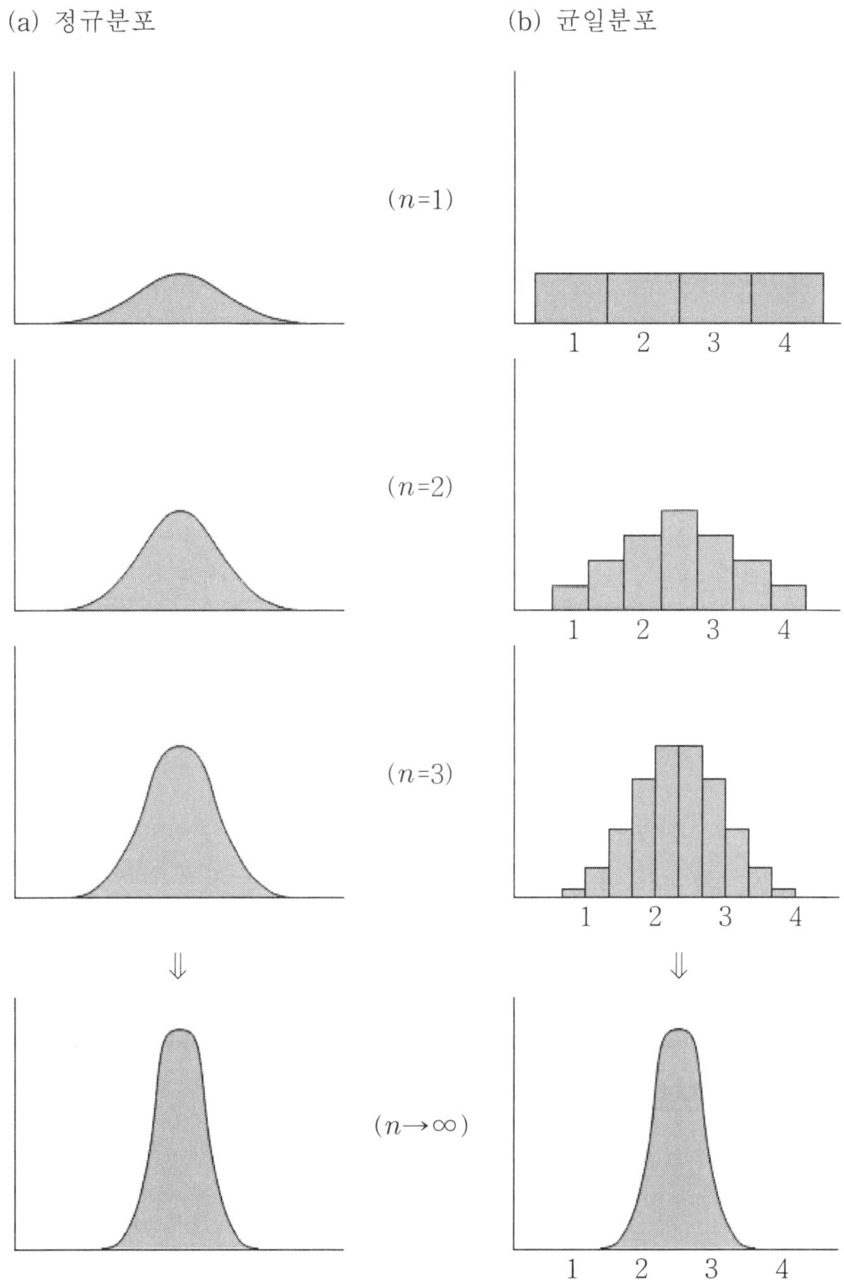


**〈그림 5-4〉 균일분포에서 $n$이 증가함에 따른 표본평균분포의 변화**

〔예제 5-1〕 어떤 공장에서 생산하는 전구의 수명 $X$가 다음과 같이 모수 $\theta$가 10인 지수분포를 따른다고 한다. 여기서 100개의 표본을 추출하였을 때, 표본의 수명평균 $\overline{X}$가 12보다 클 확률을 구하시오.

$$f(X) = \frac{1}{10}e^{-\frac{X}{10}}, \qquad X > 0$$

☞ 지수분포에서 평균은 10 그리고 분산은 100이므로 $\overline{X}$의 분포는 중심극한정리에 의하여 다음과 같이 평균이 10 그리고 분산이 1인 정규분포에 접근한다.

$$\overline{X} \sim N(10, 1)$$

따라서 이를 표준화하여 확률값을 구하면 다음과 같다.

$$P(\overline{X} > 12) = P\left(\frac{\overline{X} - 10}{1} > \frac{12 - 10}{1}\right) = P(Z > 2) = 0.023$$

결국 100개의 전구에 대한 평균수명이 12보다 커질 가능성은 0.023이다. ■

## *제4절 $\chi^2$분포, $t$분포 및 $F$분포

이제 표준정규분포로부터 파생되는 $\chi^2$(카이제곱)분포, $t$ 분포 및 $F$ 분포에 대하여 설명한다. 이 분포들은 다음에 설명할 추정 및 검정 등에서 많이 이용된다. 우선 이 분포들의 확률변수를 설명하기 위하여 필요한 가정사항을 살펴본다.

**가정사항**

평균이 $\mu$ 이고 분산이 $\sigma^2$ 인 정규분포를 따르는 모집단으로부터 $n$ 개의 독립적인 표본 $X_1, X_2, \ldots, X_n$을 추출한다.

즉 $X_i \sim N(\mu, \sigma^2),\ i = 1, 2, \ldots, n$ 이고 $X_i$들은 서로 독립이다.

여기서 $X_i$ 를 표준화하면 다음과 같다.

$$Z_i = \frac{X_i - \mu}{\sigma} \sim N(0, 1), \quad i = 1, 2, \ldots, n$$

## (1) 카이제곱분포

$\chi^2$ **분포**(chi-square distribution)는 모분산에 대한 추정이나 비모수검정과 범주형 자료분석 등에 쓰인다. 표준정규분포 확률변수의 제곱인 $Z_i^2$의 합으로 정의되는 확률변수 $\chi^2$ 는 다음과 같이 카이제곱분포를 따른다.

**카이제곱분포의 확률변수**

$$\chi^2 = \sum_{i=1}^{n} Z_i^2 \sim \chi^2(n)$$

여기서 카이제곱 분포에 대한 표기 $\chi^2(n)$ 은 정규분포에 대한 표기 $N(\mu, \sigma^2)$ 에서 $\mu$ 와 $\sigma^2$ 가 정규분포의 모수를 뜻하는 것과 마찬가지로 모수가 $n$ 인 카이제곱분포를 나타낸다. 그런데 모수 $n$ 을 특별히 **자유도**(degree of freedom)라 부른다. 여기서 자유도의 의미에 대해서는 차후에 자세히 설명하기로 하고, 우선 모수 $\mu$를 평균이라 부르고 $\sigma^2$를 분산이라 부르듯이 카이제곱분포에서의 모수를 자유도라고 부른다고 생각하자.

### ▶ 카이제곱분포의 특성

카이제곱분포의 특성은 다음과 같이 요약되며, 자유도에 따른 카이제곱분포의 그래프개형은 다음의 <그림 5-5>와 같다.

**카이제곱분포의 특성**

- ▶ 카이제곱분포의 평균과 분산은 다음과 같다.

$$E(\chi^2) = n, \ V(\chi^2) = 2n$$

- ▶ 카이제곱분포는 $n$이 커질수록 봉우리가 오른쪽으로 이동한다.
- ▶ $n=1$일 때, 카이제곱분포는 지수분포와 같아진다.

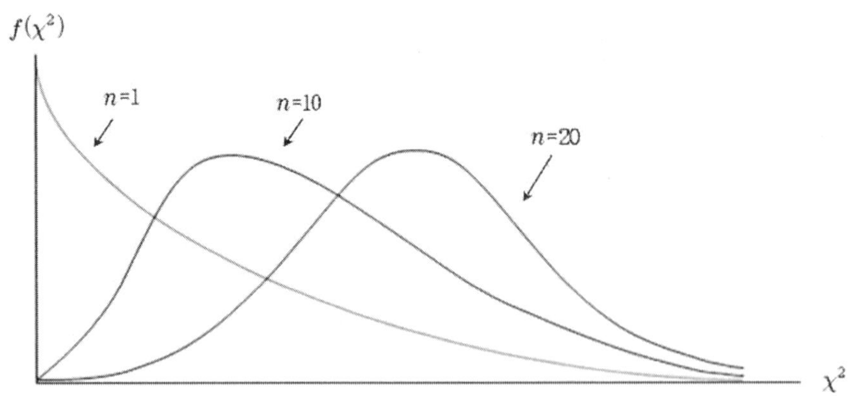


〈그림 5-5〉 자유도가 1, 10, 20 일 때의 카이제곱분포의 확률밀도함수

▶ **카이제곱분포의 누적확률**

카이제곱분포에 대한 누적확률은 <부표 7>에 나오는데, 자유도가 $n$인 카이제곱 확률변수가 어떤 값 $\chi_0^2$보다 클 확률로 <그림 5-6>에서와 같이 오른쪽 꼬리부분을 말한다.

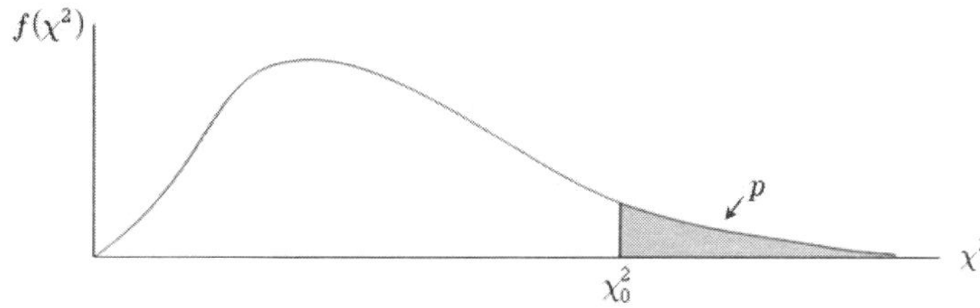


**〈그림 5-6〉 카이제곱분포의 누적확률**

예를 들어 $n=10$이고 $p=0.05$라면 <부표 7>에서 $\chi_0^2=18.31$임을 알 수 있고, 또한 $p=0.95$ 라면 $\chi_0^2=3.94$가 된다. 즉 다음의 <그림 5-7>에서와 같이 $\chi^2$의 값이 18.31보다 클 확률은 0.05이고, $\chi^2$의 값이 3.94보다 작을 확률도 0.05이다.

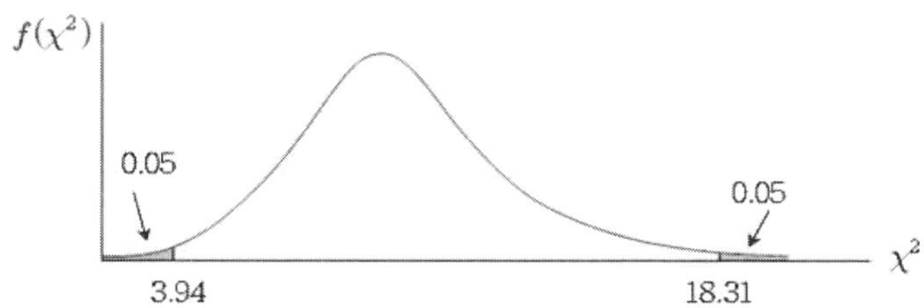


**〈그림 5-7〉 자유도가 10 인 카이제곱분포에서 한쪽꼬리의 면적이 0.05 가 되는 값**

### ▶ 표본분산 $s^2$와 카이제곱분포

분산 $\sigma^2$에 대한 추정량으로 많이 쓰이는 표본분산 $s^2$와 $\chi^2$분포의 관계에 대하여 알아보자. 먼저 $s^2$를 표본분산으로 $n$개의 표본 $X_1, ..., X_n$에 대하여 평균으로부터 차이의 제곱합을 $(n-1)$로 나눈 값이다.

$$s^2 = \sum_{i=1}^{n} \frac{(X_i - \overline{X})^2}{n-1}$$

만약 $X_i$가 앞에서의 가정사항처럼 정규분포를 따르고 서로 독립적이라면, 아래와 같이 $s^2$의 변형된 형태는 자유도가 $(n-1)$인 $\chi^2$분포를 따른다.

$$\frac{(n-1)s^2}{\sigma^2} \sim \chi^2(n-1)$$

한편 $\chi^2$ 분포의 기대값은 자유도와 동일하므로 다음의 관계가 성립한다.

$$E\left(\frac{(n-1)s^2}{\sigma^2}\right) = n-1$$

여기서 $(n-1)$과 $\sigma^2$는 확률변수가 아니므로 양변에 $\dfrac{\sigma^2}{n-1}$을 곱하면 다음의 결과를 얻는다.

$$E(s^2) = \sigma^2$$

### (2) $t$분포

**$t$분포**(t-distribution)는 스튜던트(Student)라는 사람이 제안한 분포라서 스튜던트 $t$분포라고도 불리는데, 다음과 같이 정의된다.

**$t$분포의 확률변수**

$$T = \frac{Z}{\sqrt{\chi^2(n)/n}} \sim t(n)$$

여기서 분자 $Z$는 표준정규확률변수이고, 분모에서 $\chi^2(n)$은 자유도가 $n$인 카이제곱 확률변수를 뜻한다. 오른쪽에서 $t(n)$은 $\chi^2$ 분포에서와 마찬가지로 자유도가 $n$인 $t$분포를 뜻한다. $\chi^2$ 분포와 마찬가지로 $t$분포에서도 자유도가 모수이다.

#### ▶ $t$분포의 특성

$t$분포의 특성은 다음과 같이 요약된다.

**$t$분포의 특성**

- ▶ 평균은 0이고 좌우대칭이다.
- ▶ 자유도 $n$이 증가함에 따라 $t$분포의 분산은 작아지고, 표준정규분포에 접근한다.

한편 다음의 <그림 5-8>은 자유도의 증가에 따른 $t$분포의 특성을 보여준다.

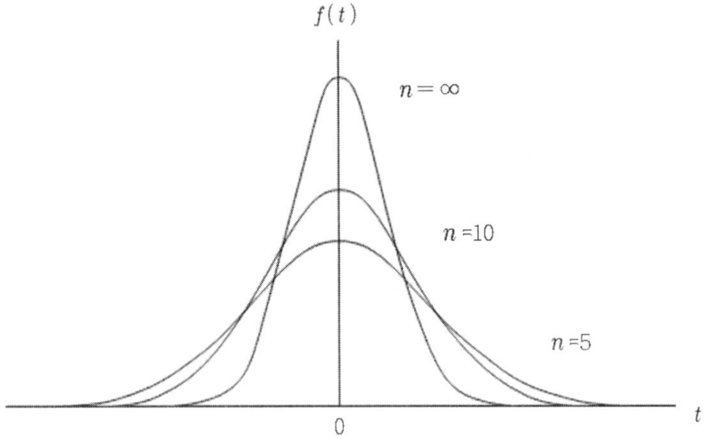


〈그림 5-8〉 자유도 변화에 따른 $t$분포의 확률밀도함수

앞에서 언급한 $t$분포의 특성에 의하여 자유도 $n$이 커지면 $t$분포는 근사적으로 표준정규분포로 취급할 수도 있다. 그러나 $n$이 얼마 이상일 때 표준정규분포로 간주해도 무리가 없는지에 대해서는 분석의 특성과 목적 등 각각의 상황에 따라 다를 것이다.

### ▶ $t$분포의 누적확률

$t$분포의 누적확률은 <부표 5>에 나오는데, 주어진 자유도에 대하여 누적확률이 0.01, 0.05, 0.10 등일 때의 $t$값을 보여준다. <그림 5-9>에서 자유도가 10일 때의 예를 설명한다.

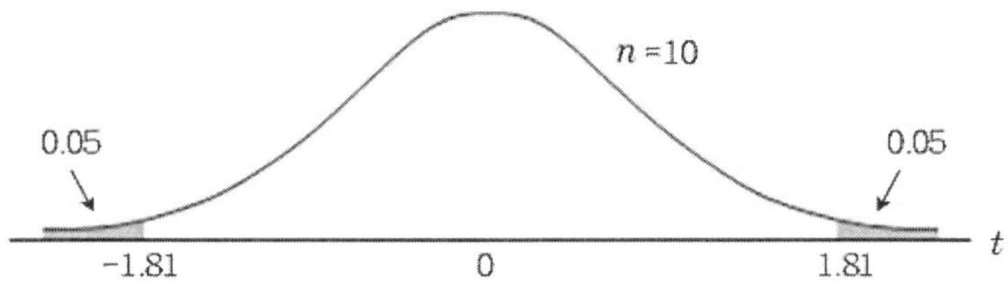


〈그림 5-9〉 좌우 꼬리면적에 대한 $t$값

<부표 5>에서 자유도가 10일 때 오른쪽 꼬리면적이 0.05인 $t$값을 찾으면 1.81이 나온다. $t$분포는 좌우대칭이므로 왼쪽 꼬리에서 면적이 0.05가 되는 점은 -1.81이다. 한편 이 표에서 자유도를 증가시키면서 밑으로 내려가면, 자유도가 30일 때는 $t$값이 1.70, 자유도가 $\infty$일 때는 1.645를 찾을 수 있다. 표준정규분포에서 오른쪽 꼬리면적이 0.05일 때의 $Z$값은 1.645이므로 $t$분포의 자유도가 $\infty$가 될 때 표준정규분포와 일치하고, 자유도가 30일 때도 1.645에 상당히 근접함을 보여준다. 이는 $t$분포가 자유도가 커짐에 따라 표준정규분포에 접근한다는 사실을 나타내는데, 자유도가 30 정도에 이르면 표준정규분포에 매우 근사함을 시사한다.

### ▶ $t$분포의 응용

$n$개의 독립적인 표본 $X_1, \ldots, X_n$은 평균이 $\mu$이고 분산이 $\sigma^2$인 정규분포를 따른다고 가정하자. 그러면 표본평균 $\overline{X}$는 평균이 $\mu$ 그리고 분산이 $\sigma^2/n$인 정규분포를 따르게 되는데, 이를 표준화시키면 아래와 같다.

$$\frac{\overline{X}-\mu}{\sigma/\sqrt{n}} \sim N(0,1)$$

한편 앞의 $\chi^2$분포에서 다음과 같은 관계를 거론하였다.

$$\frac{(n-1)s^2}{\sigma^2} \sim \chi^2(n-1)$$

따라서 위의 관계를 이용하여 $t$분포의 확률변수를 다음과 같이 만들 수 있다.

$$t = \frac{\dfrac{\overline{X}-\mu}{\sigma/\sqrt{n}}}{\sqrt{\dfrac{(n-1)s^2}{\sigma^2(n-1)}}} \sim t(n-1)$$

즉 분자는 표준정규분포의 확률변수이고, 분모는 $\chi^2$분포 확률변수에 자유도 $(n-1)$을 나눈 것의 제곱근이므로, $t$분포 확률변수의 정의에 의하여 위의 관계가 성립한다. 이를 정리하면 아래와 같이 된다.

$$\frac{\overline{X}-\mu}{s/\sqrt{n}} \sim t(n-1)$$

위의 확률변수 $t$는 추정과 검정 등에 많이 사용되는데, 여기서 표본수 $n$이 커지면 $t$분포의 자유도 $(n-1)$도 커져서 $Z$분포에 접근한다. 또 왼쪽 항은 표본수가 클 때 $\sigma \approx s$이므로, $Z$통계량과 같아진다. 따라서 표본수가 많아지면 $t$통계량은 $Z$통계량과 같아진다.

### (3) $F$분포

***F*분포**(F-distribution)도 통계적 추론에서 많이 쓰이는 분포인데, 주로 분산분석

이나 두 모집단의 분산을 비교하고자 하는 경우에 많이 사용된다. $F$분포는 두 개의 자유도 $n_1$과 $n_2$를 모수로 하는데, 확률변수 $F$는 다음과 같이 정의된다.

**$F$분포의 확률변수**

$$F = \frac{\chi^2(n_1)/n_1}{\chi^2(n_2)/n_2} \sim F(n_1, n_2)$$

즉 분자에는 자유도가 $n_1$인 카이제곱 확률변수 $\chi^2(n_1)$을 해당자유도 $n_1$으로 나누었고, 분모도 자유도 $n_2$인 카이제곱 확률변수 $\chi^2(n_2)$를 자유도 $n_2$로 나누었다.

### ▶ $F$분포의 특성

$F$분포의 특성은 다음과 같이 요약된다.

**$F$분포의 특성**

▶ $F$분포의 평균은 다음과 같다.

$$E(F) = \frac{n_2}{n_2 - 2}, \quad n_2 > 2$$

▶ 두 번째 자유도 $n_2$가 커지면 기대값은 작아진다.

▶ 자유도의 순서를 바꾸면 다음과 같은 관계가 된다.

$$F_{n_1, n_2} = \frac{1}{F_{n_2, n_1}}$$

여기서 $F_{n_1, n_2}$는 자유도가 $n_1$과 $n_2$인 $F$분포 확률변수이다.

다음의 <그림 5-10>에서는 첫 번째 자유도 $n_1$이 10으로 고정되었을 때, 두 번째 자유도 $n_2$가 감소함에 따라 분포의 봉우리가 오른쪽으로 이동하는 $F$분포의 형태를 보여준다. 이는 위의 $F$분포의 첫 번째 및 두 번째 특성과 관련하여 $n_1$과 $n_2$가 커지면 기대값이 작아지는 것을 나타낸다. 세 번째 특성은 앞에 나오는 $F$확률변수의 정의로부터 쉽게 유도된다. 즉 확률변수 $F_{n_2, n_1}$은 확률변수 $F_{n_1, n_2}$에서 분자와 분모의 자유도를 바꾼 것과 같기 때문이다.

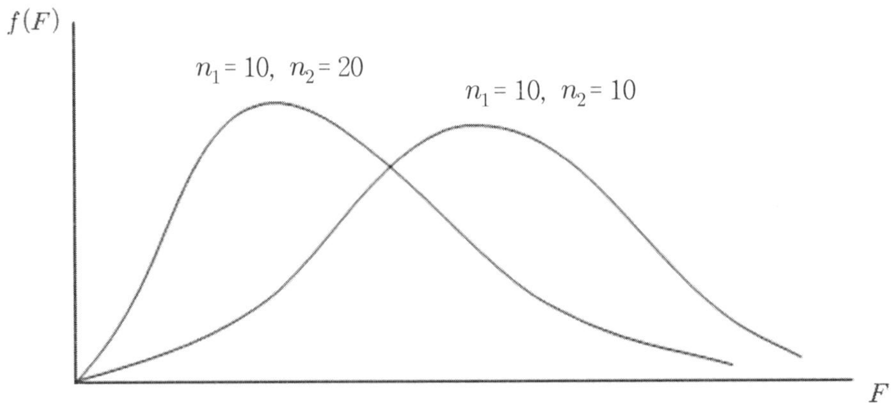


**〈그림 5-10〉 자유도 $n_1$이 고정된 상태에서 $n_2$의 변화에 따른 $F$분포의 확률밀도함수**

### ▶ $F$분포의 누적확률

$F$분포의 누적확률은 <부표 6>에 나오는데, 두 자유도 $n_1$과 $n_2$가 주어지면 오른쪽 꼬리면적에 따른 $F$값을 찾을 수 있다. 예를 들어 $n_1 = 10,\ n_2 = 20$일 때, 오른쪽 꼬리의 누적확률 0.05에 대한 $F$값은 <부표 6>에서 2.35로 나온다. <그림 5-11>에서는 $F$값이 2.35일 때 오른쪽 꼬리면적이 0.05가 되는 것을 보여준다.

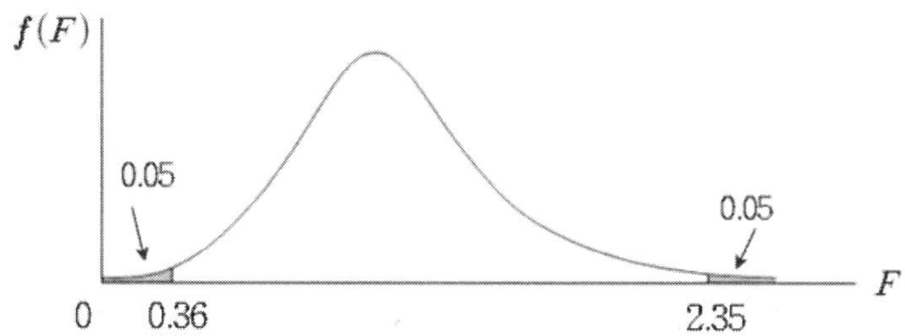


**〈그림 5-11〉 꼬리면적이 0.05 일 때의 $F$값 ($n_1 = 10, n_2 = 20$)**

한편 왼쪽 꼬리부분의 확률면적에 대한 $F$값을 오른쪽 꼬리값을 이용하여 구하려면 위의 세 번째 특성을 이용한다. 만약 자유도가 $n_1$과 $n_2$인 $F$분포의 왼쪽 꼬리부분을 $\alpha$로 만드는 $F$값을 구한다면 아래와 같은 관계식을 이용한다

$$\begin{aligned} P(F_{n_2,\, n_1} > a) &= \alpha \\ &= P\left(\frac{1}{F_{n_1,\, n_2}} > a\right) \\ &= P\left(F_{n_1,\, n_2} < \frac{1}{a}\right) \end{aligned}$$

따라서 자유도가 $n_2$와 $n_1$인 $F$분포에서 오른쪽 꼬리면적이 $\alpha$가 되는 $F$값을 찾아서 그 역수를 취하면 된다. 예를 들어 $\alpha$가 5%인 경우에 있어 두 자유도 $n_1$과 $n_2$가 각각 10과 20이라면, <부표 6>에서 첫 번째 자유도가 20 그리고 두 번째 자유도가 10인 경우의 $F$값이 2.77이므로 $1/F$은 0.36이 된다.

# *제5절 공분산과 상관계수

두 확률변수 사이의 관계를 나타내는 기본적인 통계량으로 공분산과 상관계수가 있다. 만약 두 변수 $X$와 $Y$가 서로 영향을 주지 않는 독립적인 관계라면 $X$와 $Y$의 공분산이나 상관관계가 0이고, 반대로 두 변수의 종속성이 높아지면 공분산과 상관관계는 커진다. 예를 들어 $X$가 어떤 사람의 키이고 $Y$가 소득수준이라면, $X$와 $Y$는 거의 독립적이므로 공분산이나 상관관계는 0에 가까울 것이다. 하지만 $X$가 키 그리고 $Y$가 몸무게라면, $X$와 $Y$는 종속성이 높아서 공분산이나 상관관계가 커지게 된다.

## (1) 공분산

**공분산**(covariance)은 두 확률변수 $X$와 $Y$가 각각의 평균을 중심으로 하여 같은 방향으로의 변화정도를 의미하는데, $COV(X, Y)$ 또는 $\sigma_{XY}$로 표기하며 다음과 같이 정의된다.

**공분산**

$$COV(X, Y) = \sigma_{XY} = E\{(X - \mu_X)(Y - \mu_Y)\} = E(XY) - \mu_X \mu_Y$$

변수 $X$와 $Y$가 서로 독립적이면 공분산은 $COV(X, Y) = 0$이 된다. 그러나 공분산의 크기로 두 확률변수 사이의 종속성 정도를 판단하기에는 한계가 있다. 그 이유는 공분산은 변수의 단위에 따라 달라지기 때문이다. 예를 들어 $X$가 키 그리고 $Y$는 몸무게일 때, 단위의 변화에 따른 공분산의 변화는 다음과 같다.

| 키 | 몸무게 | 공분산 |
|---|---|---|
| cm | kg | $\sigma_{xy}$ |
| m | kg | $\sigma_{xy}/100$ |

즉 키의 단위가 cm이고 몸무게는 kg일 때 공분산이 $\sigma_{xy}$ 라면, 키의 단위를 m로 바꿀 때 공분산은 $\sigma_{xy}/100$ 로 줄어든다. 따라서 공분산의 크기로 두 변수의 종속 정도를 가늠하기는 어렵다. 이러한 문제를 극복하기 위하여 상관계수를 사용한다.

### (2) 상관계수

**상관계수**(correlation coefficient)는 상관관계계수라고도 부르는데, 공분산에 각 확률변수의 표준편차를 나누어 줌으로써 변수의 척도와 무관한 값을 구한 것이다. $X$와 $Y$ 사이의 상관계수 $COR(X, Y)$ 또는 $\rho_{XY}$는 다음과 같이 정의된다.

**상관계수**

$$COR(X,Y) = \rho_{XY} = \frac{\sigma_{XY}}{\sigma_X \sigma_Y} = \frac{E\{(X-\mu_X)(Y-\mu_Y)\}}{\sqrt{E(X-\mu_X)^2}\sqrt{E(Y-\mu_Y)^2}}$$

이 때, 선형관계의 강약은 두 변수간의 **선형성**(linearity)의 정도를 의미하는데, 만일 완전한 선형의 관계, 즉 직선의 관계를 보인다면 상관계수가 1 또는 -1, 그리고 전혀 선형관계로 볼 수 없다면 0의 값을 갖는다. 한 변수가 증가할 때 다른 변수도 증가한다면 두 변수는 양의 상관관계를 갖게 되며, 반대로 한 변수가 증가할 때 다른 변수가 감소한다면 음의 상관관계를 갖게 된다. 이상의 상관계수의 특성을 정리하면 다음과 같다.

**상관계수의 특성**

- 상관계수 $\rho_{XY}$는 -1과 1 사이의 값을 갖는다. 즉 $-1 \leq \rho_{XY} \leq 1$
- 두 변수 $X$와 $Y$가 독립이면 상관계수는 0이 된다.
- 만약 $\rho_{XY} < 0$ 이면 $X$와 $Y$는 음의 상관관계이고,
  $\rho_{XY} > 0$ 이면 $X$와 $Y$는 양의 상관관계라 한다.
- $\rho_{XY}$ = -1 또는 1이면 $X$와 $Y$는 완전한 종속관계이다.
  즉 $X$를 알면 $Y$를 알 수 있다.

한편 상관계수의 추정량 $r_{XY}$는 표본으로부터 다음과 같이 계산된다.

**상관계수의 추정량**

$$r_{XY} = \frac{\sum_{i=1}^{n}(X_i - \overline{X})(Y_i - \overline{Y})}{\sqrt{\sum_{i=1}^{n}(X_i - \overline{X})^2}\sqrt{\sum_{i=1}^{n}(Y_i - \overline{Y})^2}} = \frac{s_{XY}}{s_X \cdot s_Y}$$

다음의 <그림 5-12>는 두 변수 $X$와 $Y$의 상관정도에 따라 상관계수의 크기가 어떻게 변화하는지를 보여주고 있다.

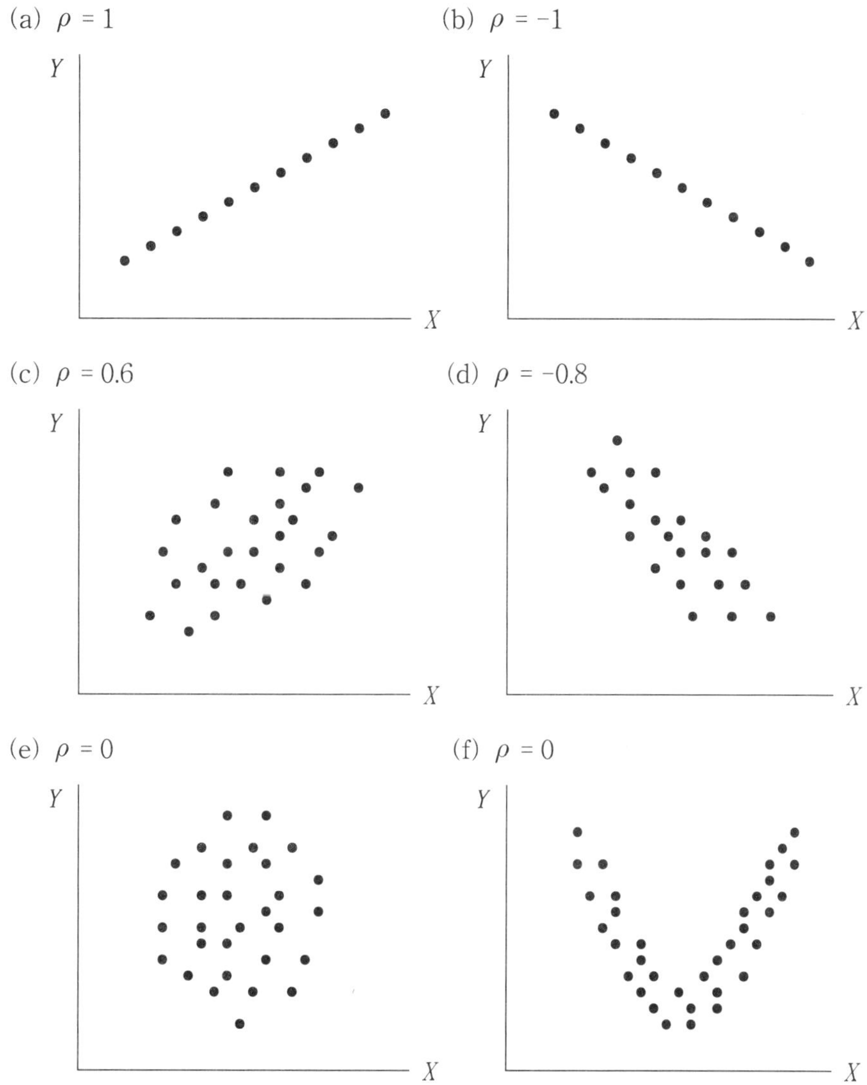


**〈그림 5-12〉 산점도 형태에 따른 상관계수**

먼저 그림 (a)에서는 완전한 양의 선형관계를 갖고, 그림 (b)에서는 완전한 음의 선형관계를 갖고 있으므로, 상관계수의 절대값이 모두 1로 나타나고 있다. 또한 (c)와 (d)에서는 선형성의 정도가 (a)와 (b)보다는 떨어지므로 그 정도에 따라 상관계수의 값이 각각 0.6과 -0.8이 된다. 한편 그림 (e)와 (f)에서는 상관계수가 모두 0인 경우를 보여주고 있으나, 두 그림의 형태가 매우 다르다. (e)는 $X$와 $Y$ 사이에 아무 관계가 없는 경우이고, 이와는 달리 (f)는 두 변수 사이에 선형관계는 아니지만 2차 곡선관계가 있는 경우이다. 이와 같이 상관계수란 두 변수 사이의 선형관계만을 나타내는 척도이다. 즉 $X$와 $Y$가 독립이면 상관관계는 반드시 0이지만, 상관관계가 0이라고 해서 반드시 $X$와 $Y$가 독립이라고 할 수는 없다.

[예제 5-2] 증권시장에서 상장회사의 주가($X$)와 연간 순이익에 자산을 나눈값($Y$)를 조사해 보니 아래와 같았다. 여기서 $X$와 $Y$의 상관계수를 구하시오.

| 주가(만원) | 순이익/자산 | 주가(만원) | 순이익/자산 |
|---|---|---|---|
| 4.15 | 0.38 | 2.63 | 0.25 |
| 2.93 | 0.29 | 1.35 | 0.15 |
| 3.41 | 0.30 | 1.63 | 0.18 |
| 3.26 | 0.32 | 2.33 | 0.24 |
| 3.63 | 0.35 | 2.41 | 0.22 |

☞ 앞에서 나온 상관계수 추정량의 공식에서 각 항을 계산하면 아래와 같다.

$$\overline{X} = 2.773, \quad \overline{Y} = 0.268$$

$$\sum X_i Y_i = 8.0062, \quad \sum X_i^2 = 83.873, \quad \sum Y_i^2 = 0.767$$

따라서 상관계수는 다음과 같이 계산된다.

$$r = \frac{8.0062 - (2.773)(0.268)}{\sqrt{\{83.873 - 10(2.773)^2\}\{0.767 - 10(0.268)^2\}}} = 0.99$$

■

# 제6절 표본추출방법

앞의 제1절에서 확률표본에 대하여 설명하였다. 많은 경우에 확률적으로 표본을 추출하는 것이 적합하다. 하지만 경우에 따라서는 완전한 확률표본보다는 약간의 제약을 주는 추출계획을 실현함으로써 좀 더 모집단에 대한 효율적인 정보를 수집할 수도 있다. 예를 들어 30대 가장의 평균 월 소득을 파악하기 위하여 1,000명의 표본을 뽑는다고 가정하자. 월 소득은 학력이나 지역 등 여러 가지 조건에 따라 차이가 날 수 있다. 그런데 완전히 확률적으로 표본을 뽑을 경우 동일한 학력(예를 들어 대졸)이나 또는 동일한 지역(예를 들어 서울)에 편중됨으로써 추정이 모집단 전체를 제대로 반영하지 못할 수도 있다. 그러나 월 소득에 차이가 날 수 있는 집단들을 구분하고 그 집단마다 골고루 몇 명씩 표본을 추출한다면 오히려 더 정확한 추정이 가능할 수도 있다.

이 절에서는 일반적으로 많이 사용되는 기본적인 표본추출방법으로 단순랜덤추출법, 층화추출법, 집락추출법 그리고 계통추출법에 대하여 설명한다. 이 중 어느 것을 선택해야 할지는 분석하려는 문제의 성격과 상황에 따라 달라진다.

## (1) 단순랜덤추출법

**단순랜덤추출법**(simple random sampling)은 제1절에서 설명한 확률표본을 실현하는 목적만을 추구하는 방법이다. 즉 크기가 $N$인 모집단에서 $n$개의 표본을 추출하는 경우, 각 원소의 추출확률을 모두 동일하게 하여 표본을 추출하는 방법이다. 다시 말하여 표본의 확률성을 확보하는 것 외에는 표본추출상의 다른 제약이 없는 가장 단순한 표본추출방법이다.

하나의 예로 <그림 5-13>에서와 같이 20개의 상자 속에 각각 50개의 물건이 들어 있다고 가정하자.

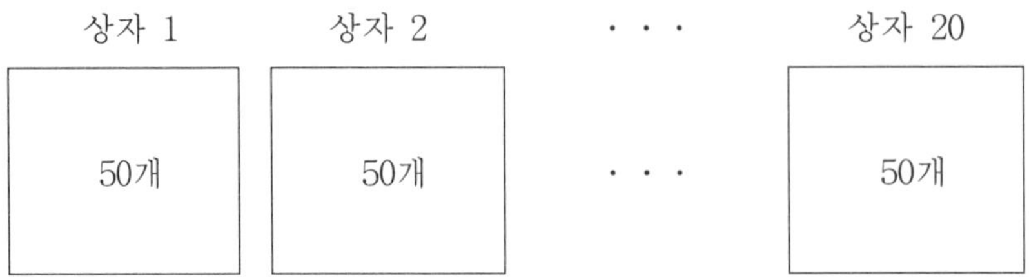


**〈그림 5-13〉 표본추출의 예 : 20개 상자로부터 100개 추출**

그러면 모두 1,000개의 물건이 있는데, 여기서 상자를 구분하지 않고 100개의 물건을 랜덤하게 추출한다면 이 경우가 곧 단순랜덤추출이 된다.

단순랜덤추출법의 장점은 표본추출과정이 용이하고 분석이 간편하다는 점이다. 반면 표본이 모집단의 특정 영역에서만 편중되어 추출될 수도 있는 단점이 있다.

### (2) 층화추출법

모집단이 어떠한 속성에 따라 여러 개의 **층**(stratum)으로 구분될 수 있는 경우를 생각하자. 이러한 경우에는 단순랜덤추출을 하는 것보다는 표본을 층별로 할당하여 추출하는 것이 더 효과적일 수 있다. 이런 경우의 표본추출방법을 **층화추출법**(stratified sampling)이라 한다.

앞의 예에 나오는 20개의 상자에서 모든 상자들이 각각 다른 공장에서 생산된 것이라면, 각 상자별로 물건의 품질에 차이가 발생할 수 있다. 따라서 100개의 표본을 각 상자별로 5개씩을 할당하여 추출한다면, 각 공장에서 생산된 물건들을 골고루 포함하게 된다. 여기서 각 상자가 층이 되며, 이러한 표본추출방법이 곧 층화추출법이다.

또 다른 층화추출의 예로 대통령 선거결과를 예측하기 위한 여론조사를 들 수 있다. 만일 유권자들이 출신지역에 따라 투표성향이 달라질 수 있다면, 각 지역을 층으로 구분한 후 인구비례에 따라 층별로 표본을 수집하는 것이 효과적인 표본 추출방법이 될 것이다.

층화추출법은 층과 층 사이에는 차이가 많고, 각 층 내의 원소사이에는 차이가 적을 때 적합한 방법이다.

### (3) 집락추출법

**집락추출법**(cluster sampling)이란 모집단이 대개의 경우 자연적으로 몇 개의 소집단, 즉 **집락**(cluster)을 이루고 있는 경우에 적용되는 방법이다. 몇 개의 소집단 또는 집락을 확률적으로 추출한 후, 추출된 집락속의 원소들을 모두 관찰하는 방식이다.

앞의 <그림 5-13>에 나오는 상자의 예를 보자. 만약 여러 공장에서 생산된 물건들을 섞어서 상자에 담았다면, 한 상자 속에 물건들을 모두 검사하면 전체 공장의 물건을 망라하게 된다. 따라서 20개의 상자 중에서 두 개를 무작위로 추출한 다음 추출된 상자에 대해서는 그 속에 있는 원소를 모두 관찰한다. 집락추출법은 층화추출법과 랜덤표본의 순서가 뒤바뀐 과정이다. 층화추출법에는 모든 층(집락)이 다 고려되면서, 각 층에서는 랜덤표본을 추출하지만, 집락추출에서는 일부 집락(층)을 확률적으로 추출한 뒤, 추출된 집락속의 원소를 모두 관찰한다.

층화추출법은 층들이 서로 이질적(heterogeneous)이고 층 속의 원소들은 동질적(homogeneous)인 경우에 적합하지만, 집락추출법에서는 집락(층)내의 원소들이 이질적인 경우에 적합하다. 예를 들어 성(性)에 대한 국민들의 의식조사를 하기 위하여 각 가정을 집락으로 생각하자. 즉 몇 가정을 확률적으로 추출하면, 추출된 가정에 대하여 모든 식구들의 의견을 다 수집한다. 성에 대한 사고방식은 세대 간 차이가 많이 나므로 각 가정에는 할아버지, 어머니, 딸 그리고 남자와 여자 등과 같이 성에 대한 관념이 서로 이질적일 수 있는 구성원들이 모두 포함된다. 따라서 이 경우는 집락추출방법을 적용하는 것이 적절할 수도 있다.

층화추출법과의 또 다른 차이점은 일반적으로 층화추출법은 표본추출의 정확도를 제고하기 위한 방법인데 비하여, 집락추출법은 표본추출의 편의성을 제고하기 위한 방법이라는 점이다. 선거결과에 대한 여론조사에서 투표당일 출구조사를 하는 경우 자료의 수집, 분석 및 결과의 발표까지 불과 몇 시간의 여유밖에 없다. 이런 경우 편의상 접촉된 가정에 대하여 모든 식구들을 표본으로 하는 집락추출법을 적용하기도 한다.

### (4) 계통추출법

**계통추출법**(systematic sampling)이란 모집단을 일렬로 늘어놓았다고 가정하고 일정한 간격으로 표본을 추출하는 방법을 의미한다. 앞의 예에서 50개씩 들어있는 20개의 상자 속에 있는 물건에 1부터 1,000까지 일련번호를 매긴 후 일렬로 늘어놓았다고 가정하자. 물건이 모두 1,000개이므로 일련번호에서 각 10개마다 하나씩 뽑으면 100개의 표본이 완성된다. 우선 1부터 10 사이의 번호 중 하나를 확률적으로 추출하는데, 그 번호가 만일 $x$라 하자. 그러면 아래 그림에서와 같이 $x$번째부터 번호를 10씩 더해가며 표본을 추출한다.

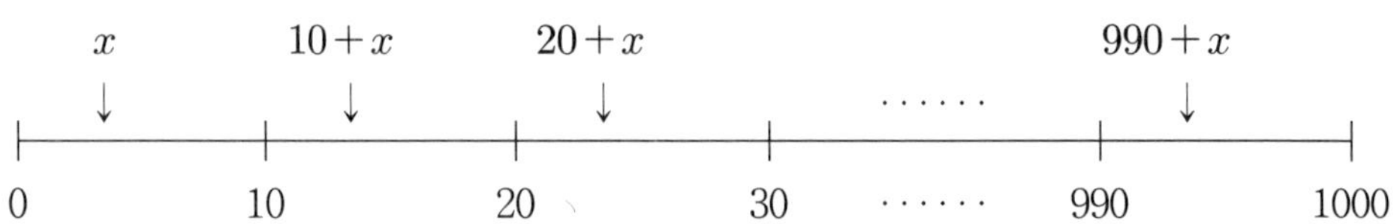


예를 들어 다음과 같이 최초의 10개 원소 중에서 $x=3$이 표본으로 추출되었다고 가정하자.

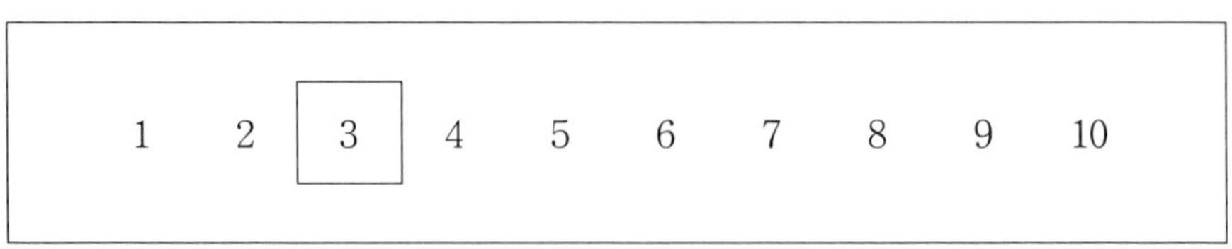

그러면 나머지 표본은 <그림 5-14>에서와 같이 10을 간격으로 하는 3의 계통인 13, 23, ···, 993 등으로 구성된다.

| | | | | | | | | | |
|---|---|---|---|---|---|---|---|---|---|
| 1 | 2 | [3] | 4 | 5 | 6 | 7 | 8 | 9 | 10 |
| 11 | 12 | [13] | 14 | 15 | 16 | 17 | 18 | 19 | 20 |
| | | ⋮ | | | | | | | |
| 991 | 992 | [993] | 994 | 995 | 996 | 997 | 998 | 999 | 1000 |

**〈그림 5-14〉 계통추출법에 의한 표본추출**

계통추출법은 층화추출법의 특수한 경우로 생각할 수 있다. 위 상자의 예에 대하여, 층화추출법에서는 각 상자마다 5개씩의 표본을 추출하였는데, 계통추출법에서도 똑같이 5개씩 추출한다. 예를 들어 상자 1에서는 (3, 13, 23, 33, 43)의 5개가 추출된다. 다만 층화추출법에서는 각 상자로부터 5개씩을 단순랜덤추출법으로 추출하는 반면, 계통추출법에서는 처음 한 숫자를 정하면 그 다음부터는 일정한 간격으로 10씩 건너뛰어서 표본을 추출하는 것이 다르다. 즉 계통추출법은 층화추출법보다 추출방법이 조금 더 제한된다.

계통추출법을 적용하여 표본을 추출하는 경우 조심해야 할 점은, 만약 모집단의 특성이 일정한 **주기성**(cycle)을 띠고 있다면 계통추출법에 의한 표본추출방법은 상당한 편의가 발생할 수 있다는 것이다. 유사한 경우로 매월 20일에 치료를 받기 위하여 병원에 가는 환자를 생각해 보자. 여기서 만일 사람의 바이오리듬이 한 달을 주기로 변하고 있다면, <그림 5-15>에서 보는 바와 같이 이 환자는 항상 바이오리듬이 나쁠 때에만 의사와 만나게 되어 오진을 유발할 수도 있을 것이다. 마찬가지의 오류가 계통추출법에서 나타날 수 있다.

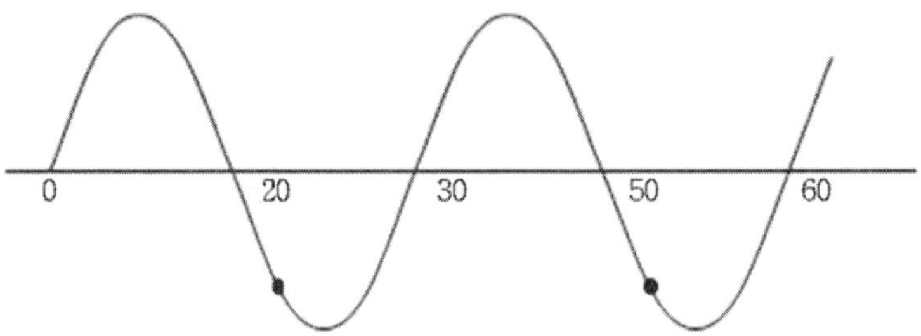


**〈그림 5-15〉 표본이 주기성을 띠고 있는 경우의 계통표본추출**

〔예제 5-3〕 어느 대학교의 신입생 500명에 대하여 수능성적을 추정하려고 한다. 이 때, 계통추출법을 적용하여 10명의 표본을 추출하시오.

☞ 크기가 500인 모집단에서 계통추출법을 적용하여 크기가 10인 표본을 추출하기 위해서는 먼저 1부터 50까지의 숫자 중에서 하나를 계통표본으로 추출하면 된다. 이 때, 만일 12가 계통표본으로 추출되었다면 나머지 9개의 표본은 다음과 같이 50을 간격으로 하는 계통표본으로 구성된다.

| | | | | | | | | |
|---|---|---|---|---|---|---|---|---|
| 12 | …… | 62 | …… | 112 | …… | 162 | …… | 212 |
| 262 | …… | 312 | …… | 362 | …… | 412 | …… | 462 |

■

## 제7절 미니탭의 이용

여기서는 두 확률변수 $X$와 $Y$의 공분산과 상관계수를 미니탭을 이용하여 도출하는 과정을 알아보기로 한다.

공분산과 상관계수는 '**통계분석(S) > 기초 통계(B)**' 메뉴를 선택하여 나타나는 항목 가운데 각각 **공분산 분석(V)...**과 **상관 분석(C)...**을 이용하여 계산할 수 있다. 여기서 나타나는 대화상자의 변수목록상자에서 값을 구하고자 하는 변수를 선택하여 **변수(V)** 상자로 이동한 후 **확인(O)** 버튼을 누르면 된다. 다음의 <그림 5-16>은 상관계수를 구하기 위한 대화상자이다.

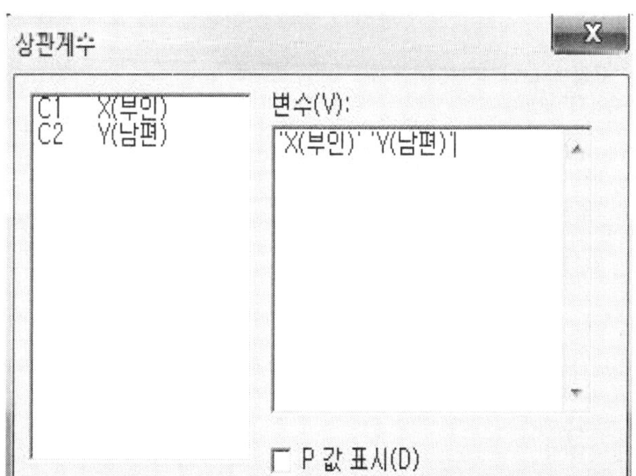


**〈그림 5-16〉 상관계수 대화상자**

앞의 <그림 5-16>은 '**통계분석(S) > 기초 통계(B) > 상관 분석(C)...**'을 선택한 경우의 대화상자로 두 변수 C1과 C2 사이의 상관계수를 구할 수 있다. 만약 이러한 분석과정을 통하여 구한 공분산행렬과 상관계수행렬을 저장하려면 **행렬 저장(표시 안 함)(S)** 항목을 선택한다.

다음은 공분산과 상관계수를 구하기 위하여 20쌍의 맞벌이 부부의 학력을 조사한 자료이다. 이 때, $X$는 아내의 학력 그리고 $Y$는 남편의 학력을 나타낸다.

$X$ : 1 1 1 1 1 1 1 1 2 2 2 2 2 2 3 3 3 3 3 3

$Y$ : 1 1 1 1 2 2 2 3 1 2 2 2 2 3 2 2 3 3 3 3

이를 미니탭 워크시트에 입력한 결과는 다음과 같다. 여기서 1은 고졸, 2는 대졸 그리고 3은 대학원 졸업을 의미한다.

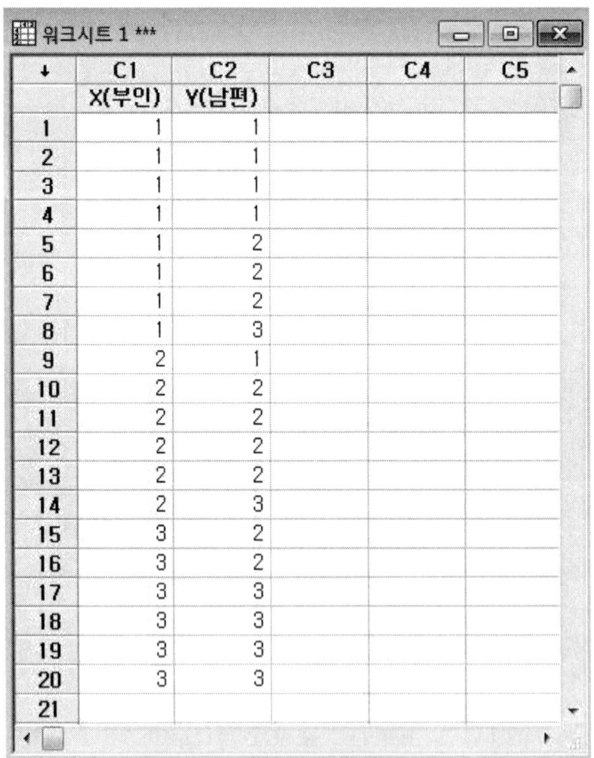
워크시트 1 ***

| ↓ | C1 | C2 | C3 | C4 | C5 |
|---|---|---|---|---|---|
| | X(부인) | Y(남편) | | | |
| 1 | 1 | 1 | | | |
| 2 | 1 | 1 | | | |
| 3 | 1 | 1 | | | |
| 4 | 1 | 1 | | | |
| 5 | 1 | 2 | | | |
| 6 | 1 | 2 | | | |
| 7 | 1 | 2 | | | |
| 8 | 1 | 3 | | | |
| 9 | 2 | 1 | | | |
| 10 | 2 | 2 | | | |
| 11 | 2 | 2 | | | |
| 12 | 2 | 2 | | | |
| 13 | 2 | 2 | | | |
| 14 | 2 | 3 | | | |
| 15 | 3 | 2 | | | |
| 16 | 3 | 2 | | | |
| 17 | 3 | 3 | | | |
| 18 | 3 | 3 | | | |
| 19 | 3 | 3 | | | |
| 20 | 3 | 3 | | | |
| 21 | | | | | |

### (1) 두 확률변수의 공분산

두 확률변수 $X$와 $Y$의 공분산을 구하기 위한 미니탭 메뉴 '**공분산 분석(V)...**'을 이용하면 다음의 결과물을 얻게 된다.

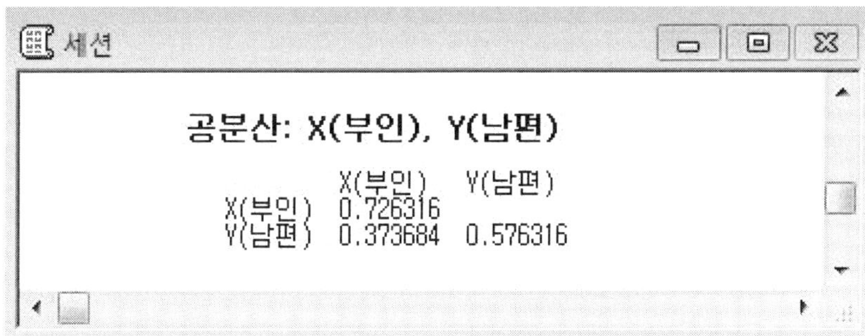


위 결과물을 보면 $X$(부인)와 $Y$(남편)의 분산이 각각 0.726316 및 0.576316이며, 두 변수의 공분산은 0.373684로 도출되었음을 알 수 있다.

### (2) 두 확률변수의 상관계수

또한 두 확률변수 $X$와 $Y$의 상관계수를 구하기 위하여 '**상관 분석(C)...**'이라는 미니탭 메뉴를 사용한 결과, 다음과 같이 0.578의 상관계수가 도출되었다.

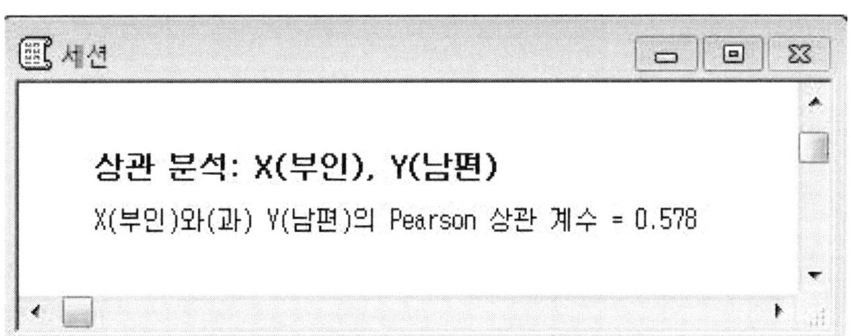

# 제8절 요약

## 1. 모집단과 확률표본

- 모집단 : 연구의 대상이 되는 모든 관련 원소의 집합
- 표본 : 모집단으로부터 추출한 원소들의 집합
- 랜덤표본 : 모집단을 구성하고 있는 각 원소들이 표본으로 추출될 확률이 모두 동일한 상황에서 추출된 표본
- 난수표 : 0 부터 9 까지의 숫자를 임의로 나열해 놓은 표

## 2. 결합확률분포

- 결합확률밀도함수 :
  - 이산형 : $P(X_1, \cdots, X_n) = P(X_1 \cap \cdots \cap X_n)$
  - 연속형 : $f(X_1, \cdots, X_n)$
- 주변확률분포
  - 이산형 : $P_X(X) = \sum_Y P(X, Y)$
  - 연속형 : $f_X(X) = \sum_Y f(X, Y)dY$
- 확률변수의 독립
  - 이산형 : $P(X_1, \cdots, X_n) = P_{X_1}(X_1) \cdots P_{X_n}(X_n)$
  - 연속형 : $f(X_1, \cdots, X_n) = f_{X_1}(X_1) \cdots f_{X_n}(X_n)$

## 3. 표본평균분포와 중심극한정리

▶ 중심극한정리 : 표본평균분포는 표본크기가 증가할수록 원래의 분포 유형에 상관없이 평균 $\mu$ 그리고 분산 $\sigma^2/n$인 정규분포로 접근함

## 4. $\chi^2$ 분포, $t$ 분포 및 $F$ 분포

▶ $\chi^2$ 분포 : $\chi^2 = \sum_{i=1}^{n} Z_i^2 \sim \chi^2(n), \ E(\chi^2) = n$

▶ $t$ 분포 : $T = \dfrac{Z}{\sqrt{\chi^2(n)/n}} \sim t(n), \ E(T) = 0$

▶ $F$ 분포 : $F = \dfrac{\chi^2(n_1)/n_1}{\chi^2(n_2)/n_2} \sim F(n_1, n_2), \ E(F) = \dfrac{n_2}{n_2 - 2}$

## 5. 공분산과 상관계수

▶ 공분산 : 두 확률변수 $X$와 $Y$가 각각의 평균을 중심으로 하는 같은 방향으로의 변화정도

$$\rightarrow COV(X, Y) = \sigma_{XY} = E\{(X-\mu_X)(Y-\mu_Y)\} = E(XY) - \mu_X\mu_Y$$

▶ 상관계수 : 두 확률변수 사이의 선형관계를 나타내는 척도로서 단위와 무관하며 -1 부터 1 사이의 값을 취함

$$\rightarrow COR(X, Y) = \rho_{XY} = \frac{\sigma_{XY}}{\sigma_X \ \sigma_Y}$$

### 6. 표본추출방법

- ▶ 단순랜덤추출법 : 모집단의 각 원소에 대하여 추출될 확률이 동일한 상태에서 표본을 추출하는 방법
- ▶ 층화추출법 : 모집단을 속성에 따라 몇 개의 층으로 구분한 후, 표본을 각 층별로 할당하여 추출하는 방법
- ▶ 집락추출법 : 모집단이 집락으로 구성되어 있을 때, 몇 개의 집락을 랜덤추출한 후 추출된 집합 속의 원소를 모두 관찰하는 방법
- ▶ 계통추출법 : 표본에 일련번호를 부여하여 일정한 간격으로 표본을 추출하는 방법

### 7. 미니탭의 이용

- ▶ 공분산 : 통계분석(S) 〉 기초 통계(B) 〉 공분산 분석(V)...
- ▶ 상관계수 : 통계분석(S) 〉 기초 통계(B) 〉 상관 분석(C)...

## ■ 연습문제

**[5.1]** 다음 문장을 읽고 옳으면 '○'표, 또한 틀리면 '×'표를 한 후 틀린 곳을 바르게 고치시오.

a) 모집단의 전체 영역에서 골고루 표본이 뽑히는 경우, 이를 랜덤표본이라 한다.

b) 표본추출시 중요한 사항은 표본의 크기와 랜덤성의 확보이다.

c) 층화추출법과 집락추출법은 단순랜덤추출법에 비하여 정확한 추정을 하기 위한 표본추출방법이다.

d) 중심극한정리는 정규분포를 따르는 확률변수의 표본평균이 표본크기가 커질수록 정규분포로 수렴한다는 내용이다.

e) 통계량은 모집단에 대한 특성을 말한다.

f) 일상생활에서 무한대의 원소를 갖는 모집단을 흔히 볼 수 있다.

g) 표본평균에 대한 표준편차는 표본 수에 비례하여 줄어든다.

h) 만약 어떤 모집단의 평균이 20이라면, 그 모집단으로부터 추출한 표본들은 대부분 그 평균이 20일 가능성이 크다.

i) $\chi^2$ 분포의 모수는 자유도인데, 자유도가 클수록 분산이 커진다.

j) $t$ 분포는 정규분포보다 항상 분산이 크다.

k) $F$분포의 평균은 첫 번째 자유도 $n_1$ 과는 상관이 없다.

l) 만약 $COR(X, Y) = 0$이면, $X$와 $Y$는 독립이다.

m) 모집단에서 일정한 간격으로 표본을 추출하는 방법을 층화추출법이라 한다.

**[5.2] 다음은 어떤 회사에서 20대 및 30대 사원들의 아파트평수를 10, 20, 30, 40평대로 나누어 확률분포를 구한 자료이다. 여기서 $X$는 연령대, $Y$는 아파트평수이다.

| 연령대 | 아파트평수 | | | |
|---|---|---|---|---|
| | 10평대 | 20평대 | 30평대 | 40평대 |
| 20대 | .04 | .08 | .08 | .05 |
| 30대 | .12 | .24 | .24 | .15 |

a) 확률변수 $X$와 $Y$에 대한 각각의 주변확률분포를 구하시오.

b) 두 확률변수의 독립성 여부를 판단하시오.

**[5.3] 앞의 [5.2]의 a)에서 구한 $X$와 $Y$의 주변확률분포를 이용하여 각각의 평균과 분산을 구하시오.

**[5.4] 앞의 [5.2]에서 제시된 두 확률변수의 결합확률분포를 이용하여 $X$와 $Y$의 공분산과 상관계수를 구하시오.

*[5.5] 다음은 여덟 쌍의 맞벌이 부부를 대상으로 월 소득액을 조사한 자료이다. 이 자료를 이용하여 아내 월급과 남편 월급이라는 두 변수 사이의 공분산과 상관계수를 구하시오.

| 표 본 | 1 | 2 | 3 | 4 | 5 | 6 | 7 | 8 |
|---|---|---|---|---|---|---|---|---|
| 아내의 월급 ($X$) | 65 | 60 | 35 | 39 | 48 | 44 | 48 | 61 |
| 남편의 월급 ($Y$) | 80 | 50 | 36 | 58 | 72 | 60 | 56 | 68 |

**[5.6]** 4남 1녀의 자녀를 둔 어느 가정을 고려하자. 요즈음 여자 아이들의 매달 용돈은 평균이 5만원 그리고 표준편차가 3만원이며, 또한 남자 아이들의 경우에는 평균이 10만원 그리고 표준편차가 5만원이라고 한다. 이 때, 이 가정에서 매달 자녀 용돈으로 지출하게 되는 금액의 평균과 분산을 구하시오.

**[5.7]** 두 개의 주사위를 던지는 경우, 첫 번째 주사위의 출현눈금을 $X_1$ 그리고 두 번째 주사위의 출현눈금을 $X_2$라고 가정한다.

$$T = X_1 + X_2$$

두 주사위의 눈금 합을 위의 $T$라고 할 때, $T$의 평균과 분산을 구하시오.

**[5.8]** 다음은 사람의 키와 가슴둘레에 대한 확률분포이다. $X$는 키 그리고 $Y$는 가슴둘레라고 할 때, 다음 물음에 답하시오.

| 키 | 가슴둘레 | | | |
|---|---|---|---|---|
| | 50 | 60 | 70 | 80 |
| 150 | .20 | .04 | .01 | |
| 160 | .10 | .36 | .09 | |
| 170 | | .05 | .10 | |
| 180 | | | | .05 |

a) 확률변수 $X$와 $Y$에 대한 각각의 평균과 분산을 구하시오.

b) 두 확률변수의 공분산과 상관계수를 구하시오.

c) 사람의 힘 $S$가 다음과 같이 표현된다고 할 때, $S$의 평균과 분산을 구하시오.

$$S = .3X + .5Y$$

**[5.9]** 어느 터널을 통과하는 자동차의 비율은 승용차가 60% 그리고 승합차가 40%라고 한다. 한편 이 터널을 지나가기 위해서 승용차는 100원 그리고 승합차는 300원의 통행료를 지불해야 한다고 가정한다. 여기서 25대의 차량이 이 터널을 통행하는 날에 있어서의 전체 통행료 수입의 평균과 분산을 구하시오.

*__[5.10]__ 최근 어느 대학이나 자동차의 교내통행으로 인하여 사고 위험 및 주차난 등 여러 가지 문제에 직면해있다. 이러한 문제를 해소하기 위한 기초 작업으로 우선 그 대학교의 하루 평균자동차 출입대수를 파악하려 한다. 만일 귀하가 이 일을 담당하게 되었다면, 어떠한 연구계획을 수립할 것인지를 관련 모집단의 정의와 표본추출 방법 등을 중심으로 서술하시오.

*[5.11] TV 방송국에서는 자기들의 프로그램에 대한 시청률에 지대한 관심을 나타내고 있다. 한 예로 현재 같은 시간대의 주말연속극으로 SBS와 MBC에서는 각각 '세 번 결혼하는 여자'와 '황금무지개'가 한참 시청률 경쟁을 벌이고 있다고 한다. 만일 귀하가 방송국에서 시청률 조사와 관련된 일을 담당하고 있다면, 이 두 연속극에 대한 각각의 시청률을 파악하기 위한 연구절차를 어떻게 설계할 것인지 설명하시오.

*[5.12] KBS FM 방송에서는 퇴근 시간대인 저녁 6시부터 2시간동안 팝송프로를 진행하고 있다. 그런데 이 프로그램의 특징은 많은 청취자가 운전하면서 듣고 있다는 것이다. 이 프로그램의 청취율 및 프로그램에 대한 청취자의 의견을 파악하기 위해서는 어떠한 절차가 필요할 것인지를 설명하시오.

*[5.13] 어느 학과에서는 전체 학생을 대상으로 야유회를 가기로 의결하고, 야유회 장소를 결정하기 위하여 학생들의 의견을 수렴하고자 한다. 만약 귀하에게 이 일이 맡겨졌다면, 어떻게 학생들의 의견을 파악할 것인지 설명하시오.

*[5.14] 어느 여론조사 전문기관에서는 연말에 있을 대통령 선거에 대한 여론조사를 실시하려고 한다. 만일 귀하가 이 일의 담당자라면, 어떠한 절차를 통하여 조사할 것인지를 서술하시오.

# 6

# 추 정

# 제6장 추 정

통계학의 궁극적인 목적은 모집단의 확실하지 않은 어떤 특성에 대한 추정이라고 하여도 과언이 아니다. 그래서 지금까지는 추정을 위한 기초로서 모집단에 대한 확률변수와 확률분포 등을 다루었고, 이 장에서는 앞에서 배운 내용들을 실전문제에 응용하는 과정으로서 모수에 대한 추정을 취급한다.

모집단의 특성값으로 정의되는 모수에 대한 **추정**(estimation)이란 다음의 <그림 6-1>에서 보는 바와 같이 $N$개의 원소로 구성된 모집단에서 $n$개의 표본을 추출한 후, 이를 토대로 통계량의 계산 등 필요한 작업을 통하여 다시 모집단의 해당 모수의 값을 예측하는 과정이다.

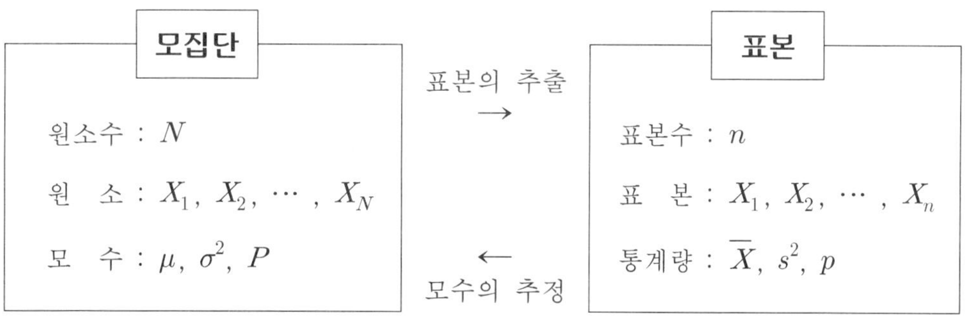


**〈그림 6-1〉 표본의 추출과 모수의 추정**

모집단에 대한 특성, 즉 모수는 상황에 따라 여러 가지를 생각할 수 있으나 여기서는 주로 평균 $\mu$와 분산 $\sigma^2$ 그리고 모비율 $p$를 다룬다.

추정은 그 형태에 따라 점추정과 구간추정의 두 가지로 구분된다. **점추정**(point

estimation)이란 모수를 어떤 하나의 값(point)으로 예측하는 것을 말하며, **구간추정**(interval estimation)은 특정 구간(interval)을 도출하여 그 구간이 모수를 포함할 확률이 얼마가 될 것이라고 예측하는 것이다. 예를 들어 모집단은 여대생이고, 관심 있는 모수는 평균키 $\mu$이다. 표본을 추출하여 평균을 구해보니 162㎝였다. 이때, 점추정은 '우리나라 여대생들의 평균키는 162㎝이다'와 같이 하나의 값(여기서는 162㎝)으로 모수 $\mu$를 추정하는 것이다.

$$\hat{\mu} = \overline{X} = 162\,\text{cm}$$

이와는 달리 '우리나라 여대생들의 평균키는 159 ㎝에서 165 ㎝ 사이이다'라고 표현한다면, 이는 구간추정이다.

$$\hat{\mu} \in (159, 165)$$

이제 점추정과 점추정량이 갖추어야 할 몇 가지 특성을 살펴 본 후 가장 많이 이용되는 최우추정법을 소개하기로 한다. 또한 구간추정에 대해서는 모수의 종류 및 자료의 특성을 감안하여 이에 합당한 신뢰구간을 도출하는 문제를 중심으로 다루기로 한다.

## 제1절 점추정량

점추정이란 관찰된 표본으로부터 모집단에 대한 모수를 하나의 값으로 추정하는 것이다. 평균과 분산에 대하여 흔히 사용되는 **점추정량**(point estimator)은 $n$개의 표본 $X_1, X_2, \ldots, X_n$으로부터 다음의 형태를 갖는다.

$$\hat{\mu} = \overline{X}\ , \quad \hat{\sigma}^2 = s^2 = \sum_{i=1}^{n} \frac{(X_i - \overline{X})^2}{n-1}$$

일반적으로 점추정량이 갖추었으면 바람직하다고 생각되는 특성인 불편성, 일치성, 최소 분산, 최소 평균제곱오차 등에 대하여 알아보기로 한다. 여기서 $\theta$는 추정하고자 하는 모집단의 모수인 $\mu$, $\sigma^2$, $p$ 등을 대표적으로 나타내며, $\hat{\theta}$은 $\theta$의 점추정량으로 위에서의 $\overline{X}$ 및 $s^2$와 같이 표본값의 함수형태로 구해진다.

## (1) 불편성

일반적으로 점추정량에 대하여 가장 먼저 생각할 수 있는 바람직한 특성으로 **불편성**(unbiasedness)을 들 수 있다. 추정량의 불편성이란 추정량의 기대값이 모수와 일치함을 의미한다. 표본을 추출할 때마다 통계량의 값은 랜덤하므로 추정량은 달라진다. 예를 들어 여대생의 평균키를 추정하기 위하여 100명의 표본을 추출한다면, 표본추출을 할 때마다 그 통계량의 값은 다를 것이다.

**불편추정량**

만약 $E(\hat{\theta}) = \theta$이면, $\hat{\theta}$은 $\theta$에 대한 불편추정량이다.

**불편추정량**(unbiased estimator) $\hat{\theta}$의 의미는 여러 개의 다른 표본으로부터 $\hat{\theta}$을 무수히 여러 번 구하면 그 평균, 즉 기대값이 다음 <그림 6-2>의 (a)에서와 같이

$\theta$와 일치한다는 뜻이다.

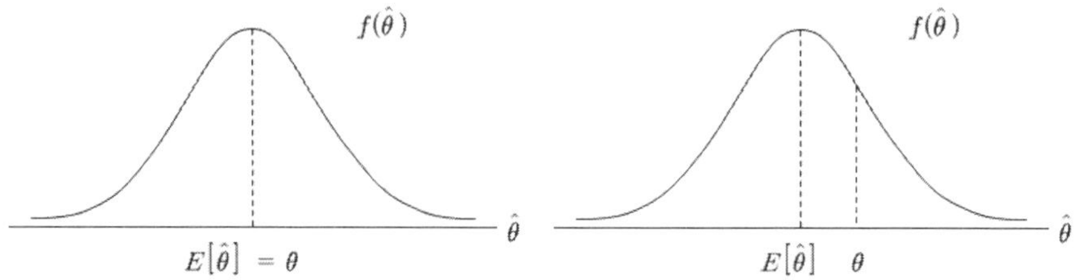


(a) 불편추정량 (b) 편의추정량

〈그림 6-2〉 불편추정량과 편의추정량

또한 <그림 6-2>의 (b)와 같이 불편성을 만족하지 못하는 추정량을 **편의추정량**(biased estimator)이라 하며, 이 경우 모수와 추정량의 기대값과의 차이를 **편의**(bias)라고 한다.

**편의**

편의 $= \theta - E(\hat{\theta})$

〔예제 6-1〕 모수 $\mu$와 $\sigma^2$에 대한 점추정량으로서 표본평균 $\overline{X}$와 표본분산 $s^2$에 대한 불편성 여부를 판단하시오.

☞ ① 표본평균 $\overline{X}$의 기대값을 구하면 모수 $\mu$와 일치한다.

$$E(\overline{X}) = E\left(\frac{X_1 + \cdots + X_n}{n}\right) = \frac{1}{n}(\mu + \cdots + \mu) = \mu$$

따라서 표본평균 $\overline{X}$는 모평균 $\mu$에 대한 불편추정량이 된다.

② 표본분산 $s^2$에 대한 기대값은 $\chi^2$분포를 이용하여 다음과 같이 구한다.

$$E(S^2) = \sigma^2$$

따라서 표본분산 $s^2$는 $\sigma^2$에 대한 불편추정량이다. ■

## (2) 일치성

비록 불편추정량은 아니지만 다음과 같이 표본의 크기가 무한히 증가할 때 불편성을 띠게 되는 추정량을 **일치추정량**(consistent estimator) 또는 **점근적 불편추정량**(asymptotically unbiased estimator)이라 한다.

**일치추정량**

만약 $\lim_{n \to \infty} E(\hat{\theta}) = \theta$이면, $\hat{\theta}$은 $\theta$에 대한 일치추정량이다.

일반적으로 불편추정량을 구할 수 없을 때 차선책으로 일치추정량을 추구하게 된다. 또한 어떤 경우에는 추정량의 불편성을 조금 양보하더라도 추정량의 분산을 대폭 줄일 수 있다면 일치추정량을 선호하기도 한다. 또한 불편추정량도 일치추정량의 일종이다. 즉 앞의 예에서 $\overline{X}$는 $\mu$에 대한 불편추정량인데, 이는 표본수 $n$에 관계없이 항상 $E(\hat{\theta}) = \theta$이므로 위의 일치성에 대한 조건을 만족한다.

〔예제 6-2〕 모평균 $\mu$에 대한 추정량으로 아래의 $\hat{\mu}$을 고려할 때, 이에 대한 불편성 및 일치성 여부를 판단하시오.

$$\hat{\mu} = \frac{1}{n-1}\sum_{i=1}^{n} X_i$$

☞ 추정량 $\hat{\mu}$의 기대값은 다음과 같이 계산된다.

$$E(\hat{\mu}) = E\left(\frac{X_1 + \cdots + X_n}{n-1}\right) = \frac{n}{n-1}\mu \neq \mu$$

여기서 $E(\hat{\mu})$이 모수 $\mu$와 같지 않으므로 $\hat{\mu}$은 불편추정량이 아니다. 그러나 다음과 같이 표본수 $n$이 무한히 커지면 $\hat{\mu}$의 기대값이 모수 $\mu$로 수렴한다.

$$\lim_{n\to\infty} E(\hat{\mu}) = \lim_{n\to\infty}\left(\frac{n}{n-1}\mu\right) = \mu$$

따라서 추정량 $\hat{\mu}$은 $\mu$에 대한 일치추정량이다. ■

### (3) 최소 분산

추정량의 분산이 작다는 것은 표본을 여러 번 추출하여 추정량들을 각각 구해 보았을 때 그 변동폭이 작다는 뜻이다. 일반적으로 점추정량은 그 분산이 작을수록 정확하다. 다음의 <그림 6-3>에서 분산이 다른 두 추정량 $\hat{\theta}_1$과 $\hat{\theta}_2$를 예로 보여주고 있다.

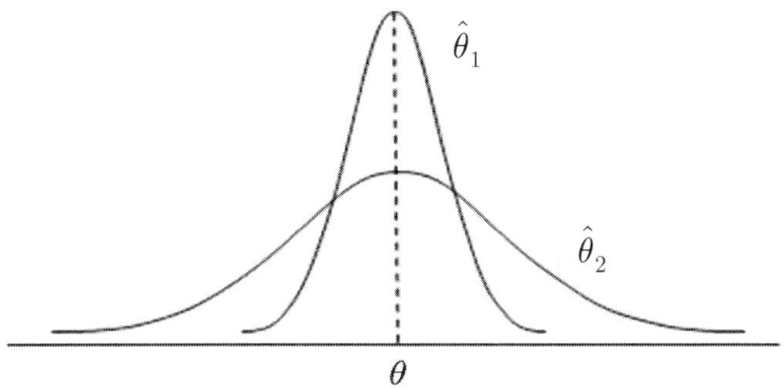


〈그림 6-3〉 추정량의 분산

위의 그림에서 추정량 $\hat{\theta}_1$과 $\hat{\theta}_2$는 모두 불편추정량이지만 $\hat{\theta}_1$의 분산이 $\hat{\theta}_2$의 분산보다 작다. $\hat{\theta}_1$에 대한 분포는 중심에 몰려 있으므로 $\hat{\theta}_1$은 비교적 중심에 가까운 값으로 추정될 가능성이 높으나, $\hat{\theta}_2$의 분포는 중심으로부터 넓게 퍼져 있어서, $\hat{\theta}_2$의 값이 얼마가 될 것인가에 대하여는 변화의 폭이 상대적으로 더 크다. 따라서 $\hat{\theta}_2$의 값은 표본에 따라 들쑥날쑥할 수 있으므로 부정확하다.

추정량이 같은 형태의 표본함수라면, 표본수 $n$이 클 때 분산은 작아진다. 예를 들어 모평균을 추정할 때 10개의 평균보다는 100개의 평균이 더 믿을 만하다고 상식적으로 느끼게 된다. 이는 통계학적인 표현으로 자료 10개의 평균에 대한 분산 $\sigma^2/10$보다 자료 100개의 평균에 대한 분산 $\sigma^2/100$가 더 작기 때문이다. 한편 동일한 표본에서 도출된 불편추정량 중에서 분산이 최소가 되는 추정량을 **최소분산불편추정량**(minimum variance unbiased estimator)이라 한다. 일반적으로 점추정에서 가장 이상적으로 추구하는 추정량이 바로 최소분산불편추정량이다.

[예제 6-3] 우리나라 여대생의 평균키 $\mu$를 추정하기 위하여 10명의 표본을 추출하여 키를 조사한 결과가 $x_1, x_2, \cdots, x_{10}$이라 하자. 여기서 평균키에 대한 두 추정량을 다음과 같이 $\hat{\theta}_1$과 $\hat{\theta}_2$로 정의할 때, 두 추정량을 비교하시오.

$$\hat{\theta}_1 = \frac{1}{5}\sum_{i=1}^{5} X_i , \quad \hat{\theta}_2 = \frac{1}{10}\sum_{i=1}^{10} X_i$$

☞ 모평균이 $\mu$이고 모분산이 $\sigma^2$일 때, 두 추정량 $\hat{\theta}_1$과 $\hat{\theta}_2$의 평균과 분산은 다음과 같다.

$$E(\hat{\theta}_1) = \mu , \quad Var(\hat{\theta}_1) = \frac{1}{5}\sigma^2$$

$$E(\hat{\theta}_2) = \mu , \quad Var(\hat{\theta}_2) = \frac{1}{10}\sigma^2$$

위에서 보는 바와 같이 두 추정량 모두 불편추정량이나, $\hat{\theta}_2$의 분산이 더 작으므로 $\mu$에 대한 추정량으로 $\hat{\theta}_2$를 선호하게 된다. 즉 10개에 대한 표본평균인 $\hat{\theta}_2$가 5개에 대한 표본평균인 $\hat{\theta}_1$보다 확률적으로 더 정확하다. ■

### (4) 최소 평균제곱오차

모수에 대한 추정량을 구할 때 추정량의 불편성을 너무 강조한 나머지 추정량의 분산이 커지는 경우가 있다. 한 예로 <그림 6-4>에서는 불편추정량인 $\hat{\theta}$과 편의 추정량이지만 $\hat{\theta}$보다는 매우 작은 분산값을 갖는 추정량 $\hat{\theta}_B$를 보여주고 있는데, $\hat{\theta}$은 불편추정량이라는 측면에서 그리고 $\hat{\theta}_B$는 편의는 있지만 $\hat{\theta}$보다 분산이 작다는 측면에서 각각 장점을 지니고 있다. 따라서 모수 $\theta$에 대한 추정량으로 $\hat{\theta}$과 $\hat{\theta}_B$ 중에서 어느 것이 더 바람직할 것인가의 문제가 대두된다.

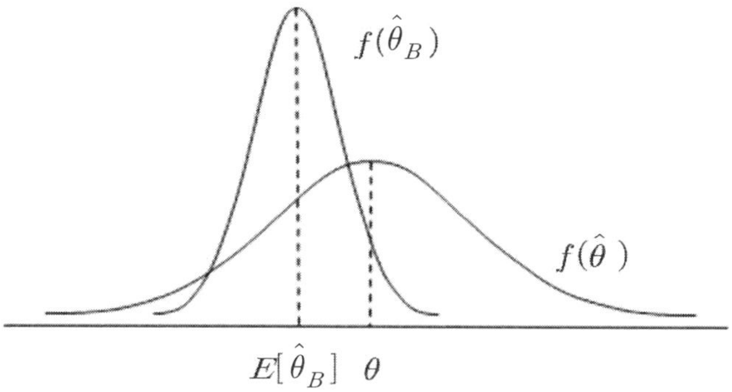


〈그림 6-4〉 불편추정량과 최소평균제곱오차추정량

이러한 경우에는 편의의 제곱과 분산의 합으로 표현되는 다음의 **평균제곱오차**(mean squared error : *MSE*)라는 통계량을 고려하게 된다.

$$\begin{aligned} MSE(\hat{\theta}_B) &= E(\hat{\theta}_B - \theta)^2 \\ &= E\left\{\hat{\theta}_B - E(\hat{\theta}_B) + E(\hat{\theta}_B) - \theta\right\}^2 \\ &= VAR(\hat{\theta}_B) + \left\{Bias(\hat{\theta}_B)\right\}^2 \end{aligned}$$

이처럼 평균제곱오차를 최소로 하는 추정량을 **최소평균제곱오차추정량**(minimum mean squared error estimator)이라 하는데, 최소분산불편추정량이 존재하지 않는 경우에는 약간의 불편성을 포기하더라도 분산이 작은 최소평균제곱오차 추정량을 선택하는 것이 더 바람직할 수도 있다.

## ** 제2절 최우추정법

추정량을 구하는 일반적인 점추정법의 예로 **적률추정법**(moments estimation), **최우추정법**(maximum likelihood estimation) 그리고 **최소제곱추정법**(least square estimation) 등을 들 수 있는데, 여기서는 가장 일반적인 방법이라고 할 수 있는 최우추정법에 대하여 살펴본다.

이를 위하여 먼저 우도함수를 설명한다. $n$개 관찰값에 대한 **우도함수** (likelihood function)는 다음과 같이 $n$개 확률변수의 결합확률밀도함수로서 정의된다.

$$L(\theta) = L(\theta \mid X_1, \cdots, X_n) = f(X_1, \cdots, X_n \mid \theta)$$

다만 결합확률밀도함수는 모수 $\theta$가 주어진 상태에서 관찰 표본 $X_i$들에 대한 식이고, 우도함수는 관찰값 $X_i$들이 주어진 상태에서 $\theta$에 대한 식으로 간주하는 차이가 있다. 확률밀도함수 $f(X;\theta)$를 따르는 모집단에서 $n$개의 독립적인 표본을 추출한 경우의 결합확률밀도함수는 각각의 확률밀도함수의 곱이 되므로 우도함수는 다음과 같이 구해진다.

$$L(\theta) = f(X_1)f(X_2)\cdots f(X_n)$$

여기서 우도함수 $L(\theta)$를 최대로 만드는 $\theta$의 값을 표본 $X_1, \ldots, X_n$의 함수형태로 구한 것을 **최우추정량**(maximum likelihood estimator)이라 한다.

우도함수 $L(\theta)$를 최대로 하는 $\theta$값은 일반적으로 우도함수를 모수 $\theta$에 대하여 미분한 후 0으로 놓은 방정식의 해로 구해진다.

$$\frac{dL(\theta)}{d\theta} = 0$$

또한 확률밀도함수에 따라서는 대수우도함수를 이용하는 것이 우도함수를 이용하는 것에 비하여 계산과정을 간편하게 하는 장점이 있는데, 우도함수에 대수를 취한 **대수우도함수**(logarithmic likelihood function) $\ln L(\theta)$의 최대값도 우도함수 $L(\theta)$를 최대로 하는 $\theta$ 값에서 얻어 진다.

$$\frac{d\ln L(\theta)}{d\theta} = 0$$

### ▶ 최우추정량의 특성

이제까지 언급한 최우추정량은 여러 가지 측면에서 추정량으로서 매우 바람직한 특성을 갖는데, 이를 정리하면 다음과 같다.

**최우추정량의 특성**

① 최우추정량은 적어도 일치추정량이다.
② 만약 추정하려는 모수에 대한 최소분산불편추정량이 존재한다면, 최우추정량을 구하면 그것이 곧 최소분산불편추정량과 같다.
③ 최우추정량은 불변성을 갖는다.

① 최우추정량은 항상 일치추정량인데, 일치추정량에 대해서는 앞에서 다루었으므로 추가적인 설명은 생략한다.

② 모집단의 확률밀도함수나, 추정하려는 모수의 특성에 따라 최소분산불편추정량

이 존재하지 않는 경우가 많다. 최우추정량은 최소분산불편추정량이 존재하는 경우에는 그것과 같아지고, 존재하지 않는 경우에는 차선책으로 일치추정량의 특성이라도 만족시킨다. 바꾸어 말하면 최우추정량은 실질적으로 가능한 최선의 추정량을 도출한다는 뜻이다.

③ 한편 최우추정량이 **불변성**(invariance)을 갖는다는 것은 $\hat{\theta}$이 모수 $\theta$에 대한 최우추정량이라면, $\theta$의 함수인 $g(\theta)$에 대한 최우추정량은 바로 $g(\hat{\theta})$이 됨을 의미한다.

〔예제 6-4〕 어떤 제품의 수명은 모수가 $\theta$인 지수분포를 따른다고 한다. 제품 $n$개의 수명을 측정한 결과가 $X_1, \cdots, X_n$이라고 가정할 때, 모수 $\theta$에 대한 최우추정량을 구하시오. 또 제품이 $T$시간 이후까지 고장 나지 않을 생잔확률인 $\exp(-T/\theta)$의 최우추정량을 구하시오. 여기서 $T$는 주어진 상수이다.

$$f(x) = \frac{1}{\theta}\exp\left(-\frac{X}{\theta}\right), \quad X > 0$$

☞ 확률밀도함수를 이용하여 우도함수를 구하면 다음과 같다.

$$L(\theta) = f(X_1)\,f(X_2)\cdots f(X_n) = \left(\frac{1}{\theta}\right)^n \exp\left(-\frac{\sum X_i}{\theta}\right)$$

우도함수에 대수를 취하여 대수우도함수를 구한다.

$$\ln L(\theta) = -n\ln\theta - \frac{\sum X_i}{\theta}$$

대수우도함수를 $\theta$에 대하여 미분하여 0으로 놓는다.

$$\frac{d\ln L(\theta)}{d\theta} = -\frac{n}{\theta} + \frac{\Sigma X_i}{\theta^2} = 0$$

이 식을 정리하여 최우추정량 $\hat{\theta}$을 구한 결과는 다음과 같다.

$$\hat{\theta} = \frac{\Sigma X_i}{n} = \overline{X}$$

또 불변성의 특성에 의하여 생잔함수의 추정량은 다음과 같다.

$$\widehat{\exp}(-T/\theta) = \exp(-T/\hat{\theta}) = \exp(-T/\overline{X})$$ ■

## 제3절 모평균에 대한 추정

**구간추정**(interval estimation)이란 모수를 하나의 값으로 추정하는 것이 아니라 어떠한 구간으로 나타내는 것이다. 예를 들어 모평균 $\mu$에 대한 구간추정은 다음과 같은 형태이다.

$$\hat{\mu} = \overline{X} \pm d$$

이 경우의 구간 $(\overline{X}-d,\ \overline{X}+d)$를 **신뢰구간**(confidence interval)이라 하는데, 신

뢰수준과 구간의 크기가 중요한 문제로 대두된다. 여기서 **신뢰수준**(confidence level)이란 '신뢰구간이 추정하고자 하는 모수를 포함할 확률'을 의미한다. 따라서 신뢰구간은 신뢰수준이 높을수록 그리고 구간의 크기는 작을수록 좋다.

**신뢰구간 및 신뢰수준의 의미**

- 모평균 $\mu$에 대한 95% 신뢰구간을 $(\overline{X}-d, \overline{X}+d)$라고 하자.
  만일 똑같은 방법으로 표본을 100회 추출하여 위와 같이 신뢰구간을 구하였을 때, 그 100개의 신뢰구간 중 95개가 모수 $\mu$를 포함하게 됨을 의미한다.
- 여기서 신뢰구간이 모수를 포함할 확률, 즉 95%를 구간추정의 신뢰수준이라 한다.

즉 모수는 변하는 값이 아니고, 비록 우리가 모르긴 하지만 불변의 값이다. 이를 추정하기 위하여 표본을 추출한다면, 매번 추출할 때마다 그 표본에 의한 통계량의 값은 달라질 것이다.

다음의 <그림 6-5>에서는 추출되는 표본에 따라 신뢰구간이 달라질 수 있는 예를 보여준다. 그림을 보면 네 번째 표본에 의한 신뢰구간과 여섯 번째 표본의 신뢰구간은 모수 $\mu$를 포함하지 않고, 나머지 표본들의 신뢰구간은 $\mu$를 포함하는 경우이다. 이와 같이 신뢰구간은 표본에 따라 달라질 수 있지만 모수의 값은 변하는 것이 아니므로 '모수가 신뢰구간에 포함될 확률'이 아니라 '신뢰구간이 모수를 포함할 확률'을 고려하게 되고, 이 확률을 바로 신뢰수준이라 한다.

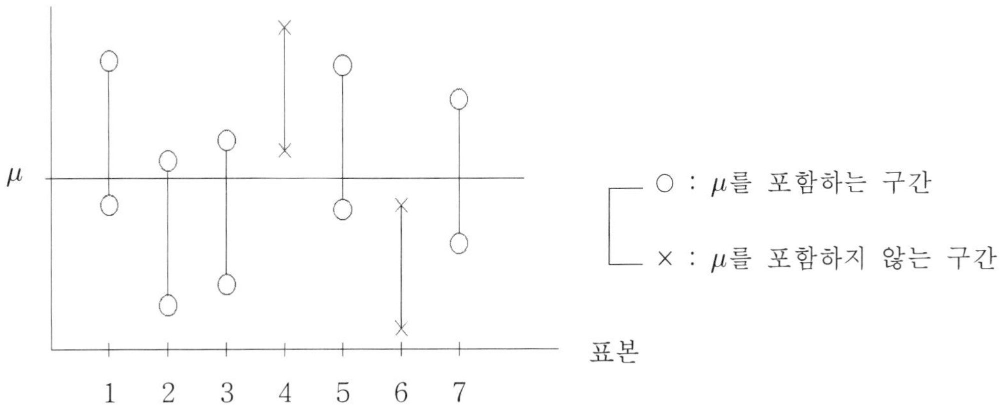


**〈그림 6-5〉 신뢰구간의 의미**

또한 **구간의 크기**(interval size)는 신뢰구간의 폭을 의미하는데, 위의 경우에서는 $2d$가 바로 구간의 크기이다. 이 때, 정밀한 구간추정이 되기 위해서는 구간크기가 작아야 함은 물론이다. 여기서 신뢰구간 폭의 절반인 $d$를 **오차한계**(error bound)라고 한다.

이상에서 언급하였듯이 신뢰수준은 높을수록 그리고 구간의 크기는 작을수록 바람직하다. 그러나 신뢰구간을 구성하는 두 가지 요소인 신뢰수준과 구간의 크기는 서로 상충되는 것이 문제이다. 다시 말하면 신뢰수준을 높이고자 하면 구간이 커지게 되며, 반대로 정교한 구간추정을 위하여 구간의 크기를 작게 하면 신뢰수준이 떨어지는 문제가 발생한다. 따라서 구간추정에서는 이렇게 서로 상충되는 두 가지 요소인 신뢰수준과 구간의 크기에 대하여 어떠한 형태의 절충이 요구된다. 일반적으로 문제의 특성에 따라 신뢰수준을 먼저 고정시켜 놓고, 그 신뢰수준을 만족하면서 구간의 크기를 가장 작게 하는 신뢰구간을 도출한다. 같은 신뢰수준에서 신뢰구간의 크기는 점추정량의 분산과 관련되고 이 분산은 표본의 크기에 의하여 좌우된다. 따라서 신뢰구간을 작게 하기 위해서는 표본수를 늘려야 한다. 하지만 표본수를 무한정 늘릴 수는 없으므로 적절한 조정이 필요하다.

한편 모집단의 분포가 대칭인 경우 모평균에 대한 신뢰구간은 $(\overline{X} \pm d)$의 형태로 표본평균을 중심으로 같은 거리만큼 가감하는 것이 효율적이다. 예를 들어 평균이 $\mu$이고 분산이 $\sigma^2$인 정규분포를 따르는 모집단에서 모평균 $\mu$에 대한 구간추정의 경우를 살펴보자. 점추정량은 $\overline{X}$이므로, <그림 6-6>에서 보는 바와 같이 모평균 $\mu$에 대한 $100(1-\alpha)\%$ 신뢰구간은 $(\overline{X} \pm d)$의 형태로 설정되는 것이 주어진 신뢰수준 하에서 구간의 크기를 최소로 하게 된다.

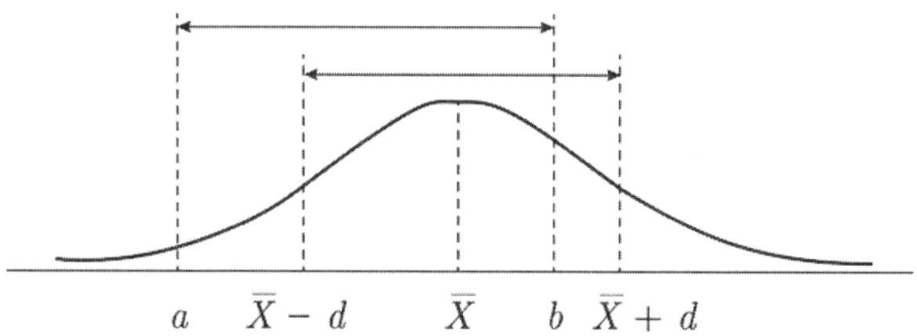


**〈그림 6-6〉 신뢰구간의 형태**

위의 그림에서 신뢰구간 $(a, b)$도 신뢰수준은 만족하고 있으나, 구간의 크기가 $(\overline{X} \pm d)$의 경우보다 크다. 즉 신뢰구간 $(\overline{X} \pm d)$는 동일한 신뢰수준을 만족하는 다른 어떤 신뢰구간보다 구간의 크기가 최소인 것이다.

이제 모분산 $\sigma^2$를 아는 경우와 그렇지 못한 경우로 구분하여 모평균 $\mu$에 대한 추정을 설명한다.

### (1) 모분산 $\sigma^2$를 아는 경우

$\sigma^2$가 주어진 경우 모평균 $\mu$에 대한 신뢰구간을 어떻게 구할까? 먼저 모수가 $\mu$와 $\sigma^2$인 정규분포를 따르는 모집단으로부터 $n$개의 확률표본 $X_1, ..., X_n$을 추출하였다고 하자. 그러면 표본평균 $\overline{X}$에 대한 확률분포는 다음과 같이 평균이 $\mu$이고 분산이 $\sigma^2/n$인 정규분포를 따른다.

$$X \sim N(\mu, \sigma^2) \quad \rightarrow \quad \overline{X} \sim N(\mu, \sigma^2/n)$$

한편 모집단이 정규분포를 따르지 않더라도 표본수 $n$이 충분히 크다면, **중심극한 정리**(central limit theorem)에 의하여 표본평균 $\overline{X}$는 역시 위의 정규분포를 따르게 됨을 알 수 있다.

여기서 $\mu$에 대한 100(1-$\alpha$)% 신뢰구간을 구하기 위하여 다음과 같은 확률식을 고려한다.

$$P[\, a \le \overline{X} \le b \,] = 1-\alpha$$

$\overline{X}$의 표준편차가 $\sigma/\sqrt{n}$임을 이용하여 위 식을 표준화하면 아래와 같다.

$$P\left[ \frac{a-\mu}{\sigma/\sqrt{n}} \le \frac{\overline{X}-\mu}{\sigma/\sqrt{n}} \le \frac{b-\mu}{\sigma/\sqrt{n}} \right] = 1-\alpha$$

위 좌변의 부등식에서 구간을 최소로 하는 값을 취하면 다음과 같다.

$$P\left[-z_{\alpha/2} \le \frac{\overline{X}-\mu}{\sigma/\sqrt{n}} \le z_{\alpha/2}\right] = 1-\alpha$$

여기서 $z_{\alpha/2}$ 및 $-z_{\alpha/2}$를 **신뢰계수**라 하는데, 다음의 <그림 6-7>에서와 같이 표준정규분포의 꼬리면적을 각각 $\alpha/2$로 만드는 값이다. 유의수준 $\alpha$의 여러 수준에 따른 $z_{\alpha/2}$의 값은 <부표 4>의 표준정규분포표에 제시되어 있다.

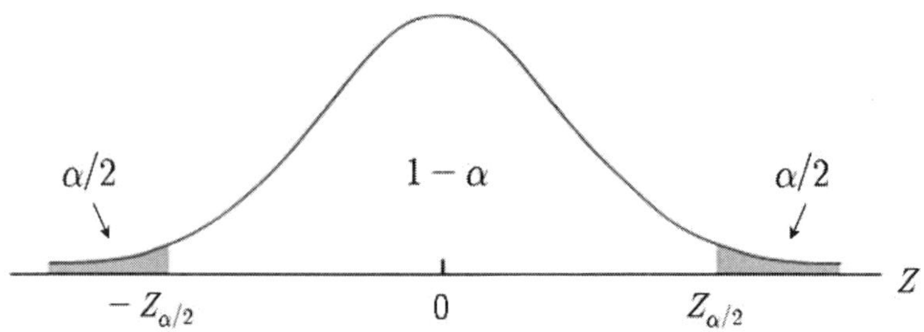


**〈그림 6-7〉 표준정규분포의 신뢰계수**

앞의 식에서 좌변의 부등식을 $\mu$에 대하여 정리하면 다음과 같은 $100(1-\alpha)\%$ 신뢰구간이 도출된다.

**$\sigma^2$를 아는 경우의 모평균 $\mu$에 대한 신뢰구간**

$$\overline{X} - z_{\alpha/2}\frac{\sigma}{\sqrt{n}} \le \mu \le \overline{X} + z_{\alpha/2}\frac{\sigma}{\sqrt{n}}$$

예를 들어 $\alpha = 0.05$ 라면 $z_{.025} = 1.96$이므로 모평균 $\mu$에 대한 95% 신뢰구간은 다음과 같다.

$$\left( \overline{X} - 1.96\frac{\sigma}{\sqrt{n}},\ \ \overline{X} + 1.96\frac{\sigma}{\sqrt{n}} \right)$$

여기서 $\sigma^2$를 모르더라도 표본수 $n$이 클 때는 표본분산 $s^2$를 $\sigma^2$ 대신에 사용한다. 따라서 $\mu$에 대한 100(1-$\alpha$)% 신뢰구간은 다음과 같다.

$$\overline{X} - Z_{\alpha/2}\frac{s}{\sqrt{n}} \le \mu \le \overline{X} + Z_{\alpha/2}\frac{s}{\sqrt{n}}$$

[예제 6-5] 다음은 신생아의 평균 체중을 알아보고자 신생아 9명을 조사한 자료이다.

| 3.4 | 3.3 | 4.2 | 4.4 | 3.7 | 4.5 | 4.6 | 3.8 | 4.1 |
|---|---|---|---|---|---|---|---|---|

과거의 경험에서 신생아 체중은 정규분포를 따르고 표준편차 $\sigma$는 0.4kg이라고 알려져 있다고 한다. 이 자료를 통하여 신생아 평균 체중에 대한 95% 및 90% 신뢰구간을 구하시오.

☞ 자료로부터 표본평균 $\overline{X}$를 구하면 4.0kg이 된다. 위에서 도출한 신뢰구간 공식을 이용하여 평균체중에 대한 신뢰구간을 구한 결과는 다음과 같다.

a) 95% 신뢰구간

$$\mu = \overline{X} \pm z_{.025}\frac{\sigma}{\sqrt{n}} = 4.0 \pm 1.96\frac{0.4}{\sqrt{9}} = 4.0 \pm 0.26$$

신생아 평균체중에 대한 95% 신뢰구간은 (3.74, 4.26)이다.

b) 90% 신뢰구간

$$\mu = \overline{X} \pm z_{.05}\frac{\sigma}{\sqrt{n}} = 4.0 \pm 1.645\,\frac{0.4}{\sqrt{9}} = 4.0 \pm 0.22$$

신생아 평균체중에 대한 90% 신뢰구간은 (3.78, 4.22)이다. ■

### (2) 모분산 $\sigma^2$를 모르는 경우

모집단이 정규분포를 따르지만 분산 $\sigma^2$를 모르는 경우, 표본수 $n$이 작다면 $\mu$에 대한 신뢰구간을 어떻게 구할 수 있을까? 표본분산 $s^2$를 $\sigma^2$로 대체하기엔 표본수가 충분하지 못하다면 다음과 같이 $t$분포를 이용한다.

$$\frac{\overline{X}-\mu}{s/\sqrt{n}} \sim t(n-1)$$

따라서 $\mu$에 대한 100(1-$\alpha$)% 신뢰구간을 위한 확률식은 다음과 같다.

$$P\left[-t_{\alpha/2,\,n-1} \le \frac{\overline{X}-\mu}{s/\sqrt{n}} \le t_{\alpha/2,n-1}\right] = 1-\alpha$$

여기서 $t_{\alpha/2,\,n-1}$은 다음의 <그림 6-8>에서와 같이 자유도가 $(n-1)$인 $t$분포의 꼬리면적을 $\alpha/2$로 하는 값으로 <부표 5>의 $t$분포표에서 찾을 수 있다.

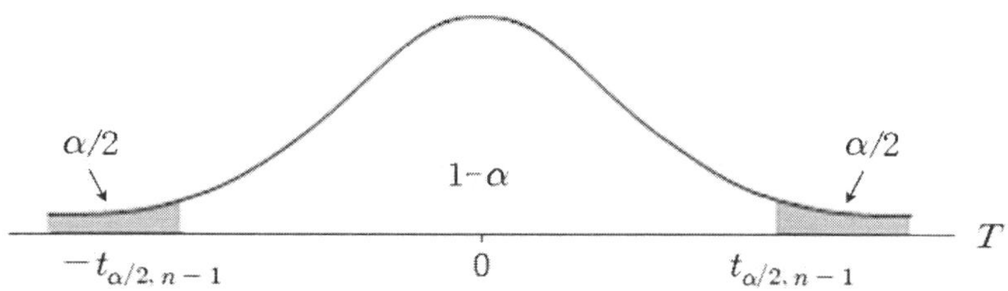


〈그림 6-8〉 $t$분포의 $\alpha/2$ 확률면적

앞의 식에서 확률기호 속의 부등식을 $\mu$에 대하여 정리하면, 추정하고자 하는 모수 $\mu$에 대한 $100(1-\alpha)\%$ 신뢰구간이 다음과 같이 도출된다.

**$\sigma^2$를 모르는 경우의 $\mu$에 대한 신뢰구간**

$$\overline{X} - t_{\alpha/2,\,n-1}\frac{s}{\sqrt{n}} < \mu < \overline{X} + t_{\alpha/2,\,n-1}\frac{s}{\sqrt{n}}$$

예를 들어 표본크기 $n$이 10일 때, $\mu$에 대한 95% 신뢰구간은 <부표 5>로부터 $t_{.025,\,9}=2.26$을 이용하여 다음과 같이 구해진다.

$$\left( \overline{X} - 2.26\frac{s}{\sqrt{n}} < \mu < \overline{X} + 2.26\frac{s}{\sqrt{n}} \right)$$

앞에서 설명하였듯이 $\sigma$를 알 때 $\mu$에 대한 신뢰구간에서는 $\sigma$와 정규분포를 사용하였는데, $\sigma$를 모를 때는 $\sigma$ 대신에 $s$ 그리고 정규분포 대신에 자유도가 $n-1$인 $t$분포를 사용한 것이 다르다.

〔**예제 6-6**〕 앞의 [예제 6-5]에서는 신생아 모집단에 대한 체중의 표준편차를 아는 것으로 가정하였다. 여기서는 모집단의 표준편차를 모르는 경우의 신뢰구간을 구하시오.

☞ 먼저 표본의 표준편차 $s$를 구한다.

| $X$ | $(X-\overline{X})$ | $(X-\overline{X})^2$ |
|---|---|---|
| 3.4 | -0.6 | 0.36 |
| 3.3 | -0.7 | 0.49 |
| 4.2 | 0.2 | 0.04 |
| 4.4 | 0.4 | 0.16 |
| 3.7 | -0.3 | 0.09 |
| 4.5 | 0.5 | 0.25 |
| 4.6 | 0.6 | 0.36 |
| 3.8 | -0.2 | 0.04 |
| 4.1 | 0.1 | 0.01 |
| 36.0 | 0.0 | 1.80 |
| $\overline{X}$=4.0 | | $s^2$=0.225 |

$t$ 분포를 이용하여 신생아 평균 체중에 대한 신뢰구간을 구하면 다음과 같다.

a) 95% 신뢰구간

$$\mu = \overline{X} \pm t_{.025,8}\frac{s}{\sqrt{n}} = 4.0 \pm 2.31\frac{0.4743}{\sqrt{9}} = 4.0 \pm 0.37$$

b) 90% 신뢰구간

$$\mu = \overline{X} \pm t_{.05,8}\frac{s}{\sqrt{n}} = 4.0 \pm 1.86\frac{0.4743}{\sqrt{9}} = 4.0 \pm 0.29$$

■

## 제4절 모평균의 차이에 대한 추정

이제까지는 하나의 모집단을 대상으로 하여 평균 $\mu$에 대한 신뢰구간을 구하였다. 그러나 이 절에서는 두 개의 모집단이 존재하는 경우에 있어 두 모평균의 차이 $\mu_1 - \mu_2$에 대한 구간추정을 다룬다. 이 때, 앞에서와 마찬가지로 두 모집단의 분산을 아는 경우와 그렇지 못한 경우로 구분하여 설명한다.

다음의 <그림 6-9>에서 보는 바와 같이 모수가 $(\mu_1, \sigma_1^2)$인 모집단 I과 모수가 $(\mu_2, \sigma_2^2)$인 모집단 II를 생각하자. 그러면 원소의 수가 각각 $N_1$과 $N_2$개인 두 모집단에서 $n_1$과 $n_2$개의 표본을 각각 추출하였다고 하자.

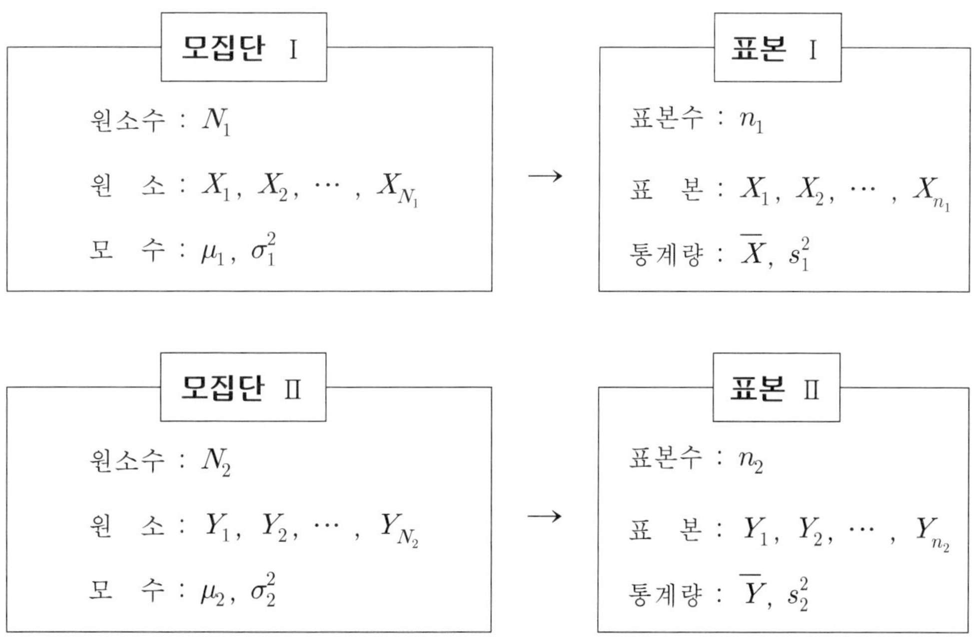


**〈그림 6-9〉 두 모집단에서의 표본과 통계량**

그러면 각 모수에 대한 추정값은 다음과 같다.

$$\hat{\mu}_1 = \overline{X}, \qquad \hat{\sigma}_1^2 = s_1^2$$
$$\hat{\mu}_2 = \overline{Y}, \qquad \hat{\sigma}_2^2 = s_2^2$$

한편 두 모평균의 차이 $\mu_1 - \mu_2$에 대한 점추정량은 두 표본평균의 차이이다.

$$\widehat{\mu_1 - \mu_2} = \overline{X} - \overline{Y}$$

이 때, 추정량에 대한 분산은 다음과 같이 구해진다(제4장 3절 참조).

$$V(\overline{X} - \overline{Y}) = \sigma_1^2/n_1 + \sigma_2^2/n_2$$

즉 $\mu_1 - \mu_2$에 대한 신뢰구간은 한 개의 모수에 대한 신뢰구간에서 $\mu$를 $\mu_1 - \mu_2$로 바꾸고, $\hat{\mu}$의 분산을 $\widehat{\mu_1 - \mu_2}$의 분산으로 바꾸어주면 된다.

### (1) 모분산을 아는 경우

두 개의 독립적인 모집단이 정규분포를 따르고, 각각의 모분산 값이 알려져 있다고 가정한다. 그러면 두 모집단으로부터 각각 $n_1$ 및 $n_2$개의 표본을 구했을 때, 두 표본평균의 차이 $\overline{X} - \overline{Y}$는 다음과 같은 정규분포를 따르게 된다.

$$\overline{X} - \overline{Y} \sim N(\mu_1 - \mu_2,\ \frac{\sigma_1^2}{n_1} + \frac{\sigma_2^2}{n_2})$$

여기서 $\overline{X}-\overline{Y}$는 두 모평균의 차이 $\mu_1-\mu_2$에 대한 불편추정량인데, 이를 이용하여 두 모평균의 차이에 대한 $100(1-\alpha)\%$ 신뢰구간을 구하면 다음과 같다.

**모분산을 아는 경우의 모평균의 차이에 대한 신뢰구간**

$$\mu_1 - \mu_2 = \overline{X} - \overline{Y} \pm z_{\alpha/2}\sqrt{\frac{\sigma_1^2}{n_1} + \frac{\sigma_2^2}{n_2}}$$

〔예제 6-7〕 당뇨병 환자들이 식사 전에 복용하는 두 가지 약을 비교한다. 약을 복용하고 몇 분 후에 효과가 나타나는지를 실험한 결과 다음의 자료를 얻었다.

$X$ : 68, 82, 80, 88
$Y$ : 60, 74, 84, 84

모분산의 값이 각각 80과 100일 때, $\mu_1-\mu_2$에 대한 95% 신뢰구간을 구하시오.

☞ 두 모분산이 알려져 있는 경우이므로 위에서 도출한 신뢰구간의 공식을 이용한다.

$$\begin{aligned}\mu_1 - \mu_2 &= \overline{X} - \overline{Y} \pm z_{.025}\sqrt{\frac{\sigma_1^2}{n_1} + \frac{\sigma_2^2}{n_2}} \\ &= 79.5 - 75.5 \pm 1.96\sqrt{\frac{80}{4} + \frac{100}{4}} \\ &= 4.0 \pm 13.15\end{aligned}$$

■

### (2) 두 모분산을 모르지만 같은 경우

정규분포를 따르는 두 모집단의 모평균은 각각 $\mu_1$과 $\mu_2$이고, 모분산은 $\sigma^2$로 동일한 경우를 생각하자. 그러면 각 모집단으로부터의 표본은 다음과 같다.

$$\begin{cases} \text{모집단 I} : X_1, X_2, \ldots, X_{n_1} \sim N(\mu_1, \sigma^2) \\ \text{모집단 II} : Y_1, Y_2, \ldots, Y_{n_2} \sim N(\mu_2, \sigma^2) \end{cases}$$

모분산의 값이 서로 동일하다는 가정을 이용하여 $\sigma^2$의 추정량으로 합동표본분산을 구한다. **합동표본분산**(pooled sample variance : $s_p^2$)이란 두 모집단의 분산이 동일하다는 점에 착안하여, 두 모집단으로부터 관찰된 $n_1$개와 $n_2$개의 표본을 모두 사용하여 표본분산을 계산한 것인데 다음과 같이 정의된다.

$$s_p^2 = \frac{\sum_{i=1}^{n_1}(X_i - \overline{X})^2 + \sum_{i=1}^{n_2}(Y_i - \overline{Y})^2}{(n_1 - 1) + (n_2 - 1)}$$

그러면 다음의 통계량 $t$는 자유도가 $(n_1 + n_2 - 2)$인 $t$분포를 따르게 된다.

$$t = \frac{(\overline{X} - \overline{Y}) - (\mu_1 - \mu_2)}{s_p\sqrt{\frac{1}{n_1} + \frac{1}{n_2}}} \sim t(n_1 + n_2 - 2)$$

따라서 두 모집단 평균의 차이 $\mu_1 - \mu_2$에 대한 $100(1-\alpha)\%$ 신뢰구간을 구하면 다음과 같다.

**모분산을 모르지만 같은 경우의 모평균의 차이에 대한 신뢰구간**

$$\mu_1 - \mu_2 = \overline{X} - \overline{Y} \pm t_{\alpha/2,\ n_1+n_2-2} s_p \sqrt{\frac{1}{n_1} + \frac{1}{n_2}}$$

〔예제 6-8〕 앞의 [예제 6-7]에서는 두 모집단의 모분산이 알려져 있다는 가정하에 신뢰구간을 구하였다. 여기서는 모분산을 모르는 경우에 있어서의 모평균의 차이에 대한 95% 신뢰구간을 구하시오. 이 때, 두 모집단의 모분산은 동일하다고 가정하시오.

☞ 앞의 [예제 6-7] 자료에서 합동표본분산을 구하기 위한 계산과정은 다음과 같다.

| $X$ | $(X_i - \overline{X})$ | $(X_i - \overline{X})^2$ | $Y$ | $(Y_i - \overline{Y})$ | $(Y_i - \overline{Y})^2$ |
|---|---|---|---|---|---|
| 68 | -11.5 | 132.25 | 60 | -15.5 | 240.25 |
| 82 | 2.5 | 6.25 | 74 | -1.5 | 2.25 |
| 80 | 0.5 | 0.25 | 84 | 8.5 | 72.25 |
| 88 | 8.5 | 72.25 | 84 | 8.5 | 72.25 |
| $\overline{X}$ = 79.5 | 0.0 | 211.00 | $\overline{Y}$ = 75.5 | 0.0 | 387.00 |

$$s_p^2 = \frac{211 + 387}{(4-1)+(4-1)} = 99.67$$

그러면 이상의 계산결과를 통하여 두 모평균의 차이에 대한 95% 신뢰구간을 구하면 다음과 같다.

$$\mu_1 - \mu_2 = \overline{X} - \overline{Y} \pm t_{\alpha/2,\ n_1+n_2-2}\, s_p \sqrt{\frac{1}{n_1} + \frac{1}{n_2}}$$

$$= 79.5 - 75.5 \pm 2.45 \sqrt{99.67} \sqrt{\frac{1}{4} + \frac{1}{4}}$$

$$= 4.0 \pm 17.30$$ ■

### (3) 두 모분산을 모르며 같지도 않은 경우

이제 두 모분산이 동일하다는 가정을 할 수 없는 경우를 다룬다. 이 때는 **세터스웨이트**(Satterthwaite)**의 근사적 방법**을 이용할 수 있는데, 이 방법에서는 아래의 통계량 $t$가 근사적으로 자유도가 $n_0$인 $t$분포를 따른다고 하였다.

$$t = \frac{(\overline{X} - \overline{Y}) - (\mu_1 - \mu_2)}{\sqrt{\dfrac{s_1^2}{n_1} + \dfrac{s_2^2}{n_2}}} \ \dot{\div}\ t(n_0)$$

여기서 $s_1^2$과 $s_2^2$는 표본의 분산이고, 자유도 $n_0$는 아래 식에서 구해지는 값에 가장 가까운 자연수이다.

$$n_0 = \frac{(s_1^2/n_1 + s_2^2/n_2)^2}{\dfrac{(s_1^2/n_1)^2}{n_1+1} + \dfrac{(s_2^2/n_2)^2}{n_2+1}} - 2$$

따라서 $\mu_1 - \mu_2$에 대한 $100(1-\alpha)\%$ 신뢰구간은 다음과 같다.

**모분산을 모르고 같지도 않은 경우의 모평균의 차이에 대한 신뢰구간**

$$\mu_1 - \mu_2 = \overline{X} - \overline{Y} \pm t_{\alpha/2,\, n_0} \sqrt{\frac{s_1^2}{n_1} + \frac{s_2^2}{n_2}}$$

〔예제 6-9〕 앞의 [예제 6-7]의 자료에 대하여 모분산의 값을 모르며 또한 두 값이 서로 다르다고 가정하고, 두 모평균의 차이에 대한 95% 신뢰구간을 구하시오.

☞ 앞의 [예제 6-8]의 풀이과정의 계산을 이용하면 표본분산 $s_1^2$과 $s_2^2$는 다음과 같다.

$$s_1^2 = \frac{\sum (X_i - \overline{X})^2}{3} = \frac{211.0}{3} = 70.3$$

$$s_2^2 = \frac{\sum (Y_i - \overline{Y})^2}{3} = \frac{387.0}{3} = 129.0$$

여기서 자유도 $n_0$는 7로 계산된다.

$$n_0 = \frac{\left(\frac{70.3}{4} + \frac{129.0}{4}\right)^2}{\left(\frac{70.3}{4}\right)^2/5 + \left(\frac{129.0}{4}\right)^2/5} - 2 = 7.2 \approx 7$$

따라서 $\mu_1 - \mu_2$에 대한 95% 신뢰구간은 다음과 같다.

$$\mu_1 - \mu_2 = 79.5 - 75.5 \pm t_{.025,\,7}\sqrt{\frac{70.3}{4} + \frac{129.0}{4}}$$

$$= 4.0 \pm 16.66$$

■

## *제5절 짝을 이룬 표본의 추정

앞의 제4절에서는 두 개의 모집단으로부터 독립적으로 표본을 추출하여 두 모평균의 차이에 대한 추정을 하였다. 이와 같이 두 표본에 의하여 두 모평균을 비교하려면 표본 자료들이 차이가 많이 나지 않고 비슷해야 한다. 예를 들어 두 가지 두통약 A와 B의 효과를 비교하기 위하여 10명의 환자가 5명씩 두통약 A와 B를 나누어 복용한 결과 두통이 해소되는데 걸리는 시간이 다음과 같다고 하자.

| A | B |
|---|---|
| 20 | 55 |
| 115 | 27 |
| 46 | 110 |
| 52 | 82 |
| 78 | 48 |

위의 자료로부터 어떤 약이 더 좋다고 판단하겠는가? 두통약에 대한 효과는 일반적으로 환자의 연령, 체질 등에 따라 차이가 많이 난다. 위 실험의 결과에서도 약의 효과보다도 환자의 민감도에 대한 차이가 더 두드러지므로 약의 효과를 판단하기가 힘들다. 이러한 경우 같은 환자에 대하여 두 가지 두통약을 모두 복용시키는 방법을 고려한다. 어떤 환자가 두통이 났을 때 한번은 두통약 A를 복용하고, 또 다음번에는 두통약 B를 복용한다. 이 때, 어느 약을 먼저 복용하는가의 순서는 반드시 랜덤으로 결정해야 한다. 그렇지 않으면 처음 복용한 약의 효과가 두 번째 복용했을 때 영향을 미칠 수도 있기 때문이다.

이러한 복용 결과가 다음과 같다고 하자.

| 환자 | 두통약 | | 효과의 차이 |
|---|---|---|---|
| | A | B | A-B |
| 1 | 20 | 27 | -7 |
| 2 | 115 | 110 | 5 |
| 3 | 46 | 48 | -2 |
| 4 | 52 | 55 | -3 |
| 5 | 78 | 82 | -4 |
| | | 차이의 합 : | -11 |

여기서는 효과의 차이 A - B에 의하여 분석을 한다. 환자의 두통약에 대한 민감 정도는 효과의 차이를 구함으로써 상쇄된다. 예를 들어 반응시간이 20분대인 사람이나 100분대인 사람이나 각 약에 대한 반응 차에서는 큰 상관이 없다. 따라서 **짝을 이룬 표본**(paired sample)을 구하여 그 차이를 분석함으로써 실험대상 사이에 존재하는 변화폭을 어느 정도 흡수하여 제거하는 효과가 생긴다.

**〈표 6-1〉 두 모집단에서 관찰된 짝을 이룬 표본**

| 표본 | $X$ | $Y$ | $D = X - Y$ |
|---|---|---|---|
| 1 | $X_1$ | $Y_1$ | $D_1 = X_1 - Y_1$ |
| 2 | $X_2$ | $Y_2$ | $D_2 = X_2 - Y_2$ |
| ⋮ | ⋮ | ⋮ | ⋮ |
| $n$ | $X_n$ | $Y_n$ | $D_n = X_n - Y_n$ |

앞의 <표 6-1>에서와 같이 짝을 이룬 자료의 분석은 그 차이 $D_i$를 구함으로써 시작된다. 이 때, $D_i$의 평균 $\overline{D}$와 표본분산 $s_D^2$는 다음과 같다.

$$\overline{D} = \sum_{i=1}^{n} \frac{D_i}{n}, \qquad s_D^2 = \sum_{i=1}^{n} \frac{(D_i - \overline{D})^2}{n-1}$$

여기서 모평균 $\mu_D$와 두 모평균 $\mu_1$과 $\mu_2$와의 관계, 그리고 $\overline{D}$에 대한 분포는 다음과 같다.

$$\mu_D = \mu_1 - \mu_2$$

$$\overline{D} = \overline{X} - \overline{Y} \sim N(\mu_D, \sigma_D^2/n)$$

이제 하나의 모평균에 대한 신뢰구간을 구할 때와 마찬가지로 표본 수 $n$이 크면 $s_D^2 \approx \sigma_D^2$로 하여 $Z$검정을 할 수 있으나, 표본수가 작을 때는 다음과 같이 $t$분포를 이용하여 신뢰구간을 구한다.

$$\frac{\overline{D} - \mu_D}{s_D/\sqrt{n}} \sim t(n-1)$$

따라서 $\mu_D = \mu_1 - \mu_2$에 대한 $100(1-\alpha)\%$ 신뢰구간은 다음과 같다.

**짝을 이룬 표본에서 두 모평균 차이에 대한 신뢰구간**

$$\mu_1 - \mu_2 = \overline{D} \pm t_{\alpha/2,\, n-1} \frac{s_D}{\sqrt{n}}$$

〔예제 6-10〕 앞의 [예제 6-8]의 약 효과 자료가 짝을 이루어 관찰된 경우라고 가정하고, 두 평균의 차이 $\mu_1 - \mu_2$에 대한 95% 신뢰구간을 구하시오.

☞ 짝을 이룬 자료로부터 신뢰구간을 도출하기 위한 계산과정은 다음과 같다.

| $X$ | $Y$ | $D = X - Y$ | $(D - \overline{D})$ | $(D - \overline{D})^2$ |
|---|---|---|---|---|
| 68 | 60 | 8 | 4 | 16 |
| 82 | 74 | 8 | 4 | 16 |
| 80 | 84 | -4 | -8 | 64 |
| 88 | 84 | 4 | 0 | 0 |
| | | 16 | 0 | 96 |
| | | $\overline{D}$=4 | | $S_D^2$ =32 |

따라서 두 모평균의 차이에 대한 95% 신뢰구간을 구하면 다음과 같다.

$$
\begin{aligned}
\mu_1 - \mu_2 &= \overline{D} \pm t_{\alpha/2,\ n-1} \frac{S_D}{\sqrt{n}} \\
&= 4.0 \pm 3.18 \frac{\sqrt{32}}{\sqrt{4}} \\
&= 4.0 \pm 8.99
\end{aligned}
$$

■

당뇨병 환자에 대한 약 효과는 사람에 따라 차이가 많이 나므로 짝을 이루는 표본이 효과적이다. 그러나 약 효과가 별로 차이가 나지 않는 경우에도 짝을 이룬 표본을 이용하면 오히려 자유도만 줄어들어서 부정확한 결과를 초래할 수도 있다.

예를 들어 [예제 6-8]에서는 같은 표본 수에 자유도가 6이었지만 위의 예제에서는 3으로 줄어들었다. 따라서 짝을 이룬 표본의 특성은 다음과 같이 정리된다.

**짝을 이룬 자료의 특성**

- ▶ 실험결과가 표본대상 사이에 따라 차이가 많으면, 짝을 이룬 표본이 효율적이다.
- ▶ 그러나 표본대상 사이에 차이가 작으면 $t$분포의 자유도만 $(2n-2)$에서 $(n-1)$로 줄어들어 추정의 정확도가 떨어지기도 한다.

## *제6절 모분산에 대한 추정

모분산 $\sigma^2$에 대한 신뢰구간과 두 분산의 비율 $\sigma_1^2/\sigma_2^2$에 대한 신뢰구간을 다룬다. 여기서 모분산 $\sigma^2$에 대한 점추정량으로는 불편추정량인 $s^2$를 이용한다.

$$s^2 = \sum_{i=1}^{n} \frac{(X_i - \overline{X})^2}{n-1}$$

### (1) 모분산 $\sigma^2$에 대한 신뢰구간

여기서는 $s^2$를 포함한 다음의 통계량이 카이제곱분포를 따른다는 사실을 이용한다(제5장 4절 참조).

$$\frac{(n-1)s^2}{\sigma^2} \sim \chi^2(n-1)$$

앞의 관계로부터 다음과 같은 확률식이 성립한다.

$$P[\chi^2_{1-\alpha/2,\, n-1} < \frac{(n-1)s^2}{\sigma^2} < \chi^2_{\alpha/2,\, n-1}] = 1-\alpha$$

위의 신뢰계수 $\chi^2_{1-\alpha/2,\, n-1}$ 및 $\chi^2_{\alpha/2,\, n-1}$은 <그림 6-10>에서와 같이 자유도가 $n-1$인 카이제곱분포에서 양쪽 꼬리면적을 각각 $\alpha/2$로 하는 값으로 <부표 7>의 $\chi^2$ 분포표에서 찾을 수 있다.

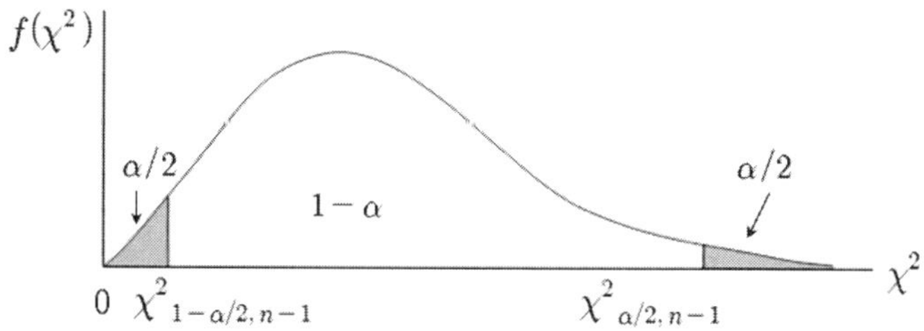


**〈그림 6-10〉 $\chi^2$ 분포의 신뢰구간**

위의 확률식에서 괄호속의 부등식을 $\sigma^2$에 대하여 정리하면 아래와 같이 $\sigma^2$에 대한 $100(1-\alpha)\%$ 신뢰구간이 도출된다.

**모분산에 대한 신뢰구간**

$$\left( \frac{(n-1)s^2}{\chi^2_{\alpha/2,\, n-1}},\ \frac{(n-1)s^2}{\chi^2_{1-\alpha/2,\, n-1}} \right)$$

**[예제 6-11]** 앞의 [예제 6-6]에서 신생아 체중의 표본분산이 0.225로 도출된 바 있다. 이 결과를 이용하여 신생아 체중의 모분산 $\sigma^2$에 대한 95% 신뢰구간을 구하시오.

☞ [예제 6-6]의 결과로부터 신생아 체중의 모분산 $\sigma^2$에 대한 95% 신뢰구간은 다음과 같이 구해진다.

a) 신뢰하한 : $\dfrac{(n-1)s^2}{\chi^2_{.025,\,8}} = \dfrac{8\,(0.225)}{17.5} = 0.10$

b) 신뢰상한 : $\dfrac{(n-1)s^2}{\chi^2_{.975,\,8}} = \dfrac{8\,(0.225)}{2.18} = 0.83$

따라서 모분산 $\sigma^2$에 대한 95% 신뢰구간은 (0.10, 0.83) 이된다. ■

### (2) 두 모분산의 비율 $\sigma_1^2/\sigma_2^2$에 대한 신뢰구간

두 모집단의 분산 $\sigma_1^2$과 $\sigma_2^2$의 비율 $\sigma_1^2/\sigma_2^2$에 대한 신뢰구간을 다루기로 한다. 먼저 $\sigma_1^2$과 $\sigma_2^2$에 대한 추정값을 각각 $s_1^2$과 $s_2^2$이라 하고, 두 모집단의 표본크기를 각각 $n_1$과 $n_2$라 하자. 그러면 다음의 관계가 성립한다.

$$\frac{(n_1-1)\,s_1^2}{\sigma_1^2} \sim \chi^2\,(n_1-1)\;, \quad \frac{(n_2-1)\,s_2^2}{\sigma_2^2} \sim \chi^2\,(n_2-1)$$

또한 $\chi^2$분포를 따르는 위 두 통계량의 비율에 대한 분포는 다음과 같이 자유도가 $n_1-1$ 및 $n_2-1$인 $F$분포를 따르게 된다.

$$\frac{(n_1-1)\,s_1^2}{\sigma_1^2\,(n_1-1)} \Big/ \frac{(n_2-1)\,s_2^2}{\sigma_2^2\,(n_2-1)} = \frac{s_1^2}{\sigma_1^2} \Big/ \frac{s_2^2}{\sigma_2^2} \sim F(n_1-1, n_2-1)$$

즉 위의 식으로부터 다음의 확률식이 성립한다.

$$P[F_{1-\alpha/2,\, n_1-1,\, n_2-1} < \frac{s_1^2}{\sigma_1^2} \Big/ \frac{s_2^2}{\sigma_2^2} < F_{\alpha/2,\, n_1-1,\, n_2-1}] = 1-\alpha$$

위의 확률식에서 신뢰계수 $F_{1-\alpha/2,\, n_1-1,\, n_2-1}$ 및 $F_{\alpha/2,\, n_1-1,\, n_2-1}$은 다음의 <그림 6-11>에서 보는 바와 같이 자유도가 $n_1-1$ 및 $n_2-1$인 $F$분포에서 양쪽 꼬리확률은 각각 $\alpha/2$로 하는 값이다.

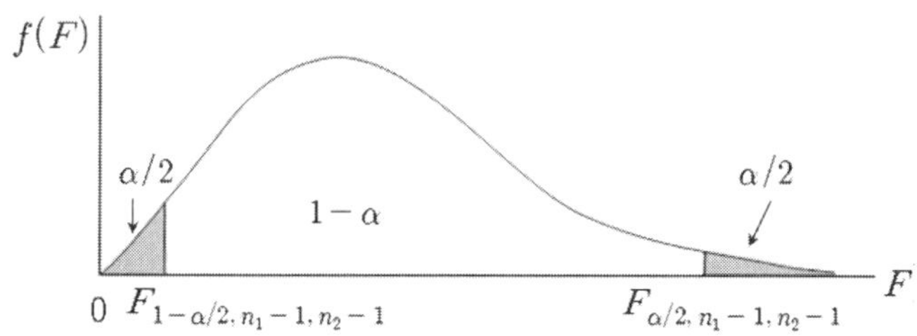


**〈그림 6-11〉 $F$분포의 신뢰계수**

여기서 $F_{\alpha/2,\, n_1-1,\, n_2-1}$의 값은 <부표 6>의 $F$분포표를 이용하여 찾을 수 있으며, $F_{1-\alpha/2,\, n_1-1,\, n_2-1}$의 값은 다음의 관계식으로부터 얻어 진다(제5장 4절 참조).

$$F_{1-\alpha/2,\, n_1-1,\, n_2-1} = \frac{1}{F_{\alpha/2,\, n_2-1,\, n_1-1}}$$

그러면 앞의 확률식에서 부등식을 $\sigma_1^2/\sigma_2^2$ 에 대하여 정리하면 다음에서와 같은 $\sigma_1^2/\sigma_2^2$ 에 대한 $100(1-\alpha)\%$ 신뢰구간을 얻는다.

**$\sigma_1^2/\sigma_2^2$ 에 대한 신뢰구간**

$$\left(\frac{s_1^2/s_2^2}{F_{\alpha/2,\, n_1-1,\, n_2-1}},\ \frac{s_1^2/s_2^2}{F_{1-\alpha/2,\, n_1-1,\, n_2-1}}\right)$$

〔예제 6-12〕 다음은 신생아 중에서 남자 9명과 여자 7명을 표본으로 추출하여 체중의 표본분산을 구한 결과이다.

$$\begin{cases} n_1 = 9, & s_1^2 = 0.25 \\ n_2 = 7, & s_2^2 = 0.20 \end{cases}$$

여기서 두 모분산의 비율 $\sigma_1^2/\sigma_2^2$ 에 대한 90% 신뢰구간을 구하시오.

☞ a) 신뢰하한 : $\dfrac{s_1^2/s_2^2}{F_{.05,\,8,\,6}} = \dfrac{0.25/0.20}{4.15} = 0.30$

b) 신뢰상한 : $\dfrac{s_1^2\ /\ s_2^2}{F_{.95,\,8,\,6}} = \dfrac{s_1^2\ /\ s_2^2}{1\ /\ F_{.05,\,6,\,8}} = \dfrac{0.25\ /\ 0.20}{1\ /\ 3.58} = 4.48$

이상의 과정을 통하여 두 모분산의 비율 $\sigma_1^2/\sigma_2^2$ 에 대한 90% 신뢰구간은 (0.30, 4.48) 이 됨을 알 수 있다. ■

# *제7절 모비율에 대한 추정

이 절에서는 모평균과는 다른 형태의 모수인 모비율에 대한 추정을 한다. 모비율은 모집단의 전체 원소 중에서 관심의 대상이 되는 어떤 특성을 지니고 있는 원소의 수에 대한 비율인데, 0과 1 사이의 값을 취한다. 예를 들어 낙태금지법에 대한 지지율 $p$는 전체 국민 중에 낙태금지법을 지지하는 사람의 비율이다.

## (1) 단일 모비율에 대한 신뢰구간

위 예에서 비율 $p$를 추정하기 위하여 $n$명의 표본을 추출하여 조사한 결과, 낙태금지법을 지지하는 사람의 수가 $X$라면, 모비율의 점추정량인 **표본비율**(sample proportion) $\hat{p}$은 다음과 같이 구해진다.

$$\hat{p} = \frac{X}{n}, \quad X = 0, 1, \cdots, n$$

그러면 제4장의 이항분포에서 언급하였듯이, 위의 식에서 표본크기 $n$이 커진다면 확률변수 $X$는 다음과 같은 평균과 분산을 갖는 정규분포를 따르게 된다.

$$X \sim N(np, np(1-p))$$

따라서 표본비율 $\hat{p}$은 다음과 같은 정규분포를 따른다(제4장 6절 참조).

$$\hat{p} \sim N\left(p, \frac{p(1-p)}{n}\right)$$

그러면 모비율 $p$에 대한 $100(1-\alpha)\%$ 신뢰구간은 모평균의 경우와 마찬가지로 모비율에 대한 점추정량인 $\hat{p}$의 표준편차를 이용하여 다음과 같이 설정된다.

**모비율 $p$에 대한 신뢰구간**

$$p = \hat{p} \pm z_{\alpha/2}\sqrt{\frac{\hat{p}(1-\hat{p})}{n}}$$

여기서 유의할 점은 모비율에 대한 위의 신뢰구간은 표본의 크기가 충분히 클 때에만 의미가 있다는 것이다.

〔예제 6-13〕 어떤 자동차 회사에서 미니밴의 생산계획을 수립하기에 앞서 소비자들의 반응을 알아보려고 표본조사를 하였다. 서울을 포함한 수도권과 지방으로 나누어 각각 1,000명씩의 표본을 추출하여, 향후 5년 내에 미니밴의 구매의사를 조사한 결과는 다음과 같다.

| 구분 | 조사 대상자 | 구매 희망자 |
|---|---|---|
| 수도권 | 1,000 | 40 |
| 지방 | 1,000 | 20 |

수도권 및 지방에서 미니밴을 구매하려는 비율 $p_1$과 $p_2$에 대한 각각의 95% 신뢰구간을 구하시오.

☞ a) 수도권의 구매비율에 대한 95% 신뢰구간

$$p_1 = \hat{p}_1 \pm z_{.025}\sqrt{\frac{\hat{p}_1(1-\hat{p}_1)}{n_1}} = .04 \pm 1.96\sqrt{\frac{.04(1-.04)}{1000}}$$

$$= .04 \pm .012$$

b) 지방의 구매비율에 대한 95% 신뢰구간

$$p_2 = \hat{p}_2 \pm z_{.025}\sqrt{\frac{\hat{p}_2(1-\hat{p}_2)}{n_2}} = .02 \pm 1.96\sqrt{\frac{.02(1-.02)}{1000}}$$

$$= .02 \pm .009$$

■

### (2) 두 모비율의 차이에 대한 신뢰구간

모비율이 각각 $p_1$과 $p_2$인 두 모집단의 표본에서 관찰한 특정 원소의 수는 각각 $X$와 $Y$라고 하자. 또한 두 모비율 $p_1$과 $p_2$의 차이에 대한 불편추정량은 다음과 같다.

$$\widehat{p_1 - p_2} = \hat{p}_1 - \hat{p}_2 = \frac{X}{n_1} - \frac{Y}{n_2}$$

여기서 $n_1$은 모집단 Ⅰ의 표본수이고, $n_2$는 모집단 Ⅱ의 표본수이다. 이 때, 모비율의 경우와 마찬가지로 위 추정량의 분포는 $n_1$과 $n_2$가 충분히 클 때 다음의 정규분포를 따른다.

$$\widehat{p_1 - p_2} \sim N\left( p_1 - p_2,\ \frac{p_1(1-p_1)}{n_1} + \frac{p_2(1-p_2)}{n_2} \right)$$

따라서 위의 관계식을 이용하여 두 모집단의 모비율의 차이인 $p_1 - p_2$에 대한 $100(1-\alpha)\%$ 신뢰구간은 다음과 같이 도출된다.

**모비율 차이에 대한 신뢰구간**

$$p_1 - p_2 = \widehat{p_1 - p_2} \pm z_{\alpha/2}\sqrt{\frac{\hat{p}_1(1-\hat{p}_1)}{n_1} + \frac{\hat{p}_2(1-\hat{p}_2)}{n_2}}$$

〔예제 6-14〕 앞의 [예제 6-13]에서 제시된 자료로부터 수도권에서 미니밴을 구입할 사람의 비율과 지방에서 구입할 사람의 비율의 차이에 대한 95% 신뢰구간을 구하시오.

☞ $$p_1 - p_2 = \widehat{p_1 - p_2} \pm z_{0.025}\sqrt{\frac{\hat{p}_1(1-\hat{p}_1)}{n_1} + \frac{\hat{p}_2(1-\hat{p}_2)}{n_2}}$$

$$= .04 - .02 \pm 1.96\sqrt{\frac{.04(1-.04)}{1000} + \frac{.02(1-.02)}{1000}}$$

$$= .02 \pm .015$$

■

## 제8절 미니탭의 이용

앞에서 여러 가지 경우의 신뢰구간을 도출한 바 있다. 여기서는 미니탭을 이용하여 이러한 신뢰구간을 간편하게 구하는 문제를 중심으로 다루기로 한다.

하나 또는 두 개의 표본에 대한 신뢰구간을 구하려면, '**통계분석(S) > 기초 통계(B)**' 메뉴를 선택하여 나타나는 항목 중에서 **1-표본 Z 검정(Z)...**, **1-표본 t 검정(1)...** 또는 **2-표본 t 검정(2)...**을 이용하면 된다. 이들 메뉴는 제7장에서 다루게 될 모평균에 대한 검정문제를 해결하는 데에도 그대로 이용된다. 다음의 <그림 6-12>는 '**통계분석(S) > 기초 통계(B) > 1-표본 t 검정(1)...**' 메뉴를 선택하는 경우의 대화상자로서 1-표본 Z 검정(Z)...의 대화상자도 이와 유사하다.

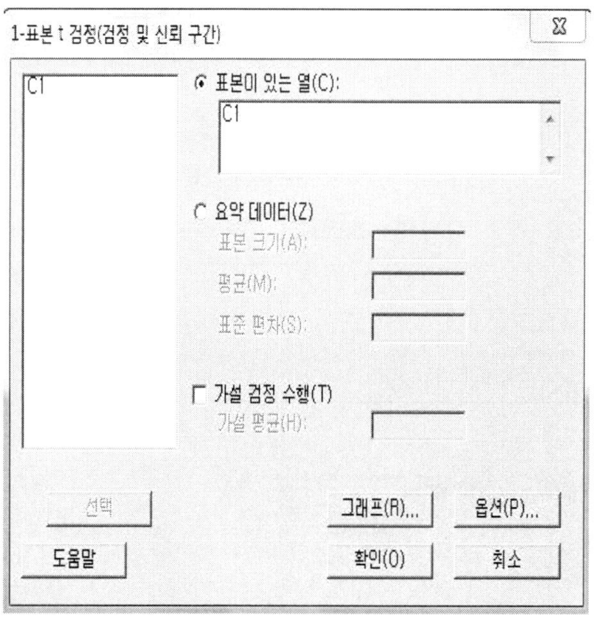


**〈그림 6-12〉 1-표본 t 검정(1)... 경우의 대화상자**

변수목록상자에 표시된 변수들 가운데 분석을 원하는 변수를 선택하여 표본이 있는 열(C) 상자로 이동한 후, 확인(O) 버튼을 누르면 신뢰구간을 얻을 수 있다. 신뢰수준을 변경하려면, **옵션(P)...**, 항목을 선택하여 원하는 신뢰수준을 입력한다. 선택한 변수와 관련된 막대그래프, 산점도 또는 상자그림 등을 그리려면 **그래프(R)** 버튼을 눌러 나타나는 대화상자를 이용한다. **1-표본 Z 검정(Z)...**의 대화상자에서는 모집단의 표준편차 값을 표준 편차(S) 상자에 입력하면 된다. 여기서 가설 검정 수행(T) 항목과 **옵션(P)...**의 대립가설은 제7장의 검정관련문제를 해결할 때 이용할 것이다.

두 모평균의 차이에 대한 신뢰구간은 **2-표본 t 검정(2)...**을 이용하여 구할 수 있다. 2-표본 t 검정(2) 대화상자는 제7장의 <그림 7-9>와 같은데, 분석에 사용할 표본의 선택은 자료를 입력한 방식에 따라 두 가지로 구분된다. 먼저 두 표본의 자료를 C1에 입력하고 C2에는 집단을 구분하는 값을 입력하였다면, 한 열에 표본이 있는 경우(N)를 선택하여 표본(M) 난에는 C1을, 첨자(U) 난에는 C2를 입력하면 된다. 다음으로 두 표본자료를 각각 C1과 C2에 나누어 입력했다면, 서로 다른 열에 표본이 있는 경우(D)를 선택하여 첫 번째(F)와 두 번째(S) 난에 C1과 C2를 각각 입력하면 된다. **옵션(P)...** 항목의 대립가설은 역시 제7장에서 다룰 검정관련 문제를 해결할 때 이용할 것이며, **옵션(P)...**에는 원하는 신뢰수준 값을 입력한다. 만약 등분산을 가정한 문제이면 등분산 가정(E) 항목을 선택하면 된다. **그래프(R)...** 버튼을 누르고 개별 값 그림(I)과 상자 그림(B)을 선택하면 산점도와 상자그림을 얻을 수 있다.

### (1) 단일 모평균에 대한 신뢰구간

여기서는 앞의 제3절에서 다룬 바 있는 단일 모집단의 모평균에 대한 신뢰구간을 구하는 문제를 알아보기로 한다. 먼저 제3절의 [예제 6-5]에서와 같이 모집단의 분산 또는 표준편차를 알고 있는 경우의 신뢰구간을 다루기로 한다.

먼저 미니탭 작업지에 변수 C1을 설정하여 다음과 같이 [예제 6-5]의 자료를 입력한다.

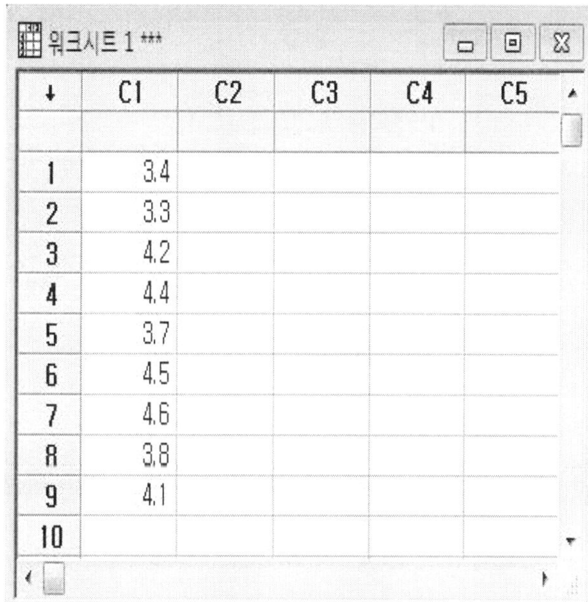

워크시트 1 ***

| ↓ | C1 | C2 | C3 | C4 | C5 |
|---|---|---|---|---|---|
| | | | | | |
| 1 | 3.4 | | | | |
| 2 | 3.3 | | | | |
| 3 | 4.2 | | | | |
| 4 | 4.4 | | | | |
| 5 | 3.7 | | | | |
| 6 | 4.5 | | | | |
| 7 | 4.6 | | | | |
| 8 | 3.8 | | | | |
| 9 | 4.1 | | | | |
| 10 | | | | | |

이 때, 미니탭을 이용하여 표준편차의 값을 아는 경우의 모평균에 대한 신뢰구간을 구하기 위해서는 다음과 같이 '**1-표본 Z 검정(Z)...**'이라는 메뉴를 이용한다.

통계분석(S) > 기초 통계(B) > 1-표본 Z 검정(Z)...

이제 '1-표본 Z 검정(Z)...' 메뉴를 선택하여 옵션에서 원하는 신뢰수준의 값을 입력하고, 또한 $\sigma$에는 알고 있는 모집단의 표준편차를 입력한다. 만일 신뢰수준의 값을 부여하지 않으면, 미니탭에서는 자동적으로 95% 신뢰구간을 도출한다. 그러면 [예제 6-5]에서와 같이 표준편차의 값이 0.4라고 할 때, 모평균에 대한 95% 및 90% 신뢰구간을 구한 결과는 다음과 같다.

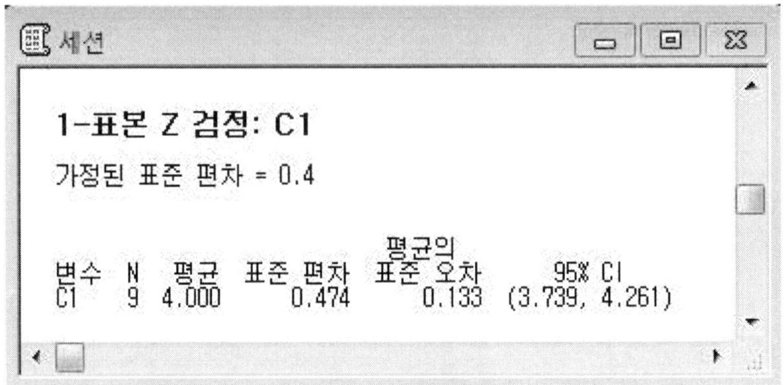


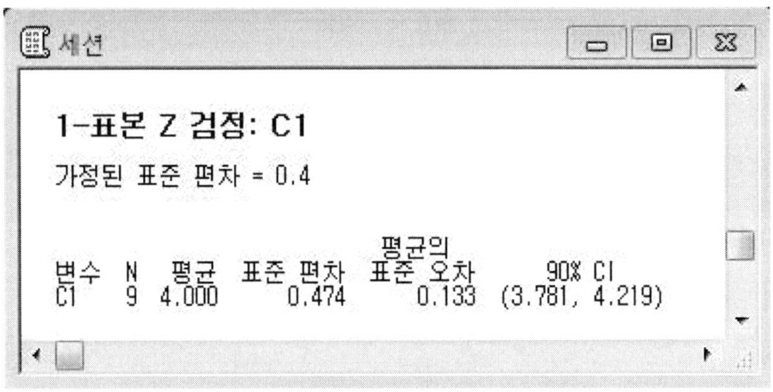


이제 제3절의 [예제 6-6]에서 다룬 바와 같이 모집단의 분산을 모르는 경우의 신뢰구간을 도출하기로 한다. 이 경우에는 다음의 '**1-표본 t 검정(1)...**'이라는 메뉴를 이용한다.

| 통계분석(S) > 기초 통계(B) > 1-표본 t 검정(1)... |
|---|

그러면 앞의 자료에 미니탭 메뉴 1-표본 t 검정(1)...을 이용하여 모평균에 대한 95% 및 90% 신뢰구간을 구하면 [예제 6-6]에서와 동일한 결과를 얻는다.

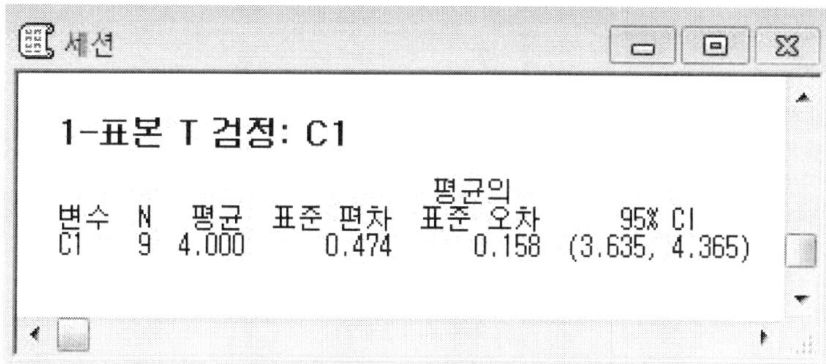


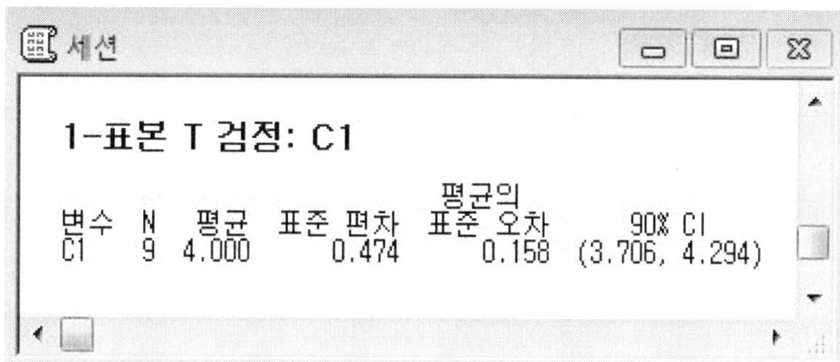


### (2) 두 모평균의 차이에 대한 신뢰구간

여기서는 앞의 제4절과 5절에서 다룬 바와 같이 두 개의 모집단이 존재하는 경우에 있어 두 모평균의 차이에 대한 신뢰구간을 구하는 문제를 다루기로 한다. 먼저 제4절의 [예제 6-7]에서와 같이 독립적인 두 모평균의 차이에 대한 신뢰구간을 미니탭을 이용하여 도출하기로 한다.

먼저 미니탭 작업지에 다음과 같이 변수 C1과 C2를 설정하여 [예제 6-7]의 자료를 입력한다.

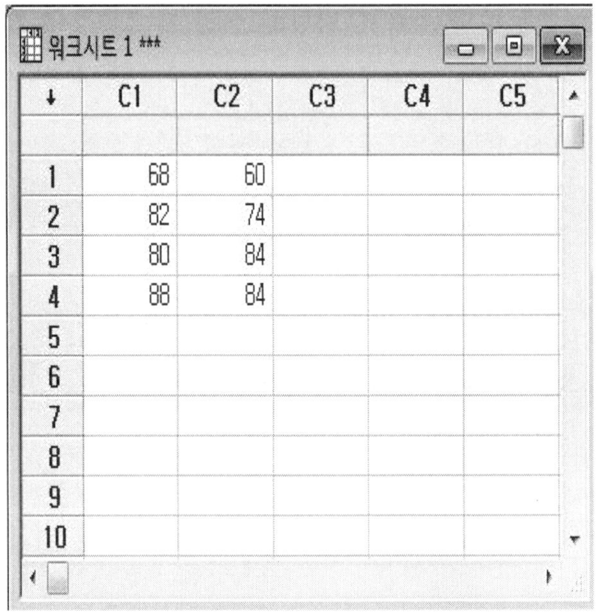


이제 [예제 6-8]에서와 같이 두 모집단의 분산을 모르나, 두 분산이 동일하다는 가정하에 합동표본분산을 도출하여 독립적인 두 모평균의 차이에 대한 신뢰구간을 구하기 위해서는 다음의 메뉴 '**2-표본 t 검정(2)...**'과 부메뉴 '**등분산 가정(E)**'을 이용한다.

> 통계분석(S) > 기초 통계(B) > 2-표본 t 검정(2)...

그러면 이상의 과정을 통하여 두 모평균의 차이에 대한 95% 신뢰구간을 구한 결과는 다음과 같다.

세션

**2-표본 T 검정 및 CI: C1, C2**

C1 대 C2의 2-표본 T 검정

|  | N | 평균 | 표준 편차 | 평균의 표준 오차 |
|---|---|---|---|---|
| C1 | 4 | 79.50 | 8.39 | 4.2 |
| C2 | 4 | 75.5 | 11.4 | 5.7 |

```
차이 = mu (C1) - mu (C2)
차이 추정치: 4.00
차이의 95% CI: (-13.27, 21.27)
차이의 T-검정 = 0 (대 not =): T-값 = 0.57  P-값 = 0.592  DF = 6
둘 다 합동 표준 편차 9.9833을(를) 사용하였습니다.
```

이제는 제5절의 [예제 6-10]에서와 같이 짝을 이룬 자료에 있어서의 두 모평균의 차이에 대한 신뢰구간을 다루기로 한다. 이 경우에는 먼저 기존의 두 변수 C1과 C2의 차이로 정의되는 새로운 변수 C3를 설정한다. 그리고 새로 정의된 변수 C3에 대하여 제3절에서 다룬 단일 모집단의 경우와 동일한 방법을 통하여 두 모평균의 차이에 대한 신뢰구간을 구하게 된다.

그러면 이상의 방법을 적용하여 [예제 6-10]의 자료로써 두 모평균의 차이에 대한 95% 신뢰구간을 구한 결과는 다음과 같다.

세션

**1-표본 T 검정: C3**

| 변수 | N | 평균 | 표준 편차 | 평균의 표준 오차 | 95% CI |
|---|---|---|---|---|---|
| C1-C2 | 4 | 4.00 | 5.66 | 2.83 | (-5.00, 13.00) |

# 제9절 요약

### 1. 점추정량

▶ 불편추정량 : $E[\hat{\theta}] = \theta$

▶ 일치추정량 : $\lim_{n \to \infty} E[\hat{\theta}] = \theta$

▶ 최소분산불편추정량 : $Var[\hat{\theta}] \le Var[\hat{\theta}']$

▶ 최소평균제곱오차추정량 : $MSE[\hat{\theta}] \le MSE[\hat{\theta}']$

### 2. 최우추정법

▶ 최우추정량 : 우도함수를 최대로 하는 추정량

▶ 최우추정량의 특성

- 적어도 일치추정량이다.
- 최소분산불편추정량이 존재한다면 최우추정량과 같다.
- 불변성을 갖는다.

### 3. 모평균에 대한 추정

▶ 모분산을 아는 경우 : $\mu = \overline{X} \pm z_{\alpha/2} \frac{\sigma}{\sqrt{n}}$

▶ 모분산을 모르는 경우 : $\mu = \overline{X} \pm t_{\alpha/2,\ n-1} \frac{s}{\sqrt{n}}$

## 4. 모평균의 차이에 대한 추정

▶ 모분산을 아는 경우

$$\mu_1 - \mu_2 = \overline{X} - \overline{Y} \pm z_{\alpha/2} \sqrt{\frac{\sigma_1^2}{n_1} + \frac{\sigma_2^2}{n_2}}$$

▶ 모분산을 모르지만 같은 경우

$$\mu_1 - \mu_2 = \overline{X} - \overline{Y} \pm t_{\alpha/2,\, n_1 + n_2 - 2}\, s_p \sqrt{\frac{1}{n_1} + \frac{1}{n_2}}$$

$$\text{여기서} \quad s_p = \sqrt{\frac{\sum (X_i - \overline{X})^2 + \sum (Y_i - \overline{Y})^2}{(n_1 - 1) + (n_2 - 1)}}$$

▶ 모분산을 모르고 같지도 않은 경우

$$\mu_1 - \mu_2 = \overline{X} - \overline{Y} \pm t_{\alpha/2,\, n_0} \sqrt{\frac{s_1^2}{n_1} + \frac{s_2^2}{n_2}}$$

$$\text{여기서} \quad n_0 = \frac{(s_1^2/n_1 + s_2^2/n_2)^2}{\frac{(s_1^2/n_1)^2}{n_1 + 1} + \frac{(s_2^2/n_2)^2}{n_2 + 1}} - 2$$

## 5. 짝을 이룬 표본의 추정

$$\mu_1 - \mu_2 = \overline{X} - \overline{Y} \pm t_{\alpha/2,\, n-1} \frac{s_D}{\sqrt{n}}$$

$$\text{여기서} \quad s_D = \sqrt{\frac{\sum \left\{ (X_i - Y_i) - (\overline{X} - \overline{Y}) \right\}^2}{n - 1}}$$

## 6. 모분산에 대한 추정

▶ $\sigma^2$에 대한 $100(1-\alpha)\%$ 신뢰구간

$$\left(\frac{(n-1)s^2}{\chi^2_{\alpha/2,n-1}},\ \frac{(n-1)s^2}{\chi^2_{1-\alpha/2,n-1}}\right)$$

▶ $\sigma_1^2/\sigma_2^2$에 대한 $100(1-\alpha)\%$ 신뢰구간

$$\left(\frac{s_1^2/s_2^2}{F_{\alpha/2,n_1-1,n_2-1}},\ \frac{s_1^2/s_2^2}{F_{1-\alpha/2,n_1-1,n_2-1}}\right)$$

## 7. 모비율에 대한 추정

▶ 단일 모비율에 대한 신뢰구간

$$p=\hat{p}\pm z_{\alpha/2}\sqrt{\frac{\hat{p}(1-\hat{p})}{n}}$$

▶ 두 모비율의 차이에 대한 신뢰구간

$$p_1-p_2=\widehat{p_1-p_2}\pm z_{\alpha/2}\sqrt{\frac{\hat{p}_1(1-\hat{p}_1)}{n_1}+\frac{\hat{p}_2(1-\hat{p}_2)}{n_2}}$$

## 8. 미니탭의 이용

▶ 단일 모평균에 대한 추정

- $\sigma$를 아는 경우 : 통계분석(S) > 기초 통계(B) > 1-표본 Z 검정(Z)...
- $\sigma$를 모르는 경우 : 통계분석(S) > 기초 통계(B) > 1-표본 t 검정(1)...

▶ 두 모평균의 차이에 대한 추정

통계분석(S) > 기초 통계(B) > 2-표본 t 검정(2)...

## ■ 연습문제

**[6.1]** 다음 문장을 읽고 옳으면 '○'표, 또한 틀리면 '×'표를 한 후 틀린 곳을 바르게 고치시오.

a) 불편추정량은 항상 일치성을 만족한다.

b) 추정량의 편의가 작을 때는 추정량을 구하는 기준으로 최소분산을 사용하든 최소평균제곱오차를 사용하든 별 차이가 없다.

c) 모수가 신뢰구간 안에 들어갈 확률을 신뢰수준이라 한다.

d) $t$분포에서 자유도가 커지면 표준정규분포를 이용할 수 있다.

e) 모분산을 모를 때는 항상 정규분포보다 $t$분포를 적용하는 것이 좋다.

f) 신뢰구간의 크기를 고려한다면, 신뢰수준이 높은 것만이 좋다고 할 수는 없다.

g) 표본의 수에 따라 $t$분포는 달라진다.

h) 두 모평균의 차이를 추정하기 위한 표본은 짝을 이루는 것이 더 효율적이다.

i) 두 모평균의 차이에 대한 구간추정은 하나의 모평균에 대한 추정과 그 과정이 비슷한데, 다만 점추정량에 대한 확률분포에서 모수만 다를 뿐이다.

j) 모비율에 대한 추정은 표본수가 클 때에만 의미가 있다.

**[6.2]** 다음은 어떤 베어링 공장에서 생산되는 베어링의 평균 무게를 추정하고자 네 개의 표본을 관찰한 자료이다.

| 3.1 | 3.2 | 3.6 | 3.7 |
|---|---|---|---|

위의 자료를 이용하여 이 공장에서 생산되는 베어링의 평균 무게에 대한 점추정과 90% 및 95% 신뢰구간을 구하시오.

**[6.3]** 만일 앞의 [6.2] 문제에서 베어링 무게의 표준편차 $\sigma$가 0.2로 알려져 있다고 가정한다면, 신뢰구간의 추정결과는 어떻게 달라지겠는가?

**[6.4]** 자동차를 제조하는 한 공장에서는 새로운 공정에 의하여 생산되는 자동차의 평균 무게를 추정하고자 한다. 여기서 추정의 신뢰수준이 0.95이고 추정오차의 한계를 4kg 이하로 하려면, 표본의 수를 얼마로 할 것인지를 구하시오. 단, 이제까지의 생산경험에 의하여 자동차 무게의 표준편차는 11kg임이 알려져 있다고 가정한다.

**[6.5]** 모평균 $\mu$를 추정하기 위하여 세 개의 표본 $X_1$, $X_2$, $X_3$를 추출하였다. 아래 추정량 중 어느 것이 가장 좋은지를 설명하시오.

$$\frac{2X_1+X_2+X_3}{4},\quad \frac{X_1+X_2+X_3}{2},\quad \frac{X_1+X_2}{2},\quad \frac{X_1+X_2+X_3}{3}$$

**[6.6]** 다음은 어느 특정 대학의 남녀 교수 각각 5명씩을 표본으로 추출하여 그들의 월급을 조사한 자료이다. 분산이 동일하다고 가정하에 이 학교 남녀 교수의 월급 차이에 대한 90% 신뢰구간을 구하시오.

여자 교수 : 226, 236, 275, 283, 295
남자 교수 : 233, 238, 285, 286, 293

**[6.7]** 다음은 국회의원의 선거비용에 대한 차이를 알아보고자, 여당의원 4명 그리고 야당의원 5명을 대상으로 조사한 자료이다. 선거비용 사용액의 차이에 대한 95% 신뢰구간을 구하시오.

여당의원 : 44, 39, 51, 42
야당의원 : 55, 46, 49, 38, 52

*[6.8] 중간고사와 기말고사 성적을 비교하기 위하여 일곱 명의 학생을 표본으로 추출하여 다음과 같은 결과를 얻었다고 한다. 성적 차이에 대한 95% 신뢰구간을 구하시오.

| 학 생 | A | B | C | D | E | F | G |
|---|---|---|---|---|---|---|---|
| 중간고사 | 75 | 75 | 80 | 50 | 90 | 85 | 70 |
| 기말고사 | 60 | 70 | 65 | 55 | 80 | 75 | 50 |

*[6.9] 다음은 서비스업과 제조업에 따른 회사들의 이익구조를 파악하고자 조사한 자료이다. 아래 물음에 답하시오.

서비스업 : $n_1 = 10$, $s_1^2 = 20$억원
제 조 업 : $n_2 = 8$, $s_2^2 = 15$억원

a) 서비스업의 모분산에 대한 90% 신뢰구간을 구하시오.
b) 제조업의 모분산에 대한 90% 신뢰구간을 구하시오.
c) 위의 두 모분산의 비율에 대한 90% 신뢰구간을 구하시오.

*[6.10] 낙태금지법 철폐에 관한 여론조사를 실시한 결과 다음과 같은 결과를 얻었다. 즉 2000년에는 전체 400명을 대상으로 조사한 결과 120명이 낙태금지법의 철폐에 찬성하였으며, 2010년에는 전체 300명 중 120명이 찬성하였다. 다음의 물음에 답하시오.

a) 2000년의 찬성비율에 대한 95% 신뢰구간을 구하시오.
b) 2010년의 찬성비율에 대한 95% 신뢰구간을 구하시오.
c) 위의 두 찬성비율의 차이에 대한 95% 신뢰구간을 구하시오.

*[6.11] 고등학생들의 프로야구 및 프로축구에 대한 선호도를 파악하고자 800명의 표본을 추출하여 두 종목에 대한 선호를 조사하였다. 그 결과 640명의 학생이 프로야구를 좋아한다고 응답하였으며, 또한 프로축구를 좋아한다고 응답한 학생은 600명이었다고 한다. 다음의 물음에 답하시오.

a) 프로야구를 좋아하는 고등학생들의 모비율에 대한 90% 신뢰구간을 구하시오.

b) 프로축구를 좋아하는 고등학생들의 모비율에 대한 90% 신뢰구간을 구하시오.

c) 위의 두 모비율의 차이에 대한 90% 신뢰구간을 구하시오.

**[6.12] $N(\mu, \sigma^2)$를 따르는 모집단에서 $X_1, X_2, \ldots, X_n$의 확률표본을 추출하였다.

a) $\mu$와 $\sigma^2$에 대한 최우추정량을 구하시오.

b) 위 a)의 최우추정량이 일치추정량임을 증명하시오.

# 7

# 가설의 검정

# 제 7 장 가설의 검정

통계적 추론에는 추정과 가설검정의 두 가지 형태가 있다. 제6장에서 다루었듯이 모수의 값을 몰라서 표본으로부터 그 값이 얼마인가를 짐작하는 것은 추정이다. 그러나 가설검정은 모집단의 어떤 현상에 대한 예상 또는 주장이 옳은지 틀린지를 표본자료를 이용하여 판단하는 것이다. 예를 들어 대학 졸업 후 처음 취직하는 사람들의 평균 월급이 어느 정도인가를 파악하기 위하여 표본자료를 이용한다면 추정이고, 또한 아들자랑을 하고 싶은 어머니가 '우리 아들은 훌륭해서 Q원이나 받는다'라고 주장할 때 그 Q원이 같은 또래의 월급보다 많은지를 표본추출을 통하여 판가름한다면 가설검정이 된다.

월급의 평균 $\overline{X}$에 대한 분포가 다음의 <그림 7-1>과 같을 때 평균 월급에 대한 95% 신뢰구간은 $(a, b)$이다.

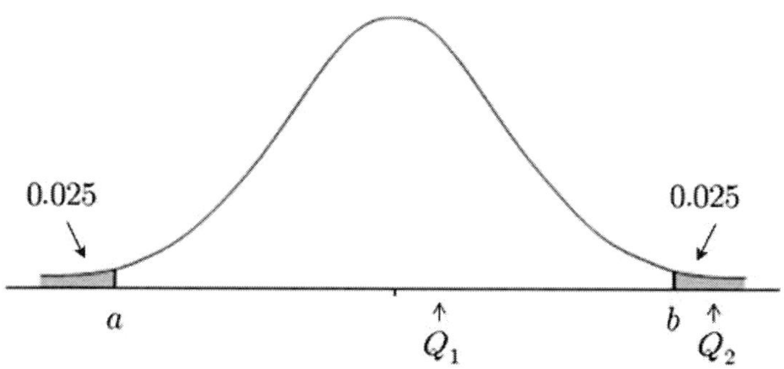


〈그림 7-1〉 신뢰구간과 가설의 주장과의 관계

그런데 아들의 월급이 $Q_1$과 같이 신뢰구간 속에 포함되면 아들의 월급이 평균과 근사하다고 볼 수 있으므로 어머니의 주장은 신빙성이 없다고 판단하게 된다. 그러나 $Q_2$와 같이 신뢰구간에 포함되지 않는다면 아들의 월급이 평균보다 더 많다고 생각할 수 있다.

그러면 가설을 검정하는데 필요한 단계를 정리해보면 다음과 같다.

**가설검정의 주요 단계**

- ▶ 모집단의 특성에 대한 주장, 즉 가설을 설정한다.
- ▶ 표본을 추출하여 검정통계량을 계산한다.
- ▶ 선택한 유의수준 $\alpha$에 대한 검정통계량의 기각역을 결정한다.
- ▶ 검정통계량이 기각역에 속하는지에 따라 결론을 내린다.

## 제1절 가설검정의 여러 요소

여기서는 가설, 검정통계량, 기각역 및 검정오차 등 가설을 검정에 따른 여러 구성요소들을 살펴보기로 한다.

### (1) 가설

**통계적 가설**(statistical hypothesis)이란 모집단의 특성 또는 모수에 대한 대립되는 두 가지 주장에 대하여 통계적으로 다루기에 편리하도록 정리해 놓은 것이다. 예를 들어 어떤 소아과 의사가 신생아의 체중에 대하여 다음과 같은 주장을 하였다고 하자.

| 신생아의 평균 체중은 3.8kg이다. |
|---|

이러한 주장을 **귀무가설**(null hypothesis)이라 한다. 귀무가설은 모집단의 모수를 하나의 값으로 표시한다. 한편 귀무가설과 대립하여 설정되는 또 다른 가설을 **대립가설**(alternative hypothesis)이라고 한다. 대립가설은 귀무가설에서 제시하는 모수의 값을 제외한 나머지 영역에서 모수의 값을 정의한다. 위에서 예로 든 소아과 의사의 주장에 대한 대립가설은 다음과 같다.

| 신생아의 평균 체중은 3.8kg이 아니다. |
|---|

이 때, 귀무가설과 대립가설은 각각 $H_0$과 $H_1$으로 표기하는데, 앞의 가설을 통계적인 기호를 이용하여 나타내면 다음과 같다.

$$\begin{cases} H_0 : \mu = 3.8 \\ H_1 : \mu \neq 3.8 \end{cases}$$

표본자료를 분석하기 전에 반드시 해당가설을 설정하여야 하는데, 일반적으로 가설을 설정하는 요령을 귀무가설과 대립가설의 경우로 구분하여 설명하면 다음과 같다.

**가설설정 규칙**

① 귀무가설은 모수를 특정한 값으로 표현한다. → $H_0 : \mu = \mu_0$

② 대립가설은 귀무가설에서 지적한 모수의 값이 아닌 어떤 영역으로 나타내는데, 양쪽을 다 고려하는 양측검정과 한쪽만 고려하는 단측검정이 있다.

$H_1 : \mu \neq \mu_0$ → 양측검정

또는 $H_1 : \mu > \mu_0$ → 단측검정

또는 $H_1 : \mu < \mu_0$ → 단측검정

이 때, 대립가설에서 '≠'의 형태로 모수의 영역을 표시하면 귀무가설의 $\mu_0$보다 작거나 큰 양쪽영역을 다 포함하므로 **양측검정**(two side test)이라 하고, '>' 또는 '<'와 같이 부등호로 표시하면 한쪽영역만 고려하므로 **단측검정**(one side test)이라 한다. 실제 문제에서 양측검정과 단측검정 중 어느 것을 사용하는 것이 옳을 지에 대한 결정을 분석자가 해야 하는 경우가 많다. 이 때는 문제의 내용을 어느 검정이 더 잘 반영하는지를 검토해야 한다.

### (2) 검정통계량과 기각역

#### ▶ 검정통계량

검정에 편리한 형태로 표본자료를 바꾸어 놓은 것을 **검정통계량**(test statistic)이라 하는데, 일반적으로 검정하려는 모수의 점추정량이 된다. 검정모수와 이에 따른 검정통계량의 예를 보면 다음의 <표 7-1>과 같다.

### 〈표 7-1〉 검정모수와 검정통계량

| 검정하려는 모수 | 검정통계량 |
|---|---|
| $\mu$ | $\overline{X}$ |
| $\mu_1 - \mu_2$ | $\overline{X} - \overline{Y}$ |
| $\sigma^2$ | $s^2$ |
| $\sigma_1^2 - \sigma_2^2$ | $s_1^2/s_2^2$ 또는 $s_2^2/s_1^2$ |
| $p$ | $\hat{p}$ |
| $p_1 - p_2$ | $\hat{p_1} - \hat{p_2}$ |

### ▶ 기각역

신생아 체중의 예에서 표본의 평균 $\overline{X}$가 귀무가설의 3.8보다 훨씬 작거나 크다면 귀무가설이 옳다고 할 수 없을 것이다. 그러면 검정통계량 $\overline{X}$가 얼마나 크거나 작을 때에 귀무가설을 기각해야 할 것인가?

귀무가설을 기각하게 되는 검정통계량의 영역을 **기각역**(rejection region)이라 하고, 반대로 귀무가설을 채택하게 되는 영역을 **채택역**(acceptance region)이라 한다. 다음의 <표 7-2>는 대립가설의 유형에 따른 기각역의 형태를 보여준다.

### 〈표 7-2〉 대립가설의 형태에 따른 검정의 기각역

| 대립가설의 형태 | | 기각역 |
|---|---|---|
| $H_1 : \mu \neq \mu_0$ (양측검정) | → | $\overline{X} < a$ 또는 $\overline{X} > b$ |
| $H_1 : \mu > \mu_0$ (단측검정) | → | $\overline{X} > b'$ |
| $H_1 : \mu < \mu_0$ (단측검정) | → | $\overline{X} < a'$ |

한편 대립가설의 유형에 따른 기각역을 그림으로 나타내면 다음과 같다. 여기서 귀무가설의 채택역은 기각역의 여집합임을 알 수 있다.

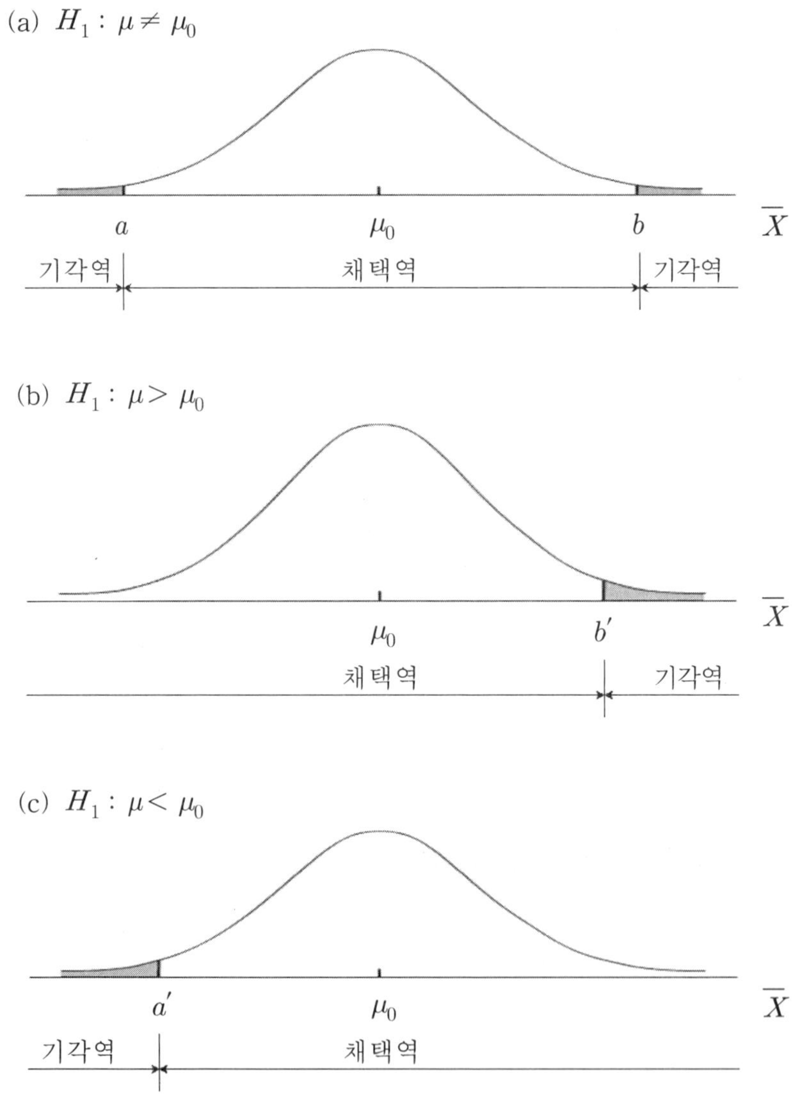


**〈그림 7-2〉 대립가설의 유형과 기각역**

### (3) 검정오차

가설의 검정은 완벽할 수 없다. 즉 표본조사의 결과가 귀무가설이 맞을 가능성이 큰 경우에는 귀무가설을 채택하고, 반대로 틀릴 가능성이 큰 경우에는 귀무가설을 기각할 따름이다. 그러므로 가설의 채택이나 기각은 '확률적으로 맞을 가능성이 얼마이다'라고 표현하는 것이 정확할 것이다. 여기서 그 반대급부로 틀릴 가능성도 존재하게 되는데, 이것을 **검정오차**(test error)라 한다. 검정오차는 제1종 오차와 제2종 오차로 구분된다.

#### ▶ 제1종 오차 : $\alpha$

**제1종 오차**(type I error)란 검정의 **유의수준**(significance level)이라고도 하는데, 귀무가설이 맞는데도 잘못하여 이를 기각하고 대립가설을 채택할 확률로서 $\alpha$로 표기한다.

$$\alpha = P[H_0 \text{의 기각} \mid H_0 \rightarrow \text{사실}]$$

한 예로 신생아의 평균 체중에 대한 검정에서 기각역을 $(\overline{X} > 4.0)$로 정했다고 하자. 여기서 만약 표본의 평균이 4.1이었다면, $H_0$은 기각된다. 하지만 실제로 전체 신생아의 체중 평균은 3.8인데, 우연히 체중이 무거운 신생아들이 많이 표본에 포함되어 그 평균이 4.1이 되었을 수도 있다. 이와 같이 사실은 귀무가설이 옳은데 표본에 의한 검정통계량의 값이 기각역에 속하여 귀무가설을 잘못 기각하게 될 확률을 제1종 오차 또는 유의수준 $\alpha$라고 하는데, 이 예에서 $\alpha$는 다음과 같이 표현된다.

$$\alpha = P(\overline{X} > 4.0 \mid \mu = 3.8)$$

다음의 <그림 7-3>에서는 신생아 예제에서의 $\alpha$를 보여주고 있다.

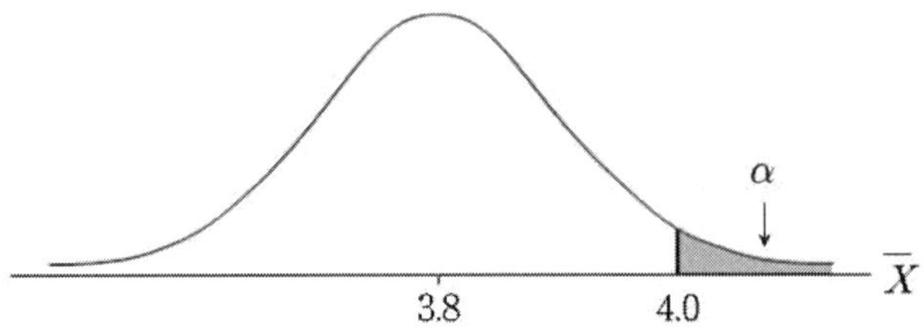


〈그림 7-3〉 신생아 예제에서의 제1종 오차

▶ **제 2 종 오차 : $\beta$**

**제2종 오차**(typeⅡ error)는 제1종 오차와는 반대로 대립가설이 사실임에도 불구하고 귀무가설을 채택하게 되는 확률 $\beta$를 의미한다.

$$\beta = P[H_0\text{의 채택} \mid H_1 \rightarrow \text{사실}]$$

그러나 앞에서 살펴 본 바와 같이 대립가설은 모수의 특정값이 아니라 모수의 영역으로 표현되므로, 대립가설 $H_1$이 사실일 때 실제 모수의 값이 얼마인지는 모른다. 따라서 제2종 오차 $\beta$를 계산할 때에는 편의상 대립가설 $H_1$의 영역에서 대표적인 한 점을 정하여 모수의 값으로 한다.

▶ **신뢰수준과 검정력**

이제 가설검정의 결과가 올바른 결정이 될 확률을 다룬다. 먼저 귀무가설이 사실일 때, 이를 채택하게 되는 확률 $(1-\alpha)$를 **신뢰수준**(confidence level)이라 한다. 그리고 대립가설이 사실일 때, 귀무가설을 기각하고 대립가설을 채택하게 될 확률 $(1-\beta)$를 **검정력**(power of the test)이라 한다. 지금까지 언급한 귀무가설의 진위와 이의 기각여부에 따른 사항을 정리하면 <표 7-3>과 같다.

**〈표 7-3〉 귀무가설의 진위와 의사결정**

| 귀무가설 진위 | 의 사 결 정 | |
|---|---|---|
| | $H_0$의 채택 | $H_0$의 기각 |
| $H_0$ → 사실 | 올바른 결정<br>확률=1-$\alpha$<br>신뢰수준 | 제1종 오차<br>확률=$\alpha$<br>유의수준 |
| $H_0$ → 거짓 | 제2종 오차<br>확률=$\beta$ | 올바른 결정<br>확률=1-$\beta$<br>검정력 |

가설의 검정에서는 두 가지 검정오차인 $\alpha$와 $\beta$를 최소로 하는 기각역을 구하는 것이 최선일 것이다. 그러나 $\alpha$를 너무 작게 하려다 보면 $\beta$가 커지고, 또한 $\beta$를 작게 하면 $\alpha$가 커지는 모순관계가 있다. 예를 들어 $H_0 : \mu = \mu_0$, $H_1 : \mu > \mu_0$의 가설에서 $H_1$의 대표값을 $\mu_1$이라 하자. 그러면 <그림 7-4>에서와 같이 두 가설에 대한 분포에서 임계점 $c$에 의하여 $\alpha$와 $\beta$가 정해진다.

다음의 <그림 7-4>의 (a)에서는 임계점 $c$에 따른 $\alpha$와 $\beta$를 보여주고 있다. 그런데 (b)에서와 같이 임계점 $c$를 $c'$으로 크게 하면, $\alpha$는 작아지지만 $\beta$가 크게 증가한다. 또한 임계점을 왼쪽으로 이동한다면, 반대 현상 즉 $\beta$는 줄어드나 $\alpha$가 증가하게 된다. 따라서 주어진 표본크기에서 두 가지 검정오차 $\alpha$와 $\beta$를 동시에 줄일 수는 없는 것이다.

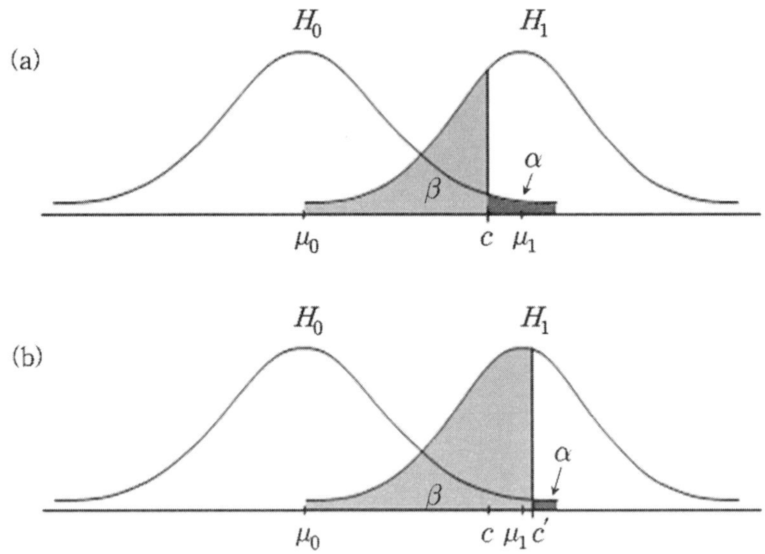


**〈그림 7-4〉 임계점에 따른 $\alpha$와 $\beta$의 관계**

이상에서 $\alpha$와 $\beta$를 동시에 작게 하는 것은 불가능하다고 설명하였다. 그럼 현실적으로 최선의 목표는 $\alpha$와 $\beta$ 중에서 하나를 고정시키고 다른 하나를 최소로 하는 것이다. 그러나 이 문제는 가설의 형태를 감안할 때, $\alpha$를 고정시키고 $\beta$를 최소로 하는 문제로 귀결됨을 알 수 있다. 이런 까닭에 $1-\beta$를 검정력이라고 부르는 것이다.

실제 가설검정에서는 해당 모수의 점추정량을 검정통계량으로 하여 기각역을 구할 때 검정력이 가장 큰 최선의 검정이 됨을 밝혀둔다. 앞에서 다룬 신생아 평균 체중의 예에서 검정모수 $\mu$에 대한 검정통계량이 바로 표본평균 $\overline{X}$이었다는 점이 그 예이다.

한편 검정오차에 영향을 미치는 또 다른 변수는 표본의 크기 $n$이다. 표본수가 커지면 일반적으로 검정통계량의 분산이 작아지므로 다음의 <그림 7-5>에서와 같이 고정된 $\alpha$에 대하여 표본수 $n$이 증가함에 따라 임계점이 왼쪽으로 이동하므로 $\beta$가 작아진다.

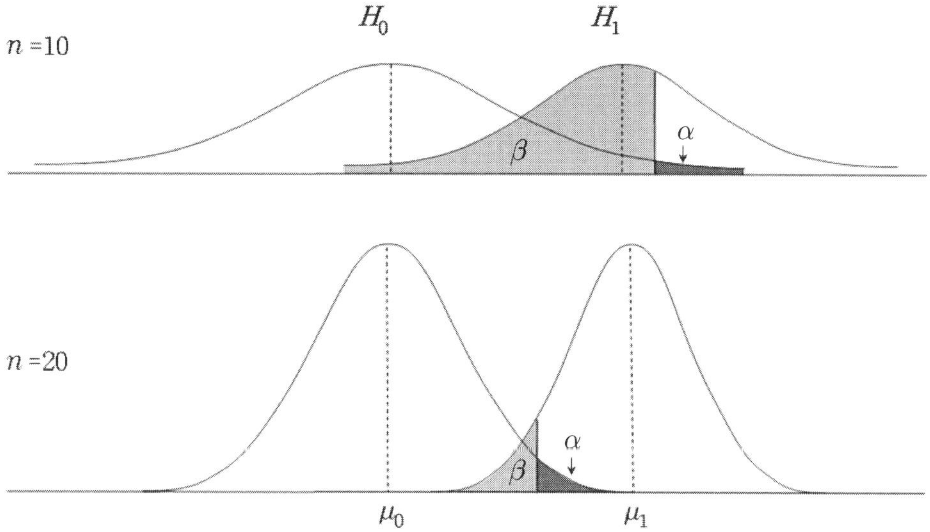


〈그림 7-5〉 고정된 $\alpha$에 대하여 표본수 증가에 따른 $\beta$의 변화

표본의 크기 $n$이 고정되었던 앞의 <그림 7-4>와는 달리 <그림 7-5>에서는 표본크기, 즉 표본수 $n$이 증가함에 따라 검정의 두 가지 오차인 $\alpha$와 $\beta$가 동시에 감소할 수 있다는 점을 보여준 셈이다.

〔예제 7-1〕 앞의 [예제 6-5]의 신생아 체중자료를 이용하여 다음 가설의 기각역을 구하시오.

$$\begin{cases} H_0 : \mu = 3.8 \\ H_1 : \mu > 3.8 \end{cases}$$

☞ 가설을 검정하기 위하여 먼저 다음과 같이 $\alpha$에 대한 확률식을 고려한다.

$$\alpha = P[H_0\text{의 기각} \mid H_0 \rightarrow \text{사실}]$$

여기서 $H_0$이 사실이라는 것은 $\mu = 3.8$을 의미하며, 또한 $H_0$의 기각은 검정통계량 $\overline{X}$의 값이 3.8보다 훨씬 클 때 발생한다. 따라서 $\alpha = 0.05$일 때, 기각역은 아래의 식을 만족하는 $\overline{X}$의 영역이 된다.

$$0.05 = P[\overline{X} > b \mid \mu = 3.8]$$

위의 식을 표준화시키면 다음과 같다.

$$0.05 = P\left[\frac{\overline{X} - 3.8}{\sigma/\sqrt{n}} > \frac{b - 3.8}{\sigma/\sqrt{n}}\right]$$

따라서 $b$는 다음과 같이 계산된다.

$$\frac{b - 3.8}{\sigma/\sqrt{n}} = z_{.05} = 1.645 \quad \rightarrow \quad b = \frac{1.645(0.4)}{3} + 3.8 = 4.02$$

따라서 이 검정에서의 기각역은 다음과 같이 구해진다.

$$(\ \overline{X} > 4.02\ )$$ ■

## 제2절 모평균에 대한 가설검정

가장 기본적인 검정으로 모평균 $\mu$에 대한 가설을 검정한다. 추정의 경우와 마찬가지로 모집단의 표준편차 $\sigma$를 아는 경우에는 정규분포를 이용하고, $\sigma$를 모르는 경우에는 $t$분포를 이용한다. 모수 $\mu$에 대한 점추정량은 표본평균 $\overline{X}$이므로, 이를 검정통계량으로 사용한다

### (1) $\sigma$를 아는 경우

모집단이 정규분포를 따르고 $\sigma$가 알려진 경우, 양측검정의 가설은 다음과 같다.

$$\begin{cases} H_0 : \mu = \mu_0 \\ H_1 : \mu \neq \mu_0 \end{cases}$$

그러면 양측검정에서의 기각역은 신뢰구간의 여집합이 되는데, 모평균 $\mu$에 대한 100(1-$\alpha$)% 신뢰구간은 다음과 같다.

$$\left(\overline{X} - z_{\alpha/2}\frac{\sigma}{\sqrt{n}} < \mu < \overline{X} + z_{\alpha/2}\frac{\sigma}{\sqrt{n}}\right)$$

여기서 $H_0$이 사실일 때는 $\mu = \mu_0$이므로 만약 위의 신뢰구간이 $\mu_0$를 포함하면 귀무가설을 채택하고, 그렇지 않으면 기각한다. 또한 $\overline{X}$에 대한 기각역은 다음과 같이 신뢰구간의 여집합을 $\overline{X}$에 대하여 정리한 후에 $\mu = \mu_0$를 대입하여 구한다.

$$\overline{X} < \mu_0 - z_{\alpha/2}\frac{\sigma}{\sqrt{n}} \quad 및 \quad \overline{X} > \mu_0 + z_{\alpha/2}\frac{\sigma}{\sqrt{n}}$$

다음의 <그림 7-6>에서는 이상에서 도출한 기각역을 보여주고 있다.

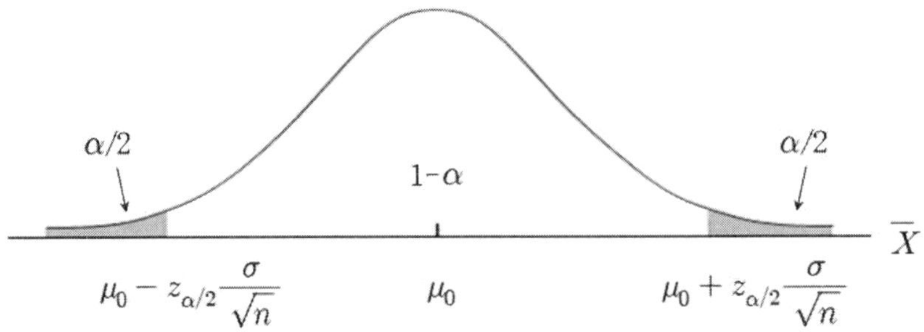


**〈그림 7-6〉 양측검정의 기각역**

한편 단측검정에서는 한쪽 꼬리만을 고려하므로, 꼬리면적이 $\alpha$가 되도록 한다. 이상의 결과를 정리하면 다음과 같다.

### $\sigma$를 아는 경우의 기각역

▶ 양측검정

- 가설 : $H_0 : \mu = \mu_0$
  $H_1 : \mu \neq \mu_0$
- 기각역 : $\overline{X} < \mu_0 - z_{\alpha/2}\frac{\sigma}{\sqrt{n}}$, $\overline{X} > \mu_0 + z_{\alpha/2}\frac{\sigma}{\sqrt{n}}$

▶ 단측검정

- 가설 : $H_0 : \mu = \mu_0$
  $H_1 : \mu > \mu_0$ (또는 $\mu < \mu_0$)
- 기각역 : $\overline{X} > \mu_0 + z_{\alpha}\frac{\sigma}{\sqrt{n}}$ (또는 $\overline{X} < \mu_0 - z_{\alpha}\frac{\sigma}{\sqrt{n}}$)

〔예제 7-2〕 앞의 [예제 7-1]에서 다음의 가설을 5%의 유의수준하에 검정하시오.

$$\begin{cases} H_0 : \mu = 3.8 \\ H_1 : \mu \neq 3.8 \end{cases}$$

☞ 검정통계량 $\overline{X}$에 대한 양측검정의 기각역은 다음과 같이 계산된다.

$$\overline{X} < \mu_0 - z_{\alpha/2}\frac{\sigma}{\sqrt{n}} = 3.8 - 1.96\frac{0.4}{\sqrt{9}} = 3.54$$

$$\text{그리고} \quad \overline{X} > \mu_0 + z_{\alpha/2}\frac{\sigma}{\sqrt{n}} = 3.8 + 1.96\frac{0.4}{\sqrt{9}} = 4.06$$

그러나 여기서의 표본평균은 4.0이므로 기각역에 속하지 않는다. 따라서 5%의 유의수준하에 신생아 체중의 모평균이 3.8이라는 위의 귀무가설을 채택한다. ■

### (2) $\sigma$를 모르는 경우

모집단의 $\sigma$를 모르는 경우에는 앞에서와 마찬가지로 $t$분포를 사용하게 된다. 따라서 양측검정에 대한 이 경우의 기각역은 신뢰구간의 여집합으로부터 다음과 같이 구해진다.

$$\overline{X} < \mu_0 - t_{\alpha/2,\,n-1}\frac{s}{\sqrt{n}}, \qquad \overline{X} > \mu_0 + t_{\alpha/2,\,n-1}\frac{s}{\sqrt{n}}$$

마찬가지 방법으로 단측검정에 대한 기각역을 도출할 수 있는데, 이와 같은 방법으로 $\sigma$를 모르는 경우의 검정결과를 정리하면 다음과 같다.

### σ를 모르는 경우의 기각역

▶ 양측검정

- 가설 : $H_0 : \mu = \mu_0$, $H_1 : \mu \neq \mu_0$

- 기각역 : $\overline{X} < \mu_0 - t_{\alpha/2, n-1}\dfrac{s}{\sqrt{n}}$, $\overline{X} > \mu_0 + t_{\alpha/2, n-1}\dfrac{s}{\sqrt{n}}$

▶ 단측검정

- 가설 : $H_0 : \mu = \mu_0$, $H_1 : \mu > \mu_0$ (또는 $\mu < \mu_0$)

- 기각역 : $\overline{X} > \mu_0 + t_{\alpha, n-1}\dfrac{s}{\sqrt{n}}$ (또는 $\overline{X} < \mu_0 - t_{\alpha, n-1}\dfrac{s}{\sqrt{n}}$)

**〔예제 7-3〕** 앞의 [예제 7-2]에서 신생아 체중의 모분산을 모른다고 가정하고 검정하시오.

☞ 제6장의 [예제 6-11]에서 $s = 0.4743$으로 계산되었다. 따라서 양측검정의 기각역을 구하면 다음과 같다.

$$\overline{X} < \mu_0 - t_{\alpha/2, n-1}\frac{s}{\sqrt{n}} = 3.8 - 2.31\frac{0.4743}{\sqrt{9}} = 3.43$$

그리고 $$\overline{X} > \mu_0 + t_{\alpha/2, n-1}\frac{s}{\sqrt{n}} = 3.8 + 2.31\frac{0.4743}{\sqrt{9}} = 4.17$$

이 자료의 표본평균은 4.0으로 위의 기각역에 속하지 않으므로, 5% 의 유의수준하에서 귀무가설을 채택한다. ■

## 제3절 $p$값을 이용한 가설검정

앞에서는 유의수준 $\alpha$에 대한 기각역을 구하여, 표본으로부터 계산된 검정통계량의 값이 그 기각역에 속하는지에 따라 귀무가설의 채택여부를 결정하였다. 여기서는 검정통계량의 값이 귀무가설로부터 얼마나 어긋나 있는지를 파악하여 검정의 기준으로 삼는 방법을 설명한다. 여기서 사용되는 $p$ **값**(p-value)은 다음과 같이 정의된다.

> **$p$ 값**
>
> 귀무가설이 사실일 때의 확률분포에서 검정통계량의 값보다 더 어긋나게 될 확률을 의미한다.

먼저 다음과 같은 단측검정에 대한 $p$값을 구해 보자.

$$\begin{cases} H_0 : \mu = \mu_0 \\ H_1 : \mu > \mu_0 \quad (\text{또는 } \mu < \mu_0) \end{cases}$$

여기서는 표본평균이 $\mu_0$보다 매우 크면 귀무가설을 기각하게 된다. 따라서 검정통계량의 값이 $\overline{X}_0$일 때, $p$값은 다음과 같이 정의된다.

$$p\text{값} = P[\overline{X} > \overline{X}_0 \mid \mu = \mu_0], \quad \overline{X}_0 > \mu_0$$

$$\text{또는} \quad p\text{값} = P[\overline{X} < \overline{X}_0 \mid \mu = \mu_0], \quad \overline{X}_0 < \mu_0$$

다음의 <그림 7-7>은 표본평균 $\overline{X} = \overline{X}_0$ 일 때의 $p$값을 나타낸다.

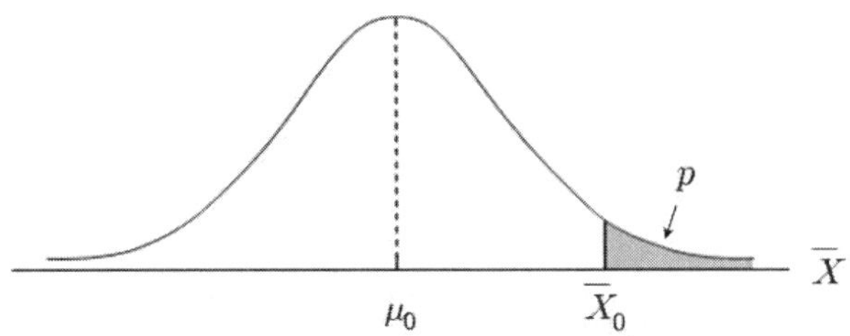


**〈그림 7-7〉 표본평균 $\overline{X}$에 대한 $p$값**

$p$값과 $\alpha$와의 관계에 따른 가설의 검정결과를 <그림 7-8>에서 보여주는데, 여기서 $c$는 임계점이다.

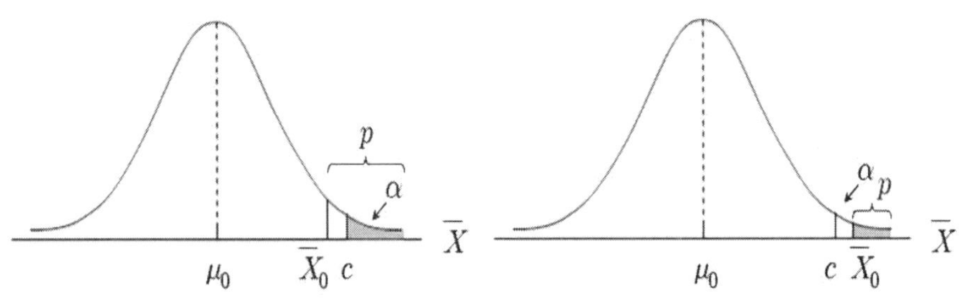


**〈그림 7-8〉 $p$값에 따른 가설의 검정**

그림 (a)에서는 $\overline{X}_0 < c$ 이므로 $p$값이 주어진 $\alpha$보다 크다. 또한 그림 (b)에서는 $\overline{X}_0 > c$이므로 $p$값이 $\alpha$보다 작은 경우를 보여준다. 따라서 $p$값을 이용한 가설검정의 기준은 만약 $p$값이 $\alpha$보다 작다면 임계점 $c$를 벗어나는 경우이므로 귀무가설 $H_0$을 기각하게 된다.

한편 $p$값과 유의수준 $\alpha$와의 관계를 정리하면 다음과 같다.

**$p$값과 $\alpha$의 관계**

▶ $p$값이 $\alpha$보다 작으면 귀무가설을 기각한다.

▶ $p$값이 $\alpha$보다 크면 귀무가설을 채택한다.

즉 $p$값이 $\alpha$보다 작다는 것은 귀무가설을 사실이라고 하기에는 검정통계량의 값이 너무도 극단적으로 나온 것을 의미한다.

이제 양측검정의 대립가설에 대하여 $p$값을 고려해 보기로 한다.

$$\begin{cases} H_0 : \mu = \mu_0 \\ H_1 : \mu \neq \mu_0 \end{cases}$$

여기서는 검정통계량의 값이 $\mu_0$보다 너무 크거나 또는 너무 작은 경우에 귀무가설을 기각하게 되므로, 이 경우의 $p$값은 다음과 같이 계산된다.

$$p\text{값} = 2 \times P[\overline{X} > \overline{X}_0 \mid \mu = \mu_0], \quad \overline{X}_0 > \mu_0$$

$$\text{또는} \quad p\text{값} = 2 \times P[\overline{X} < \overline{X}_0 \mid \mu = \mu_0], \quad \overline{X}_0 < \mu_0$$

이상에서 언급한 $p$값을 이용한 가설의 검정절차는 다음과 같이 정리된다.

**$p$값을 이용한 가설의 검정절차**

- ▶ 검정통계량에 대한 $p$값을 구한다.
- ▶ 만일 $p$값이 유의수준 $\alpha$보다 크면 귀무가설을 채택하고, $p$값이 $\alpha$보다 작으면 귀무가설을 기각한다.

$p$값을 사용하여 가설을 검정하는 경우에는 여러 가지 $\alpha$값에 대한 귀무가설의 채택여부를 검토할 수 있고, 또한 귀무가설을 기각하였을 때 그 기각에 대한 확실성의 정도를 알 수 있는 장점이 있다. 예를 들어 $p$값이 0.02로 도출된 경우를 살펴보자. 그러면 $\alpha$가 0.05라면 귀무가설을 기각하게 되고, 만약 $\alpha$가 0.01일 때는 귀무가설을 채택하게 된다. 또 다른 예로 $\alpha$를 5%로 하여 검정하는 경우 $p$값이 0.01일 때나 0.001일 때 모두 기각되기는 마찬가지이나 후자의 경우가 더 큰 확실성을 갖게 된다. 왜냐하면 귀무가설이 사실일 때, 후자와 같은 경우가 발생할 확률이 전자에 비하여 더 작기 때문이다. 기각역을 사용할 경우에는 기각여부만을 알 수 있었던 차이가 있다.

대부분의 통계패키지에서는 각종 가설검정을 포함한 자료분석에 $p$값을 결과물로 제시한다. 따라서 확률분포의 확률값, 즉 $t$값이나 $Z$값 등을 찾지 않고도 이러한 $p$값을 이용하여 가설검정의 결론을 내릴 수 있다.

〔예제 7-4〕 앞의 신생아 체중 자료로부터 $p$값을 이용하여 5%의 유의수준하에 다음의 가설을 검정하시오.

$$\begin{cases} H_0: \mu = 3.8 \\ H_1: \mu > 3.8 \end{cases}$$

☞ 이 경우에는 신생아 체중의 표준편차 $\sigma$가 0.4kg으로 알려져 있으므로 검정통계량으로는 다음과 같이 표준정규분포 $Z$를 이용한다.

$$z_0 = \frac{\overline{X} - \mu_0}{\sigma/\sqrt{n}} = \frac{4.0 - 3.8}{0.4/\sqrt{9}} = 1.50$$

검정통계량의 값 1.50에서 $p$값을 구하면 다음과 같다.

$$p\text{값} = P(Z > 1.50) = 0.067$$

따라서 $p$값이 0.067이므로 유의수준 5%에서 귀무가설을 채택한다. ■

## 제4절 모평균의 차이에 대한 검정

이제 두 개의 독립적인 모집단의 경우에 있어 두 모평균의 차이가 있는지를 검정한다. 예를 들어 하루 평균 TV 시청시간이 남성과 여성에 따라 차이가 나는지를 알고 싶다면, 두 모집단은 남성 및 여성 시청자가 될 것이다.

모평균의 차이에 대한 가설은 다음과 같이 대립가설의 형태에 따라 구분된다.

$$H_0 : \mu_1 - \mu_2 = D_0$$

$$H_1 : \mu_1 - \mu_2 \neq D_0 \rightarrow \text{양측검정}$$

$$\mu_1 - \mu_2 < D_0 \rightarrow \text{단측검정}$$

$$\mu_1 - \mu_2 > D_0 \rightarrow \text{단측검정}$$

여기서 $D_0$는 어떤 주어진 상수로서 두 모평균의 차이를 의미하는데, 특히 $D_0 = 0$일 때는 두 모평균이 같은지를 검정하는 가설이 된다.

두 모집단에서의 표본을 $(X_1,\cdots,X_{n_1})$과 $(Y_1,\cdots,Y_{n_2})$라 하자. 이 때, 두 모평균의 추정량과 두 모평균의 차이에 대한 추정량은 다음과 같다.

$$\widehat{\mu_1} = \overline{X}, \quad \widehat{\mu_2} = \overline{Y}, \quad \widehat{\mu_1 - \mu_2} = \overline{X} - \overline{Y}$$

위의 가설에서 만약 $\mu_1 - \mu_2$를 $\mu$로 생각하면 하나의 모평균 $\mu$에 대한 검정과 유사해진다. 따라서 제6장 4절에서와 같이 모분산을 안다고 가정할 수 있는지의 여부에 따라 검정방법을 설명하기로 한다.

### (1) 모분산을 아는 경우

정규분포를 따르는 두 모집단에서 분산 $\sigma_1^2$과 $\sigma_2^2$를 알고 있는 경우 검정통계량 $\overline{X} - \overline{Y}$는 정규분포를 따르는데, 그 신뢰구간이 제6장 4절에서 다음과 같이 도출되었다.

$$\overline{X} - \overline{Y} - z_{\alpha/2}\sqrt{\frac{\sigma_1^2}{n_1} + \frac{\sigma_2^2}{n_2}} < \mu_1 - \mu_2 < \overline{X} - \overline{Y} + z_{\alpha/2}\sqrt{\frac{\sigma_1^2}{n_1} + \frac{\sigma_2^2}{n_2}}$$

이 때, $H_0$이 사실이라면 $\mu_1 - \mu_2 = D_0$이므로 위의 식에 $D_0$를 대입한 후 검정통계량 $\overline{X} - \overline{Y}$에 대하여 부등식을 정리하면 다음과 같다.

$$D_0 - z_{\alpha/2}\sqrt{\frac{\sigma_1^2}{n_1} + \frac{\sigma_2^2}{n_2}} < \overline{X} - \overline{Y} < D_0 + z_{\alpha/2}\sqrt{\frac{\sigma_1^2}{n_1} + \frac{\sigma_2^2}{n_2}}$$

### ▶ 양측검정의 기각역

앞에서 구한 $\overline{X}-\overline{Y}$에 대한 구간은 곧 양측검정에서 유의수준 $\alpha$에 따른 $H_0$의 채택역이다. 따라서 $H_0$의 기각역은 위 구간의 여집합으로 다음과 같이 구해진다.

$$\overline{X}-\overline{Y} > D_0 + z_{\alpha/2}\sqrt{\frac{\sigma_1^2}{n_1}+\frac{\sigma_2^2}{n_2}}$$

$$\text{그리고}\quad \overline{X}-\overline{Y} < D_0 - z_{\alpha/2}\sqrt{\frac{\sigma_1^2}{n_1}+\frac{\sigma_2^2}{n_2}}$$

이 때, 위의 신뢰구간이 $D_0$를 포함하는지 여부에 따라 채택 또는 기각을 결정해도 마찬가지이다.

### ▶ 단측검정의 기각역

단측검정의 경우에는 대립가설의 부등호 방향이 '>'이면 양측검정의 기각역에서 첫 번째 식, 그리고 방향이 '<'이면 두 번째 식을 이용하여 기각역을 설정한다.

$$① \ H_1:\ \mu_1-\mu_2 > D_0 \ \rightarrow\ \overline{X}-\overline{Y} > D_0 + z_{\alpha}\sqrt{\frac{\sigma_1^2}{n_1}+\frac{\sigma_2^2}{n_2}}$$

$$② \ H_1:\ \mu_1-\mu_2 < D_0 \ \rightarrow\ \overline{X}-\overline{Y} < D_0 - z_{\alpha}\sqrt{\frac{\sigma_1^2}{n_1}+\frac{\sigma_2^2}{n_2}}$$

한편 모분산을 모르는 경우에도 표본수 $n$이 클 때는 $\sigma_1^2$과 $\sigma_2^2$ 대신에 표본분산 $s_1^2$과 $s_2^2$를 사용하여도 큰 문제가 없으며, 검정통계량의 확률분포도 중심극한정리에 따라 정규분포에 접근한다. 이상의 내용을 정리하면 다음과 같다.

**모분산을 아는 경우의 두 모평균의 차이에 대한 검정**

▶ 양측검정

- 가설 :

$$\begin{cases} H_0 : \mu_1 - \mu_2 = D_0 \\ H_1 : \mu_1 - \mu_2 \neq D_0 \end{cases}$$

- 기각역 :

$$\overline{X} - \overline{Y} < D_0 - z_{\alpha/2}\sqrt{\frac{\sigma_1^2}{n_1} + \frac{\sigma_2^2}{n_2}}, \quad \overline{X} - \overline{Y} > D_0 + z_{\alpha/2}\sqrt{\frac{\sigma_1^2}{n_1} + \frac{\sigma_2^2}{n_2}}$$

▶ 단측검정

- 가설 :

$$\begin{cases} H_0 : \mu_1 - \mu_2 = D_0 \\ H_1 : \mu_1 - \mu_2 > D_0 \ (\text{또는 } \mu_1 - \mu_2 < D_0) \end{cases}$$

- 기각역 :

$$\overline{X} - \overline{Y} > D_0 + z_{\alpha}\sqrt{\frac{\sigma_1^2}{n_1} + \frac{\sigma_2^2}{n_2}} \quad \left(\text{또는 } \overline{X} - \overline{Y} < D_0 - z_{\alpha}\sqrt{\frac{\sigma_1^2}{n_1} + \frac{\sigma_2^2}{n_2}}\right)$$

※ 만일 $\sigma_1^2$과 $\sigma_2^2$를 모르지만 표본수가 충분히 큰 경우에는 이를 표본분산 $s_1^2$과 $s_2^2$로 대체할 수 있음

이 때, 표본수가 작고 모집단이 정규분포를 따르지 않는 경우에는 제12장 3절에서 다루게 될 비모수검정방법인 윌칵슨 순위합검정을 이용한다.

[예제 7-5] 제6장의 [예제 6-7]에서 도출된 신뢰구간을 이용하여 두 모평균이 동일하다는 가설을 5%의 유의수준하에 검정하시오.

☞ 두 모집단의 평균이 동일하다는 양측검정의 가설을 다음과 같이 설정한다.

$$\begin{cases} H_0 : \mu_1 - \mu_2 = 0 \\ H_1 : \mu_1 - \mu_2 \neq 0 \end{cases}$$

[예제 6-7]에서 두 모평균의 차이에 대한 95% 신뢰구간은 다음과 같았다.

$$\mu_1 - \mu_2 = \overline{X} - \overline{Y} \pm z_{.025} \sqrt{\frac{\sigma_1^2}{n_1} + \frac{\sigma_2^2}{n_2}} = 4.0 \pm 13.15$$

귀무가설의 채택역인 위의 신뢰구간에 귀무가설의 값인 0이 포함되어 있으므로 5%의 유의수준에서 두 모평균이 동일하다는 귀무가설을 채택한다.

한편 위의 신뢰구간으로부터 기각역을 구하면 다음과 같다.

$$\overline{X} - \overline{Y} > z_{.025} \sqrt{\frac{\sigma_1^2}{n_1} + \frac{\sigma_2^2}{n_2}} = 13.15 \quad \text{또는} \quad \overline{X} - \overline{Y} < -13.15$$

그런데 표본으로부터 구한 $\overline{X} - \overline{Y} = 4$는 위의 기각역에 속하지 않으므로 $H_0$을 채택한다. ■

즉 신뢰구간을 이용할 때는 검정통계량 $\overline{X} - \overline{Y}$의 값이 이미 신뢰구간에 반영된 상태에서 귀무가설의 값 $\mu_1 - \mu_2 = 0$이 그 구간 속에 포함되는지를 점검하고, 기각역을 이용하는 경우에는 검정통계량의 값을 기준으로 한다. 그러나 어느 것을 이용하든 결과는 똑같을 수밖에 없다.

### (2) 모분산을 모르지만 같은 경우

두 모집단의 모분산 $\sigma_1^2$과 $\sigma_2^2$는 모르지만 두 모분산이 같다고 가정하는 경우의 신뢰구간을 앞의 제6장 4절에서 다루었다. 이 경우의 검정은 다음과 같이 정리되는데, 모분산을 아는 경우와 비교하여 $Z$분포가 $t$분포로 바뀌게 된다.

**모분산을 모르지만 같은 경우의 검정**

▶ 양측검정

- 가설 : $H_0 : \mu_1 - \mu_2 = D_0$
  $H_1 : \mu_1 - \mu_2 \neq D_0$

- 기각역 : $\overline{X} - \overline{Y} < D_0 - t_{\alpha/2,\, n_1+n_2-2}\, s_p \sqrt{\dfrac{1}{n_1} + \dfrac{1}{n_2}}$,

  $\overline{X} - \overline{Y} > D_0 + t_{\alpha/2,\, n_1+n_2-2}\, s_p \sqrt{\dfrac{1}{n_1} + \dfrac{1}{n_2}}$

▶ 단측검정

- 가설 : $H_0 : \mu_1 - \mu_2 = D_0$
  $H_1 : \mu_1 - \mu_2 > D_0$ (또는 $\mu_1 - \mu_2 < D_0$)

- 기각역 : $\overline{X} - \overline{Y} > D_0 + t_{\alpha,\, n_1+n_2-2}\, s_p \sqrt{\dfrac{1}{n_1} + \dfrac{1}{n_2}}$

  (또는 $\overline{X} - \overline{Y} < D_0 - t_{\alpha,\, n_1+n_2-2}\, s_p \sqrt{\dfrac{1}{n_1} + \dfrac{1}{n_2}}$)

※ 여기서 $s_p^2$는 합동표본분산으로 다음과 같다.

$$s_p^2 = \frac{\sum_{i=1}^{n_1}(X_i - \overline{X})^2 + \sum_{i=1}^{n_2}(Y_i - \overline{Y})^2}{(n_1 - 1) + (n_2 - 1)}$$

〔예제 7-6〕 앞의 [예제 7-5]의 경우에서 두 모집단의 분산을 모르나 그 값이 같다는 가정하에 기각역을 구하여 검정하시오.

☞ 기각역은 다음과 같이 계산된다.

$$\overline{X}-\overline{Y} > t_{.025,\,6}\, s_p\sqrt{\frac{1}{n_1}+\frac{1}{n_2}} = 2.45\sqrt{99.67}\sqrt{\frac{1}{4}+\frac{1}{4}} = 17.30$$

또는 $\overline{X}-\overline{Y} < -17.30$

표본으로부터 $\overline{X}-\overline{Y}=4$ 이므로 위의 기각역에 속하지 않는다. 따라서 두 모평균이 동일하다는 귀무가설을 채택한다.

한편 이 때의 $t$통계량의 값을 구해 보면 다음과 같다.

$$t = \frac{\overline{X}-\overline{Y}}{s_p\sqrt{\frac{1}{n_1}+\frac{1}{n_2}}} = \frac{79.5-75.5}{\sqrt{99.67}\sqrt{\frac{1}{4}+\frac{1}{4}}} = 0.567$$

검정통계량의 값 $t=0.567$은 5%의 유의수준하에서 검정의 임계값인 $t_{.025,6}=2.45$보다 작으므로 기각역을 이용한 위의 경우와 마찬가지로 두 모평균이 동일하다는 귀무가설이 채택됨을 알 수 있다. ■

### (3) 모분산을 모르고 같지도 않은 경우

두 모집단의 모분산을 모르고 또 같다는 가정도 할 수 없는 경우에 대한 신뢰구간도 제6장 4절에서 다루었다. 이 때는 검정의 분포로 세터스웨이트가 제안한 근사적 $t$분포를 적용하였다. 그러면 앞에서 도출한 신뢰구간을 이용하여 기각역을 구한 결과는 다음과 같다.

**모분산을 모르고 같지도 않은 경우의 검정**

▶ 양측검정

- 가설 : $H_0 : \mu_1 - \mu_2 = D_0$
  $H_1 : \mu_1 - \mu_2 \neq D_0$

- 기각역 : $\overline{X} - \overline{Y} < D_0 - t_{\alpha/2,\, n_0}\sqrt{\dfrac{s_1^2}{n_1} + \dfrac{s_2^2}{n_2}}$,

$$\overline{X} - \overline{Y} > D_0 + t_{\alpha/2,\, n_0}\sqrt{\frac{s_1^2}{n_1} + \frac{s_2^2}{n_2}}$$

▶ 단측검정

- 가설 : $H_0 : \mu_1 - \mu_2 = D_0$
  $H_1 : \mu_1 - \mu_2 > D_0$ ( 또는 $\mu_1 - \mu_2 < D_0$)

- 기각역 : $\overline{X} - \overline{Y} > D_0 + t_{\alpha,\, n_0}\sqrt{\dfrac{s_1^2}{n_1} + \dfrac{s_2^2}{n_2}}$

$$\left(\text{또는 } \overline{X} - \overline{Y} < D_0 - t_{\alpha,\, n_0}\sqrt{\frac{s_1^2}{n_1} + \frac{s_2^2}{n_2}}\right)$$

※ 여기서 $n_0$는 아래 식의 값에 가장 가까운 자연수이다.

$$n_0 = \frac{(s_1^2/n_1 + s_2^2/n_2)^2}{\dfrac{(s_1^2/n_1)^2}{n_1 + 1} + \dfrac{(s_2^2/n_2)^2}{n_2 + 1}} - 2$$

〔예제 7-7〕 앞의 [예제 7-5]를 두 모집단의 분산을 모르고 같다는 가정도 할 수 없는 경우로 변경하여 기각역을 구한 후 5%의 유의수준하에 검정하시오.

☞ 이 때의 기각역은 다음과 같다.

$$\overline{X}-\overline{Y} < D_0 - t_{\alpha/2,\,n_0}\sqrt{\frac{s_1^2}{n_1}+\frac{s_2^2}{n_2}} \quad \text{또는} \quad \overline{X}-\overline{Y} > D_0 + t_{\alpha/2,\,n_0}\sqrt{\frac{s_1^2}{n_1}+\frac{s_2^2}{n_2}}$$

여기서 제6장 [예제 6-9]의 결과를 인용하면 다음과 같다.

$$s_1^2 = 70.3\,,\quad s_2^2 = 129.0\,,\quad n_0 = 7$$

따라서 기각역은 다음과 같이 계산된다.

$$\overline{X}-\overline{Y} < D_0 - t_{.025,\,7}\sqrt{\frac{s_1^2}{n_1}+\frac{s_2^2}{n_2}}$$

$$= 0 - 2.36\sqrt{\frac{70.3}{4}+\frac{129.0}{4}} = -16.66$$

$$\text{또는} \quad \overline{X}-\overline{Y} > D_0 + t_{.025,\,7}\sqrt{\frac{s_1^2}{n_1}+\frac{s_2^2}{n_2}}$$

$$= 0 + 2.36\sqrt{\frac{70.3}{4}+\frac{129.0}{4}} = 16.66$$

표본으로부터 $\overline{X}-\overline{Y}=4$ 이므로 위의 기각역에 속하지 않는다. 따라서 귀무가설을 채택한다. ■

# *제5절 짝을 이룬 표본의 검정

여기서는 두 모집단에 대하여 짝을 이루어 수집한 표본을 대상으로 두 모평균의 차이에 대한 검정문제를 다룬다. 제6장 5절에서 짝을 이룬 표본에 대한 설명과 신뢰구간을 다루었다. 앞 절에서와 같은 과정을 통하여 기각역을 정리한 결과는 아래와 같다.

**짝을 이룬 표본에서 두 모평균의 차이에 대한 기각역**

▶ 양측검정

- 가설 :

$$\begin{cases} H_0 : \mu_1 - \mu_2 = D_0 \\ H_1 : \mu_1 - \mu_2 \neq D_0 \end{cases}$$

- 기각역 :

$$\overline{X} - \overline{Y} < D_0 - t_{\alpha/2,\, n-1}\frac{S_D}{\sqrt{n}}, \quad \overline{X} - \overline{Y} > D_0 + t_{\alpha/2,\, n-1}\frac{S_D}{\sqrt{n}}$$

▶ 단측검정

- 가설 :

$$\begin{cases} H_0 : \mu_1 - \mu_2 = D_0 \\ H_1 : \mu_1 - \mu_2 > D_0 \ (\text{또는 } \mu_1 - \mu_2 < D_0) \end{cases}$$

- 기각역 :

$$\overline{X} - \overline{Y} > D_0 + t_{\alpha,\, n-1}\frac{S_D}{\sqrt{n}} \quad \left(\text{또는 } \overline{X} - \overline{Y} < D_0 - t_{\alpha,\, n-1}\frac{S_D}{\sqrt{n}}\right)$$

〔예제 7-8〕 제6장의 [예제 6-10]에서 다룬 바 있는 짝을 이룬 자료에 대하여 아래의 귀무가설을 5%의 유의수준으로 검정하시오.

$$\begin{cases} H_0 : \mu_1 - \mu_2 = 0 \\ H_1 : \mu_1 - \mu_2 > 0 \end{cases}$$

☞ 여기서는 $D_0 = 0$인 경우이므로 기각역은 다음과 같다.

$$\overline{X} - \overline{Y} > t_{.05,\,(4-1)} \frac{s_D}{\sqrt{4}} = 2.35 \frac{\sqrt{32}}{\sqrt{4}} = 6.65$$

[예제 6-10]에서 $\overline{X} - \overline{Y} = 4$는 기각역에 속하지 않으므로 $H_0$을 채택한다. ■

## *제6절 모분산에 대한 검정

모평균에 대한 가설검정뿐만 아니라 모분산에 대한 검정이 필요한 경우도 많다. 예를 들면 주가가 매일 어느 정도의 변동폭을 갖는지 또는 어떤 공장에서 생산되는 베어링 직경의 분산은 얼마인가 등이다. 우선 하나의 분산에 대한 검정을 다루고, 다음에는 두 개의 분산에 대하여 동일성 여부를 검정한다.

### (1) 하나의 모분산에 대한 가설검정

모분산 $\sigma^2$가 특정값 $\sigma_0^2$인지를 검정하기 위한 다음의 가설을 고려한다.

$$\begin{cases} H_0 : \sigma^2 = \sigma_0^2 \\ H_1 : \sigma^2 \neq \sigma_0^2 \end{cases}$$

모분산 $\sigma^2$에 대한 검정통계량은 추정량 $s^2$이다. $s^2$에 대한 분포와 $\sigma^2$에 대한 신뢰구간은 제6장 6절에서 다루었다. 앞에서와 마찬가지 방법으로 이 경우의 기각역을 정리하면 다음과 같다.

**모분산 $\sigma^2$에 대한 가설검정**

▶ 양측검정

- 가설 : $\begin{cases} H_0: \sigma^2 = \sigma_0^2 \\ H_1: \sigma^2 \neq \sigma_0^2 \end{cases}$

- 기각역 : $s^2 < \dfrac{\sigma_0^2}{n-1}\chi^2_{1-\alpha/2,n-1}$, $s^2 > \dfrac{\sigma_0^2}{n-1}\chi^2_{\alpha/2,n-1}$

▶ 단측검정

- 가설 : $\begin{cases} H_0: \sigma^2 = \sigma_0^2 \\ H_1: \sigma^2 > \sigma_0^2 \quad (\text{또는 } \sigma^2 < \sigma_0^2) \end{cases}$

- 기각역 : $s^2 > \dfrac{\sigma_0^2}{n-1}\chi^2_{\alpha,n-1}$ $\left(\text{또는 } s^2 < \dfrac{\sigma_0^2}{n-1}\chi^2_{1-\alpha,n-1}\right)$

**〔예제 7-9〕** 신생아 체중에 대한 예에서 다음의 가설을 5%의 유의수준으로 검정하시오.

$$\begin{cases} H_0: \sigma^2 = 0.20 \\ H_1: \sigma^2 > 0.20 \end{cases}$$

☞ 가설을 검정하기 위한 기각역은 다음과 같다.

$$s^2 > \frac{\sigma_0^2}{n-1}\chi^2_{.05,8} = \frac{0.20}{9-1}15.5 = 0.388$$

이 자료의 표본분산은 제6장의 [예제 6-6]에서 0.225로 구해졌는데, 이 값이 기각역에 속하지 않으므로 5%의 유의수준하에 귀무가설을 채택하게 된다. ■

## (2) 두 모분산의 차이에 대한 검정

두 모분산을 비교하는 검정은 여러 분야에서 사용된다. 예를 들어 두 상장회사의 주식 가격에 대한 변동폭은 같은가 또는 두 베어링회사에서 생산하는 베어링의 지경은 같은가 등이다. 또한 앞에서 두 모평균을 비교할 때도 두 모분산이 같다고 가정하기도 하였다. 이 가정이 맞는지를 검정할 필요가 있을 때도 아래의 가설을 이용한다.

$$\begin{cases} H_0: \sigma_1^2 = \sigma_2^2 \\ H_1: \sigma_1^2 \neq \sigma_2^2 \ \ (\sigma_1^2 > \sigma_2^2 \ \ \text{또는} \ \ \sigma_1^2 < \sigma_2^2) \end{cases}$$

위 가설의 양변에 $\sigma_2^2$를 나눔으로써 위 가설을 다음과 같이 두 모분산 비율의 형태로 바꿀 수 있다.

$$\begin{cases} H_0: \sigma_1^2/\sigma_2^2 = 1 \\ H_1: \sigma_1^2/\sigma_2^2 \neq 1 \ \ \left(\sigma_1^2/\sigma_2^2 > 1 \ \ \text{또는} \ \ \sigma_1^2/\sigma_2^2 < 1\right) \end{cases}$$

제6장 6절에서 구한 신뢰구간을 이용하여 기각역을 정리하면 다음과 같다. 여기서 검정통계량은 두 표본분산의 비율이 되는데, 큰 값을 분자에 놓는 점에 유의하여야 한다.

**두 모분산의 차이에 대한 검정**

▶ 양측검정

- 가설 : $H_0 : \sigma_1^2 = \sigma_2^2$, $H_1 : \sigma_1^2 \neq \sigma_2^2$

- 검정통계량 : $F = \dfrac{s_1^2}{s_2^2}$ $\left( \text{또는} \quad F = \dfrac{s_2^2}{s_1^2}, \text{ 만약 } s_1^2 < s_2^2 \text{ 이면} \right)$

- 기각역 : $\dfrac{s_1^2}{s_2^2} > F_{\alpha/2,\, n_1-1,\, n_2-1}$ $\left( \text{또는} \ \dfrac{s_2^2}{s_1^2} > F_{\alpha/2,\, n_2-1,\, n_1-1} \right)$

▶ 단측검정

- 가설 : $H_0 : \sigma_1^2 = \sigma_2^2$, $H_1 : \sigma_1^2 > \sigma_2^2$ (또는 $\sigma_1^2 < \sigma_2^2$)

- 검정통계량 : $F = \dfrac{s_1^2}{s_2^2}$ $\left( \text{또는 } F = \dfrac{s_2^2}{s_1^2} \right)$

- 기각역 : $\dfrac{s_1^2}{s_2^2} > F_{\alpha,\, n_1-1,\, n_2-1}$ $\left( \text{또는} \ \dfrac{s_2^2}{s_1^2} > F_{\alpha,\, n_2-1,\, n_1-1} \right)$

위의 양측검정에서 $F$분포의 오른쪽 꼬리만을 고려하였는데, 그 이유는 검정통계량의 분자에 두 표본분산 중에 더 큰 값을 취하였으므로 왼쪽 꼬리는 고려할 필요가 없기 때문이다. 그러나 반대로 분자에 작은 분산을 선택했다면 마찬가지의 이유로 왼쪽 꼬리부분만 고려하면 된다.

[예제 7-10] 제6장의 [예제 6-12]에서 성별에 따른 신생아 체중의 표본분산을 다음과 같이 가정한 바 있다.

$$\begin{cases} \text{남자} : n_1 = 9, \quad s_1^2 = 0.25 \\ \text{여자} : n_2 = 7, \quad s_2^2 = 0.20 \end{cases}$$

이 결과를 이용하여 5%의 유의수준으로 성별에 따른 신생아 체중의 분산에 차이가 없다는 다음의 가설을 검정하시오.

$$\begin{cases} H_0 : \sigma_1^2 = \sigma_2^2 \\ H_1 : \sigma_1^2 \neq \sigma_2^2 \end{cases}$$

☞ 위 가설의 검정을 위한 검정통계량의 값 $F$는 1.25로 다음과 같이 기준값인 5.60보다 작음을 알 수 있다.

$$F = \frac{s_1^2}{s_2^2} = \frac{0.25}{0.20} = 1.25 < 5.60 = F_{.025,8,6}$$

따라서 5%의 유의수준하에 두 모분산이 동일하다는 귀무가설이 채택된다. ■

## *제7절 모비율에 대한 검정

여기서는 어떤 제품의 불량률이나 선거에서 특정후보에 대한 지지율 등 표본이 비율로 나타날 때의 가설검정을 다룬다. 먼저 하나의 모집단 비율에 대한 검정을 알아 본 후, 두 모집단 비율의 차이에 대한 검정을 다루기로 한다.

### (1) 하나의 비율에 대한 검정

모비율 $p$가 어떤 주어진 상수 $p_0$와 같은지에 대한 가설은 다음과 같다.

$$\begin{cases} H_0 : p = p_0 \\ H_1 : p \neq p_0 \end{cases}$$

제6장 7절에서 모비율 $p$에 대한 신뢰구간은 아래와 같이 구해졌다.

$$p = \hat{p} \pm z_{\alpha/2}\sqrt{\frac{\hat{p}(1-\hat{p})}{n}}$$

비율에 대한 가설검정은 앞의 추정에서와 마찬가지로 표본의 수 $n$이 충분히 큰 경우만을 고려하는데, 모비율에 대한 검정을 가설, 검정통계량 그리고 기각역 등으로 정리한 결과는 다음과 같다.

**모비율에 대한 검정의 기각역**

▶ 양측검정

- 가설 : $H_0 : p = p_0$, $H_1 : p \neq p_0$

- 검정통계량 : $\hat{p} = \dfrac{X}{n}$

- 기각역 : $\hat{p} < p_0 - z_{\alpha/2}\hat{\sigma}_{\hat{p}}$ , $\hat{p} > p_0 + z_{\alpha/2}\hat{\sigma}_{\hat{p}}$

▶ 단측검정

- 가설 : $H_0 : p = p_0$, $H_1 : p > p_0$ (또는 $p < p_0$)

- 검정통계량 : $\hat{p} = \dfrac{X}{n}$

- 기각역 : $\hat{p} > p_0 + z_{\alpha}\hat{\sigma}_{\hat{p}}$ (또는 $\hat{p} < p_0 - z_{\alpha}\hat{\sigma}_{\hat{p}}$)

〔예제 7-11〕 제6장 연습문제 [6.10]의 자료에서 낙태금지법의 철폐에 찬성하는 비율이 2000년에 25%라는 주장을 5%의 유의수준으로 검정하시오.

☞ 2000년의 낙태금지법 철폐에 대한 찬성비율이 25%라는 가설은 다음과 같다.

$$H_0 : p_1 = .25$$
$$H_1 : p_1 \neq .25$$

제6장의 연습문제 [6.10]의 자료를 정리하면 다음과 같다.

$$n_1 = 400,\ \hat{p}_1 = 0.30$$

그러면 모비율 $p_1$에 대한 기각역은 다음과 같다.

$$\hat{p}_1 < 0.25 - 1.96\sqrt{\frac{0.30(1-0.30)}{400}} = 0.205$$

$$\text{또는}\ \hat{p}_1 > 0.25 + 1.96\sqrt{\frac{0.30(1-0.30)}{400}} = 0.295$$

검정통계량의 값 $\hat{p} = 0.30$이 기각역에 속하므로 귀무가설 $H_0$을 기각한다. ■

### (2) 두 모비율의 차이에 대한 검정

어떤 컴퓨터 회사에서 영남 및 호남 지방에 대한 잠재시장 파악을 위한 수요예측을 한다. 전화번호부로부터 1,000명씩 각 지역의 표본을 추출하여, 앞으로 3년간 컴퓨터를 살 계획이 있는지를 알아본다. 즉 각 지역에서 컴퓨터를 구매할 사람의 비율을 $p_1$과 $p_2$라고 할 때, 두 모비율의 차이인 $p_1 - p_2$에 대한 가설이 다음과 같다고 하자.

$$\begin{cases} H_0: p_1 - p_2 = p_0 \\ H_1: p_1 - p_2 > p_0\ (\text{또는}\ p_1 - p_2 < p_0) \end{cases}$$

제6장 7절에서 두 모비율의 차이에 대한 신뢰구간은 다음과 같이 구한 바 있다.

$$p_1 - p_2 = \widehat{p_1 - p_2} \pm z_{\alpha/2}\sqrt{\frac{\hat{p}_1(1-\hat{p}_1)}{n_1} + \frac{\hat{p}_2(1-\hat{p}_2)}{n_2}}$$

따라서 이상의 결과를 이용하여 이 경우의 검정을 정리하면 다음과 같다.

### 두 모비율의 차이에 대한 가설검정

▶ 양측검정

- 가설 : $H_0 : p_1 - p_2 = p_0$
  $H_1 : p_1 - p_2 \neq p_0$

- 검정통계량 : $\hat{p}_1 - \hat{p}_2 = \dfrac{X_1}{n_1} - \dfrac{X_2}{n_2}$

- 기각역 : $\hat{p}_1 - \hat{p}_2 < p_0 - z_{\alpha/2}\hat{\sigma}_{\hat{p}_1 - \hat{p}_2}$ , $\hat{p}_1 - \hat{p}_2 > p_0 + z_{\alpha/2}\hat{\sigma}_{\hat{p}_1 - \hat{p}_2}$

▶ 단측검정

- 가설 : $H_0 : p_1 - p_2 = p_0$
  $H_1 : p_1 - p_2 > p_0$ (또는 $p_1 - p_2 < p_0$)

- 검정통계량 : $\hat{p}_1 - \hat{p}_2 = \dfrac{X_1}{n_1} - \dfrac{X_2}{n_2}$

- 기각역 : $\hat{p}_1 - \hat{p}_2 > p_0 + z_{\alpha}\hat{\sigma}_{\hat{p}_1 - \hat{p}_2}$ (또는 $\hat{p}_1 - \hat{p}_2 < p_0 - z_{\alpha}\hat{\sigma}_{\hat{p}_1 - \hat{p}_2}$)

※ 여기서 $\sigma_{\hat{p}_1 - \hat{p}_2} = \sqrt{\dfrac{\hat{p}_1(1-\hat{p}_1)}{n_1} + \dfrac{\hat{p}_2(1-\hat{p}_2)}{n_2}}$ 이다.

〔예제 7-12〕 제6장의 연습문제 [6.10]의 자료에서 낙태금지법 철폐에 대한 2000년과 2010년의 찬성비율이 동일하다는 가설을 5%의 유의수준하에 검정하시오.

☞ 이 때의 가설은 다음과 같이 설정된다.

$$\begin{cases} H_0 : p_1 - p_2 = 0 \\ H_1 : p_1 - p_2 \neq 0 \end{cases}$$

$\hat{p}_1 - \hat{p}_2$에 대한 표준편차는 다음과 같이 구해진다.

$$\hat{\sigma}_{\hat{p}_1 - \hat{p}_2} = \sqrt{\frac{0.3(0.7)}{400} + \frac{0.4(0.6)}{300}} = 0.037$$

따라서 앞의 박스에서 양측검정에 대한 기각역을 계산하면 다음과 같다.

$$\hat{p}_1 - \hat{p}_2 < -1.96(0.037) = -0.074 \quad \text{또는} \quad \hat{p}_1 - \hat{p}_2 > 1.96(0.037) = 0.074$$

그러면 검정통계량의 값 $\hat{p}_1 - \hat{p}_2 = -0.10$이므로 위의 기각역에 속하게 된다. 따라서 귀무가설 $H_0$은 기각된다. ■

## 제8절 미니탭의 이용

여기서는 앞의 각 절에서 언급한 여러 가지 경우의 검정문제를 미니탭을 적용하여 해결하는 문제를 다루기로 한다.

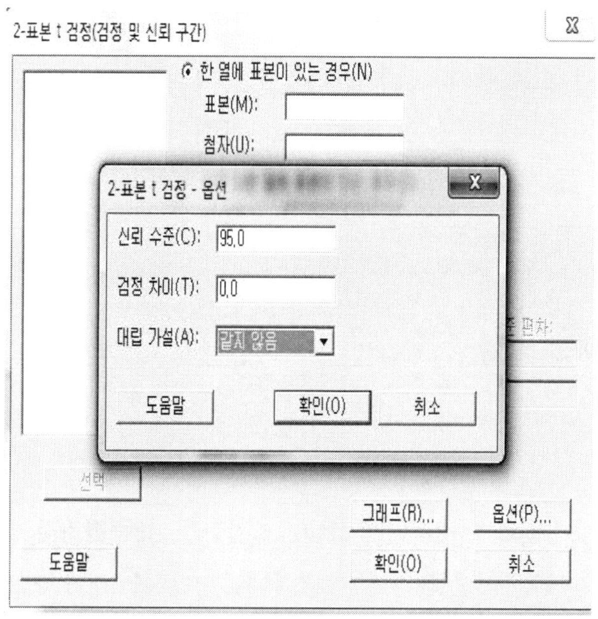


〈그림 7-9〉 2-표본 t 검정 대화상자

위의 <그림 7-9>에서는 '**통계분석(S) > 기초 통계(B) > 2-표본 t 검정(2)...**' 메뉴를 선택한 경우의 대화상자를 보여준다. 이와 관련해서는 제6장에서 설명한 바 있으므로 여기서는 옵션(P)... 항목의 대립가설을 지정하는 것에 대해서만 설명하기로 한다.

**옵션(P)...**은 다음과 같이 대립가설의 유형에 따라 '보다 작음', '같지 않음' 및 '보다 큼' 중에서 하나를 선택할 수 있다.

$H_1 : \nu \neq \nu_0 \quad \rightarrow$ 같지 않음

$H_1 : \nu > \nu_0 \quad \rightarrow$ 보다 큼

$H_1 : \nu < \nu_0 \quad \rightarrow$ 보다 작음

또한 **1-표본 Z 검정(Z)...**과 **1-표본 t 검정(1)...**에서는 검정하고자 하는 모평균의 값을 **가설 검정 수행(T)** 란에 입력하면 된다.

한편 짝을 이룬 표본의 검정은 **계산(C) > 계산기(L)...** 메뉴를 사용하여 두 표본의 차이를 계산하여 새로운 열에 저장한 후, 이 열의 변수에 대하여 **1-표본 t 검정(1)...**을 이용하여 분석한다.

### (1) 단일 모평균에 대한 검정

앞의 제2절과 3절에서 다룬 바와 같이 단일 모집단이 존재하는 경우, 모평균에 대한 가설의 검정문제를 미니탭을 통하여 해결해 보기로 한다. 먼저 제2절의 [예제 7-2] 또는 제3절의 [예제 7-4]에서와 같이 모집단의 표준편차를 알고 있는 경우의 검정을 다루기로 한다. 이를 위하여 미니탭 워크시트에 변수 C1을 설정하여 다음과 같이 해당 자료를 입력한다.

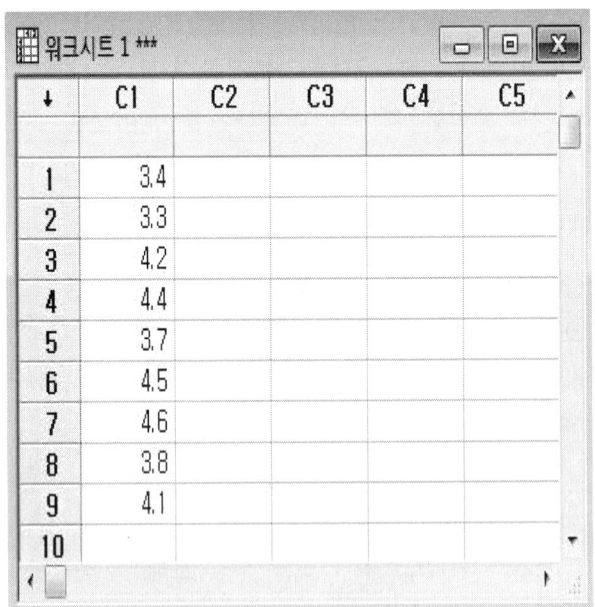

이 때, 표준편차의 값을 아는 경우의 모평균에 대한 가설을 검정하기 위해서는 다음과 같이 '**1-표본 Z 검정(Z)...**'이라는 미니탭 메뉴와 '**옵션(P)...**'이라는 부메뉴를 이용한다.

| 통계분석(S) > 기초 통계(B) > 1-표본 Z 검정(Z)... |
|---|

여기서 $\mu$에는 검정하고자 하는 귀무가설의 값을 그리고 $\sigma$에는 알고 있는 것으로 가정한 표준편차의 값을 각각 입력한다. 또한 부메뉴의 대립가설에는 앞에서 설명한 바와 같이 대립가설의 형태에 따라 '보다 작음', '같지 않음' 및 '보다 큼' 중에서 하나의 값을 선택한다. 이 때, 만일 부메뉴의 대립가설 값을 선택하지 않으면, 미니탭에서는 자동적으로 '같지 않음'을 부여한 후 양측검정을 수행한다.

그러면 앞의 [예제 7-2] 및 [예제 7-4]에서와 같이 표준편차의 값이 0.4일 때, 모평균이 3.8이라는 귀무가설에 대한 양측검정을 수행한 미니탭 명령어와 이에 따른 출력결과는 다음과 같다.

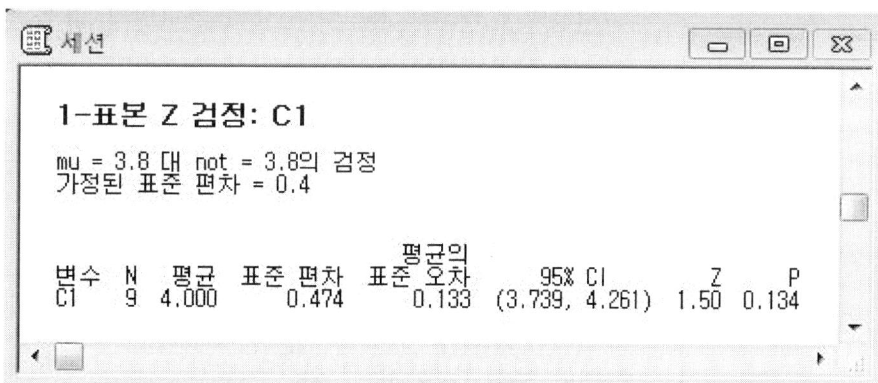


마찬가지 방법으로 귀무가설에 대한 단측검정을 수행한 결과는 다음과 같다.

```
세션

1-표본 Z 검정: C1

mu = 3.8 대 > 3.8의 검정
가정된 표준 편차 = 0.4

                               평균의
변수  N   평균  표준 편차  표준 오차  95% 하한     Z      P
C1    9  4.000      0.474      0.133     3.781  1.50  0.067
```

그러면 이제 제2절의 [예제 7-3]에서와 같이 모집단의 표준편차를 알지 못하는 경우의 검정을 다루기로 한다. 이 경우에는 다음과 같이 '**1-표본 t 검정(1)...**'이라는 메뉴와 더불어 부메뉴인 '**옵션(P)...**'을 이용한다.

> 통계분석(S) > 기초 통계(B) > 1-표본 t 검정(1)...

이 때, 부메뉴에 대한 설명은 **1-표본 Z 검정(Z)...**의 경우와 같으므로 생략한다.

그러면 앞의 [예제 7-3]의 자료에 미니탭 명령어 **1-표본 t 검정(1)...**을 이용하여 모평균의 값이 3.8이라는 가설에 대한 양측검정을 수행한 결과는 다음과 같다.

```
세션

1-표본 T 검정: C1

mu = 3.8 대 not = 3.8의 검정

                               평균의
변수  N   평균  표준 편차  표준 오차         95% CI         T      P
C1    9  4.000      0.474      0.158  (3.635, 4.365)  1.26  0.242
```

### (2) 모평균의 차이에 대한 검정

여기서는 앞의 제4절에서 다룬 바와 같이 두 개의 모집단이 존재하는 경우의 검정을 다루기로 한다. 먼저 [예제 7-6]에서와 같이 독립적인 두 모평균의 차이가 0이라는, 즉 두 모평균의 값이 동일하다는 가설에 대한 검정문제를 미니탭을 이용하여 해결하기로 한다.

미니탭 워크시트에 다음의 변수 C1과 C2를 설정하여 해당 자료를 입력한다.

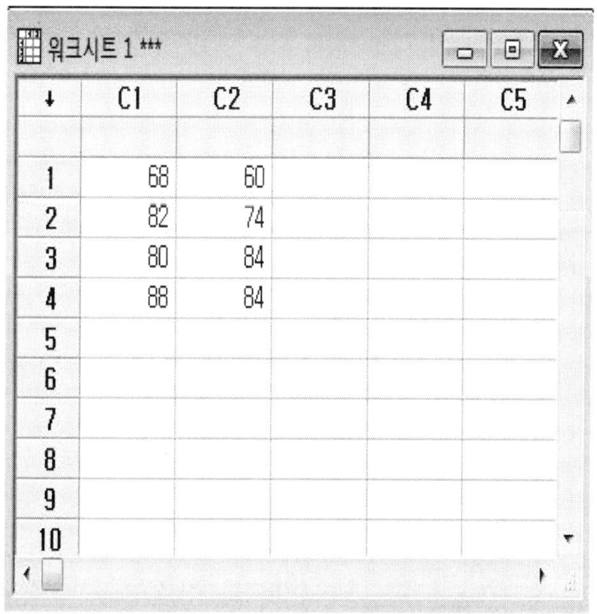
워크시트 1 ***

| ↓ | C1 | C2 | C3 | C4 | C5 |
|---|---|---|---|---|---|
| | | | | | |
| 1 | 68 | 60 | | | |
| 2 | 82 | 74 | | | |
| 3 | 80 | 84 | | | |
| 4 | 88 | 84 | | | |
| 5 | | | | | |
| 6 | | | | | |
| 7 | | | | | |
| 8 | | | | | |
| 9 | | | | | |
| 10 | | | | | |

이제 두 모집단의 분산이 동일하다는 가정하에 독립적인 두 모평균이 동일하다는 가설을 검정하기 위해서는 다음과 같이 '**2-표본 t 검정(2)...**'이라는 미니탭 메뉴와 **옵션(P)...** 및 **등분산 가정(E)**이라는 부메뉴를 이용한다.

| 통계분석(S) > 기초 통계(B) > 2-표본 t 검정(2)... |
|---|

이 때, 2-표본 t 검정(2)... 이라는 메뉴는 제6장에서 다룬 신뢰구간을 구하기 위한 미니탭 메뉴와 동일한 것인데, 다만 가설의 검정을 위해서는 대립가설의 형태에 따라 옵션이라는 부메뉴가 추가된다는 점이 다를 뿐이다.

그러면 앞에서 입력한 자료에 위의 메뉴를 이용하여 두 모평균의 차이가 0이라는 귀무가설에 대한 양측검정을 수행한 결과는 다음과 같다.

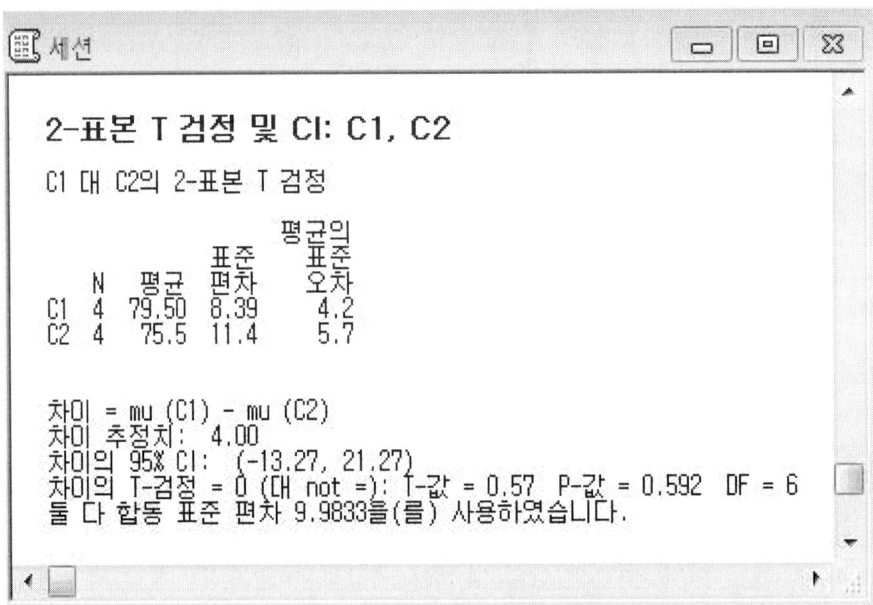


위의 출력결과를 보면 두 모평균의 차이에 대한 95% 신뢰구간은 (-13.27, 21.27)으로 제6장 [예제 6-8]의 결과와 일치하고 있다. 또한 검정통계량의 값 $t$는 0.57로 앞의 [예제 7-6]에서 도출한 $t=0.567$과 동일함을 알 수 있다. 한편 $p$값이

0.592로 출력되었는데, 이 역시 귀무가설의 채택을 의미한다.

### (3) 짝을 이룬 표본의 검정

이제 제5절의 [예제 7-8]에서와 같이 짝을 이룬 자료에 있어서의 검정을 다루기로 한다. 이 경우에는 제6장에서 살펴 본 짝을 이룬 자료에 대한 신뢰구간의 도출에서와 마찬가지로 먼저 새로운 변수 C3를 기존의 두 변수 C1과 C2의 차이로 정의한다. 그리고 새로 정의된 변수 C3에 대하여 단일 모평균의 경우와 마찬가지로 미니탭 메뉴 '**1-표본 t 검정(1)...**'을 이용하여 검정하게 된다.

그러면 [예제 7-8]의 짝을 이룬 자료에 이상의 방법을 적용하여 두 모평균이 동일하다는 귀무가설에 대한 단측검정을 수행한 결과는 다음과 같다.

세션

**1-표본 T 검정: C3=C1-C2**

mu = 0 대 > 0의 검정

| 변수 | N | 평균 | 표준 편차 | 평균의 표준 오차 | 95% 하한 | T | P |
|---|---|---|---|---|---|---|---|
| C1-C2 | 4 | 4.00 | 5.66 | 2.83 | -2.66 | 1.41 | 0.126 |

위의 결과물에서 $p$값이 0.126으로 나타났는데, 이는 5%의 유의수준 하에서 두 모평균이 동일하다는 귀무가설이 채택됨을 의미한다.

# 제9절 요약

## 1. 가설검정의 여러 요소

▶ 귀무가설 $H_0$ : 모수를 하나의 값으로 표현함

▶ 대립가설 $H_1$ : 모수의 값을 영역으로 표현함

▶ 가설의 검정 : 귀무가설의 채택 또는 기각여부의 결정

▶ 검정통계량 : 가설검정에 사용하는 통계량

▶ 기각역 : 귀무가설을 기각하게 되는 검정통계량의 영역

▶ 검정오차

- 제1종 오차 : 귀무가설이 사실일 때, 이를 기각할 확률
- 제2종 오차 : 대립가설이 사실일 때, 이를 기각할 확률

## 2. 모평균에 대한 가설검정

▶ $\sigma$를 아는 경우

- 양측검정 : $\overline{X} < \mu_0 - z_{\alpha/2}\frac{\sigma}{\sqrt{n}}$ , $\overline{X} > \mu_0 + z_{\alpha/2}\frac{\sigma}{\sqrt{n}}$
- 단측검정 : $\overline{X} > \mu_0 + z_{\alpha}\frac{\sigma}{\sqrt{n}}$ (또는 $\overline{X} < \mu_0 - z_{\alpha}\frac{\sigma}{\sqrt{n}}$ )

▶ $\sigma$를 모르는 경우

- 양측검정 : $\overline{X} < \mu_0 - t_{\alpha/2,\, n-1}\frac{s}{\sqrt{n}}$ , $\overline{X} > \mu_0 + t_{\alpha/2,\, n-1}\frac{s}{\sqrt{n}}$
- 단측검정 : $\overline{X} > \mu_0 + t_{\alpha,\, n-1}\frac{s}{\sqrt{n}}$ , (또는 $\overline{X} < \mu_0 - t_{\alpha,\, n-1}\frac{s}{\sqrt{n}}$)

## 3. $p$값을 이용한 가설검정

▶ $p$값 : 귀무가설이 사실일 때의 확률분포에서 검정통계량의 값보다 더 어긋나게 될 확률

▶ 검정절차 : $p$값이 유의수준 $\alpha$보다 크면 귀무가설을 채택하고, $p$값이 유의수준 $\alpha$보다 작으면 귀무가설을 기각함

## 4. 모평균의 차이에 대한 검정

▶ 모분산을 아는 경우(양측검정)

$$\overline{X}-\overline{Y}< D_0-z_{\alpha/2}\sqrt{\frac{\sigma_1^2}{n_1}+\frac{\sigma_2^2}{n_2}}\ ,\ \overline{X}-\overline{Y}> D_0+z_{\alpha/2}\sqrt{\frac{\sigma_1^2}{n_1}+\frac{\sigma_2^2}{n_2}}$$

▶ 모분산을 모르지만 같은 경우(양측검정)

$$\overline{X}-\overline{Y}< D_0-t_{\alpha/2,\,n_1+n_2-2}\ s_p\sqrt{\frac{1}{n_1}+\frac{1}{n_2}}\ ,$$

$$\overline{X}-\overline{Y}> D_0+t_{\alpha/2,\,n_1+n_2-2}\ s_p\sqrt{\frac{1}{n_1}+\frac{1}{n_2}}$$

▶ 모분산을 모르고 같지도 않은 경우(양측검정)

$$\overline{X}-\overline{Y}< D_0-t_{\alpha/2,\,n_0}\sqrt{\frac{s_1^2}{n_1}+\frac{s_2^2}{n_2}}\ ,\ \overline{X}-\overline{Y}> D_0+t_{\alpha/2,\,n_0}\sqrt{\frac{s_1^2}{n_1}+\frac{s_2^2}{n_2}}$$

## 5. 짝을 이룬 표본의 검정

▶ 양측검정의 기각역

$$\overline{X}-\overline{Y}<D_0-t_{\alpha/2,\,n-1}\frac{S_D}{\sqrt{n}},\quad \overline{X}-\overline{Y}>D_0+t_{\alpha/2,\,n-1}\frac{S_D}{\sqrt{n}}$$

▶ 단측검정의 기각역

$$\overline{X}-\overline{Y}>D_0+t_{\alpha,\,n-1}\frac{S_D}{\sqrt{n}}\ \left(\text{또는 }\overline{X}-\overline{Y}<D_0-t_{\alpha,\,n-1}\frac{S_D}{\sqrt{n}}\right)$$

## 6. 모분산에 대한 검정

▶ 하나의 모분산에 대한 검정

- 양측검정 : $s^2<\dfrac{\sigma_0^2}{n-1}\chi^2_{1-\alpha/2,n-1}$, $s^2>\dfrac{\sigma_0^2}{n-1}\chi^2_{\alpha/2,n-1}$

- 단측검정 : $s^2>\dfrac{\sigma_0^2}{n-1}\chi^2_{\alpha,\,n-1}$ $\left(\text{또는 } s^2<\dfrac{\sigma_0^2}{n-1}\chi^2_{1-\alpha,\,n-1}\right)$

▶ 두 모분산의 차이에 대한 검정

- 양측검정 : $\dfrac{s_1^2}{s_2^2}>F_{\alpha/2,\,n_1-1,\,n_2-1}$ $\left(\text{또는 }\dfrac{s_2^2}{s_1^2}>F_{\alpha/2,\,n_2-1,\,n_1-1}\right)$

- 단측검정 : $\dfrac{s_1^2}{s_2^2}>F_{\alpha,\,n_1-1,\,n_2-1}$ $\left(\text{또는 }\dfrac{s_2^2}{s_1^2}>F_{\alpha,\,n_2-1,\,n_1-1}\right)$

## 7. 모비율에 대한 검정

▶ 하나의 모비율에 대한 검정

- 양측검정 : $\hat{p} < p_0 - z_{\alpha/2}\hat{\sigma}_{\hat{p}}$ ,  $\hat{p} > p_0 + z_{\alpha/2}\hat{\sigma}_{\hat{p}}$

- 단측검정 : $\hat{p} > p_0 + z_{\alpha}\hat{\sigma}_{\hat{p}}$  (또는  $p < p_0 - z_{\alpha}\hat{\sigma}_{\hat{p}}$)

▶ 두 모비율의 차이에 대한 검정

- 양측검정 : $\widehat{p_1} - \widehat{p_2} < p_0 - z_{\alpha/2}\hat{\sigma}_{\hat{p_1} - \hat{p_2}}$ , $\widehat{p_1} - \widehat{p_2} > p_0 + z_{\alpha/2}\hat{\sigma}_{\hat{p_1} - \hat{p_2}}$

- 단측검정 : $\widehat{p_1} - \widehat{p_2} > p_0 + z_{\alpha}\hat{\sigma}_{\hat{p_1} - \hat{p_2}}$ (또는 $\widehat{p_1} - \widehat{p_2} < p_0 - z_{\alpha}\hat{\sigma}_{\hat{p}_1 - \hat{p}_2}$)

## 8. 미니탭의 이용

▶ 단일 모평균에 대한 검정

- $\sigma$를 아는 경우 : 통계분석(S) 〉기초 통계(B) 〉1-표본 Z 검정(Z)...
- $\sigma$를 모르는 경우 : 통계분석(S) 〉기초 통계(B) 〉1-표본 t 검정(1)...

▶ 두 모평균의 차이에 대한 검정

- 독립적인 표본 : 통계분석(S) 〉기초 통계(B) 〉2-표본 t 검정(2)...
- 짝을 이룬 표본 : 통계분석(S) 〉기초 통계(B) 〉1-표본 t 검정(1)...

## ■ 연습문제

**[7.1]** 다음 문장을 읽고 옳으면 '○'표, 또한 틀리면 '×'표를 한 후 틀린 곳을 바르게 고치시오.

a) 가설검정에서 표본을 추출하기 전에 모수가 어떤 특정한 값이라고 가정하는데, 이 가정을 대립가설이라 한다.

b) 모평균에 대한 가설이 옳다는 전제하에 이 가설의 평균에 대한 어떤 범위를 벗어나는 표본평균들의 비율을 유의수준이라 한다.

c) 가설검정에서 사용되는 확률분포는 항상 정규분포이다.

d) 만약 제1종 오차를 범했다면, 이는 귀무가설이 사실인데도 귀무가설을 기각하게 되는 경우이다.

e) 원래 관찰된 값의 단위로 검정을 하거나 관찰값을 표준화하여 검정하거나 똑같은 결과가 나온다.

f) 제2종 오차 $\beta$는 일반적으로 쉽게 구해질 수 있으며, $1-\beta$를 검정력이라 한다.

g) 만약 단측검정에서 귀무가설이 채택되었다면, 이를 양측검정으로 하더라도 항상 귀무가설이 채택된다.

h) 만약 유의수준을 0.6으로 검정을 하였다면, 귀무가설은 사실이 아닐 때도 채택되는 경우가 많다.

i) $\alpha$를 작게 하려면 일반적으로 $\beta$가 커진다. 그러므로 일반적인 가설검정에서는 $\alpha$와 $\beta$를 동시에 최소화하는 것을 목표로 한다.

j) 선택된 유의수준이 항상 적당하다는 것을 보증할 수 있는 수학적 방법이 존재한다.

k) 양측검정에서 신뢰구간을 안다면 기각역을 구하지 않고도 가설을 검정할 수 있다.

l) $p$값이 작을수록 귀무가설이 옳을 가능성이 크다.

m) 대부분의 $H_0$의 채택여부를 가리기 위하여 확률분포표를 이용하여야 한다.

n) 만약 $p$값을 이용한다면, 표본을 관찰하기 전에 반드시 $\alpha$값을 정해야 할 필요는 없다.

o) 두 개의 모평균을 비교하는데 표본수가 작다면, 반드시 합동표본분산을 구해야 한다.

**[7.2]** 어느 해의 대입 학력고사 성적은 평균이 210점, 그리고 표준편차가 25점이라고 한다. 이 때, 서울의 한 아파트단지의 입시생 평균 성적이 전체 평균보다 높은지 또는 낮은지를 알아보고자 한다. 이를 위하여 아파트단지에서 100명의 표본을 추출하여 조사한 결과, 215점의 평균 점수를 얻었다고 한다. 성적차이가 존재하는지에 대한 가설을 설정하고, 5%의 유의수준하에 $p$값을 이용하여 검정하시오.

**[7.3]** 어느 담배회사와 소비자보호연맹 사이에 담배에 포함된 니코틴 함유량 문제로 의견이 대립되고 있다. 이유는 개피당 니코틴 함유량이 $14mg$이라는 회사측의 설명에 대하여 소비자보호연맹에서는 그 이상이라고 주장하기 때문이다. 이러한 대립을 해결하기 위하여 표본으로 20개피의 담배를 분석한 결과, 니코틴 함유량의 평균이 14.8 그리고 표준편차가 2.4로 계산되었다고 한다. 적절한 가설을 설정하고 5%의 유의수준하에 검정을 위한 기각역을 도출한 후 검정하시오.

**[7.4]** 어떤 육상선수는 자신의 $100m$ 기록이 맑은 날과 흐린 날, 즉 날씨에 따라 달라지는지를 알아보기 위하여 각각의 경우에 5번씩 달려서 다음의 기록을 얻었다. 적절한 가설을 설정하고, 5%의 유의수준하에 신뢰구간을 이용하여 검정하시오.

| | | | | | | |
|---|---|---|---|---|---|---|
| 맑은 날 | : | 11.2 | 10.8 | 11.0 | 11.2 | 11.3 |
| 흐린 날 | : | 11.1 | 11.4 | 11.5 | 11.5 | 11.0 |

**[7.5]** 제6장의 연습문제 [6.6]의 자료로부터 남녀 교수의 월급에 차이가 있는지에 대한 가설을 설정하고, 5%의 유의수준하에 신뢰구간을 이용하여 검정하시오.

**[7.6]** 제6장의 연습문제 [6.7]의 자료를 적용하여 여야의원 선거비용의 차이에 대한 가설을 설정하고, 95%의 신뢰수준하에 $p$값을 이용하여 검정하시오.

*__[7.7]__ 어느 TV 방송국에서는 가을철 방송프로그램을 개편하였다. 개편효과를 파악하고자 일곱 가구를 대상으로 개편 전후의 주당 시청시간을 조사한 결과, 다음의 자료를 얻었다고 한다.

| 표본가구 | : | 1 | 2 | 3 | 4 | 5 | 6 | 7 |
|---|---|---|---|---|---|---|---|---|
| 개 편 후 | : | 25 | 15 | 25 | 17 | 18 | 20 | 20 |
| 개 편 전 | : | 20 | 16 | 15 | 15 | 20 | 15 | 18 |

프로그램의 개편 후에 과연 시청시간이 증가하였는지에 대한 가설을 설정하고, 5%의 유의수준하에 신뢰구간을 이용하여 검정하시오.

*__[7.8]__ 제6장의 연습문제 [6.8]에서 중간고사와 기말고사의 성적에 차이가 있는지에 대한 가설을 설정하고, 5%의 유의수준하에 신뢰구간을 이용하여 검정하시오.

*__[7.9]__ 어느 대학교에서는 여학생들의 도서관 출입률이 남학생의 경우보다 높은지를 알아보고자 도서관 출입현황을 조사하여 다음의 결과를 얻었다고 한다. 문제해결을 위한 가설을 설정하고 5%의 유의수준하에 기각역을 도출한 후 검정하시오.

| 구 분 | 정 원 | 출입인원 |
|---|---|---|
| 여학생 | 2000명 | 1300명 |
| 남학생 | 3000명 | 1800명 |

**[7.10]** 볼트의 생명은 직경에 있으므로, 생산되는 볼트의 직경에 따라 불량품이 정해진다고 한다. 만일 귀하가 볼트 회사의 사장으로부터 다음과 같은 요청을 받았다고 가정하자. 즉 새로운 기계를 도입하여 볼트를 생산한다면 현재의 불량률 16%를 줄일 수 있는가를 판단해 달라는 것이다. 이를 위하여 새로운 기계로부터 생산된 400개의 볼트를 표본으로 추출한 결과, 52개의 불량품이 발견되었다고 한다. 그러면 이와 같은 결과를 볼 때, 귀하는 볼트 회사의 사장에게 어떠한 답변을 할 것인가를 서술하시오.

**[7.11]** 타이어를 생산하는 A회사는 자사의 제품 수명이 경쟁사인 B회사의 제품보다 더 길다고 주장한다. 이를 검정하기 위하여 50대의 자동차 뒷바퀴에 두 회사의 타이어를 하나씩 나누어 달고 주행시험을 하였다. 10,000 km를 주행한 후 덜 소모된 타이어를 조사한 결과, A회사의 타이어가 40개 그리고 B회사의 타이어가 10개였다고 한다. 과연 A회사의 주장이 옳은지를 분석하시오.

*__[7.12]__ 소비자 보호단체에서는 매년 자동차의 연료효율을 조사하는데, 올해는 두 자동차 회사 A와 B에서 생산되는 두 소형차를 조사하여 다음의 결과를 얻었다.

| 회사 | 표본수 | 연료효율 | 표준편차 |
|---|---|---|---|
| A | 12 | 13.60 $km/l$ | 1.90 |
| B | 12 | 16.05 $km/l$ | 2.15 |

a) A회사 자동차의 연료효율에 대한 분산이 B회사의 자동차보다 작은지 또는 같은지를 5% 의 유의수준하에 검정하시오.

b) 두 가지 자동차의 연료효율에 대한 평균이 같은지를 5%의 유의수준하에 검정하시오.

*[7.13] 어떤 사람이 두 개의 식당 A와 B 중에서 어느 것을 매입할지를 고려하고 있다. 따라서 두 식당의 매출액을 파악하기 위하여 매일 저녁 같은 시간대에 한 시간씩 두 식당에 들어가는 손님을 세어 본 결과 다음과 같았다.

| | | | | | | | |
|---|---|---|---|---|---|---|---|
| 식당 A | 22 | 38 | 45 | 20 | 43 | 18 | |
| 식당 B | 40 | 42 | 30 | 29 | 36 | 33 | 35 |

a) 식당 A와 B의 손님 수에 대한 평균이 동일한지를 검정하시오.

b) 식당 A와 B의 손님 수에 대한 분산이 동일한지를 검정하시오.

# 8

# 분산분석

제1절 분산분석의 개요

제2절 완전랜덤계획법

*제3절 랜덤완전블럭계획법

**제4절 요인계획법

**제5절 다중비교법

제6절 미니탭의 이용

제7절 요약

# 제 8 장 분산분석

앞의 제7장 4절에서 두 모집단 평균의 차이를 비교하는 가설을 검정하였다. 여기서는 이를 확장하여 비교하고자 하는 집단이 세 개 이상인 경우를 다룬다. 일반적으로 비교하려는 모평균의 수가 $a$개인 경우의 가설은 다음과 같이 설정된다.

$$\begin{cases} H_0 : \mu_1 = \mu_2 = \cdots = \mu_a \\ H_1 : H_0 \text{이 아님 (적어도 한 쌍의 모평균은 다름)} \end{cases}$$

여기서 $a=2$인 경우는 두 모평균을 비교하는 문제가 되는데, 이는 제7장의 가설검정에서 $t$검정을 이용하여 검정하였다. 하지만 이 장에서 거론되는 분산분석방법을 이용하더라도 그 결과는 동일하다.

분산분석에서는 비교하려는 모집단들이 정규분포를 따르고 모분산이 모두 같다고 가정한다. 따라서 위의 가설은 <그림 8-1>과 같은 형태의 분포에서 모평균들이 동일한지를 나타낸다.

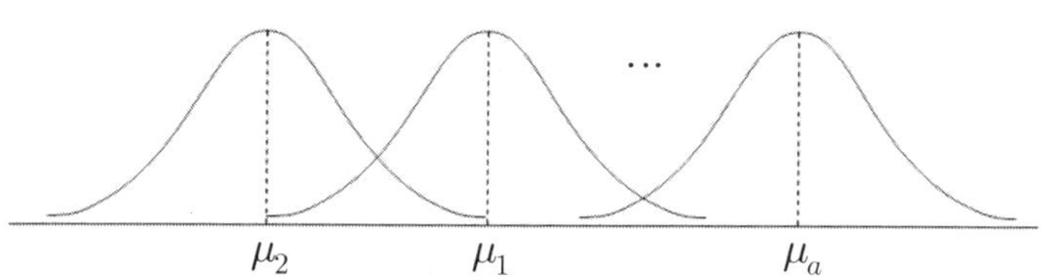


〈그림 8-1〉 a개의 모평균에 대한 비교

이 가설을 검정하는데 **분산분석**(analysis of variance : ANOVA)이란 통계적 기

법을 이용하므로 일반적으로 분산분석이라 부른다. 그러나 좀 더 전문적인 용어로는 **실험계획법** (experimental design)이라고 한다.

## 제1절 분산분석의 개요

여기서는 실험계획법에서 사용되는 용어들을 정리하고, 그 종류를 알아본다.

### ▶ 인자와 처리

실험계획법은 원래 농업에서 수확량을 증가시키는 재배방법과 관련하여 발전되었으므로, 비교하고자 하는 평균들을 **처리**(treatment)라고 불러왔다. 일반적인 관점에서 볼 때에 처리는 **인자**(factor)라고 부르는 것이 더 타당하므로 이 책에서는 인자라고 부르겠다.

### ▶ 인자의 예

인자의 예를 들어 보면 다음과 같다.

**인자의 예**

- ▶ 농업에서 수확량에 영향을 주는 비료종류 또는 재배방법
- ▶ 두통약 등의 효과
- ▶ TV 등 가전제품의 각 업체별 수명
- ▶ 여성의복의 노출정도에 따른 사회의 인식
- ▶ 시멘트의 원료 혼합 방법별 강도
- ▶ 각 방송매체별 비용대비 광고의 효과

### ▶ 수준

만약 네 가지 두통약의 효과를 비교한다면, 인자인 두통약은 네 개의 수준을 갖는다고 말한다. 이와 같이 비교하려는 모평균들을 인자의 **수준**(level)이라 부른다.

### ▶ 실험계획법의 종류

실험계획법은 인자의 수에 따라 또는 고려하는 가정에 따라 여러 가지 종류가 있는데, 대표적인 방법을 열거하면 <표 8-1>과 같다.

**〈표 8-1〉 실험계획법의 종류**

| 실 험 계 획 법 | 비 고 |
|---|---|
| ○ 완선랜넘계획법 | 1 개 인자 |
| ○ 랜덤완전블럭계획법<br>랜덤불완전블럭계획법<br>랜덤균형불완전블럭계획법<br>랜덤부분균형불완전블럭계획법 | 2 개 인자, 교호작용 무시 |
| ○ 요인계획법 | 2 개 이상의 인자, 교호작용 고려 |
| 라틴방격법 (latin square design) | 3 개 인자 |
| 둥지계획법 (nested design) | |
| 분할계획법 (split-plot design) | |

이 장에서는 위의 여러 계획법 중에서 '○' 표시한 완전랜덤계획법, 랜덤완전블럭계획법, 요인계획법 그리고 이와 관련된 다중비교법 등을 다룬다.

# 제2절 완전랜덤계획법

**완전랜덤계획법**(completely randomized design)은 $a$개의 모집단으로부터 독립적으로 표본을 추출하여 모평균을 비교하는 실험방법으로 **일원배치법**(one-way layout) 또는 **1요인 분산분석**(one-way ANOVA)이라고도 한다. 한 예로 어떤 생산 업체에서 작업시간에 따라 생산량이 달라지는지를 알려고 한다. 이를 위하여 작업시간을 오전, 오후, 야간 및 새벽으로 구분한 후 각 시간대에서 네 개씩의 표본을 추출한 결과가 <표 8-2>와 같다. 여기서 작업시간은 인자가 되고 오전, 오후, 야간 및 새벽을 인자의 수준이라 한다. 완전랜덤계획법은 제7장 4절의 독립적인 두 모평균의 비교를 $a$개의 모평균에 대한 비교로 일반화시킨 것이다.

〈표 8-2〉 작업시간에 따른 생산량

| 인자수준 | 관찰값 | | | | 평균 |
|---|---|---|---|---|---|
| 오전 | 69 | 75 | 70 | 66 | 70 |
| 오후 | 72 | 74 | 78 | 68 | 73 |
| 야간 | 60 | 64 | 65 | 55 | 61 |
| 새벽 | 67 | 71 | 79 | 71 | 72 |
| | | | | | 총평균 = 69 |

여기서의 가설은 다음과 같이 설정되는데, $\mu_i$는 각 시간대의 평균 생산량이다.

$$\begin{cases} H_0 : \mu_1 = \mu_2 = \mu_3 = \mu_4 \\ H_1 : H_0 \text{이 아님 (적어도 한 쌍의 모평균은 다름)} \end{cases}$$

### ▶ 자료의 형태

완전랜덤계획법을 적용하기 위한 자료 형태는 다음의 <표 8-3>과 같다.

**〈표 8-3〉 인자가 $a$개의 수준을 갖는 경우의 자료 형태**

| 인자수준 | 관찰값 | 평균 | 제곱합 |
|---|---|---|---|
| 1 | $y_{11}, y_{12}, \dots, y_{1n_1}$ | $\bar{y}_1$ | $\sum_{j=1}^{n_1}(y_{1j}-\bar{y}_1)^2$ |
| 2 | $y_{21}, y_{22}, \dots, y_{2n_2}$ | $\bar{y}_2$ | $\sum_{j=1}^{n_2}(y_{2j}-\bar{y}_2)^2$ |
| ⋮ | ⋮ | ⋮ | ⋮ |
| $a$ | $y_{a1}, y_{a2}, \dots, y_{an_a}$ | $\bar{y}_a$ | $\sum_{j=1}^{n_a}(y_{aj}-\bar{y}_a)^2$ |

- $n_i$ : 인자수준 $i$에서의 관찰값 수
- $y_{ij}$ : 인자수준 $i$에서의 $j$번째 관찰값
- $\bar{y}_i$ : 인자수준 $i$에서의 관찰값 평균
- $n$ : 전체 관찰값 수
- $\bar{y}$ : 전체 평균

앞의 <표 8-2>의 자료에서는 $a$와 $n_i$가 모두 4인 경우이다. 예를 들어 $y_{23}$는 78로서 오후의 세 번째 관찰값을 말하며, $y_{32}$는 64인데 야간의 두 번째 관찰값을 의미한다.

### ▶ 가정사항

어떤 통계기법을 사용하든지 자료가 해당기법의 가정사항을 잘 만족하는가를 반드시 점검해야 한다. 완전랜덤계획법의 가정사항은 다음과 같다.

**가정사항**

$y_{ij} \sim N(\mu_i, \sigma^2)$, $y_{ij}$는 서로 독립, $i = 1, \ldots, a$, $j = 1, \ldots, n_i$

즉 $i$번째 인자수준에서 $j$번째 관찰값인 $y_{ij}$는 모평균이 $\mu_i$이고 분산이 $\sigma^2$인 정규분포를 따른다는 의미이다. 또한 모든 관찰값은 서로 독립적이고, 분산은 똑같은 $\sigma^2$이다. 위 가정사항은 완전랜덤계획법뿐만 아니라 분산분석 전반에 걸쳐 적용되는 가정사항이다.

### ▶ 제곱합

**제곱합**(sum of square : $SS$)이란 자료들의 변동폭과 관련한 하나의 척도이다. 완전랜덤계획법에서 고려되는 변동량은 다음과 같다.

$$\underbrace{\sum_{i=1}^{a}\sum_{j=1}^{n_i}(y_{ij} - \overline{y})^2}_{SSTO} = \underbrace{\sum_{i=1}^{a} n_i(\overline{y_i} - \overline{y})^2}_{SSA} + \underbrace{\sum_{i=1}^{a}\sum_{j=1}^{n_i}(y_{ij} - \overline{y_i})^2}_{SSE}$$

- $SSTO$ : 변동량의 총합
- $SSA$ : 인자수준 사이의 변동량
- $SSE$ : 각 인자수준 내에서의 변동량

총변동량 $SSTO$는 인자수준 사이의 차이에서 발생되는 변동량 $SSA$와 각 인자수준 내에서 실험오차 등에 의하여 발생되는 변동량 $SSE$로 나누어진다. 앞의 식에서 $SSA$의 괄호 속에 있는 $(\overline{y}_i - \overline{y})$는 각 인자수준에서의 평균과 전체 평균과의 차이이다. 만약 각 인자수준들이 서로 차이가 없으면, 인자수준의 평균과 전체 평균은 같아질 것이다. 따라서 $SSA$가 작으면 인자수준 사이에 차이가 작을 가능성이 크다. 한편 $SSE$의 괄호 속 $(y_{ij} - \overline{y}_i)$는 각 인자수준 내에서 관찰값들이 얼마나 들쑥날쑥한 지의 정도를 나타낸다. 만약 실험오차가 작아서 인자수준 $i$에서의 관찰값 $(y_{i1}, y_{i2}, \ldots, y_{in_i})$들이 다 비슷하면 $(y_{ij} - \overline{y}_i)$는 0에 가까울 것이고 따라서 $SSE$는 매우 작아진다.

한편 <표 8-2>의 자료에서 각각의 제곱합을 구하면 다음과 같다.

$$SSTO = (69-69)^2 + (75-69)^2 + \cdots + (79-69)^2 + (71-69)^2 = 592$$
$$SSA = 4\{(70-69)^2 + (73-69)^2 + (61-69)^2 + (72-69)^2\} = 360$$
$$SSE = (69-70)^2 + \cdots + (66-70)^2 + (72-73)^2 + \cdots + (71-72)^2 = 232$$

### ▶ 분산분석표

각 모평균에 차이가 있는지를 검정하기 위한 **분산분석표**(ANOVA table)는 위에서 소개한 제곱합을 이용하여 <표 8-4>와 같이 작성된다.

**〈표 8-4〉 완전랜덤계획법의 분산분석표**

| 변동요인 | 자유도 | 제곱합 | 평균제곱합 | 검정통계량 $F$ |
|---|---|---|---|---|
| 인자 | $a-1$ | $SSA$ | $MSA = SSA/(a-1)$ | $MSA/MSE$ |
| 오차 | $n-a$ | $SSE$ | $MSE = SSE/(n-a)$ | |
| 총합 | $n-1$ | $SSTO$ | | |

여기서 자유도를 보면 변동요인이 인자일 때는 수준의 수에서 1을 뺀 $a-1$이고, 총합에서는 전체 관찰값 수에서 1을 뺀 $n-1$이다. 그리고 오차의 자유도는 총합의 자유도에서 인자의 자유도를 빼서 계산한다. 또한 **평균제곱합**(mean of square : $MS$)은 각 제곱합을 자유도로 나눈 값으로 검정통계량 $F$를 구하는데 사용한다. <표 8-2>의 자료에 대한 분산분석표를 구하면 다음의 <표 8-5>와 같다.

**〈표 8-5〉 앞의 〈표 8-2〉 자료에 대한 분산분석표**

| 변동요인 | 자유도 | 제곱합 | 평균제곱합 | 검정통계량 F |
|---|---|---|---|---|
| 작업시간 | 3 | 360 | 120 | 6.21 |
| 오차 | 12 | 232 | 19.3 | |
| 총합 | 15 | 592 | | |

### ▶ 가설검정

앞의 제곱합에서 언급하였듯이 인자에 대한 제곱합 $SSA$가 오차제곱합 $SSE$에 비하여 상대적으로 크면 인자수준 사이에 차이가 없다는 귀무가설을 기각할 확률이 커진다. 분산분석표에서 검정통계량과 그 분포는 다음과 같다.

$$F = \frac{MSA}{MSE} \sim F(a-1,\, n-a)$$

따라서 유의수준을 $\alpha$로 할 때, 귀무가설에 대한 기각역은 다음과 같다.

$$F > F_{\alpha,\, a-1,\, n-a}$$

앞의 <표 8-2>의 자료에 대한 검정을 하면, <표 8-5>의 분산분석표에서 검정통계량 $F$의 값은 6.21이었다. 그런데 <부표 6>으로부터 $F_{.05,\,3,\,12} = 3.49$ 이므로 유의수준이 0.05일 때 귀무가설은 기각된다.

$$F = 6.21 \; > \; F_{.05,\,3,\,12} = 3.49$$

즉 작업시간에 따라 평균생산량에 차이가 있다는 결론이다.

### ▶ 미니탭 결과물

앞에서는 자료로부터 직접 제곱합을 구하여 분산분석표를 작성하였다. 그러나 실제 작업에 있어서는 통계패키지를 이용하여 앞의 작업을 대신하므로 여기서도 미니탭을 적용하여 얻어지는 결과물의 해석을 강조한다. <표 8-2>의 자료에 대한 미니탭 결과물은 <표 8-6>과 같다.

**〈표 8-6〉 앞의 〈표 8-2〉의 자료에 대한 미니탭 결과물**

세션

**일원 분산 분석: 오전, 오후, 야간, 새벽**

| 출처 | DF | SS | MS | F | P |
|---|---|---|---|---|---|
| 요인 | 3 | 360.0 | 120.0 | 6.21 | 0.009 |
| 오차 | 12 | 232.0 | 19.3 | | |
| 총계 | 15 | 592.0 | | | |

S = 4.397   R-제곱 = 60.81%   R-제곱(수정) = 51.01%

```
                                합동 표준 편차에 근거한 평균의 개별 95% CI
수준  N    평균  표준 편차  ------+---------+---------+---------+---
오전  4  70.000     3.742                (--------*--------)
오후  4  73.000     4.163                    (--------*--------)
야간  4  61.000     4.546  (--------*--------)
새벽  4  72.000     5.033                  (--------*--------)
                           ------+---------+---------+---------+---
                              60.0      66.0      72.0      78.0
```

합동 표준 편차 = 4.397

이 결과물은 <표 8-5>의 분산분석표와 동일하다. 다만 결과물의 맨 오른쪽 열에 $p$값이 나오는데, 이 $p$값에 대하여는 제7장 3절에서 설명하였다. 즉 $p$값이 유의수준 $\alpha$보다 크면 귀무가설을 채택하고, $\alpha$보다 작으면 기각한다. 여기서는 $p$ = 0.009이므로 $\alpha = 0.05$ 또는 $\alpha = 0.01$에서 귀무가설을 기각한다. 이와 같이 통계패키지에서 제공되는 $p$값을 이용하면, $F$분포의 확률값을 찾지 않고도 간편하게 검정을 할 수 있다.

## *제3절 랜덤완전블럭계획법

**랜덤완전블럭계획법**(randomized complete block design)은 실험계획에서 두 개의 인자를 고려하는 경우로 **난괴법**, **이원배치법**(two-way layout) 또는 **2 요인 분산분석**(two-way ANOVA)이라고도 부른다. 앞 절의 완전랜덤계획법에서는 하나의 인자만을 다루었지만, 경우에 따라서는 실험대상의 특성상 하나의 인자만으로는 충분하지 않고 두 개 이상의 인자를 고려해야 한다.

전통적으로 비교대상이 되는 인자를 처리라고 하였고, 관찰값에 영향을 미칠 수 있는 제2의 인자를 **블록**(block)이라 하였으므로 이를 랜덤완전블럭계획법이라 한다. 그러나 블럭은 또 다른 하나의 인자로 구분될 수 있으므로, 여기서는 처리를 인자 $A$, 블록을 인자 $B$라고 표현한다. 완전랜덤계획법은 제7장 4절에서 다룬 독립적인 두 모평균에 대한 검정을 셋 이상의 모평균에 대한 검정으로 일반화시킨 것이고, 반면에 랜덤완전블럭계획법은 제7장 5절에서 다룬 짝을 이룬 표본의 검정을 $a$개의 모평균을 비교하는 경우로 일반화시킨 것이다.

제2절에서는 작업시간에 따라 생산량의 차이가 있는지를 알아보고자 완전랜덤계획법을 사용하여 하나의 인자, 즉 작업시간만을 고려하였다. 그러나 실제로 어

떤 제품의 생산량은 작업시간뿐만 아니라 작업자의 숙련정도에 따라서도 달라질 수 있다. 이렇듯 생산량에 영향을 줄 수 있는 인자로 작업시간 외에 작업자라는 인자도 함께 고려한다면 랜덤완전블럭계획법이 된다.

### ▶ 자료의 형태

<표 8-7>은 작업시간과 작업자라는 두 가지 인자에 따른 생산량을 나타내고 있는데, 각 행은 작업시간을 그리고 각 열은 네 명의 작업자에 따른 생산량을 의미한다.

〈표 8-7〉 작업시간과 작업자에 따른 생산량

| 작업시간 | 작업자 | | | | 작업시간 평균 |
|---|---|---|---|---|---|
| | 1 | 2 | 3 | 4 | |
| 오전 | 69 | 75 | 70 | 66 | 70 |
| 오후 | 72 | 74 | 78 | 68 | 73 |
| 야간 | 60 | 64 | 65 | 55 | 61 |
| 새벽 | 67 | 71 | 79 | 71 | 72 |
| 작업자 평균 | 67 | 71 | 73 | 65 | 69 |

즉 각 작업자에 대하여 네 가지 작업시간에 모두 한 번씩 일하게 하여 생산량을 산출한다. 여기서 작업자는 제2인자 또는 블럭으로 간주된다. 이 때, 중요한 것은 실험의 모든 순서를 랜덤하게 하는 것이다. 즉 작업자마다 네 가지 작업시간에 대한 실험순서를 랜덤하게 정한다.

일반적으로 두 인자 $A$와 $B$를 고려한 랜덤완전블럭계획법의 자료는 다음의 <표 8-8>과 같이 정리될 수 있다.

〈표 8-8〉 랜덤완전블럭계획법의 자료형태

| 인자 $A$ | 인자 $B$ | | | | 평균 |
|---|---|---|---|---|---|
| | 1 | 2 | … | $b$ | |
| 1 | $y_{11}$ | $y_{12}$ | … | $y_{1b}$ | $\bar{y}_{1.}$ |
| 2 | $y_{21}$ | $y_{22}$ | … | $y_{2b}$ | $\bar{y}_{2.}$ |
| ⋮ | ⋮ | ⋮ | | ⋮ | ⋮ |
| $a$ | $y_{a1}$ | $y_{a2}$ | … | $y_{ab}$ | $\bar{y}_{a.}$ |
| 평균 | $\bar{y}_{.1}$ | $\bar{y}_{.2}$ | … | $\bar{y}_{.b}$ | $\bar{y}_{..}$ |

여기서 인자 $A$는 $a$개의 수준, 인자 $B$는 $b$개의 수준을 갖는다. 또 $y_{ij}$는 인자 $A$의 $i$번째 수준과 인자 $B$의 $j$번째 수준에서의 관찰값으로, 모두 $n = ab$개의 관찰값을 구하였다.

### ▶ 가설

일반적으로 랜덤완전블럭계획법에서의 두 가지 가설은 다음과 같다.

**랜덤완전블럭계획법에서의 두 가지 가설**

▶ 인자 $A$에 대한 가설 : 인자 $A$의 각 수준에 따른 차이가 없다.

$$\begin{cases} H_0 : \mu_{1.} = \mu_{2.} = \cdots = \mu_{a.} \\ H_1 : H_0 \text{ 이 아님} \end{cases}$$

▶ 인자 $B$에 대한 가설 : 인자 $B$의 각 수준에 따른 차이가 없다.

$$\begin{cases} H_0 : \mu_{.1} = \mu_{.2} = \cdots = \mu_{.b} \\ H_1 : H_0 \text{ 이 아님} \end{cases}$$

그러면 두 가지 인자가 각각 작업시간과 작업자인 여기서의 관심사항은 '작업시간에 따른 생산량의 차이가 있는가'하는 완전랜덤계획법에서의 가설 외에 '작업자에 따른 생산량의 차이가 존재하는가'의 가설을 포함하게 된다.

### ▶ 제곱합

랜덤완전블럭계획법에 대한 가설의 검정을 위해서는 관찰값들의 상대적인 변동정도를 각 요인별로 파악해야 한다. 이 때, 각 요인들에 대한 변동량은 다음과 같이 정의된다.

$$\underbrace{\sum_{i=1}^{a}\sum_{j=1}^{b}(y_{ij}-\bar{y}_{..})^2}_{SSTO} = \underbrace{b\sum_{i=1}^{a}(\overline{y_{i.}}-\bar{y}_{..})^2}_{SSA} + \underbrace{a\sum_{j=1}^{b}(\overline{y_{.j}}-\bar{y}_{..})^2}_{SSB} + \underbrace{\sum_{i=1}^{a}\sum_{j=1}^{b}(y_{ij}-\overline{y_{i.}}-\overline{y_{.j}}+\bar{y}_{..})^2}_{SSE}$$

- $SSTO$ : 관찰값들의 총변동량
- $SSA$ : 인자 $A$의 변동량
- $SSB$ : 인자 $B$의 변동량
- $SSE$ : 오차변동량

예를 들어 <표 8-7>의 자료에 대한 총변동량은 작업시간에 따른 변동량, 작업자에 따른 변동량 그리고 이 두 가지 요인 이외의 오차변동량으롤 구분될 수 있다.

| 총변동량 = 작업시간 변동량 + 작업자 변동량 + 오차변동량 |
|---|

여기서 '작업자 변동량 + 오차변동량'은 앞의 완전랜덤계획법에서의 오차변동량에 해당한다. 이를 일반화하여 두 인자 $A$와 $B$에 대한 제곱합을 완전랜덤계획법과 비교하여 표현하면 다음과 같다.

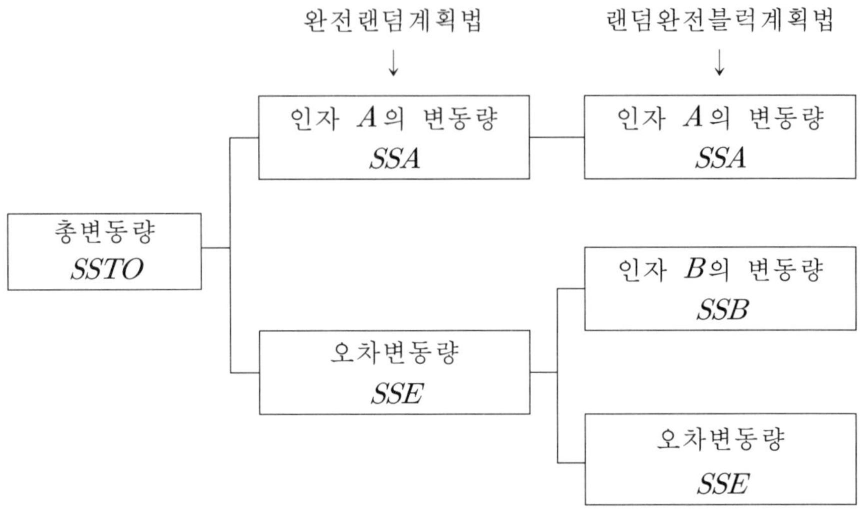


만약에 관찰값에 영향을 주는 인자가 두 개 있을 때 하나만 고려하여 완전 랜덤계획법을 사용하면, 오차변동량에 고려하지 않은 인자의 변동량이 많은 부분을 차지하여 분산분석표의 오차 평균제곱합($MSE$)을 크게 만든다. 따라서 인자 $A$의 변동량 $SSA$가 상대적으로 작아지므로 검정통계량의 값 $F$가 작아진다. 결국 가설검정에서 귀무가설을 채택할 가능성이 높아진다. 반면에 완전랜덤계획법의 오차변동량에서 인자 $B$의 변동량을 가려내면 오차변동량 $SSE$는 더 순수한 실험오차에 의한 변동량에 가까워진다. 따라서 가설검정은 더 정확하게 된다.

상식적으로도 어떤 실험대상에 영향을 주는 인자가 둘인데 하나만 고려한다면, 그 실험대상의 결과에 대한 정확한 분석이 어려울 것이다. 이 문제에 대해서는 제6장 5절과 제7장 5절에서 두 모평균, 즉 인자 $A$의 수준이 2개일 경우에 대하여 자세히 설명하였다.

### ▶ 분산분석표

$a$개의 수준을 갖는 인자 $A$와 $b$개의 수준을 갖는 인자 $B$에 의한 랜덤완전블럭계획법의 분산분석표는 <표 8-9>와 같다.

〈표 8-9〉 랜덤완전블럭계획법의 분산분석표

| 변동요인 | 자유도 | 제곱합 | 평균제곱합 | 검정통계량 $F$ |
|---|---|---|---|---|
| 인자 $A$ | $a-1$ | $SSA$ | $MSA=SSA/(a-1)$ | $MSA/MSE$ |
| 인자 $B$ | $b-1$ | $SSB$ | $MSB=SSB/(b-1)$ | $MSB/MSE$ |
| 오차 | $(a-1)(b-1)$ | $SSE$ | $MSE=SSE/(a-1)(b-1)$ | |
| 총합 | $n-1$ | $SSTO$ | | |

위 분산분석표를 <표 8-4>의 완전랜덤계획법에서의 분산분석표와 비교하면, 완전랜덤계획법의 오차항을 여기서는 인자 $B$와 오차항으로 분리하였다. 따라서 자유도에 있어서도 완전랜덤계획법의 오차항 자유도 $n-a$가 랜덤완전블럭계획법에서는 인자 $B$와 오차항의 자유도로 나누어져서 각각 $b-1$과 $(a-1)(b-1)$로 구분되었다.

예를 들어 <표 8-7>의 자료로부터 미니탭을 이용하여 랜덤완전블럭계획법의 분산분석표를 구하면 다음의 <표 8-10>과 같다. 이 때, 두 가지 인자 수준은 모두 4임을 알 수 있다.

〈표 8-10〉 앞의 〈표 8-7〉의 자료에 대한 미니탭 결과물

세션

**이원 분산 분석: 생산량 대 작업시간, 작업자**

| 출처 | DF | SS | MS | F | P |
|---|---|---|---|---|---|
| 작업시간 | 3 | 360 | 120.000 | 15.00 | 0.001 |
| 작업자 | 3 | 160 | 53.333 | 6.67 | 0.012 |
| 오차 | 9 | 72 | 8.000 | | |
| 총계 | 15 | 592 | | | |

▶ **가설검정**

앞에서 언급한 가설을 분산분석표를 이용하여 검정하기 위한 검정통계량과 기각역은 다음과 같다.

**랜덤완전블럭계획법에서의 의사결정규칙**

▶ 인자 $A$에 대한 기각역

$$F_1 = \frac{MSA}{MSE} > F_{\alpha,(a-1),(a-1)(b-1)} \quad \text{또는} \quad p_A < \alpha$$

▶ 인자 $B$에 대한 기각역

$$F_2 = \frac{MSB}{MSE} > F_{\alpha,(b-1),(a-1)(b-1)} \quad \text{또는} \quad p_B < \alpha$$

앞의 <표 8-10>의 분산분석표를 이용하여 5%의 유의수준에서 <표 8-7>의 자료에 대한 가설을 검정하면 다음과 같다.

$$\text{작업시간 : } F_1 = \frac{MSA}{MSE} = \frac{120}{8} = 15 > F_{.05,\,3,\,9} = 3.86$$

$$\text{작 업 자 : } F_2 = \frac{MSB}{MSE} = \frac{53.33}{8} = 6.67 > F_{.05,\,3,\,9} = 3.86$$

즉 작업시간이나 작업자에 따라 생산량에 차이가 있다는 결론이다.

또 다른 검정방법으로 $p$값을 이용해 보자. <표 8-10>의 마지막 열에서 작업시간대의 경우는 $p$ = 0.001이므로 $\alpha$ = 0.05보다 작아서 귀무가설은 기각된다. 한편 작업자의 경우에는 $p$ = 0.012이므로 유의수준 $\alpha$ = 0.05에서는 기각되지만, 유의수준을 0.01로 설정하면 귀무가설이 채택된다.

### ▶ 랜덤완전블럭계획법의 사용 예

제7장 5절의 짝을 이룬 두 모평균의 비교 때와 마찬가지로 랜덤완전블럭계획법에서도 블록 즉 제2인자의 수준 사이에 변화폭이 크다면, 제2인자를 설정함으로써 잃게 되는 오차의 자유도에 비하여 오차제곱합의 감소가 더 커져서 얻는 것이 더 많아지고, 또한 제2인자의 변화폭이 작다면 그 반대의 경우로 오히려 완전랜덤계획법을 쓰는 것이 더 좋을 것이다. 그러나 이러한 결정은 실험계획단계에서 분석자가 사전지식이나 전문지식 등을 이용하여 판단하는 것이고, 이미 제2인자가 설정되어 있으면 자료분석과정에서 그 제2인자를 없애서는 안된다. 왜냐하면 제2인자의 제곱합이 작기 때문에 오차항에 합친다면 결국 오차항의 평균제곱합을 인위적으로 작게 만드는 것과 마찬가지가 되기 때문이다. 따라서 랜덤완전블럭계획법으로 자료수집을 하였으면 제2인자 수준들의 차이가 유의하지 않더라도 그대로 두는 수밖에 없다.

또한 제1인자와 제2인자는 분산분석표에서 수학적으로 서로 대등한 입장에 있다. 즉 어느 인자에 대하여 먼저 검정을 하든, 또는 인자의 위치를 바꾸든 아무 문제가 없다.

그러면 이제 랜덤완전블럭계획법이 적용될 수 있는 몇 가지 예를 들어본다.

① 시금치 재배 : 시금치를 재배하는 네 가지 방법을 비교하고 싶다. 만약 시금치 재배에 영향을 주는 토질을 세 가지로 나눌 수 있다면, 다음의 그림과 같이 토질은 제2인자로서 블럭에 해당하고 재배방법은 처리 또는 제1인자로서 각 수준 $A$, $B$, $C$, $D$를 각각의 토질에 랜덤하게 배당하여 실험한다.

| | | | | |
|---|---|---|---|---|
| 토질 1 : | $D$ | $A$ | $C$ | $B$ |
| 토질 2 : | $C$ | $B$ | $A$ | $D$ |
| 토질 3 : | $A$ | $D$ | $B$ | $C$ |

② 두통약의 효과 : 네 가지 두통약의 효과를 비교하려 한다. 이 때, 약의 효과는 사람에 따라 차이가 날 수 있다. 즉 건강하여 약을 자주 먹지 않는 사람은 효과가 아주 좋을 것이고, 약을 자주 복용하는 사람은 효과가 좋지 않을 수도 있다. 또 체질에 따라서도 차이가 날 수 있다. 따라서 같은 사람에 대하여 네 가지 약을 모두 복용시켜 본다. 이 경우 사람들이 블럭에 해당한다. 즉 다음과 같은 실험계획법을 생각할 수 있다.

| | | | | |
|---|---|---|---|---|
| 사람 1 : | $A$ | $B$ | $C$ | $D$ |
| 사람 2 : | $C$ | $A$ | $D$ | $B$ |
| | | ⋮ | | |
| 사람 $b$ : | $D$ | $B$ | $C$ | $A$ |

이러한 경우 네 가지 두통약 $A$, $B$, $C$, $D$도 각각의 사람들에 대하여 랜덤하게 배당해야 한다.

③ 백화점의 가격 비교 : 가격 파괴! 이는 최근 상가에서 유행하는 구호이다. 네 개 백화점의 가격이 서로 비슷한 지를 파악하고 싶다. 그런데 백화점마다 수많은 종류의 상품이 있으므로 이를 전부 비교할 수는 없고, 그 중 $b$가지의 품목을 랜덤하게 골라서 비교한다. 여기서 백화점은 제1인자 혹은 처리가 되고, 품목은 제2인자 또는 블럭이 된다. 만약 같은 품목에 대한 백화점들의 가격을 비교하지 않고, 완전랜덤계획법으로 백화점마다 $b$가지 품목을 랜덤하게 뽑아서 그 평균을 비교한다면 어떻게 될까?

④ 여성의복의 노출정도에 대한 평가 : 여성의복의 노출정도를 네 가지로 구분하여 사회의 인식을 점검하려 한다. 연령에 따라 사고방식에 차이가 나므로 20대, 40대, 60대로 나누어 노출정도에 대한 평가를 내린다면, 연령대가 제2인자가 된다.

⑤ 교육방법에 대한 평가 : 영어교육의 실효성이 근래 많이 거론되고 있다. 영어교육은 방법도 중요하지만, 가르치는 교사의 표현력도 많은 영향을 준다. 따라서 네 명의 교사에게 세 가지 교육방법을 모두 시도하게 하여 평가한다. 여기서 교육방법이 제1인자 또는 처리가 되고, 교사는 제2인자 또는 블럭이 된다.

### ▶ 랜덤불완전블럭계획법

이제까지 랜덤완전블럭계획법을 다루었는데, 여기서는 랜덤불완전블럭계획법에 대하여 간략히 언급하기로 한다. 앞의 예에서는 모든 제2인자들이 제1인자의 모든 수준들에 대하여 할당되었다. 그러나 실험대상의 형편상 각 블럭에 모든 인자 수준들을 실험하지 못하는 경우도 많다. 예를 들어 시금치 재배의 예에서 준비된 토질의 양이 적어서 네 가지 재배방법 중 세 가지밖에 실험할 수 없는 경우도 있다. 이렇듯 각 블럭에 제1인자의 모든 수준을 적용하지 못하고 일부만을 적용할 때, 이를 **랜덤불완전블럭계획법**(randomized incomplete block design)이라고 한다. 또한 랜덤불완전블럭계획법은 블럭의 불완전 정도에 따라 **랜덤균형불완전블럭계획법**(randomized balanced incomplete block design) 및 **랜덤부분균형불완전블럭계획법**(randomized partially balanced incomplete block design) 등으로 구분된다. 자세한 내용은 실험계획법과 관련한 전문서적으로 미룬다.

## ** 제4절 요인계획법

제3절의 랜덤완전블럭계획법에서는 각 인자의 효과만을 고려하였는데, 요인계획법에서는 인자 사이의 교호작용도 고려대상으로 한다. **요인계획법**(factorial design)의 특징은 다음과 같다.

**요인계획법의 특징**

- ▶ 인자들 사이의 교호작용을 고려한다.
- ▶ 일반적으로 인자들 수준의 각 조합에서 반복실험이 필요하다.

### ▶ 교호작용

**교호작용**(interaction)이란 인자들이 독립적으로 반응에 영향을 미치지 않고, 서로 종속적으로 영향을 주는 것을 말한다. 랜덤완전블럭계획법은 교호작용이 없는 경우에 사용하는 계획법으로 **가법모형**(additive model)이라고도 한다. 그 이유는 두 인자의 효과를 더한 것이 곧 반응이기 때문이다. 그러나 요인계획법에서는 인자의 효과 외에 인자 사이의 상호작용으로부터 발생할 수 있는 교호작용을 고려한다.

예를 들어 화학반응을 알아보기 위한 실험에서의 두 가지 인자, 즉 온도와 기압을 생각한다. 온도는 100℃와 120℃의 두 가지 수준 그리고 기압은 200$mb$와 300 $mb$의 두 가지를 고려한다. 온도와 기압에 따른 화학반응량이 <그림 8-2>와 같다고 가정하자.

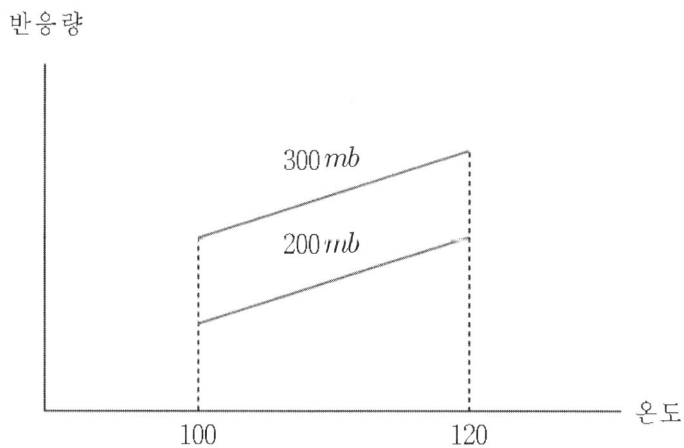


**〈그림 8-2〉 온도와 기압사이에 교호작용이 없는 경우**

이 그림은 온도와 기압 사이에 교호작용이 없는 경우이다. 즉 기압에 관계없이 온도가 높으면 반응량은 증가하고, 마찬가지로 기압도 온도에 관계없이 반응량에 영향을 준다. 즉 반응량은 온도의 효과와 기압의 효과를 더한 가법모형으로서 다음과 같다.

| 반응량 = 온도효과 + 기압효과 |
|---|

한편 온도와 기압 사이에 교호작용이 존재하는 경우인 다음의 <그림 8-3>을 검토해 보자.

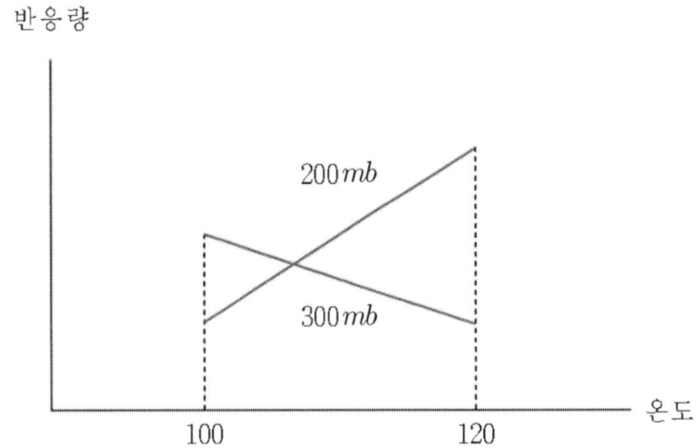


〈그림 8-3〉 온도와 기압사이에 교호작용이 존재하는 경우

이 그림에서는 온도가 100℃에서 120℃로 증가함에 따라 기압이 200 $mb$일 때는 반응량이 증가했으나 기압이 300 $mb$일 때는 오히려 감소했다. 이와 같이 두 개의 인자인 온도와 기압이 서로 상호작용을 일으켜 반응량에 어떠한 영향을 주는 경우를 가리켜 두 인자 사이에 교호작용이 존재한다고 말한다.

### ▶ 자료의 형태

$a$개의 수준을 갖는 인자 $A$와 $b$개 수준의 인자 $B$에 대한 요인계획법을 특별히 $a\times b$ **요인계획법**이라 하는데, 이 경우의 일반적인 자료 형태는 다음의 <표 8-11>과 같다.

〈표 8-11〉 $a \times b$ 요인계획법의 자료 형태

| 인자 $A$ | 인자 $B$ | | | |
|---|---|---|---|---|
| | 1 | 2 | … | $b$ |
| 1 | $y_{111}, y_{112}, \cdots, y_{11r}$ | $y_{121}, y_{122}, \cdots, y_{12r}$ | … | $y_{1b1}, y_{1b2}, \cdots, y_{1br}$ |
| 2 | $y_{211}, y_{212}, \cdots, y_{21r}$ | $y_{221}, y_{222}, \cdots, y_{22r}$ | … | $y_{2b1}, y_{2b2}, \cdots, y_{2br}$ |
| ⋮ | ⋮ | ⋮ | | ⋮ |
| $a$ | $y_{a11}, y_{a12}, \cdots, y_{a1r}$ | $y_{a21}, y_{a22}, \cdots, y_{a2r}$ | … | $y_{ab1}, y_{ab2}, \cdots, y_{abr}$ |

여기서는 각 인자의 모든 수준에 대한 조합에서 각각 $r$번씩 반복실험을 하였다. 따라서 $y_{ijk}$는 인자 $A$의 수준 $i$그리고 인자 $B$의 수준 $j$에서 $k$번째 실험의 관찰값을 의미한다.

그러면 생산량 자료의 예에서 세 번씩 반복 실험한 결과가 다음의 <표 8-12>와 같다고 하자.

〈표 8-12〉 생산량에 대한 반복자료

| 작업시간 | 작 업 자 | | | | 작업시간 평균 |
|---|---|---|---|---|---|
| | 1 | 2 | 3 | 4 | |
| 오전 | 69 70 71 | 74 75 76 | 69 70 71 | 64 65 66 | 70 |
| 오후 | 71 72 73 | 73 74 75 | 77 78 79 | 67 68 69 | 73 |
| 야간 | 59 60 61 | 63 64 65 | 64 65 66 | 54 55 56 | 61 |
| 새벽 | 65 66 67 | 70 71 72 | 78 79 80 | 71 72 73 | 72 |
| 작업자 평균 | 67 | 71 | 73 | 65 | 69 |

예를 들어 $y_{231}$은 오후에 세 번째 작업자에 의한 첫 번째 관찰값으로 77이다.

### ▶ 가설

요인계획법에서의 가설은 두 인자의 효과와 교호작용효과에 대한 내용으로 다음과 같다.

**요인계획법에서의 가설**

▶ 인자 $A$에 대한 가설 : 인자 $A$의 각 수준에 따른 차이가 없다.

$$\begin{cases} H_0 : \mu_{1.} = \mu_{2.} = \cdots = \mu_{a.} \\ H_1 : H_0 \text{ 이 아님} \end{cases}$$

▶ 인자 $B$에 대한 가설 : 인자 $B$의 각 수준에 따른 차이가 없다.

$$\begin{cases} H_0 : \mu_{.1} = \mu_{.2} = \cdots = \mu_{.b} \\ H_1 : H_0 \text{ 이 아님} \end{cases}$$

▶ 교호작용에 대한 가설

$$\begin{cases} H_0 : \text{인자 } A\text{와 인자 } B\text{는 서로 교호작용이 없다.} \\ H_1 : H_0 \text{ 이 아님} \end{cases}$$

### ▶ 제곱합

요인계획법에서는 총제곱합 $SSTO$가 다음의 네 가지 제곱합으로 분해된다.

$$SSTO = SSA + SSB + SSAB + SSE$$

여기서 $SSA$와 $SSB$는 두 인자의 제곱합이며, $SSAB$는 교호작용제곱합 그리고 $SSE$는 오차제곱합이다. 랜덤완전블럭계획법에서의 오차제곱합이 요인계획법에는 교호작용제곱합과 오차제곱합으로 다음과 같이 분리된다.

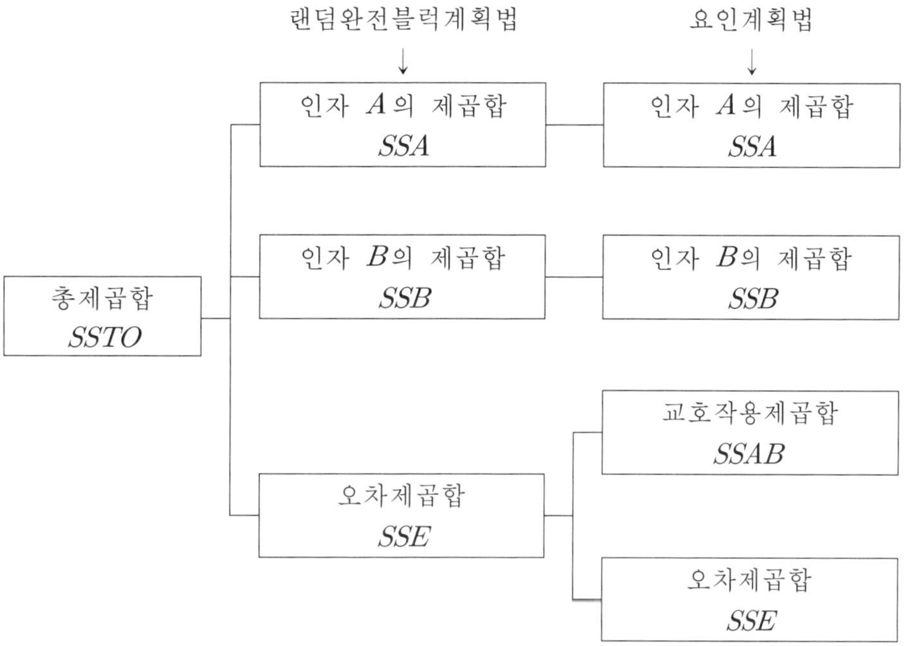


### ▶ 분산분석표와 기각역

$a \times b$ 요인계획법에 대한 분산분석표는 <표 8-13>과 같다.

**〈표 8-13〉 $a \times b$ 요인계획법의 분산분석표**

| 변동요인 | 자유도 | 제곱합 | 평균제곱합 | 검정통계량 $F$ |
|---|---|---|---|---|
| 인자 $A$ | $a-1$ | $SSA$ | $MSA = SSA/(a-1)$ | $MSA/MSE$ |
| 인자 $B$ | $b-1$ | $SSB$ | $MSB = SSB/(b-1)$ | $MSB/MSE$ |
| 교호작용 | $(a-1)(b-1)$ | $SSAB$ | $MSAB = SSAB/(a-1)(b-1)$ | $MSAB/MSE$ |
| 오차 | $ab(r-1)$ | $SSE$ | $MSE = SSE/ab(r-1)$ | |
| 총합 | $abr-1$ | $SSTO$ | | |

다음은 앞에서의 각 가설에 대한 검정통계량과 의사결정규칙을 정리한 것이다.

**요인계획법에서의 의사결정규칙**

▶ 인자 $A$에 대한 기각역

$$F_1 = \frac{MSA}{MSE} > F_{\alpha,\, a-1,\, ab(r-1)}$$

▶ 인자 $B$에 대한 기각역

$$F_2 = \frac{MSB}{MSE} > F_{\alpha,\, b-1,\, ab(r-1)}$$

▶ 교호작용에 대한 기각역

$$F_{12} = \frac{MSAB}{MSE} > F_{\alpha,\, (a-1)(b-1),\, ab(r-1)}$$

예를 들어 <표 8-12>의 자료에 대한 미니탭 결과물의 분산분석표는 다음과 같다.

**〈표 8-14〉 앞의 〈표 8-12〉의 자료에 대한 미니탭 결과물**

세션

**이원 분산 분석: 생산량 대 작업시간, 작업자**

| 출처 | DF | SS | MS | F | P |
|---|---|---|---|---|---|
| 작업시간대 | 3 | 1080 | 360 | 360.00 | 0.000 |
| 작업자 | 3 | 480 | 160 | 160.00 | 0.000 |
| 교호작용 | 9 | 270 | 30 | 30.00 | 0.000 |
| 오차 | 32 | 32 | 1 | | |
| 총계 | 47 | 1862 | | | |

앞의 분산분석표에서 작업시간의 검정통계량은 $F=360$ 으로 $F_{.05,3,32}=2.92$보다 커서 5%의 유의수준에서 귀무가설 $H_0$은 기각된다. 또한 작업자의 검정통계량도 $F=160$으로 $F_{.05,3,32}=2.92$ 보다 크므로 $H_0$은 기각되고, 마찬가지로 교호작용효과도 $F=30 > F_{.05,9,32}=2.27$ 이므로 $H_0$을 기각한다. 한편 $p$값에 의한 검정도 $p$값이 모두 0.000 으로 매우 작으므로 $H_0$이 기각됨을 알 수 있다. 즉 작업시간 및 작업자에 따른 효과가 모두 동일하지 않으며, 교호작용이 존재하고 있다는 결론이다.

## ** 제5절 다중비교법

분산분석에서 $a$개 수준의 평균이 모두 동일하다는 아래의 가설이 기각되었다고 가정하자.

$$H_0:\ \mu_1 = \mu_2 = \cdots = \mu_a$$

즉 최소한 한 쌍의 모평균은 서로 다르다는 결론이다. 이 때, 어느 모평균들이 서로 차이가 있는지를 검정하는 것을 **다중비교**(multiple comparison)라고 한다. 예를 들어 <표 8-5>에서 작업시간에 따라 생산량의 차이가 있다는 결과가 나왔다. 이 때, 과연 어느 시간대의 생산량들이 서로 다른가를 검정하는 것이 다중비교이다. 여기서 네 개의 모평균을 두 개씩 짝을 지어 $t$검정을 할 수도 있는데, 이 방법을 뒤에서 설명하는 최소유의차검정이라 한다. 그러나 이 경우에는 전체의 유의수준이 각 $t$검정에서의 유의수준 $\alpha$보다 훨씬 커지는 문제가 있다. 따라서 여러 가지 다중비교방법들이 연구되어 왔는데 그 종류를 나열하면 다음과 같다.

**다중비교법의 종류**

- 최소유의차검정
- 던칸(Duncan) 의 다중범위검정
- 뉴만-컬(Newman-Keuls) 검정
- 쉐페(Scheffe's) 검정
- 투키(Tukey) 검정
- 더니츠(Dunnett's) 검정

위의 다중비교방법들은 제각기 특성이 있어 어느 것이 우월하다고 말할 수는 없다. 다만 위에서는 기각역이 가장 큰 방법부터 순서대로 기술하였다. 즉 최소유의차검정의 기각역이 제일 크고, 투키검정의 기각역이 제일 작다. 한편 더니츠검정은 다른 검정과는 그 목적이 조금 다른데, 먼저 기준이 되는 모평균을 정하고 그 모평균과 나머지 모평균을 서로 비교하는 검정이다. 여기서는 최소유의차검정과 던칸의 다중범위검정을 다루기로 한다.

### (1) 최소유의차검정

**최소유의차검정**(least significant difference test)은 $a$개의 모평균을 비교하는 귀무가설이 기각되었을 때, 어느 모평균들이 서로 다른가를 파악하기 위하여 모평균을 두 개씩 짝지어 $t$검정을 하는 것이다. 이 때의 검정은 앞의 제7장 4절의 내용과 같다.

$$\begin{cases} H_0 : \mu_i = \mu_j \\ H_1 : \mu_i \neq \mu_j \end{cases}$$

두 모집단의 표본크기가 $n_i$와 $n_j$이고 또한 표본평균이 각각 $\bar{y}_i$ 및 $\bar{y}_j$라고 가정하면, 두 모평균이 동일하다는 위의 귀무가설에 대한 기각역은 다음과 같이 정의된다.

$$|\bar{y}_i - \bar{y}_j| > t_{\alpha/2,f}\sqrt{MSE\left(\frac{1}{n_i}+\frac{1}{n_j}\right)}$$

여기서 $f$와 $MSE$는 분산분석표에서의 오차자유도와 오차평균제곱합을 말하는데, $MSE$는 $\sigma^2$의 추정값이다. 이 때, 각 모집단의 표본크기가 $n$으로 동일한 경우에는 위의 기각역이 다음과 같이 정리될 수 있다.

$$|\bar{y}_i - \bar{y}_j| > t_{\alpha/2,a(n-1)}\sqrt{\frac{2MSE}{n}}$$

이상의 최소유의차검정법은 다른 다중비교법에 비하여 기각역이 가장 크다는 특징이 있는데, 특히 비교하려는 평균의 수 $a$가 증가할수록 더욱 커지는 경향이 있다. 따라서 최소유의차검정에 의한 다중비교법은 수준의 수 $a$가 작은 경우, 일반적으로 4개 이하일 때에 사용한다.

예를 들어 앞의 <표 8-2>의 자료로부터 네 가지 작업시간에 따른 평균생산량을 구하면 다음과 같다.

$$\bar{y}_1 = 70,\quad \bar{y}_2 = 73,\quad \bar{y}_3 = 61,\quad \bar{y}_4 = 72$$

여기서 두 모평균의 동일성을 검정하기 위한 기각역은 다음과 같이 도출된다.

$$|\bar{y}_i - \bar{y}_j| > t_{.025,12}\sqrt{\frac{2\,MSE}{4}} = 2.18\sqrt{\frac{2(19.3)}{4}} = 6.77$$

앞의 기각역을 네 가지 작업시간에 따른 평균생산량에 적용하면 야간의 생산량만이 다른 시간대의 생산량보다 유의적으로 작음을 알 수 있다. 따라서 귀무가설이 기각되었던 원인은 야간의 생산량에 의한 것으로 판단하게 된다.

### (2) 던칸의 다중범위검정

**던칸의 다중범위검정**(Duncan's multiple range test)은 가장 널리 사용되는 다중비교법의 하나인데, 다음과 같이 표본평균을 작은 것부터 순서대로 나열한 후 표본평균 사이의 거리에 따라 각기 다른 크기의 기각역을 적용한다.

$$\bar{y}_{(1)} < \bar{y}_{(2)} < \cdots < \bar{y}_{(a)}$$

그러면 자신을 포함한 표본평균 사이의 거리 $P$에 따른 기각역 $R_P$는 다음과 같이 정의된다.

$$R_P = r_\alpha(P, f)\, S_{\bar{y}}. , \qquad P = 2, 3, \cdots, a$$

위의 기각역에서 $r_\alpha(P, f)$는 **던칸의 다중범위검정 임계값**을 의미하는데 <부표 8>에 제시된다. 여기서 $f$는 오차에 대한 자유도, $\alpha$는 유의수준 그리고 $P$는 표본평균을 크기순으로 나열했을 때의 임의의 두 표본평균 사이의 거리를 자신을 포함하여 나타낸 값이다. 예를 들어 어떤 두 표본평균에 대한 거리 $P$를 계산할 때 한 개의 다른 표본평균이 그 사이에 위치해 있으면 $P=3$이 된다. 또한 $S_{\bar{y}}.$은 표본평균의 표준편차로 모집단의 표본수가 모두 $n$인 경우에는 다음과 같이 정의된다.

$$S_{\bar{y}.} = \sqrt{\frac{MSE}{n}}$$

그러나 만일 표본수가 다른 경우에는 $n$ 대신에 다음과 같이 각 표본수의 조화평균(harmonec mean)인 $n_a$를 이용한다.

$$n_a = \frac{a}{\sum_{i=1}^{a} \frac{1}{n_i}}$$

예를 들어 다섯 개의 표본평균을 크기 순서로 나열했을 때, 다음과 같다고 하자.

$$\bar{y}_{(1)} < \bar{y}_{(2)} < \bar{y}_{(3)} < \bar{y}_{(4)} < \bar{y}_{(5)}$$

여기서 $\bar{y}_{(2)}$와 $\bar{y}_{(4)}$ 사이의 거리는 자신을 포함하여 3번째이므로 $P = 3$이 된다. 따라서 $\bar{y}_{(4)} - \bar{y}_{(2)}$를 다음과 같이 $R_3$와 비교하여, 두 모평균의 차이가 유의적인지를 판단한다.

| |
|---|
| 만일 $\bar{y}_{(4)} - \bar{y}_{(2)} > R_3$ 이면, 두 모평균의 차이가 유의적임 |
| 만일 $\bar{y}_{(4)} - \bar{y}_{(2)} < R_3$ 이면, 두 모평균의 차이가 유의적이 아님 |

이 때, 만일 $\bar{y}_{(4)}$와 $\bar{y}_{(2)}$의 차이가 유의하지 않으면 그 속의 $\bar{y}_{(3)}$와는 더 이상 비교하지 않고 유의하지 않은 것으로 판단하게 된다.

예를 들어 <표 8-2>의 자료에서 네 가지 시간대에 따른 평균생산량을 다음과 같이 크기순으로 나열한다.

$$\begin{array}{ccccccc} \bar{y}_3 & < & \bar{y}_1 & < & \bar{y}_4 & < & \bar{y}_2 \\ \downarrow & & \downarrow & & \downarrow & & \downarrow \\ 61 & & 70 & & 72 & & 73 \end{array}$$

앞의 <표 8-5>에서 $MSE = 19.3$이므로 $S_{\bar{y}\cdot}$은 다음과 같다.

$$S_{\bar{y}\cdot} = \sqrt{\frac{19.3}{4}} = 2.20$$

또한 <부표 8>로부터 $r_{.05}(P, 12)$를 찾아서 $S_{\bar{y}\cdot}$을 곱하면 표본평균 사이의 거리 $P$에 따른 기각역 $R_P$는 다음과 같다.

| $P$ | 2 | 3 | 4 |
|---|---|---|---|
| $r_{.05}(P, 12)$ | 3.08 | 3.23 | 3.31 |
| $R_P$ | 6.78 | 7.11 | 7.28 |

그러면 여기서의 검정과정은 다음과 같이 정리된다.

① 제일 큰 값과 작은 값의 차이 즉 $P = 4$일 때, $\bar{y}_2 - \bar{y}_3 = 73 - 61 = 12$는 $R_3 = 7.28$ 보다 크므로 유의적인 차이가 있다.

② $P = 3$일 때는 $\bar{y}_3$와 $\bar{y}_4$ 그리고 $\bar{y}_1$과 $\bar{y}_2$를 비교하면 다음과 같다.

$$\bar{y}_4 - \bar{y}_3 = 11 > 7.11 = R_3 \quad : \text{ 유의적 차이}$$

$$\bar{y}_2 - \bar{y}_1 = 3 < 7.11 = R_3 \quad : \text{ 비유의적 차이}$$

$\bar{y}_1$과 $\bar{y}_2$는 차이가 없다는 결론이므로 그 사이에 들어 있는 $\bar{y}_4$에 대하여도 평균은 차이가 없는 것으로 판단한다.

③ $P=2$일 때는 $\bar{y}_3$와 $\bar{y}_1$을 비교한다.

$$\bar{y}_1 - \bar{y}_3 = 9 > 6.78 = R_2 \quad : \text{ 유의적 차이}$$

④ 따라서 이상의 과정을 요약하면 다음과 같이 된다.

$$\underline{\bar{y}_3} \quad \underline{\bar{y}_1,\ \bar{y}_4,\ \bar{y}_2}$$

즉 인자수준 1, 4, 2는 서로 차이가 없고, 이 수준들은 수준 3과 유의적인 차이를 나타낸다. 이상의 결과로 볼 때 야간의 생산량이 다른 시간대와 유의적인 차이를 보이고 있다는 것을 알 수 있다.

### ▶ 뉴만-컬검정

뉴만-컬검정은 던칸의 검정과 유사한데, $r_\alpha(P,f)$의 값이 던칸의 표에서 나오는 값보다 조금씩 크다. 따라서 채택역이 던칸의 다중범위검정보다 조금 넓어진다.

### ▶ 투키검정

투키검정은 던칸검정에서 $P$가 최대일 때의 $R_P$를 모든 쌍의 모평균들을 비교하는데 사용한다. 앞의 예에서는 $R_4 = 7.28$ 을 모든 경우의 비교에 적용한다.

### ▶ 랜덤완전블럭계획법에서의 다중비교

랜덤완전블럭계획법에서의 다중비교는 완전랜덤계획법 경우의 $n$ 대신에 블럭의 수 $b$로 바꾸고 또한 오차항의 자유도를 $(a-1)(b-1)$로 바꾸어 비교한다.

### ▶ 요인계획법에서의 다중비교

요인계획법에서는 교호작용에 대한 검정을 포함하므로 교호작용 효과의 검정결과에 따라 다중비교방법을 달리한다. 만약 교호작용이 없다고 판단되면 앞에서와 마찬가지의 요령으로 다중비교를 하고, 또한 교호작용이 유의하다고 판단되면 인자 $B$의 각 수준 내에서 인자 $A$의 수준들을 비교해야 한다. 여기서 만약 인자 $B$의 수준이 바뀌면, 인자 $A$의 각 수준에 대한 반응은 교호작용의 영향으로 뒤바뀔 수도 있다.

## 제6절 미니탭의 이용

여기서는 앞에서 살펴 본 완전랜덤계획법과 랜덤완전블럭계획법 그리고 요인계획법 등에 미니탭을 적용하는 방법을 다루기로 한다.

분산분석 문제를 다루기 위해서는 '**통계분석(S) > 분산 분석(A)**' 메뉴를 이용한다. 미니탭에서 처리할 수 있는 분산분석 문제는 그 범위가 넓으나, 여기서는 앞서 다룬 세 가지 분석법에 대해서만 설명하기로 한다.

완전랜덤계획법은 '**통계분석(S) > 분산 분석(A) > 일원 분산 분석(분할된 데이터)(U)...**' 메뉴를 선택한 후 나타나는 대화상자를 이용한다. 다음의 <그림 8-4> 에서는 '통계분석(S) > 분산 분석(A) > 일원 분산 분석(분할된 데이터)(U)...' 메뉴를 선택한 경우의 대화상자를 보여준다.

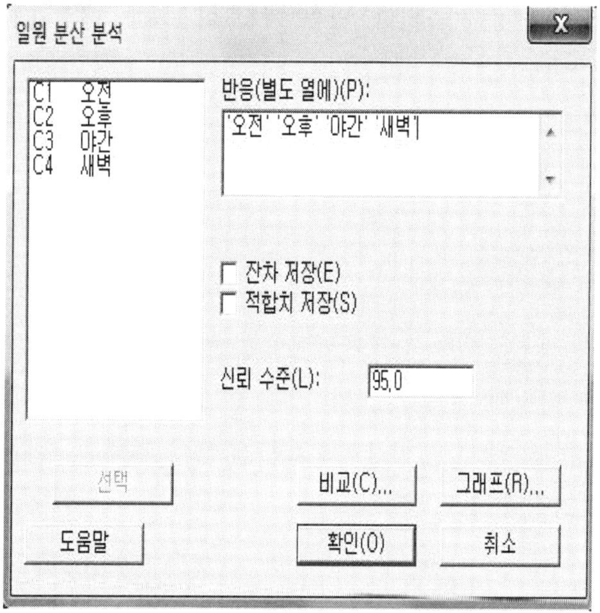


**〈그림 8-4〉 일원 분산 분석(U)... 경우의 대화상자**

변수목록상자에 나타난 변수들 가운데 인자별 관찰값, 즉 반응값이 저장된 변수를 선택하여 **반응(별도 열에)(P)** 상자로 이동한 후, 확인(O) 버튼을 누르면 된다. 이 메뉴를 이용하기 위해서는 각 요인별 자료가 각각 하나의 열에 입력되어 있어야 한다. 만약 인자별 반응값들이 하나의 열 C1에 입력되어 있고 또한 인자를 구별하는 값이 C2에 입력되어 있다면, '**통계분석(S) > 분산 분석(A) > 일원 분산 분석(O)**...'을 이용하여야 한다. 그래프(R)... 버튼을 누르면 산점도와 상자그림을 그리는데 필요한 대화상자가 나타난다.

랜덤완전블럭계획법과 요인계획법의 적용은 '**통계분석(S) > 분산 분석(A) > 이원 분산 분석(T)**...'을 선택한 후 나타나는 대화상자를 이용한다. 이 대화상자에는 여러 개의 버튼이 있는데, 여기서는 분산분석표를 얻는 절차에 대해서만 설명하기로 한다. 변수목록상자에 있는 변수들 가운데 반응값을 나타내는 변수를 선택하여 **반응(S)** 상자로 이동하며, 분석방법에 따라 **행 요인(W), 열 요인(C)** 상자에 관련 변수들을 지정하면 된다. 앞의 예를 이용하면 랜덤완전블럭계획법의 경우에는 반응(S) 상자에 C1을 그리고 행 요인(W), 열 요인(C) 상자에 C2 및 C3를 입력한다. 요인계획법의 경우에는 랜덤완전블럭계획법와 동일하나 교호작용효과를 검정하기 위하여 가법 모형 적합(A)을 지정하지 않는다.

### (1) 완전랜덤계획법

먼저 <표 8-2>의 자료로부터 완전랜덤계획법 과정을 적용하기 위한 자료의 입력방식과 이에 따른 미니탭 결과물의 해석방법을 알아본다. 미니탭 작업지에 다음과 같이 C1(오전), C2(오후), C3(야간) 및 C4(새벽)이라는 네 개의 변수를 설정하여 각각의 생산량 관찰값을 입력한다.

워크시트 1 ***

| ↓ | C1 | C2 | C3 | C4 | C5 |
|---|---|---|---|---|---|
| | 오전 | 오후 | 야간 | 새벽 | |
| 1 | 69 | 72 | 60 | 67 | |
| 2 | 75 | 74 | 64 | 71 | |
| 3 | 70 | 78 | 65 | 79 | |
| 4 | 66 | 68 | 55 | 71 | |
| 5 | | | | | |
| 6 | | | | | |
| 7 | | | | | |
| 8 | | | | | |
| 9 | | | | | |
| 10 | | | | | |

이상의 자료입력이 완료되면 완전랜덤계획법을 위한 메뉴를 이용한다.

| 통계분석(S) > 분산 분석(A) > 일원 분산 분석(분할된 데이터)(U)... |
|---|

그러면 이상의 과정을 통하여 미니탭에서 제공되는 완전랜덤계획법의 결과물은 다음과 같은데, <표 8-6>에서 다룬 것이다.

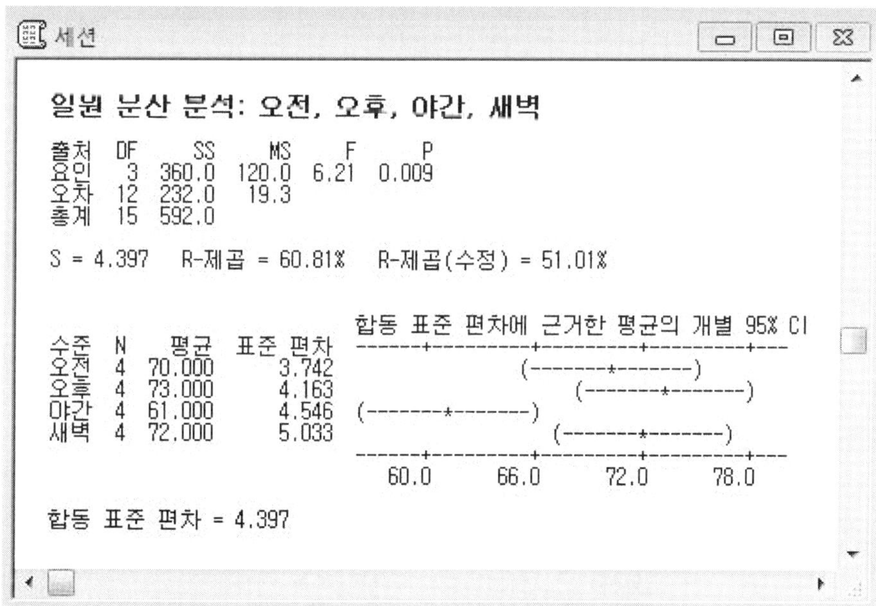

```
세션

일원 분산 분석: 오전, 오후, 야간, 새벽

출처  DF     SS     MS     F      P
요인   3  360.0  120.0  6.21  0.009
오차  12  232.0   19.3
총계  15  592.0

S = 4.397   R-제곱 = 60.81%   R-제곱(수정) = 51.01%

                                합동 표준 편차에 근거한 평균의 개별 95% CI
수준  N    평균  표준 편차  ------+---------+---------+---------+---
오전  4  70.000      3.742               (--------*--------)
오후  4  73.000      4.163                    (--------*--------)
야간  4  61.000      4.546  (--------*--------)
새벽  4  72.000      5.033                  (--------*--------)
                            ------+---------+---------+---------+---
                                60.0      66.0      72.0      78.0

합동 표준 편차 = 4.397
```

## (2) 랜덤완전블럭계획법

이제 <표 8-10>에서 다룬 랜덤완전블럭계획법의 결과물을 도출하기로 한다. 먼저 미니탭 워크시트에 다음과 같이 C1(생산량), C2(작업시간) 및 C3(작업자)를 설정하여 <표 8-7>의 생산량 관찰값, 작업시간 수준 및 작업자 코드를 입력한다.

워크시트 1 ***

| ↓ | C1 생산량 | C2 작업시간 | C3 작업자 | C4 | C5 |
|---|---|---|---|---|---|
| 1 | 69 | 1 | 1 | | |
| 2 | 75 | 1 | 2 | | |
| 3 | 70 | 1 | 3 | | |
| 4 | 66 | 1 | 4 | | |
| 5 | 72 | 2 | 1 | | |
| 6 | 74 | 2 | 2 | | |
| 7 | 78 | 2 | 3 | | |
| 8 | 68 | 2 | 4 | | |
| 9 | 60 | 3 | 1 | | |
| 10 | 64 | 3 | 2 | | |
| 11 | 65 | 3 | 3 | | |
| 12 | 55 | 3 | 4 | | |
| 13 | 67 | 4 | 1 | | |
| 14 | 71 | 4 | 2 | | |
| 15 | 79 | 4 | 3 | | |
| 16 | 71 | 4 | 4 | | |
| 17 | | | | | |

자료입력이 완료되면 다음과 같이 랜덤완전블럭계획법을 위한 메뉴를 이용한다.

> 통계분석(S) > 분산 분석(A) > 이원 분산 분석(T)...

이상의 과정을 통하여 다음의 랜덤완전블럭계획법의 결과물을 얻을 수 있다.

세션

**이원 분산 분석: 생산량 대 작업시간, 작업자**

| 출처 | DF | SS | MS | F | P |
|---|---|---|---|---|---|
| 작업시간대 | 3 | 360 | 120.000 | 15.00 | 0.001 |
| 작업자 | 3 | 160 | 53.333 | 6.67 | 0.012 |
| 오차 | 9 | 72 | 8.000 | | |
| 총계 | 15 | 592 | | | |

## (3) 요인계획법

여기서는 요인계획법의 미니탭 과정에 대하여 알아보기로 한다. 이를 위하여 랜덤완전블럭계획법에서와 마찬가지로 세 개의 변수 C1(생산량), C2(작업시간) 및 C3(작업자)를 설정하여 앞의 <표 8-12>의 생산량 관찰값, 작업시간 수준 및 작업자 코드를 각각 입력한다.

워크시트 1 ***

| ↓ | C1<br>생산량 | C2<br>작업시간 | C3<br>작업자 | C4 | C5 |
|---|---|---|---|---|---|
| 21 | 79 | 2 | 3 | | |
| 22 | 67 | 2 | 4 | | |
| 23 | 68 | 2 | 4 | | |
| 24 | 69 | 2 | 4 | | |
| 25 | 59 | 3 | 1 | | |
| 26 | 60 | 3 | 1 | | |
| 27 | 61 | 3 | 1 | | |
| 28 | 63 | 3 | 2 | | |
| 29 | 64 | 3 | 2 | | |
| 30 | 65 | 3 | 2 | | |
| 31 | 04 | 3 | 3 | | |
| 32 | 65 | 3 | 3 | | |
| 33 | 66 | 3 | 3 | | |
| 34 | 54 | 3 | 4 | | |
| 35 | 55 | 3 | 4 | | |
| 36 | 56 | 3 | 4 | | |
| 37 | 65 | 4 | 1 | | |
| 38 | 66 | 4 | 1 | | |
| 39 | 67 | 4 | 1 | | |
| 40 | 70 | 4 | 2 | | |
| 41 | 71 | 4 | 2 | | |
| 42 | 72 | 4 | 2 | | |
| 43 | 78 | 4 | 3 | | |
| 44 | 79 | 4 | 3 | | |
| 45 | 80 | 4 | 3 | | |
| 46 | 71 | 4 | 4 | | |
| 47 | 72 | 4 | 4 | | |
| 48 | 73 | 4 | 4 | | |
| 49 | | | | | |

요인계획법을 적용하기 위해서는 앞의 랜덤완전블럭계획법의 경우와 동일한 메뉴를 적용한다.

> 통계분석(S) > 분산 분석(A) > 이원 분산 분석(T)...

이제까지의 과정을 거쳐 <표 8-14>에서와 같은 다음의 요인계획법 미니탭 결과물을 얻게 된다.

세션

**이원 분산 분석: 생산량 대 작업시간, 작업자**

| 출처 | DF | SS | MS | F | P |
|---|---|---|---|---|---|
| 작업시간대 | 3 | 1080 | 360 | 360.00 | 0.000 |
| 작업자 | 3 | 480 | 160 | 160.00 | 0.000 |
| 교호작용 | 9 | 270 | 30 | 30.00 | 0.000 |
| 오차 | 32 | 32 | 1 | | |
| 총계 | 47 | 1862 | | | |

## 제7절 요약

### 1. 분산분석의 비교

- ▶ 완전랜덤계획법 : 하나의 인자를 고려함
- ▶ 랜덤완전블럭계획법 : 두 개의 인자를 고려함
- ▶ 요인계획법 : 두 개 이상의 인자를 고려하는데, 인자 사이의 교호작용도 고려함
- ▶ 다중비교법 : 귀무가설이 기각된 경우 기각의 원인을 찾는 방법

## 2. 완전랜덤계획법

▶ 용도 : 하나의 인자에 대한 모평균의 비교

▶ 가설 :

$H_0 : \mu_1 = \mu_2 = \cdots = \mu_a$

$H_1 : H_0$ 이 아님

▶ 검정통계량 : $F = \dfrac{SSA/(a-1)}{SSE/(n-a)} = \dfrac{MSA}{MSE}$

▶ 의사결정규칙 : 만일 $F > F_{\alpha, a-1, n-a}$이면, 귀무가설을 기각함

## 3. 랜덤완전블럭계획법

▶ 용도 : 두 개의 인자에 대한 모평균의 비교

▶ 가설 : ① 인자 $A$의 각 수준에 따른 차이가 없다.

$H_0 : \mu_{1.} = \mu_{2.} = \cdots = \mu_{a.}$

$H_1 : H_0$ 이 아님

② 인자 $B$의 각 수준에 따른 차이가 없다.

$H_0 : \mu_{.1} = \mu_{.2} = \cdots = \mu_{.b}$

$H_1 : H_0$ 이 아님

▶ 검정통계량 : $F_1 = \dfrac{SSA/(a-1)}{SSE/(a-1)(b-1)} = \dfrac{MSA}{MSE}$

$F_2 = \dfrac{SSB/(b-1)}{SSE/(a-1)(b-1)} = \dfrac{MSB}{MSE}$

▶ 의사결정규칙

만일 $F_1 > F_{\alpha, a-1, (a-1)(b-1)}$ 이면, 귀무가설 ①을 기각함

만일 $F_2 > F_{\alpha, b-1, (a-1)(b-1)}$ 이면, 귀무가설 ②를 기각함

## 4. 요인계획법

▶ 용도 : 두 개의 인자에 대하여 교호작용을 고려하는 모평균의 비교

▶ 가설 : ① 인자 $A$의 각 수준에 따른 차이가 없다.

$H_0 : \mu_{1.} = \mu_{2.} = \cdots = \mu_{a.}$

$H_1 : H_0$ 이 아님

② 인자 $B$의 각 수준에 따른 차이가 없다.

$H_0 : \mu_{.1} = \mu_{.2} = \cdots = \mu_{.b}$

$H_1 : H_0$ 이 아님

③ 교호작용에 대한 가설

$H_0$ : 인자 $A$와 인자 $B$는 서로 교호작용이 없다.

$H_1 : H_0$ 이 아님

▶ 검정통계량 : $F_1 = \dfrac{SSA/(a-1)}{SSE/ab(r-1)} = \dfrac{MSA}{MSE}$

$$F_2 = \frac{SSB/(b-1)}{SSE/ab(r-1)} = \frac{MSB}{MSE}$$

$$F_{12} = \frac{SSAB/(a-1)(b-1)}{SSE/ab(r-1)} = \frac{MSAB}{MSE}$$

▶ 의사결정규칙

- $F_1 > F_{\alpha, a-1, ab(r-1)}$ 이면, 귀무가설 ①을 기각함
- $F_2 > F_{\alpha, b-1, ab(r-1)}$ 이면, 귀무가설 ②를 기각함
- $F_{12} > F_{\alpha, (a-1)(b-1), ab(r-1)}$ 이면, 귀무가설 ③을 기각함

### 5. 다중비교법

▶ 용도 : 귀무가설이 기각된 경우, 이의 원인규명을 위한 모평균의 비교

① 최소유의차검정의 기각역

$$|\bar{y}_i - \bar{y}_j| > t_{\alpha/2,\nu}\sqrt{MSE\left(\frac{1}{n_i}+\frac{1}{n_j}\right)}$$

② 던칸의 다중범위검정의 기각역

$$|\bar{y}_{(i)} - \bar{y}_{(i+P-1)}| > R_P$$

### 6. 미니탭의 이용

▶ 완전랜덤계획법 : 통계분석(S) > 분산 분석(A) > 일원 분산 분석(U)...

▶ 랜덤완전블럭계획법 : 통계분석(S) > 분산 분석(A) > 이원 분산 분석(T)...

▶ 요인계획법 : 통계분석(S) > 분산 분석(A) > 이원 분산 분석(T)...

## ■ 연습문제

**[8.1]** 다음 문장을 읽고 옳으면 '○'표, 또한 틀리면 '×'표를 한 후 틀린 곳을 바르게 고치시오.

a) 분산분석은 두 개의 모평균을 비교하는 검정에는 사용할 수 없다.

b) 표본이 정규분포를 따르는 두 모집단으로부터 추출되었다면, 두 표본분산의 비율은 역시 정규분포에 가깝다.

c) 분산분석표에서 $F$값이 작을수록 두 모집단의 차이가 있는 쪽으로 믿게 된다.

d) 완전랜덤계획법에서 인자의 각 수준에서의 표본수는 같아야 한다.

e) 랜덤완전블럭계획법에서는 인자의 각 수준에서의 표본수는 같아야 한다.

f) 요인계획법에서 인자의 수는 둘 이상이어야 한다.

g) 랜덤완전블럭계획법에서는 두 인자의 교호작용을 고려할 수 없다.

h) 제곱합은 분산에 대한 추정량으로 볼 수 있다.

i) 다중비교는 귀무가설이 기각되었을 때에만 사용할 필요가 있다.

**[8.2]** 다음은 네 학과 학생들의 영어성적이 모두 같은지를 알아보기 위하여 각각 8명의 표본을 추출하여 시험을 치른 결과이다. 적절한 귀무가설을 설정하고 5%의 유의수준하에 검정하시오.

A : 88 89 90 68 85 90 94 76
B : 78 62 98 83 61 85 74 59
C : 80 61 74 92 71 54 77 83
D : 71 65 90 46 53 67 73 63

**[8.3]** 다음은 프로야구 4개 팀이 지난 5주 동안의 경기에서 범한 수비실수를 나타내고 있다. 이 네 팀의 수비능력에 차이가 있는지에 대한 가설을 설정하고, 분산분석표를 작성하여 10%의 유의수준하에 검정하시오.

| 팀 | 1주 | 2주 | 3주 | 4주 | 5주 |
|---|---|---|---|---|---|
| A | 8 | 11 | 7 | 9 | 10 |
| B | 9 | 11 | 6 | 14 | 10 |
| C | 8 | 13 | 11 | 9 | 13 |
| D | 13 | 5 | 9 | 10 | 7 |

**[8.4]** 시중에서 판매되고 있는 네 회사 휘발유의 연비를 비교하고자 한다. 비교의 공정성을 기하고자 네 회사의 휘발유를 2리터씩 급유하고 각각 4회의 주행시험을 하였다. 다음의 결과를 참조하여 주행거리에 차이가 있는지에 대한 가설을 설정하고 분산분석표를 작성하여 5%의 유의수준하에 검정하시오.

| 휘발유 종류 | 주행거리 (km) | | | |
|---|---|---|---|---|
| A | 24 | 26 | 25 | 29 |
| B | 29 | 26 | 29 | 28 |
| C | 32 | 32 | 35 | 37 |
| D | 29 | 34 | 32 | 33 |

**[8.5]** 자동차의 기어 조작법을 익히는데 소요된 시간을 성별과 연령별로 구분하여 조사하였다. 소요시간이 성별 및 연령에 따라 차이가 있는지에 대한 귀무가설을 설정하고, 5%의 유의수준하에 검정하시오.

| 성별 | 연령 | | | 평균 |
|---|---|---|---|---|
| | 청년 | 중년 | 장년 | |
| 남자 | 9 | 10 | 14 | 11 |
| 여자 | 9 | 12 | 18 | 13 |
| 평균 | 9 | 11 | 16 | 12 |

**[8.6]** 세 가지 제조공정의 효율성을 비교하기 위하여 세 명의 숙련공에게 각 제조공정을 다 한 번씩 실험해 본 결과가 다음과 같다. 적절한 가설을 설정하고, 분산분석표를 작성한 후 5%의 유의수준하에 검정하시오.

| 제조공정 | 숙련공 | | |
|---|---|---|---|
| | A | B | C |
| Ⅰ | 24 | 19 | 20 |
| Ⅱ | 23 | 17 | 14 |
| Ⅲ | 25 | 21 | 17 |

**[8.7]** 다음은 온도와 비료에 따른 밀 수확량의 차이를 알아보기 위하여 미니탭을 이용하여 구한 결과물이다. 적절한 가설을 설정하고, 5%의 유의수준하에 검정하시오.

| 출처 | DF | SS | MS |
|---|---|---|---|
| 온도 | 3 | 216.90 | 72.30 |
| 비료 | 1 | 107.00 | 107.00 |
| 오차 | 3 | 27.30 | 9.10 |
| 총계 | 7 | 351.20 | |

**[8.8]** 다음은 온도와 산소량에 따른 박테리아의 증식속도 차이를 알아보기 위하여 미니탭을 이용하여 분석한 결과물이다. 적절한 가설을 설정하고, 5%의 유의수준하에 검정하시오.

| 출처 | DF | SS | MS |
|---|---|---|---|
| 온도 | 3 | 126.30 | 42.10 |
| 산소량 | 2 | 44.50 | 22.25 |
| 오차 | 6 | 33.00 | 5.50 |
| 총계 | 11 | 203.80 | |

*[8.9] 다음은 교사에 따른 학생의 학습효과에 어떠한 차이가 있는지를 알아보고자 세 명의 교사가 네 명의 학생을 교육한 후, 각각 3회의 반복 시험을 치른 점수이다. 이 때, 교사 및 학생에 대한 학습효과와 교호작용효과에 대한 가설을 각각 5%의 유의수준하에 검정하시오.

| 교사 | 학생 | | | |
|---|---|---|---|---|
| | 1 | 2 | 3 | 4 |
| 1 | 40 46 52 | 56 65 67 | 61 64 70 | 46 54 62 |
| 2 | 41 44 50 | 56 64 69 | 69 73 77 | 57 63 72 |
| 3 | 72 81 87 | 84 93 96 | 90 97 98 | 87 92 94 |

*[8.10] 앞의 연습문제 [8.4]에서 귀무가설이 기각되었다고 가정하고, 최소유의차검정을 적용하여 5%의 유의수준하에 기각된 원인을 분석하시오.

*[8.11] 앞의 연습문제 [8.10]의 경우에 던칸의 다중범위검정을 적용하여 분석한 후, 최소유의차검정의 결과와 비교하시오.

# 9

# 단순회귀분석

# 제 9 장 단순회귀분석

회귀분석이란 회귀모형을 통하여 변수들 사이의 관계식을 파악하는 통계적 방법인데 경제, 경영, 교육, 정치 등의 사회과학 그리고 물리, 화학, 생물, 공학, 농학, 의학 등 자연과학의 거의 모든 분야에서 응용되고 있다.

**회귀**(regression)라는 용어는 1885년에 영국의 과학자 갈톤(F. Galton)이 발표한 '유전에 의하여 보통사람의 신장으로 회귀(Regression toward Mediocrity in Hereditary Stature)'라는 논문에서 비롯되었다. 갈톤은 이 논문에서 아들과 부모의 키를 분석하였는데, 부모의 키가 매우 클 때(또는 작을 때) 아들의 키는 일반적으로 평균보다는 크지만(작지만) 그들의 부모만큼 크(작)지는 않다는 결론이다. 즉 부모가 키가 크(작)더라도 그 자식들은 결국 보통 키로 회귀한다는 뜻이다.

## 제1절 회귀분석의 개요

### (1) 회귀분석과 회귀모형

**회귀분석**(regression analysis)을 이해하기 위하여 회귀분석 기법을 사용하는 가상적인 예를 들어 보자. 외관상 나타나는 신체적 조건으로부터 그 사람의 몸무게를 추정하는 문제를 고려해 본다. 일반적으로 키가 큰 사람의 몸무게가 키가 작은 사람보다 더 무겁고, 또한 가슴둘레가 클수록 몸무게는 더 무거울 것이다. 먼저 키와 몸무게의 관계를 알아보기 위하여, 랜덤으로 표본을 추출하여 키와 몸무게를 측정하였더니 다음의 <그림 9-1>과 같은 **산점도**(scatter diagram)를 얻었다.

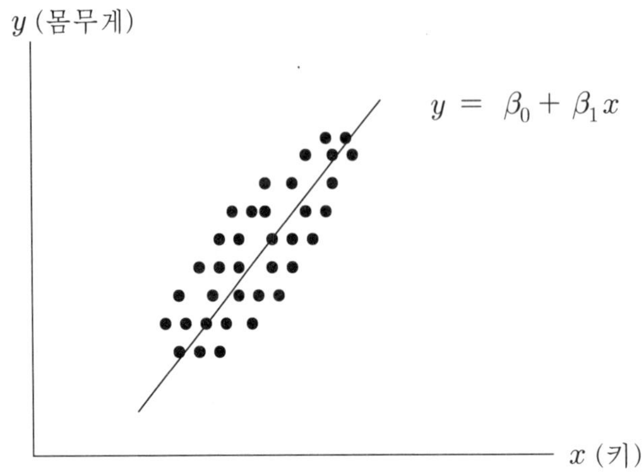


〈그림 9-1〉 키와 몸무게 자료의 산점도

▶ **회귀모형**

키와 몸무게는 상관관계가 높으므로 키를 알면 몸무게를 짐작할 수 있을 것이다. 이 때, 몸무게를 $y$로 하고 키를 $x$라고 하여 키와 몸무게의 관계식을 만든 것이 **회귀모형**(regression model) 또는 **회귀방정식**(regression equation)이다. <그림 9-1>에서와 같이 이 산점도에서 자료를 가장 잘 반영하는 직선을 적합시켰다면, 이 직선의 방정식은 다음과 같이 쓸 수 있다.

$$y = \beta_0 + \beta_1 x, \quad \beta_0 : 절편, \quad \beta_1 : 기울기$$

그러나 그림에서 보는 바와 같이 관찰값들이 직선과 정확하게 일치하지는 않는다. 그 이유는 키가 같은 사람들이라도 몸무게가 모두 똑같을 수는 없기 때문인데, 그러므로 키만 가지고 몸무게를 정확하게 추정할 수는 없다. 따라서 위의 직선의 방정식은 관찰값을 표현하기 위하여 다소 조정되어야 할 필요가 있다. 여기서 몸무게 $y$와 $\beta_0 + \beta_1 x$의 차이를 오차라 하여 $\epsilon$으로 나타내면, $\epsilon$은 통계적 오차로 생각될 수 있다. 즉 오차항은 모형이 관찰값들을 정확하게 적합시키지 못하는 부분을 표현한다. 오차항은 회귀모형에 나타난 키 이외에 몸무게에 영향을 줄 수 있는 가슴둘레 등의 다른 변수에 따른 효과나 측정오차 등으로 구성된다. 그러므로 몸무게와 키의 관계를 더욱 잘 반영하는 모형은 오차항을 포함하여 다음과 같이 나타낼 수 있다.

$$y = \beta_0 + \beta_1 x + \epsilon$$

### ▶ 독립변수와 종속변수

위의 모형에서 $x$를 **독립변수**(independent variable)라 하고, $y$를 **종속변수**(dependent variable)라 부른다. 다른 표현으로는 독립변수는 **예측변수**(predictor variable) 또는 **회귀변수**(regress variable), 그리고 종속변수는 **반응변수**(response variable)라고 칭하기도 한다. 일반적으로 회귀분석에서 종속변수 $y$는 어떤 양이나 크기 등으로 측정될 수 있는 **양적변수**(quantative variable)여야 하고, 독립변수는 양적변수 및 어떤 범주나 집단 등을 표현하는 **질적변수**(qualitative variable) 모두를 취할 수 있다.

회귀분석은 $y$와 모수 $\beta$와의 관계가 선형을 유지하는 모형을 다루므로 선형회귀분석 또는 선형회귀모형이라 해야 한다. 그러나 일반적으로 회귀분석은 선형모형을 주로 다루므로 선형을 빼고 그냥 회귀분석이라고 부른다.

### ▶ 단순회귀모형

회귀모형이 아래와 같이 오직 하나의 독립변수 항을 가질 경우, 이를 **단순회귀모형**(simple regression model)이라 한다.

$$y = \beta_0 + \beta_1 x + \epsilon$$

### ▶ 다중회귀모형

두 개 이상의 독립변수가 사용되는 회귀모형을 **다중회귀모형**(multiple regression model)이라 한다. 일반적으로 $k$개의 독립변수항으로 이루어진 다중회귀모형은 다음과 같이 표현된다.

$$y = \beta_0 + \beta_1 x_1 + \cdots + \beta_k x_k + \epsilon$$

몸무게 추정의 예에서 키를 $x_1$ 그리고 가슴둘레를 $x_2$라 하면, 다음의 세 가지 모형은 모두 다중회귀모형이 된다.

① $y = \beta_0 + \beta_1 x_1 + \beta_2 x_2 + \epsilon$

② $y = \beta_0 + \beta_1 x_1 + \beta_2 x_2 + \beta_3 x_1 x_2 + \epsilon$

③ $y = \beta_0 + \beta_1 x_1 + \beta_2 x_1^2 + \epsilon$

이 때, 회귀모형 ②의 $\beta_3 x_1 x_2$항을 독립변수 $x_1$과 $x_2$에 대한 **교호작용** 또는 **상호작용**(interaction)항이라고 한다. 또한 모형 ③은 $x_1$에 대한 2차 다항식인데, 여기서 $x_2 = x_1^2$으로 나타내면 모형 ①과 같은 형태가 된다.

## (2) 회귀분석의 주요 목적

회귀분석의 중요한 목적은 종속변수와 독립변수 사이의 관계식을 파악하고 미래의 값을 예측하기 위하여 적절한 회귀모형을 설정하고 알려지지 않은 모수, 즉 **회귀계수**(regression coefficient)를 추정하는 것이다. 회귀분석의 목적은 일반적으로 다음과 같이 요약하여 나타낼 수 있다.

**회귀분석의 목적**

- ▶ 자료의 요약 정리
- ▶ 회귀모형의 설정
- ▶ 회귀모수의 추정
- ▶ 반응값 $y$에 대한 추정

위의 목적 중에서 처음 세 가지는 종속변수와 독립변수 사이의 관계식을 파악하기 위한 내용이고, 마지막 내용은 파악된 관계식을 이용하여 미래의 값을 예측 또는 통제하는 과정이다. 그러면 회귀분석의 목적을 차례로 설명해 보기로 한다.

### ▶ 자료의 요약 정리

자연과학 분야에서는 일련의 **자료를 요약**하여 표현하기 위한 목적으로 회귀방정식을 자주 사용한다. 예를 들어 몸무게와 키에 관한 자료에서 회귀모형이 표나 그림보다 훨씬 더 편리하고 유용하게 자료를 요약하는 수단이 될 수 있다.

### ▶ 회귀모형의 설정

**회귀모형의 설정**과정에서 종속변수를 추정하는데 필요한 독립변수들을 선정하는 것이 목적일 때도 있다. 예를 들어 부동산가격에 영향을 주는 변수들이 무엇일까? 은행이자율, 주식가격, 인플레이션, 경제성장률 등 여러 가지가 거론된다. 이 중에서 어느 변수가 과연 부동산가격의 변동에 중요한 역할을 하는지 판단하는 방법으로 회귀분석을 이용할 수 있다.

또한 모형설정에 목적을 두는 경우도 있다. 이럴 때 분석자는 우선 모든 관련된 변수들이 자료에 포함되어 있는지를 확인해야 하고, 회귀방정식이 모든 독립변수들에 대하여 올바른 함수형태를 갖추었는지를 확인해야 한다. 이 두 사항을 제대로 만족시키지 못할 경우 잘못된 추정을 하게 될 것이다. 예를 들어 임금 수준의 불균형에 대하여 조사를 한다고 하자. 임금을 예측하기 위한 방정식을 만들기 위하여 독립변수로 성별, 직업, 근무연한, 그리고 기타 임금에 관련된 변수들을 포함시킬 수 있을 것이다. 그러나 고용과 관련된 많은 경우에 있어서 측정하기 어려운 독립변수는 업무의 질이다. 이 변수는 임금수준에 영향을 주는 가장 중요한 요소가 될지도 모른다. 특히 미국같이 능력위주의 사회에서는 더욱 그러하다. 만약 연구의 목적이 성별에 따라 임금수준이 어떤 차이가 있는지를 파악하는 것이라면 이 변수는 꼭 고려되어야 한다. 그렇지 않으면 성별에 따라 임금격차가 없다고 나타날 수도 있을 것이며, 따라서 성별은 임금수준을 추정하는데 별로 필요 없는 변수로서 제거될 수도 있을 것이다. 마찬가지로 근무연한을 독립변수로 사용하는 경우에도 주의를 기울여야 할 것이다. 예를 들어 어떤 직종에서는 처음 몇 년간은 임금이 조금씩 오르다가 일정기간 이후부터는 상승률이 높아지는 경우도 있다. 즉 처음에 몇 년은 훈련기간이고 그 이후부터는 전문가로서 일하게 된다면 임금과 근무연한 사이의 관계를 단순히 선형적인 관계로 취급하는 것은 옳지 않은 방법이 된다.

회귀분석에서 올바른 모형설정이 요구되는 경우에는 좋은 추정만을 추구하는 경우보다 자료가 분석자들에게 더욱 중요하다. 관련이 있는 독립변수들을 포함시키는 것과 그 독립변수들에 대한 적절한 함수관계의 표현에 주의를 기울여야 한다. 이러한 요소들이 고려될 때, 각 독립변수들의 상대적인 가치가 적절히 평가될 것이다.

### ▶ 모수의 추정

때로는 **모수추정 문제**를 회귀분석으로 해결할 수도 있다. 예를 들어 어떤 전기회로에서 알려지지 않은 저항을 R이라 하자. 옴의 법칙에 따르면 전압 E와 전류 I 사이에는 $E = IR$이라는 관계가 성립한다. 여기서 저항 R을 결정하기 위하여 여러 가지 다른 전류를 전기회로에 보내어 전류에 대한 전압을 측정하여 산포도를 작성하면 전압과 전류의 선형관계를 도출할 수 있다. 이 자료를 가지고 회귀분석 방법에 모형을 적합시키면 기울기 R을 추정할 수 있다.

### ▶ 반응값 $y$에 대한 추정

**반응값 추정**에 관한 예를 들어 본다. 시청에서 적절한 전력공급대책을 세우려 한다면 그 시의 전력수요량이 매우 중요한 변수가 될 것이다. 이 경우 전력수요량을 예측하기 위한 방정식을 만들 때의 주요 관심사는 이 방정식에 의하여 전력수요량을 얼마나 잘 예측할 수 있느냐 하는 것이지, 예측방정식에 어떤 변수가 포함되며 변수의 계수가 얼마인가 하는 것은 그다지 중요하지 않다. 즉 예측만 정확히 할 수 있으면 된다. 전력수요량에 대한 예측방정식이 다음과 같다고 가정하자.

$$\hat{y} = b_0 + b_1 x_1 + \cdots + b_k x_k$$

위의 식에서 $\hat{y}$은 독립변수들에 특정한 값 $x_1, \cdots, x_k$가 주어졌을 때 예측되는 전력수요량이다. 추정된 회귀계수는 $b_0, b_1, \cdots, b_k$로 표기된다.

이 예측모형에서는 실제 $y$에 대한 추정량인 $\hat{y}$을 얼마나 정확하게 구할 수 있느냐에 관심이 있는 것이다. 모수의 추정값을 결정하는 기준이 예측의 정확성과 관련될 수밖에 없겠지만, 이러한 기준이 반응값의 예측을 어느 정도 정확하게만 할 수 있다면 모수추정은 그리 정확하지 않아도 될 것이다. 요약하면 어떤 예측방정식은 반응을 잘 예측할 수 있도록 만드는 것이 첫째 목적이고, 모형을 올바르게 설정하는 것은 차후 문제이다. 결국 중요한 독립변수가 모형에서 잘못 삭제된다면 좋은 예측이 될 수 없겠지만, 불필요한 변수가 포함되는 것 같이 모형이 잘못 설정되었지만 좋은 예측결과를 얻는 경우도 있다.

### (3) 회귀분석의 적용 예

회귀분석은 거의 모든 분야의 통계자료 분석에서 빼놓을 수 없는 방법이다. 실험계획법에 의한 분석도 많은 부분을 회귀분석으로 대신할 수 있다. 그러면 각 분야에서 대표적으로 적용될 수 있는 회귀분석의 예를 보면 다음과 같다.

**〈표 9-1〉 회귀분석 적용의 예**

| 분야 | 종 속 변 수 | 독 립 변 수 |
|---|---|---|
| 경영 | 매출액 | 광고비, 품질, 가격 |
| | 첨단기술제품의 시장점유율 | 연구개발비, 품질, 가격 |
| 경제 | 주식 가격 | 금리, 부동산 가격, 통화량, 경상수지 |
| | 1인당 저축액 | 소득액, 소비성향, 부양가족수 |
| 교통 | 교통사고 건수 | 차량통행량, 일기, 도로사정 |
| 교육 | 성적 | I.Q, 공부시간, 교육방법 |
| 공학 | 열전도율 | 금속의 두께, 온도, 재질 |
| | 복사기에 종이가 끼는 정도 | 출력속도, 출구의 넓이 |
| 의학 | 산소흡입량 | 폐 크기, 오염도, 콜레스테롤 정도 |
| 법학 | 강력범죄 건수 | 불쾌지수, 환경, 계절, 경기 |
| 정치 | 특정후보의 지지율 | 출신지역, 학력, 의정활동 사항 |

이상과 같이 회귀분석은 거의 모든 분야에 적용될 수 있는 유용한 통계기법이라고 하겠다. 따라서 회귀분석을 적절하게 이용할 때에는 많은 도움을 얻을 수 있지만, 그렇지 못한 경우에는 커다란 오류가 발생할 수도 있다. 이에 관하여는 제8절에서 자세히 다루기로 한다.

## 제2절 단순회귀모형 및 가정사항

단순회귀모형이란 앞에서 언급한 바와 같이 하나의 독립변수를 대상으로 하는 가장 단순한 구조의 회귀모형을 의미하는데 다음과 같이 설정된다.

$$y = \beta_0 + \beta_1 x + \epsilon$$

여기서 $\beta_0$와 $\beta_1$은 회귀계수 또는 모수를 의미하며, $\epsilon$은 모형의 오차를 나타낸다. $n$개의 $x$값들에 대하여 $y$의 값을 실험이나 관찰에 의하여 구한다면, 자료는 $(x_1, y_1)$, $(x_2, y_2)$, $\cdots$ , $(x_n, y_n)$과 같이 $n$개의 쌍으로 구성된다. 따라서 각 실험에 대한 모형은 다음과 같이 표현된다.

$$y_i = \beta_0 + \beta_1 x_i + \epsilon_i\,, \quad i = 1, \ldots, n$$

이 때, $\beta_1$은 모형의 기울기로서 $x$가 한 단위 증가할 때 발생되는 $y$의 변화를 의미한다. 만약 자료에서 $x$의 범위에 0이 포함된다면, 절편 $\beta_0$는 $x$가 0일 때 $y$값의 평균이다. 그러나 $x$의 범위에 0이 포함되지 않는다면, $\beta_0$의 실질적인 의미를 찾기는 힘들다고 하겠다. 이상의 단순회귀모형은 다음과 같이 요약된다.

**단순회귀모형**

$$y = \beta_0 + \beta_1 x + \epsilon$$

단, $\beta_0$ : 절편으로서 모형이 $y$축을 통과하는 점

$\beta_1$ : 모형의 기울기로 $x$가 한 단위 증가함에 따른 $y$의 변화폭

$\epsilon$ : 확률적 오차항

### ▶ 회귀모형의 가정사항

회귀계수 $\beta_0$와 $\beta_1$을 자료로부터 추정하고, 필요한 가설들을 검정하기 위하여 회귀모형에 대한 몇 가지 가정사항이 필요하다. 회귀분석에서는 일반적으로 독립변수 $x$는 확률변수가 아니고 분석자에 의하여 조정될 수 있는 결정변수로서 상수취급을 하며, 측정오차가 없다고 가정한다. 또한 특별한 언급이 없는 경우 회귀분석에서는 종속변수와 독립변수 사이의 선형관계를 가정한다.

한편 오차항에 대하여 다음과 같은 가정사항이 요구되는데, 이는 회귀분석에서 필요한 가정사항의 핵심 내용이 된다.

[가정 1] 오차항 $\epsilon_i$는 확률변수로서 모든 $i$에 대하여 평균이 0이다.

$$E(\epsilon_i) = 0, \quad i = 1,\ 2,\ \cdots,\ n$$

따라서 $x$의 값이 $x_0$일 때, $y$의 기대값은 다음과 같다.

$$E(y \mid x_0) = \beta_0 + \beta_1 x_0$$

[가정 2] 오차항의 분산은 모든 $i$에 대하여 똑같은 상수 $\sigma^2$이다.

$$Var(\epsilon_i) = \sigma^2, \quad i = 1,\ 2,\ \cdots,\ n$$

즉 오차항 $\epsilon_i$의 분산은 $x$의 값에 상관없이 항상 일정한 상수이다. 여기서 모수 $\beta_0$와 $\beta_1$, 그리고 독립변수 $x$는 확률변수가 아니므로 $y_i$의 분산도 $\epsilon_i$의 분산과 똑같이 $\sigma^2$이다.

[가정 3] 오차항은 서로 독립적이다.

$$COV(\epsilon_i, \epsilon_j) = 0, \quad i \neq j, \quad i, j = 1, 2, \cdots, n$$

즉 어떤 $y$값을 관찰하는데 발생하는 오차는 또 다른 $y$값을 관찰할 때의 오차와 아무런 상관관계가 없다.

[가정 4] 오차항의 확률분포는 정규분포이다. 즉 [가정 1]과 [가정 2]를 종합하면 $\epsilon_i$는 평균이 0이고 분산이 $\sigma^2$인 정규분포를 따른다.

$$\epsilon_i \sim N(0, \sigma^2), \quad i = 1, 2, \cdots, n$$

이제까지 언급한 가정사항을 요약하면 다음과 같다.

**오차항의 가정사항**

모든 관찰값들에 대하여 확률오차 $\epsilon_i$는 서로 독립적이며 똑같이 정규분포 $N(0, \sigma^2)$를 따른다.

## 제3절 회귀모형의 추정

여기서는 최소제곱추정법을 적용하여 회귀모형의 각 계수들을 추정하는 과정을 다룬다. 한 예로 다음의 <표 9-2>에 제시된 자료는 어느 기업의 매출액과 광고비를 나타내고 있다.

〈표 9-2〉 광고비와 매출액 자료

| 구 분 | 1 | 2 | 3 | 4 | 5 | 6 | 7 |
|---|---|---|---|---|---|---|---|
| 광고비 ($x$) | 10 | 20 | 30 | 40 | 50 | 60 | 70 |
| 매출액 ($y$) | 140 | 150 | 150 | 170 | 165 | 165 | 180 |

종속변수인 매출액과 독립변수인 광고비 사이의 관계를 구체적으로 규명하기에 앞서 자료에 대한 산점도를 작성한 것이 다음의 <그림 9-2>이다.

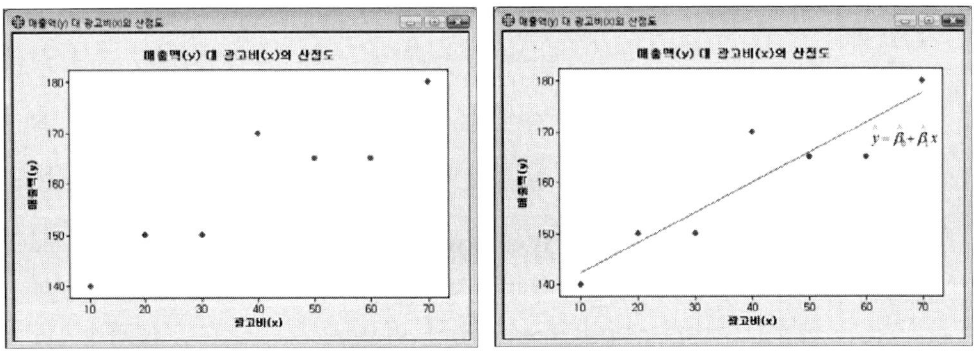

(a) (b)

〈그림 9-2〉 광고비와 매출액 자료의 산점도

앞의 산점도 (a)를 보면 종속변수인 매출액을 $y$축에 그리고 독립변수인 광고비를 $x$축에 표시하였는데, '•' 기호로 표현된 자료값 $(x_i, y_i)$들이 양의 기울기를 갖는 가상의 직선 주위에 분포되어 있다. 즉 광고비와 매출액 자료가 완벽한 직선관계를 나타내지는 않지만 근사적인 직선관계를 이루고 있다.

그러면 독립변수와 종속변수 사이에 존재한다고 판단된 선형관계를 구체적인 관계식으로 만들기 위해서는 어떻게 해야 할 것인가? 이에 대한 해답은 <그림 9-2>의 (b)에서와 같이 자료값들을 '가장 잘 반영하는' 직선의 방정식, 즉 회귀방정식을 찾는 것이다. 위 그림 (b)에서의 추정된 회귀방정식을 $\hat{y} = \hat{\beta}_0 + \hat{\beta}_1 x$ 또는 $\hat{y} = b_0 + b_1 x$라고 가정하면, 특정 독립변수의 값 $x_i$에서의 실제 관찰값은 $y_i$인데 비하여 회귀방정식에 의해 추정되는 값은 $\hat{y_i} = b_0 + b_1 x_i$가 된다. 따라서 실제값과 추정값 사이에는 다음의 $e_i$와 같은 차이가 발생한다.

$$e_i = y_i - \hat{y}_i$$

여기서 $e_i$를 **잔차**(residual)라 하는데, 이는 모형에 의하여 설명되지 못하는 부분을 반영하며 오차항 $\epsilon_i$에 대한 추정값이 된다.

회귀계수를 추정하기 위하여 **최소제곱추정법**(least square estimation)을 사용하는데, 최소제곱추정법에 의한 직선의 적합이란 다음과 같은 잔차의 제곱합을 최소로 하는 회귀계수의 추정량을 구하는 과정이다.

$$E = \sum_{i=1}^{n} e_i^2 = \sum_{i=1}^{n} (y_i - b_0 - b_1 x_i)^2$$

그러면 잔차 제곱합을 최소로 하는 회귀계수를 구하기 위해 위의 식을 $b_0$와 $b_1$에 대하여 각각 편미분하여 얻는 **정규방정식**(normal equation)은 다음과 같다.

$$b_0 n + b_1 \sum_{i=1}^{n} x_i = \sum_{i=1}^{n} y_i$$

$$b_0 \sum_{i=1}^{n} x_i + b_1 \sum_{i=1}^{n} x_i^2 = \sum_{i=1}^{n} x_i y_i$$

위의 정규방정식을 보면 구하고자 하는 미지의 추정량이 두 개이고 또한 방정식의 수가 두 개이므로, 추정량의 도출이 항상 가능하다. 위의 정규방정식을 정리하여 $\beta_0$와 $\beta_1$의 추정량을 구한 결과는 다음과 같다.

**모수 $\beta_0$와 $\beta_1$의 최소제곱추정량**

$$b_1 = \frac{\sum_{i=1}^{n}(x_i - \bar{x})(y_i - \bar{y})}{\sum_{i=1}^{n}(x_i - \bar{x})^2}, \quad b_0 = \bar{y} - b_1\bar{x}$$

여기서 모수 $\beta_0$와 $\beta_1$에 대한 **최소제곱추정량**(least square estimator)인 $b_0$와 $b_1$이 바로 앞에서 설명한 최소분산불편추정량이 된다.

〔예제 9-1〕 앞의 <표 9-2>에서 주어진 광고비와 매출액 자료로부터 최소제곱추정법을 적용하여 회귀방정식을 추정하시오.

☞ 광고비와 매출액 자료에 최소제곱추정법을 적용하여 회귀계수를 추정하기 위한 계산과정을 수행한 결과는 다음과 같다.

| $x$ | $y$ | $(x-\bar{x})$ | $(y-\bar{y})$ | $(x-\bar{x})(y-\bar{y})$ | $(x-\bar{x})^2$ |
|---|---|---|---|---|---|
| 10 | 140 | -30 | -20 | 600 | 900 |
| 20 | 150 | -20 | -10 | 200 | 400 |
| 30 | 150 | -10 | -10 | 100 | 100 |
| 40 | 170 | 0 | 10 | 0 | 0 |
| 50 | 165 | 10 | 5 | 50 | 100 |
| 60 | 165 | 20 | 5 | 100 | 400 |
| 70 | 180 | 30 | 20 | 600 | 900 |
| 280 | 1120 | 0 | 0 | 1650 | 2800 |
| $\bar{x}$=40 | $\bar{y}$=160 | | | | |

이를 앞에서 도출된 공식에 대입하여 추정량 $b_0$와 $b_1$을 구한다.

$$b_1 = \frac{1650}{2800} = 0.589 \ , \quad b_0 = 160 - 0.589(40) = 136.44$$

따라서 주어진 자료를 가장 잘 반영하는 회귀직선은 다음과 같이 도출된다.

$$\hat{y} = 136.44 + 0.589x$$ ■

## 제4절 회귀모형에 대한 유의성 검정

앞에서 회귀모형을 독립변수 $x$의 함수형태로 추정하였다. 이제 그 모형이 얼마나 $y$를 추정하는데 도움을 주는지에 대하여 논의한다. 독립변수 항이 하나밖에 없으므로 모형에 관한 추론은 결국 모수 $\beta_1$에 대한 추론이나 마찬가지이다. 왜냐하면 만약 $\beta_1 = 0$이면 $x$항이 없어지고, $x$와 $y$ 사이의 모형은 무의미한 것이기 때문이다. 따라서 모형의 필요성에 대한 가설은 다음과 같이 설정되는데, 이러한 검정을 모형에 대한 **유의성 검정**(significance test)이라 한다.

**회귀모형의 유의성 검정을 위한 가설**

$H_0 : \beta_1 = 0$ (회귀모형이 의미 없음)

$H_1 : \beta_1 \neq 0$ (회귀모형이 의미 있음)

### ▶ 분산분석

반응량 $y_i$들의 변동량을 나타내는 **총제곱합**(total sum of squares) $SSTO$는 아래와 같이 **회귀제곱합**(regression sum of squares) $SSR$과 **잔차제곱합**(residual sum of squares) $SSE$로 나누어진다.

$$\underset{SSTO}{\underbrace{\sum_{i=1}^{n}(y_i - \bar{y})^2}} = \underset{SSR}{\underbrace{\sum_{i=1}^{n}(\hat{y}_i - \bar{y})^2}} + \underset{SSE}{\underbrace{\sum_{i=1}^{n}(y_i - \hat{y}_i)^2}}$$

여기서 $SSR$은 회귀모형에 의하여 설명되는 변동량이며, 또한 $SSE$는 추정된 모형이 실제 관찰값에 어느 정도 접근하는지를 나타내는 잔차 $e_i$의 제곱합이다. 회귀모형이 실제 관찰값에 접근하는 정도만큼 $SSR$은 커지며 $SSE$는 작아진다.

회귀모형의 유의성을 검정하기 위한 분산분석표는 위의 제곱합을 이용하여 다음과 같이 구해진다.

〈표 9-3〉 **단순회귀모형의 분산분석표**

| 변동요인 | 자유도 | 제곱합 | 평균제곱합 | 검정통계량 |
|---|---|---|---|---|
| 회귀 | 1 | $SSR$ | $MSR = SSR/1$ | $F = MSR/MSE$ |
| 잔차 | $n-2$ | $SSE$ | $MSE = SSE/(n-2)$ | |
| 총합 | $n-1$ | $SSTO$ | | |

여기서의 검정을 위한 검정통계량 $F$는 다음과 같이 자유도가 1과 $n-2$인 $F$분포를 따르게 된다.

$$F = \frac{MSR}{MSE} \sim F(1, n-2)$$

위에서 검정통계량 $F$값이 클수록 $SSR$이 $SSE$에 비하여 크다는 뜻이다. 이는 회귀모형에 의한 추정값 $\hat{y}_i$이 $y_i$의 변동량을 상당 부분 설명해 주는 경우로 회귀모형의 의미가 있다는 뜻이다. 따라서 앞의 귀무가설에 대한 기각역은 다음과 같다.

$$F > F_{\alpha,\, 1,\, n-2}$$

즉 검정통계량의 값 $F$가 기준값 $F_{\alpha,\, 1,\, n-2}$보다 크면 귀무가설을 기각한다.

**[예제 9-2]** 앞의 [예제 9-1]의 자료로부터 회귀모형에 대한 유의성을 5% 유의수준하에 검정하시오.

☞

| $x$ | $y$ | $\hat{y} = 136.44 + 0.589x$ | $y - \hat{y}$ | $(y - \hat{y})^2$ |
|---|---|---|---|---|
| 10 | 140 | 142.33 | -2.33 | 5.4289 |
| 20 | 150 | 148.22 | 1.78 | 3.1684 |
| 30 | 150 | 154.11 | -4.11 | 16.8921 |
| 40 | 170 | 160.00 | 10.00 | 100.0000 |
| 50 | 165 | 165.89 | -0.89 | 0.7921 |
| 60 | 165 | 171.78 | -6.78 | 45.9684 |
| 70 | 180 | 177.67 | 2.33 | 5.4289 |
| | $\bar{y} = 160$ | | 0.00 | 177.6788 |

따라서 제곱합은 다음과 같이 계산된다.

$$SSTO = 1150$$

$$SSE = 177.68$$

$$SSR = 1150 - 177.68 = 972.32$$

그러므로 분산분석표는 다음과 같이 정리된다.

| 변동요인 | 자유도 | 제곱합 | 평균제곱합 | 검정통계량 |
|---|---|---|---|---|
| 회귀 | 1 | 972.32 | 972.32 | 27.36 |
| 잔차 | 5 | 177.68 | 35.54 | |
| 총합 | 6 | 1150 | | |

이 때, 검정통계량 $F = 27.36$은 기준값 $F_{.05,\,1,\,5} = 6.61$보다 크므로 귀무가설을 기각한다. 즉 회귀모형은 의미가 있다. ■

### ▶ 분산 $\sigma^2$의 추정

앞에서 회귀모형을 가정함에 있어 오차항이 정규분포 $N(0, \sigma^2)$를 따른다고 하였다. 그러나 여기서 오차항의 분산 $\sigma^2$는 모수이므로, 다음과 같이 잔차제곱합을 자유도로 나눈 평균잔차제곱합 $MSE$로 추정한다.

**$\sigma^2$의 추정량**

$$\hat{\sigma}^2 = \frac{SSE}{n-2} = MSE$$

### ▶ 회귀계수에 대한 신뢰구간

회귀계수에 대한 신뢰구간을 구하는 이유는 두 가지이다. 첫째는 회귀계수에 대한 구간추정이 필요할 때이고, 둘째는 $H_0 : \beta_j = 0$의 가설에 대한 채택역을 구할 때이다. 제2장의 가설검정에서 언급하였듯이 $\beta_j$의 신뢰구간이 0을 포함하지 않으면 $H_0$을 기각하기 때문이다.

먼저 $\beta_1$에 대한 확률분포는 다음과 같다.

$$b_1 \sim N(\beta_1, \sigma^2_{b_1}) \quad , \quad \text{여기서} \quad \sigma^2_{b_1} = \frac{\sigma^2}{\sum_{i=1}^{n}(x_i - \bar{x})^2}$$

즉 $b_1$은 평균이 $\beta_1$이고 분산이 $\sigma^2_{b_1}$인 정규분포를 따른다. $\beta_1$에 대한 신뢰구간을 구하기에 앞서 제2장에서 다룬 모평균에 대한 신뢰구간을 고려해본다.

$$\mu = \overline{X} \pm t_{\alpha/2, n-1} \frac{s}{\sqrt{n}}$$

여기서 $\overline{X}$ 대신에 $b_1$, $s/\sqrt{n}$ 대신에 $\hat{\sigma}_{b_1}$ 그리고 신뢰계수의 자유도 $n-1$을 오차 자유도 $n-2$로 대체하면 회귀계수 $\beta_1$에 대한 신뢰구간을 도출할 수 있다.
그러면 회귀계수 $b_1$의 분산에 대한 추정량은 다음과 같다.

$$\widehat{\sigma_{b_1}^2} = \frac{MSE}{\sum_{i=1}^{n}(x_i - \overline{x})^2}$$

따라서 $\beta_1$에 대한 100(1-$\alpha$)% 신뢰구간을 구하면 다음과 같다.

**$\beta_1$에 대한 100(1-$\alpha$)% 신뢰구간**

$$\beta_1 = b_1 \pm t_{\alpha/2,\, n-2}\sqrt{\frac{MSE}{\sum(x_i - \overline{x})^2}}$$

이제 $\beta_0$에 대한 확률분포를 고려하면 다음과 같다.

$$b_0 \sim N(\beta_0, \sigma_{b_0}^2), \quad \text{여기서 } \sigma_{b_0}^2 = \sigma^2\left(\frac{1}{n} + \frac{\overline{x}^2}{\sum_{i=1}^{n}(x_i - \overline{x})^2}\right)$$

마찬가지 방법으로 $\beta_0$에 대한 100(1-$\alpha$)% 신뢰구간을 구하면 다음과 같다.

**$\beta_0$에 대한 100(1-$\alpha$)% 신뢰구간**

$$\beta_0 = b_0 \pm t_{\alpha/2,\, n-2}\sqrt{MSE}\sqrt{\frac{1}{n} + \frac{\overline{x}^2}{\sum_{i=1}^{n}(x_i - \overline{x})^2}}$$

〔예제 9-3〕 앞의 [예제 9-1] 자료에서 $\beta_1$에 대한 95% 신뢰구간을 구한 후, [예제 9-2]의 가설을 검정하시오.

☞ [예제 9-1]과 [예제 9-2]의 풀이과정에서 다음의 결과를 인용한다.

$$b_1 = 0.589, \quad \sum(x_i - \overline{x})^2 = 2800, \quad MSE = 35.54$$

한편 $t_{.025,\,5} = 2.57$이므로, 신뢰구간은 다음과 같다.

$$\beta_1 = 0.589 \pm 2.57\sqrt{\frac{35.54}{2800}} = 0.589 \pm 0.2895$$

$$= (0.2995,\ 0.8785)$$

그런데 위 구간은 0을 포함하지 않으므로 $H_0$을 기각한다. 이 결과는 분산분석을 통한 회귀모형의 유의성 검정결과와 항상 동일하다. ■

▶ **검정결과의 의미**

회귀계수에 대한 가설이 기각되거나 채택되었을 때, 단순히 그 결과를 받아들여서는 곤란하다. 그 이유는 회귀모형의 설정과정에서 독립변수와 종속변수 사이에 선형성 등의 가정사항이 만족되는 경우와 그렇지 않은 경우가 있기 때문이다. 다음의 몇 가지 경우를 살펴보자.

① **귀무가설 $H_0 : \beta_1 = 0$이 기각된 경우**

다음의 <그림 9-3>의 (a)와 같이 선형모형이 적합한 경우도 있고, (b)와 같이 $x$가 $y$에 영향을 주지만 선형모형이 적합하지 않은 경우도 있다. 따라서 기각의 내용이 무엇인지를 반드시 자료의 산점도로부터 확인해야 한다.

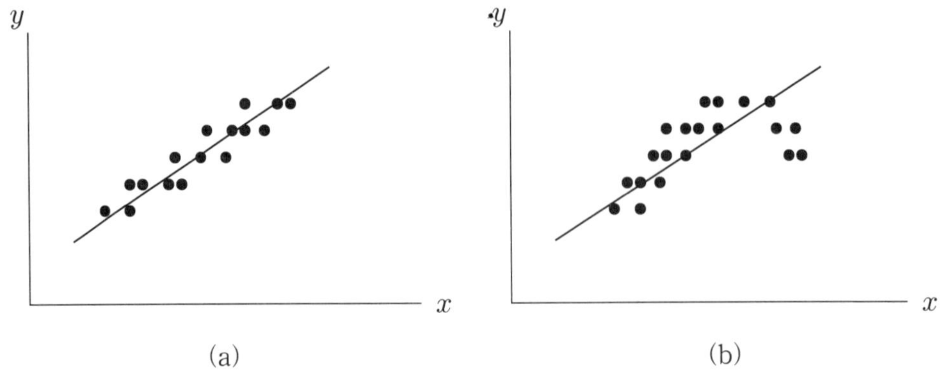


〈그림 9-3〉 $H_0: \beta_1 = 0$이 기각된 경우의 $x$와 $y$의 관계

② **귀무가설 $H_0: \beta_1 = 0$이 채택된 경우**

이 경우에도 $x$와 $y$ 사이에 어떤 관계도 없다고 단정하기엔 이르다. 예를 들어 <그림 9-4>의 (a)는 $x$가 $y$에 영향을 주지 않는 경우이지만, (b)는 $x$가 $y$의 변화에 영향을 주고 있기 때문이다.

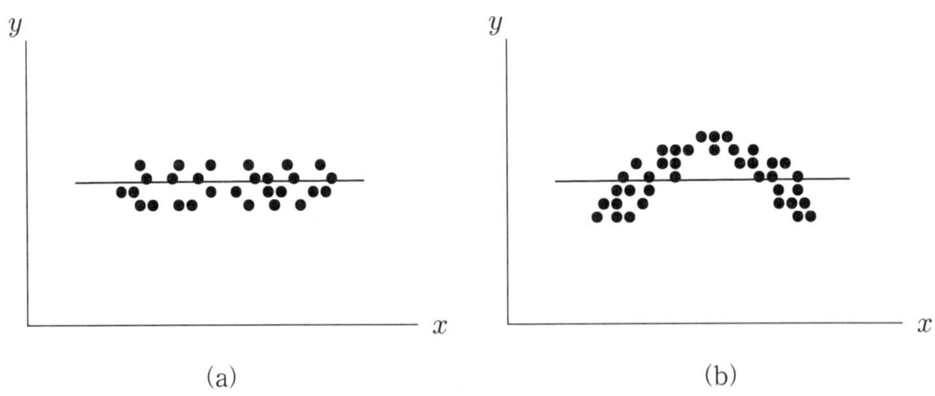


〈그림 9-4〉 $H_0: \beta_1 = 0$이 채택된 경우의 $x$와 $y$의 관계

③ **귀무가설 $H_0 : \beta_0 = 0$에 대한 검정**

회귀계수 $\beta_0$에 대한 검정은 일반적으로 큰 의미가 없다. 독립변수 $x$의 범위가 0을 포함하거나 회귀직선이 원점을 지나는지에 대한 관심을 배제한다면 $\beta_1$에 대한 검정에 비하여 그 의미는 매우 작다.

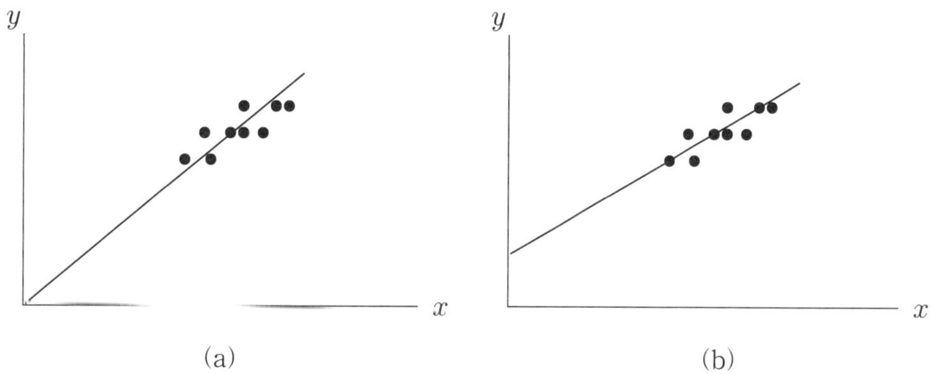


〈그림 9-5〉 원점을 지나는 경우와 그렇지 않은 경우의 비교

예를 들어 <그림 9-5>와 같이 자료의 범위가 원점으로부터 멀리 떨어져 있을 때 $\beta_0$가 매우 작다고 하더라도 원점을 지나는 경우와 그렇지 않은 경우 $\beta_1$에 대한 추정은 차이가 나며, 그 결과로 큰 $x$값에 대한 종속변수 $y$의 추정에 큰 차이를 초래할 수 있다.

## 제5절 반응값에 대한 구간추정

독립변수가 어떤 특정값 $x_0$로 주어졌을 때, 종속변수 $y$에 대한 구간추정 문제를 다룬다. 독립변수가 $x_0$의 값을 가질 때, 종속변수는 다음과 같이 회귀선상의 값으로 추정된다.

$$\hat{y_0} = b_0 + b_1 x_0$$

▶ **평균반응값에 대한 신뢰구간**

독립변수 $x$가 어떤 특정한 값 $x_0$를 가질 때의 평균반응값 $E(y \mid x_0)$에 대한 **신뢰구간**(confidence interval)을 구하면 다음과 같다.

**$E(y \mid x_0)$에 대한 100(1-$\alpha$)% 신뢰구간**

$$E(y \mid x_0) = (b_0 + b_1 x_0) \pm t_{\alpha/2, n-2} \sqrt{MSE} \sqrt{\frac{1}{n} + \frac{(x_0 - \bar{x})^2}{\sum_{i=1}^{n}(x_i - \bar{x})^2}}$$

▶ **개별반응값에 대한 예측구간**

앞에서 설명한 신뢰구간은 $x = x_0$인 모든 대상의 $y$값에 대한 평균인 $E(y \mid x_0)$에 대한 것이다. 예를 들어 $x$가 키고, $y$가 몸무게인 경우를 생각하자. $x = 180$일 때의 $E(y \mid 180)$은 세상에서 키가 180인 사람 모두에 대한 몸무게 평균이다. 한편 '내가 내일 소개받을 상대 남자의 키가 180이라는데 몸무게는 얼마나 될까?'하는 경우라면, 관심의 대상이 되는 어느 한 사람의 몸무게를 추측해 보는 것이다. 이와 같이 개별반응값에 대한 **예측구간**(prediction interval)이란 개별반응값에 대한 신뢰구간을 의미한다.

그러면 이상에서 설명한 $x = x_0$일 때의 개별반응값에 대한 예측구간을 구하면 다음과 같다.

**$x = x_0$일 때 $y$에 대한 100(1-$\alpha$)% 예측구간**

$$y_0 = (b_0 + b_1 x_0) \pm t_{\alpha/2,\, n-2} \sqrt{MSE} \sqrt{\frac{1}{n} + \frac{(x_0 - \bar{x})^2}{\sum_{i=1}^{n}(x_i - \bar{x})^2} + 1}$$

이 예측구간에 대한 도출과정은 생략한다. 신뢰구간과 비교하여 볼 때 제곱근 속에 '1'이 더해진 것이 차이이다. 이 차이는 예측값에 대한 분산이 더 크다는 것을 반영한다. 일반적으로 하나의 대상에 대한 분산이 $\sigma^2$라면, $n$개 대상의 평균에 대한 분산은 $\sigma^2/n$로 더 작아지는 것은 앞에서 설명하였다.

〔예제 9-4〕 앞의 광고비와 매출액 자료로부터 계산된 다음 결과를 참고하여 물음에 답하시오.

$$n = 7,\ \bar{x} = 40,\ \hat{y} = 136.44 + 0.589x,\ MSE = 35.54,\ \sum(\bar{x} - x)^2 = 2800$$

a) 광고비가 55일 때의 평균매출액에 대한 95% 신뢰구간을 구하시오.

b) 어느 특정 회사의 광고비가 55인 경우, 이 회사의 매출액을 추정하시오.

☞ a) $E(y \mid 55) = \{136.44 + 0.589(55)\} \pm 2.57\sqrt{35.54}\sqrt{\frac{1}{7} + \frac{(55-40)^2}{2800}}$

$= 168.84 \pm 7.24$

b) $y_0 = \{136.44 + 0.589(55)\} \pm 2.57\sqrt{35.54}\sqrt{\frac{1}{7} + \frac{(55-40)^2}{2800} + 1}$

$= 168.84 \pm 16.95$

■

## *제6절 결정계수

이 절에서는 추정된 회귀모형이 얼마나 정확하게 $y$를 추측할 수 있는지를 점검한다. 좀 더 통계학적으로 표현하자면 종속변수 $y$의 변동량을 독립변수 $x$의 변화에 의하여 몇 %나 반영할 수 있느냐를 따지는 것이다. 예를 들어 앞에서 몸무게는 키에 따라 달라진다고 했다. 그러면 키 $x$가 달라짐에 따라 몸무게 $y$의 변화폭을 어느 정도 설명할 수 있을까? 만약 $x$의 변화가 $y$의 변화폭에 영향을 주는 비율이 크면 클수록 추정된 회귀모형의 설명력은 높아진다. 이와 같이 추정된 모형과 종속변수 $y$가 어느 정도 밀접한 관계인지를 나타내는 척도로서 **결정계수**(coefficient of determination)를 사용한다.

결정계수 $R^2$는 회귀직선에 의하여 종속변수 $y$의 변동을 설명할 수 있는 비율로서 다음과 같다.

**결정계수**

$$R^2 = \frac{SSR}{SSTO} = 1 - \frac{SSE}{SSTO}$$

위의 제곱합 $SSR$, $SSTO$ 등에 대해서는 앞에서 설명하였다. 결국 결정계수는 종속변수 $y$의 총변동량 $SSTO$ 중에서 회귀모형으로 설명할 수 있는 회귀제곱합 $SSR$의 비율인 셈이다.

한편 단순회귀모형에서 결정계수 $R^2$는 다음과 같이 $x$와 $y$ 사이의 상관계수인 $\rho$의 제곱과 같아진다.

$$R^2 = \rho^2$$

다음의 <그림 9-6>에서는 산점도의 유형에 따른 결정계수를 보여주고 있다.

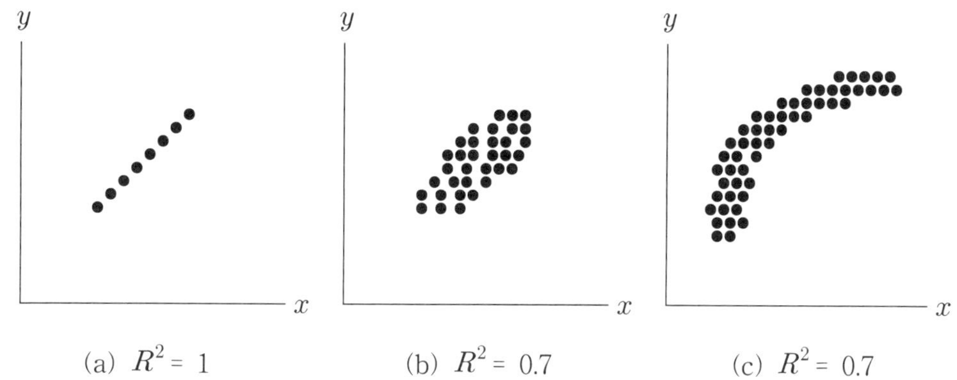


**〈그림 9-6〉 결정계수와 산점도**

그림 (a)에서는 $x$와 $y$가 완전한 직선관계를 이루는 있으므로 결정계수가 1이 된다. 그림 (b)는 $x$와 $y$의 관계가 어느 정도 직선으로부터 벗어나서 $R^2$가 0.7 정도 되는 경우이다. 한편 그림 (c)는 $R^2$가 (b)의 경우와 비슷할 수 있으나 직선으로 표현하기엔 무리인 경우이다. 이와 같은 경우에는 $x' = 1/x$로 변수를 바꾸어 $y = \beta_0 + \beta_1 x' + \epsilon$의 모형을 이용하면 더욱 적합한 모형이 되며 결정계수도 증가하게 된다. 이러한 변수변환에 대해서는 다음의 제10장 6절에서 다룬다.

**[예제 9-5]** 앞의 [예제 9-2]의 분산분석표로부터 결정계수 $R^2$를 구하시오.

☞ 분산분석표에서 $SSTO = 1150$, $SSR = 972.32$이므로 $R^2$는 다음과 같이 계산된다.

$$R^2 = \frac{SSR}{SSTO} = \frac{972.32}{1150} = 0.845$$ ■

# *제7절 회귀모형의 가정사항 검토

앞에서 거론하였듯이 선형회귀분석을 적용하기 위해서는 아래의 몇 가지 가정사항이 충족되어야 한다.

**회귀모형의 가정사항**

① 종속변수와 독립변수는 선형관계이다.

② 오차항 $\epsilon$은 분산이 항상 $\sigma^2$로 똑같다.

③ 오차는 서로 독립적이다.

④ 오차는 정규분포를 따른다.

만약 이러한 회귀모형에 대한 가정사항이 만족되지 않는다면 최종 회귀분석의 결과가 정확하지 않을 수도 있고, 경우에 따라서는 전혀 다른 방향의 엉뚱한 결론이 도출되기도 한다. 회귀모형에 대한 가정사항을 점검해 보기 위한 방법으로는 일반적으로 **잔차산점도**(residual plot)를 통한 **잔차분석**(residual analysis)이 주로 이용된다.

잔차분석이란 회귀모형에서의 가정사항을 체크하기 위한 것으로 주로 잔차산점도와 정규확률도를 점검하는 것이다. 여기서는 회귀모형의 가정사항이 만족되는지를 점검하는 방법을 먼저 살펴보고, 또한 가정사항이 만족되지 못할 때의 처리방법에 대하여 알아보기로 한다

▶ $\hat{y}_i$에 대한 잔차산점도

앞의 가정사항 ①, ② 및 ③에 대한 점검은 잔차 $e_i$의 산점도를 통하여 수행된다. 여기서 추정값 $\hat{y}_i$에 대한 잔차산점도란 다음의 <그림 9-7>에서와 같이 수평축을 $\hat{y}_i$ 그리고 수직축을 잔차 $e_i$로 하여 나타낸 산점도를 의미한다.

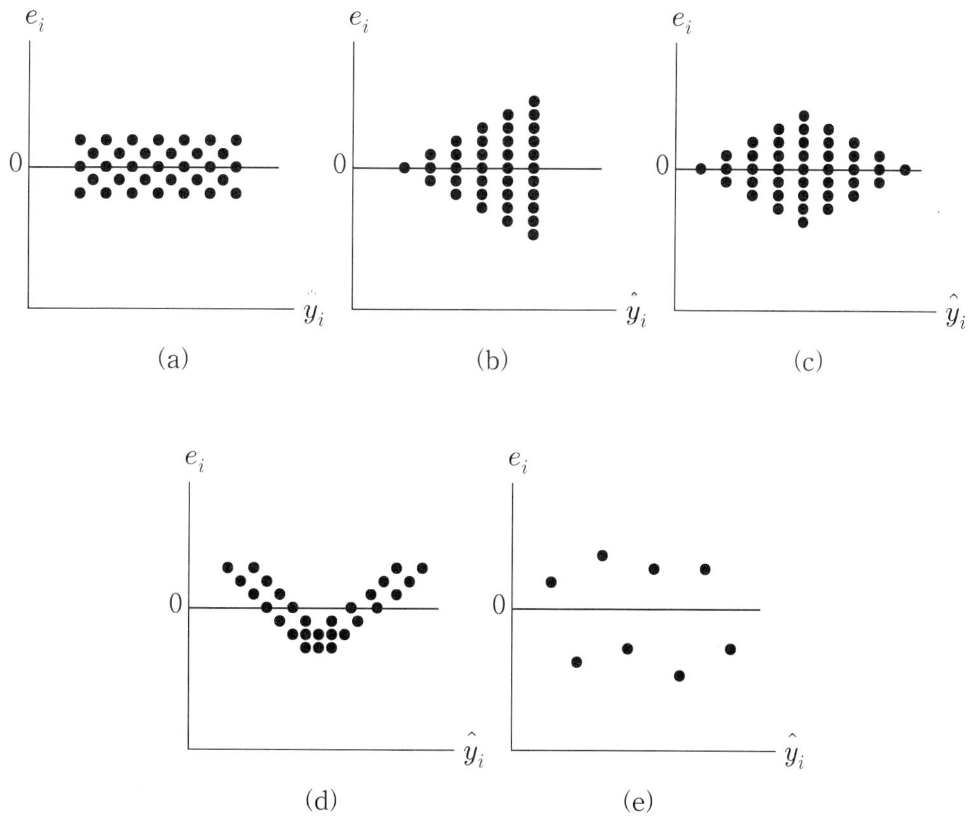


〈그림 9-7〉 잔차산점도의 여러 가지 유형

위의 <그림 9-7>에서 (a)는 잔차가 추정값의 변화에 관계없이 0을 중심으로 오르락내리락 변하고 있으며 또한 그 변화 폭도 고르게 퍼져 있으므로 오차항의 독립성 및 등분산의 가정에 잘 부합됨을 알 수 있다.

그러나 (b)와 (c)는 변화폭, 즉 잔차의 분산이 일정하지 않은 경우인데, (b)는 추정값이 커짐에 따라 잔차의 산포가 증가하고 또한 (c)는 잔차의 분산이 증가했다가 감소하는 경우로 역시 분산이 일정하다는 등분산의 가정에 위배된다. (d)는 잔차의 값이 + 에서 − 로 감소한 후 다시 + 로 증가하는 경우로서, 독립성의 가정 ③에 위배된다. 그리고 (e)는 얼핏 보기에는 잔차가 고르게 산포된 듯 하지만, 잔차의 값이 추정값에 따라 + 와 − 를 규칙적으로 너무 자주 오르내리는 경향을 보이므로 역시 독립성의 가정 ③에 어긋난다.

다음의 <그림 9-8>은 앞의 <표 9-2>에서의 광고비와 매출액 자료에 대한 잔차산점도이다. 자료의 수가 많지 않아 등분산성 및 독립성의 충족여부에 대한 확실한 판단을 내릴 수는 없지만, 대략 큰 문제는 없는 것으로 생각된다.

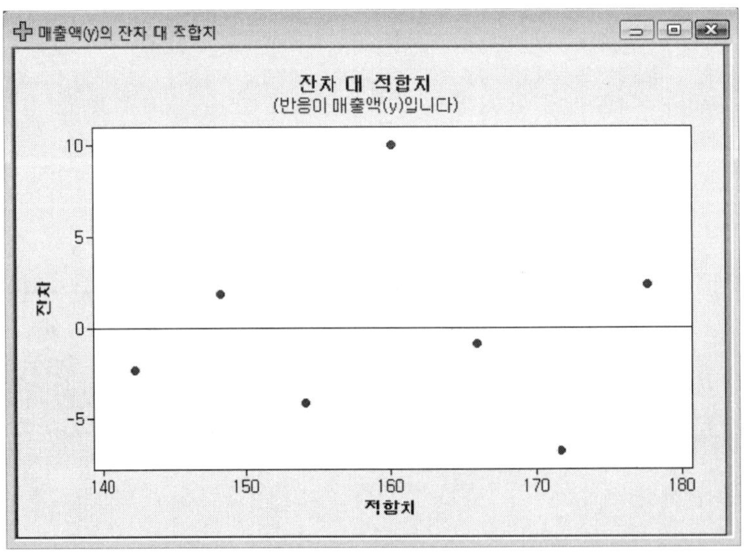


〈그림 9-8〉 광고비와 매출액 자료에 대한 잔차산점도

### ▶ 기타 산점도

잔차산점도는 $\hat{y}_i$에 대하여 뿐만 아니라 독립변수 $x_i$ 및 실험시간 $t$ 등에 대해서도 작성될 수 있다. 즉 잔차산점도의 수평축은 편의상 $x_i$ 또는 $t$ 등이 될 수도 있는데, 앞에서 설명한 $\hat{y}_i$에 대한 산점도와 동일한 역할을 한다.

### ▶ 정규확률도

**정규확률도**(normal probability plot)는 앞의 가정 ④, 즉 오차항이 정규분포를 따르는지를 검정하기 위하여 사용되는 방법이다. 미니탭에서는 수직축은 잔차 그리고 수평축은 잔차에 대한 누적확률을 표준정규확률변수의 값으로 환산하여 나타낸다. 이 때, 정규확률도의 각 점들이 직선에 가까운 형태를 보이면 오차가 정규분포를 따르는 것으로 판단한다. 앞의 광고비와 매출액 자료에 대한 정규확률도의 미니탭의 출력 예를 다음의 <그림 9-9>에서 보여준다.

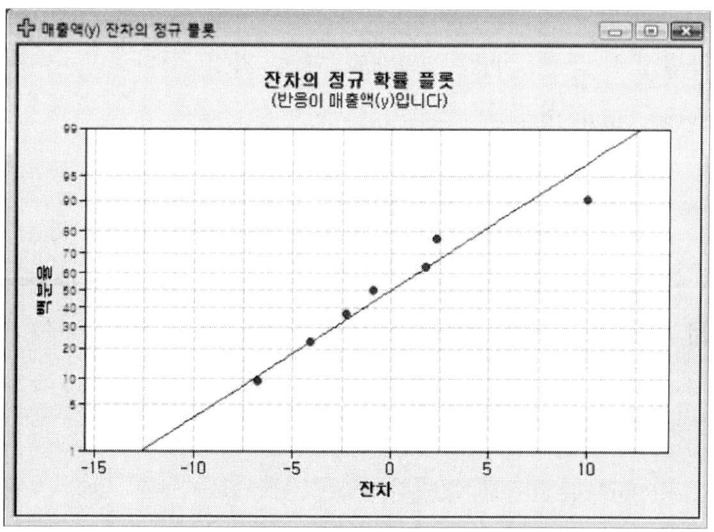


〈그림 9-9〉 광고비와 매출액 자료에 대한 정규확률도

여기서 이 정규확률도의 점들은 거의 직선을 형성하므로 정규성의 가정 ④를 만족한다고 판단된다.

### ▶ 가정사항에 위배될 때

종속변수와 독립변수가 선형관계가 아니라면, 자료를 직선에 적합시키는 것은 무리일 것이다. 이러한 경우에는 회귀모형에 독립변수의 2차 항이나 3차 항을 추가하여 **다항회귀**(polynomial regression)모형을 이용하여 비선형모형을 추정할 수 있다. 또는 변수의 변환을 통하여 비선형관계를 선형관계로 전환시켜 선형모형을 추정할 수도 있다.

한편 **등분산**의 가정이 위배되었을 경우에는 각 변수에서 발생하는 분산의 역수를 비중으로 삼아 해당 변수에 곱하여 이루어지는 **가중회귀**(weighted regression)모형을 이용한다. 오차의 **정규성**은 가설검정이나 구간추정에서 $t$ 검정을 하는데 필요하다. 오차들이 정규성을 가지지 않더라도 표본수가 충분히 많다면 큰 문제가 되지 않는다. 따라서 정규성은 비교적 덜 심각한 문제라고 할 수 있다. 그러나 오차의 **독립성**에 관한 가정이 위배될 때는 가장 까다로운 경우로서 **시계열분석**(time series analysis) 등의 다른 분석방법을 강구해야 한다.

## **제8절 회귀분석 적용상의 유의사항

이상과 같이 회귀분석은 거의 모든 분야에 적용될 수 있는 유용한 통계기법이라고 하겠다. 따라서 회귀분석을 적절하게 이용할 때에는 많은 도움을 얻을 수 있지만, 자료의 대표성이 결여되어 있거나 적합된 모형을 잘못 적용시키는 경우에는 예상하지 못한 오류가 발생하게 된다. 이러한 회귀모형의 오용은 자료 분석자가 모형을 잘못 설정하여 발생할 때도 있고, 적합된 모형을 확대하여 적용시키거나 모형을 잘못 해석하는데 기인하기도 한다. 회귀분석의 적용과정에서 일반적으로 유의해야 할 사항을 정리하면 다음과 같다.

**회귀분석과정에서의 유의사항**

- ▶ 자료의 정확성
- ▶ 확대적용
- ▶ 일반화
- ▶ $x$값의 배치
- ▶ 이상값의 처리
- ▶ 넌센스 관계
- ▶ 고려되지 않은 변수의 역할

### ▶ 자료의 정확성

'엉터리 자료에서는 엉터리 분석 결과가 나온다.'는 말은 회귀분석뿐만 아니라 모든 일상생활에서도 당연시되는 일이다. 한 예로 지난 1987년의 우리나라 대통령 선거에서 세 명의 선두 후보들은 제각기 자신의 당선을 장담하였지만 결국 두 후보는 낙선하였다. 이들은 모두 엉터리 자료에 의한 분석결과에 도취되었는지도 모른다.

회귀분석은 종속변수와 독립변수 사이의 관계에 대한 정보를 마련해 주는데, 이는 자료에 포함되어 있는 정보만큼만 가능한 것이다. 자료가 모집단을 완벽하게 반영할 수 있도록 수집되었든지, 또는 아무렇게나 수집되었든지 상관없이 회귀계수는 추정되고 적합된 모형으로부터 결론은 내려진다. 그러나 적합의 정도나 결론의 정확도는 사용된 자료의 정확성에 달려 있다. 즉 자료가 대표성이 없거나 잘못 수집되었다면 결국 적합의 정도는 형편없을 것이고, 그 결론 또한 잘못될 것이다.

### ▶ 확대적용

회귀모형은 모형을 추정하기 위하여 사용된 독립변수의 값의 범위 내에서 적합된 직선이므로, 엄격히 말하자면 자료에 나오는 독립변수 범위 내에서만 종속변수를 고려하는 것이 타당하다. 그러나 회귀분석의 목적이 그렇지 못할 때가 있다. 예를 들어 2030년의 인구를 추정하기 위하여 과거의 자료를 사용하여 회귀모형을 만들었다면 모형의 **확대적용**(extrapolation)이 불가피할 것이다. 여기서 주의할 것은 독립변수와 종속변수 사이의 관계가 확대적용 되더라도 크게 달라지지 않는다는 이론적 근거가 뒷받침되어야 한다는 것이다. 가령 $x$가 온도이고 $y$가 반응량으로 <그림 9-10>과 같이 회귀직선이 추정되었다고 하자.

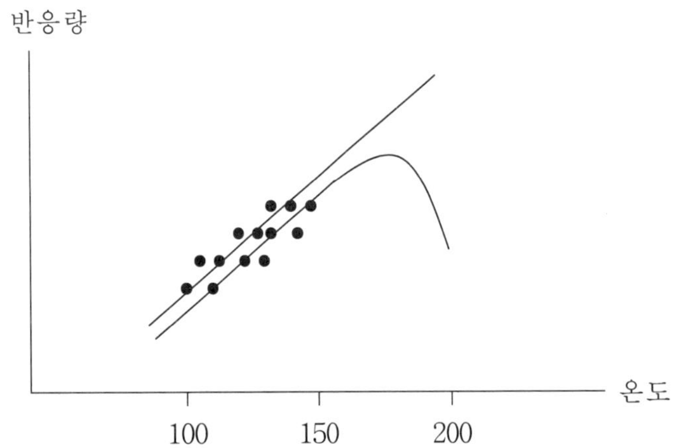


**〈그림 9-10〉 온도와 반응량의 회귀직선**

여기서 독립변수의 범위는 100℃~150℃인데, 200℃에서의 반응량을 이 회귀직선을 이용하여 추정한다면 큰 오류를 범할 수 있다. 그 이유는 반응량이 계속 증가하는 것이 아니라, <그림 9-10>에서와 같이 일정한 온도를 지나면 급격히 감소할 수도 있기 때문이다.

### ▶ 일반화

하나의 표본에서 모집단으로 또는 하나의 모집단에서 다른 모집단으로 **일반화**(generalization)를 시킨다는 것은 한 묶음의 자료에 의한 회귀분석의 결과를 다른 묶음의 자료를 추정하는데 사용한다는 뜻이다. 어떠한 예측모형을 만들기 위하여 사용된 일련의 자료에 대한 제반 사항들이 추정을 하려는 다른 모집단에는 해당되지 않을 수도 있다. 예를 들어 몸무게와 키에 대한 회귀방정식을 한국 사람들로부터 수집한 자료로 만들었는데, 유럽 백인들이나 아프리카 흑인들에게 적용시킨다면 다소 무리가 따를 것이다. 왜냐하면 인종마다 신체구조의 특징에 차이가 있기 때문이다.

그러면 확대적용과 일반화의 차이점을 살펴보기로 한다. 먼저 확대적용은 독립변수 값의 영역을 벗어나는 어떤 값에 대하여 종속변수의 반응값을 예측하는 경우이며, 일반화는 어떤 자료로부터 도출된 회귀모형을 그것과는 특성이 상이한 다른 자료에 적용하는 것이다. 예를 들어 현재까지의 자료에 의존하여 21세기 미국의 인구를 예측한다면 확대적용이고, 또한 미국의 자료에 의하여 만들어진 예측모형을 유럽이나 아시아에 적용시키는 것은 일반화이다.

이제까지 확대적용과 일반화의 위험에 대하여 알아보았다. 그러나 경우에 따라서는 확대적용과 일반화를 불가피하게 적용해야 할 수도 있다. 이러한 경우에는 앞에서 지적한 점을 주의 깊게 살펴야 함은 물론이다.

### ▶ $x$ 값의 배치

최소제곱법을 사용할 때 독립변수 **$x$ 값의 배치**는 매우 중요하다. 이상적으로는 $x$값들 사이의 구간이 똑같은 것이 가장 효율적이다. 왜냐하면 기울기를 추정할 때 모여 있는 점들은 비슷한 비중으로 작용되나, 멀리 떨어져 있는 $x$값은 다른 점들에 비하여 더 강한 영향을 주기 때문이다.

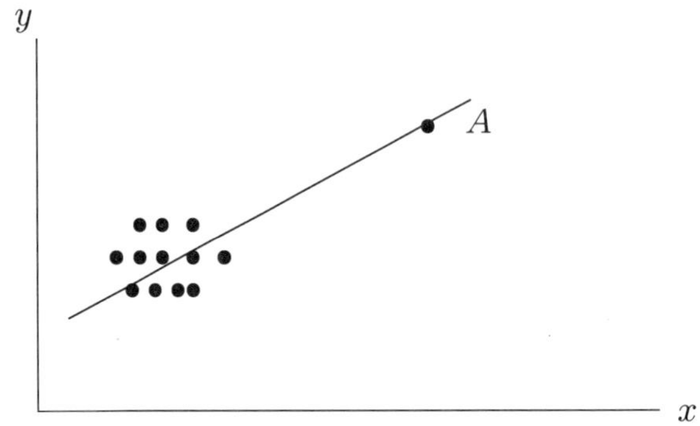


〈그림 9-11〉 멀리 떨어져 있는 관찰값의 영향

예를 들어 <그림 9-11>의 점 $A$는 최소제곱법에 의하여 기울기를 추정할 때 다른 점들보다 훨씬 많은 비중을 차지한다. 이와 같은 상황은 실제 문제에서 자주 발생되고 있다. 한 개 또는 몇 개의 관찰값들이 모형의 특성을 바꾸어 놓는 경우를 조심하여야 한다.

### ▶ 이상값의 처리

예외적으로 엉뚱한 관찰값이 모형을 바꾸어 놓을 수도 있다.

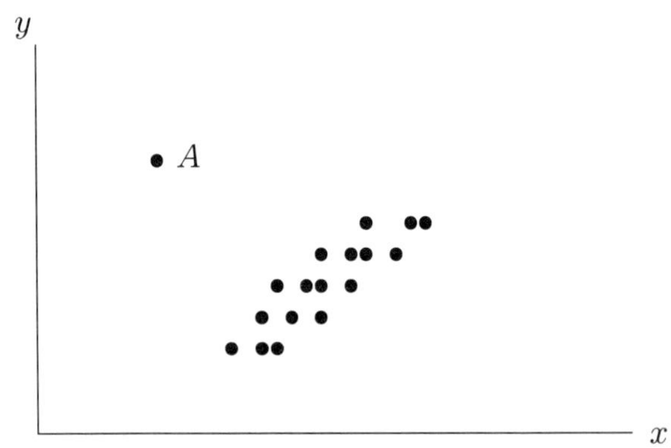


〈그림 9-12〉 이상값이 존재하는 자료

앞의 <그림 9-12>에서 보는 바와 같이 관찰값 $A$는 다른 자료와 비교해 볼 때 돌연변이라 할 수 있는데, 최소제곱법을 적용한 회귀모형의 추정에 있어 다른 관찰값보다 훨씬 큰 영향을 미치게 된다. 여기서 $A$와 같은 점을 **이상값**(outlier)이라 하는데, 이는 잘못 관찰된 값일 수도 있고 또는 분석하고자 하는 문제의 중요한 일면을 보여 주는 값일 수도 있다. 이러한 이상값에 대해서는 제6장 4절에서 자세히 다루고 있으므로, 여기서는 이의 실용적인 처리방법만을 간략하게 소개한다.

**이상값의 처리 방법**

- ▶ 우선 이상값이 실험과정이나 기재과정에서 실수로 나타난 값이 아닌가를 확인한다. 실수라면 제외한다.
- ▶ 이상값이 문제의 특성상 존재할 수 있는 값인 지를 검토한다. 존재할 수 없는 값이면 제외한다.
- ▶ 이상값을 포함한 분석과 포함하지 않은 분석의 두 가지를 모두 제시하고, 서로 비교하면서 결과를 해석한다.

### ▶ 넌센스 관계

두 변수가 회귀분석에서 수리적으로 강한 상관관계를 갖는다고 해서 반드시 두 변수가 원인과 결과의 관계가 되는 것은 아니다. 즉 회귀분석에 앞서 원인과 결과의 관계를 먼저 검토하여야 한다. 두 변수 사이의 넌센스 관계를 갖는 예가 다음의 <표 9-4>에 제시되어 있다. 이는 1981년부터 1986년까지의 우리나라 해군 장교정원 $y$와 우리나라의 이혼 건수 $x$를 의미한다. 여기서 해군 장교정원은 1981년의 값을 1000으로 하여 지수로 나타낸 것이다.

### 〈표 9-4〉 넌센스 관계를 나타내는 자료

| 연 도 | 1981 | 1982 | 1983 | 1984 | 1985 | 1986 |
|---|---|---|---|---|---|---|
| 해군 장교 | 1000 | 1019 | 1029 | 1036 | 1039 | 1046 |
| 이혼 건수 | 24543 | 26740 | 29139 | 35214 | 37314 | 37744 |

그러면 위의 자료를 이용하여 해군 장교정원과 이혼 건수에 대한 회귀모형을 추정한 결과는 다음과 같다.

$$\hat{y} = 942.03 + 0.00271x \quad \rightarrow \quad R^2 = 0.8694$$

여기서 회귀모형의 유의성을 검정해보면 매우 유의한 것으로 나타나며, 결정계수 $R^2$도 0.8694로 비교적 높게 도출된다. 그러면 해군 장교정원을 증가시키기 위해서는 우리나라의 이혼 건수가 늘어나면 된다는 것인데, 이것은 분명히 넌센스 관계로 이혼 건수가 장교정원에 영향을 줄 수 없다는 것은 상식이다. 다만 두 변수가 통계적으로 강한 선형관계를 보이는 것은 해당 기간 동안에 두 변수의 값이 모두 증가하고 있기 때문이다.

### ▶ 고려되지 않은 변수의 역할

다음의 <그림 9-13>은 식당에서 식기의 단위 면적당 대장균 수 $y$가 도시의 인구밀도 $x$에 따라 어떻게 변하는가를 관찰한 결과이다. <그림 9-13>의 (a)를 보면 인구밀도와 대장균 수는 선형관계를 갖는 것으로 보여 진다. 그러나 (a)는 (b)와 (c)를 합성한 것으로, (b)는 면 또는 리와 같이 작은 단위로서 소독시설이 없는 경우이고 또한 (c)는 도시로서 소독시설이 있는 경우를 나타낸다.

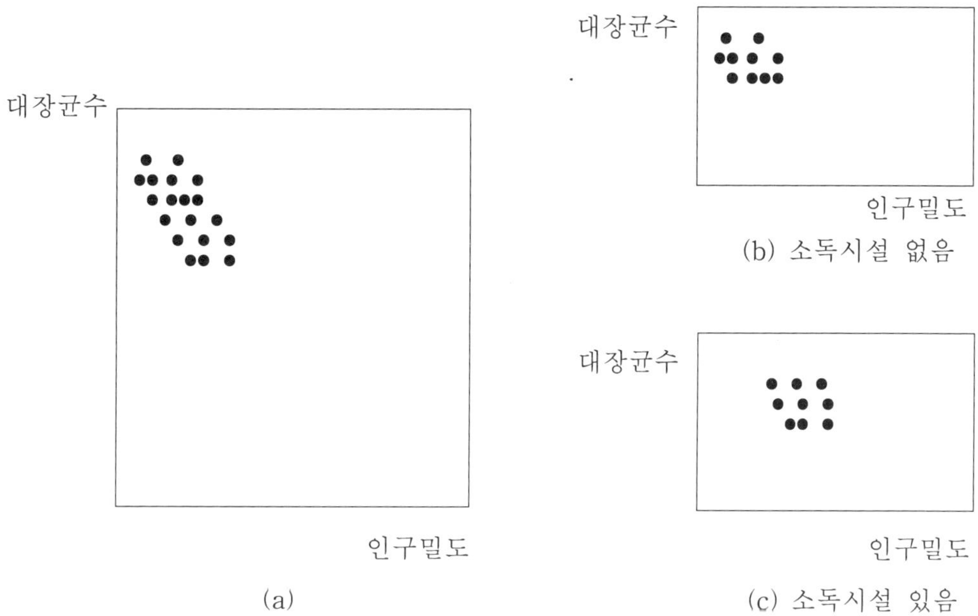


**〈그림 9-13〉 인구밀도에 따른 식당의 대장균 수**

즉 그림 (a)를 (b)와 (c)로 분리해 보면, 두 경우 모두 인구밀도와 대장균 수 사이에는 어떠한 상관관계도 없음을 알 수 있다. 이와 같이 소독시설의 유무라는 고려되지 않은 변수가 분석의 방향을 결정적으로 좌우하게 되는 경우도 있다.

## 제9절 미니탭의 이용

이제까지 다룬 회귀분석과정에 미니탭을 적용하는 방법에 대하여 알아보기로 한다. 회귀분석을 적용하기 위해서는 '**통계분석(S) > 회귀 분석(R)**' 메뉴를 이용한다. 이 메뉴는 단순회귀분석뿐만 아니라 다음의 다중회귀분석에서도 똑같이 이용된다. 다음의 <그림 9-14>는 통계분석(S) > 회귀 분석(R) > 메뉴의 항목 가운데 '**회귀 분석(R)...**'메뉴를 선택하여 나타나는 대화상자이다.

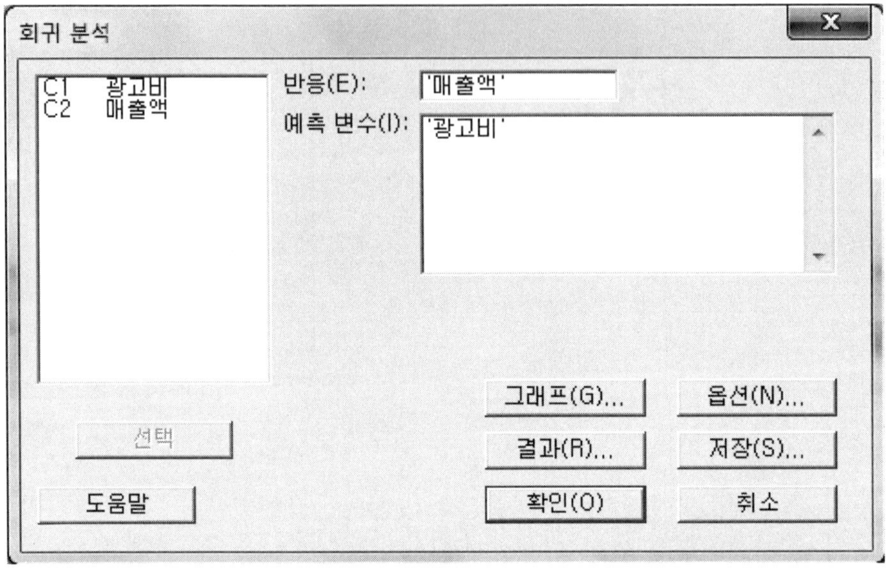


**〈그림 9-14〉 회귀분석(R)... 경우의 대화상자**

회귀선을 추정하고 회귀계수의 유의성을 검정하기 위해서는 변수목록상자에서 종속변수를 선택하여 반응(E) 상자로 이동하고, 또한 독립변수를 선택하여 예측변수(I) 상자로 이동한 후 확인(O) 버튼을 누르면 된다. 예측 변수(I) 상자에는 두 개 이상의 변수를 지정할 수 있는데, 다음의 제10장에서는 이러한 독립변수가 두 개 이상인 다중회귀모형을 다룰 것이다. 앞의 예에서는 반응(E) 상자에 C2를 그리고 예측 변수(I) 상자에 C1을 입력하면 된다.

또한 종속변수에 대한 평균반응값과 개별반응값을 추정하려면 대화상자에서 **옵션(N)...** 버튼을 누른 후, 나타나는 대화상자의 항목 가운데 새 관측치에 대한 예측 구간(I) 상자를 선택하여 구하고자 하는 독립변수의 값을 입력한다. 원하는 신뢰수준은 신뢰 수준(L) 상자를 이용하여 지정할 수 있다.

한편 가정사항의 충족여부를 확인하기 위하여 잔차산점도와 정규확률도를 얻으려면 대화상자에서 그래프(G)... 버튼을 누른 후, 잔차 대 적합치(F)와 잔차 정규확률도(N)를 선택하면 된다.

### (1) 자료의 입력

미니탭 워크시트에 독립변수 C1(광고비)과 종속변수 C2(매출액)를 설정하여 앞의 <표 9-2>의 자료를 다음과 같이 입력한다.

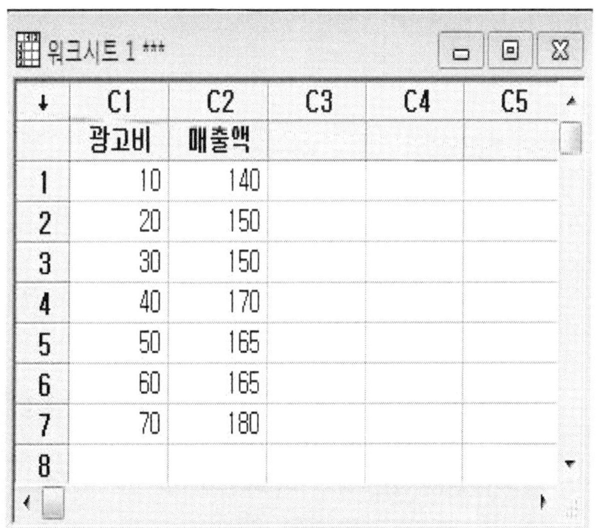


| ↓ | C1 | C2 | C3 | C4 | C5 |
|---|---|---|---|---|---|
| | 광고비 | 매출액 | | | |
| 1 | 10 | 140 | | | |
| 2 | 20 | 150 | | | |
| 3 | 30 | 150 | | | |
| 4 | 40 | 170 | | | |
| 5 | 50 | 165 | | | |
| 6 | 60 | 165 | | | |
| 7 | 70 | 180 | | | |
| 8 | | | | | |

### (2) 산점도의 출력

이제 종속변수와 독립변수 사이에 선형적인 관계가 존재하는지를 살펴보기 위하여 두 변수간의 산점도를 관찰한 결과는 다음의 <그림 9-15>와 같다. 자료의 수가 많지 않아 확실한 판단을 할 수는 없으나, 매출액과 광고비에 어느 정도의 선형관계가 존재함을 알 수 있다.

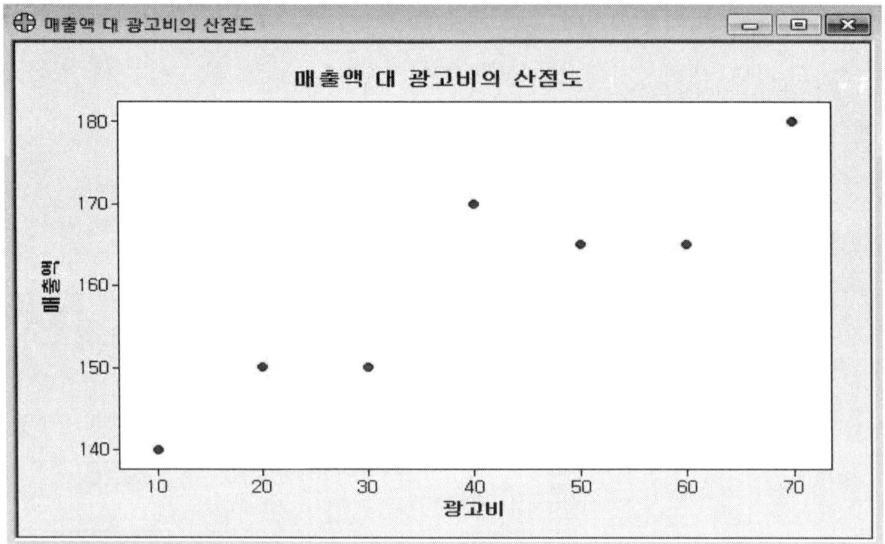


〈그림 9-15〉 자료의 산점도

### (3) 회귀모형의 추정 및 회귀계수의 유의성 검정

회귀모형의 추정과 검정을 위해 <표 9-2>의 자료에 앞의 <그림 9-14>의 대화상자를 이용하여 매출액과 광고비 사이의 회귀모형을 추정한 결과는 다음과 같다.

```
세션

회귀 분석: 매출액 대 광고비

① 회귀 방정식
   매출액 = 136 + 0.589 광고비

② 예측 변수      계수   SE 계수      T      P
   상수       136.429    5.038  27.08  0.000
   광고비      0.5893   0.1127   5.23  0.003

③ S = 5.96118   R-제곱 = 84.5%   R-제곱(수정) = 81.5%

④ 분산 분석

   출처        DF      SS      MS      F      P
   회귀         1  972.32  972.32  27.36  0.003
   잔차 오차    5  177.68   35.54
```

① 추정된 회귀모형이 $\hat{y} = 136 + 0.589x$임을 의미한다.

② 추정된 회귀계수에 대한 여러 가지 통계량으로 '계수' 열은 회귀계수의 추정값, 'SE 계수' 열은 각 회귀계수의 표준편차, 'T' 열은 각 회귀계수의 $t$통계량, 그리고 'P' 열은 각 $t$통계량에 대한 $p$값을 나타낸다. 이 결과물에서 추정된 회귀계수는 $b_0 = 136$이고, $b_1 = 0.589$임을 알 수 있다. 또한 두 회귀계수에 대한 $t$통계량의 값을 보면 모두 기준값 2.57보다 크므로 유의적이라고 판단된다. 한편 $p$값을 이용하는 경우에도 모두 검정의 유의수준인 0.05보다 작으므로 역시 두 회귀계수가 모두 유의적이라는 것을 알 수 있다.

③ $\sigma$의 추정값인 'S'가 5.96118이고, 결정계수가 84.5%로 구해졌음을 알 수 있다. 또힌 'Π 제곱(수정)'은 수정된 결정계수를 의미하는데, 다음의 제10장 3절에서 설명한다.

④ 여기서는 분산분석을 통한 회귀모형에 전체에 대한 유의성 검정을 보여준다. 먼저 'DF' 열에서는 각 항의 자유도를 보여주고, 다음의 'SS' 열에서는 각항의 제곱합을 의미한다. 'MS' 열은 평균제곱합, 그리고 'F' 열은 검정통계량의 값 27.36을 나타낸다. 끝으로 'P' 열에서는 이 검정의 $p$값을 보여준다.

## (4) 반응값의 추정

이제 앞의 제4절에서 소개한 독립변수가 특정값을 가질 때의 종속변수값에 대한 추정문제를 다루기로 한다. 이 경우에는 앞의 <그림 9-14>의 회귀 분석(R)... 대화상자에서 '**옵션(N)...**' 버튼을 클릭하여 나타나는 다음의 <그림 9-16>의 옵션(N)... 대화상자를 이용한다.

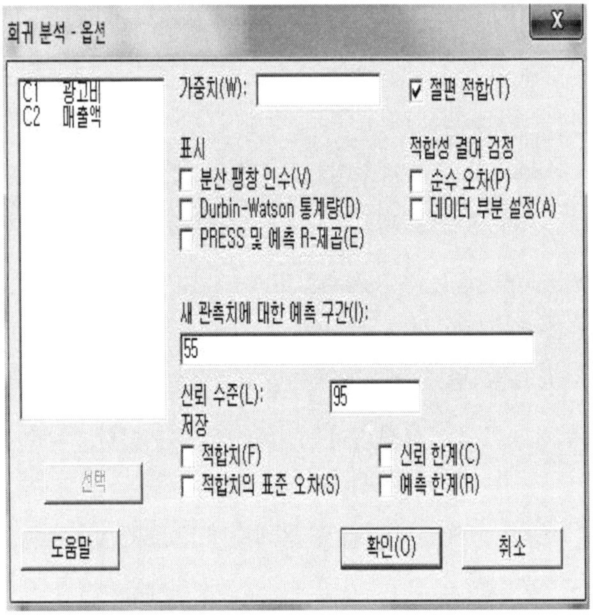


**〈그림 9-16〉 옵션(N)... 경우의 대화상자**

여기서 '새 관측치에 대한 예측 구간(I)'과 '신뢰 수준(L)'에 각각 원하는 값을 입력한다. 그러면 본문에서와 마찬가지로 광고비가 55인 경우에 있어 매출액의 95% 반응값을 추정하면 다음과 같은 미니탭 결과물을 얻게 된다.

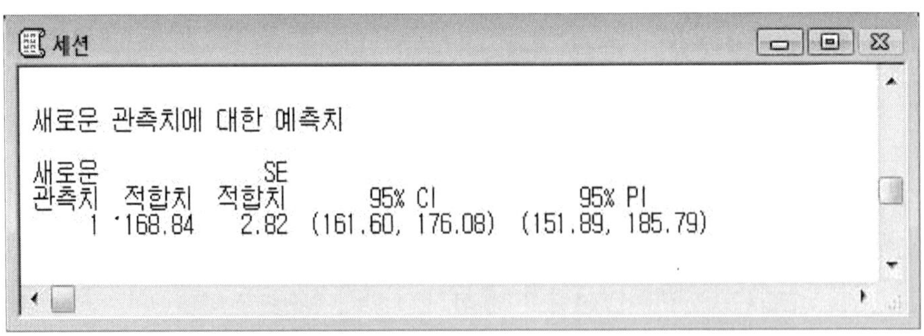


위의 결과물에서는 광고비 55에 따른 매출액의 추정값이 168.84라는 점추정값과

더불어 두 가지의 구간추정값을 제시하고 있다. 첫 번째 구간 '95% CI'는 평균반응값에 대한 95% 신뢰구간 그리고 두 번째 구간 '95% PI'에서는 개별반응값에 대한 95% 신뢰구간을 나타낸다.

## (5) 잔차산점도

미니탭을 이용하여 잔차산점도를 구하기 위해서는 회귀 분석(R)... 대화상자에서 **그래프(G)...** 버튼을 클릭한 후 나타나는 '잔차 대 적합지(F)' 메뉴를 선택하면 된다. 그러면 매출액 자료에서의 잔차산점도를 구한 결과는 <그림 9-17>과 같다.

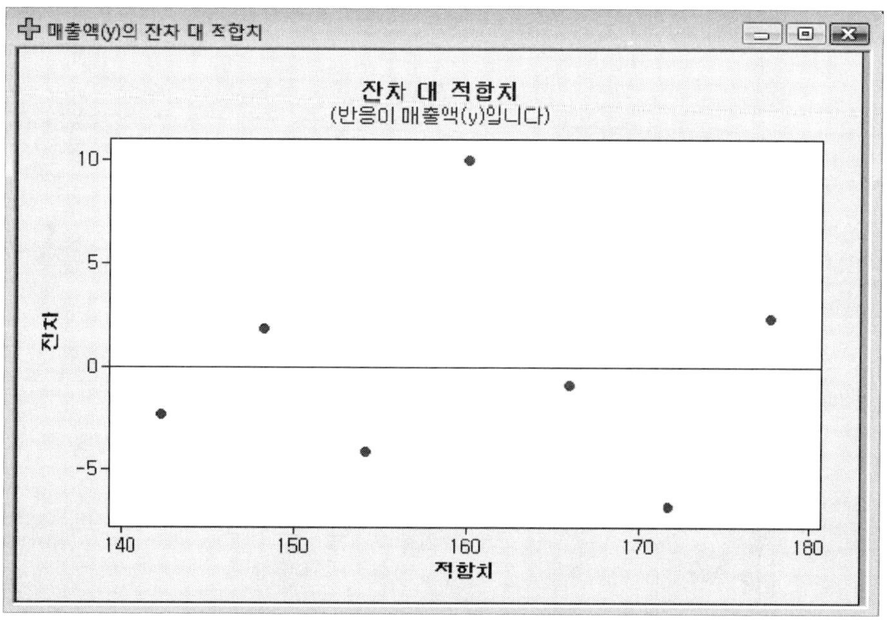


**〈그림 9-17〉 잔차산점도**

위 그림에서 보는 바와 같이 잔차산점도는 적합치를 가로축 그리고 잔차를 수직축에 나타낸 그림인데, 독립성과 등분산성의 가정사항을 체크하는데 매우 유용하게 쓰인다. 이에 관한 자세한 설명은 제4장에서 다루기로 한다.

### (6) 정규확률도

회귀 분석(R)... 대화상자에서 **그래프(G)...** 버튼을 클릭한 후 보여지는 '잔차 정규확률도(N)' 메뉴를 선택하면 다음 <그림 9-19>에서와 같은 정규확률도를 얻게 된다. 정규확률도는 오차항의 정규성 여부를 체크하는 그림으로, 잔차산점도와 더불어 회귀분석에서 매우 중요하게 이용되고 있다. 그러면 앞의 매출액 자료의 정규확률도를 출력한 결과는 다음과 같다.

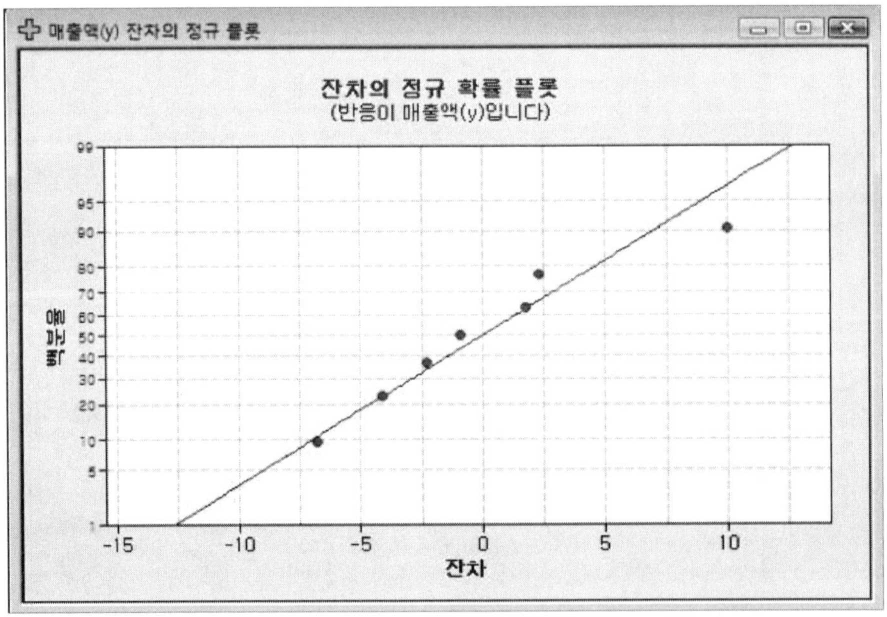


**〈그림 9-18〉 잔차의 정규확률도**

정규확률도는 자료가 얼마나 직선에 가까운 형태를 띠고 있는가에 따라 오차항의 정규성 만족 여부를 판단하게 된다.

# 제10절 요약

### 1. 회귀분석의 개요

▶ 회귀분석이란? : 주어진 자료로부터 종속변수와 독립변수간의 관계식을 도출하고, 종속변수를 추정하는 기법

▶ 회귀분석의 목적 : (1) 자료의 요약 정리
(2) 회귀모형의 설정
(3) 모수의 추정
(4) 반응값의 추정

### 2. 단순회귀모형 및 가정사항

$y = \beta_0 + \beta_1 x + \epsilon$, 단 $\epsilon_i \sim N(0, \sigma^2)$, 서로 독립

### 3. 회귀모형의 추정

▶ 최소제곱추정량 : 잔차의 제곱합 $SSE$를 최소화하는 추정량

$$SSE = \sum_{i=1}^{n} e_i^2 = \sum_{i=1}^{n} (y_i - \hat{\beta}_0 - \hat{\beta}_1 x_i)^2$$

$$\hat{\beta}_1 = \frac{\sum_{i=1}^{n} (x_i - \bar{x})(y_i - \bar{y})}{\sum_{i=1}^{n} (x_i - \bar{x})^2}, \qquad \hat{\beta}_0 = \bar{y} - \hat{\beta}_1 \bar{x}$$

## 4. 회귀모형에 대한 유의성 검정

▶ 회귀모형에 대한 유의성 검정 = 회귀계수에 대한 유의성 검정

- 가설 : $H_0 : \beta_1 = 0$
  $H_1 : \beta_1 \neq 0$

- $\beta_1$에 대한 100(1-$\alpha$)% 신뢰구간 :

$$\beta_1 = b_1 \pm t_{\alpha/2,\, n-2} \sqrt{\frac{MSE}{\sum (x_i - \bar{x})^2}}$$

## 5. 반응값에 대한 구간추정

▶ 평균반응값에 대한 $100(1-\alpha)\%$ 신뢰구간

$$E(y \mid x_0) = (\hat{\beta}_0 + \hat{\beta}_1 x_0) \pm t_{\alpha/2, n-2} \sqrt{MSE} \sqrt{\frac{1}{n} + \frac{(x_0 - \bar{x})^2}{\sum_{i=1}^{n} (x_i - \bar{x})^2}}$$

▶ 개별반응값에 대한 $100(1-\alpha)\%$ 예측구간

$$y_0 = (\hat{\beta}_0 + \hat{\beta}_1 x_0) \pm t_{\alpha/2, n-2} \sqrt{MSE} \sqrt{\frac{1}{n} + \frac{(x_0 - \bar{x})^2}{\sum_{i=1}^{n} (x_i - \bar{x})^2} + 1}$$

## 6. 결정계수

▶ 결정계수 $R^2$ : 회귀모형에 의하여 설명되는 비율

$$R^2 = \frac{SSR}{SSTO} = 1 - \frac{SSE}{SSTO}$$

## 7. 회귀모형의 가정사항 검토

▶ $x$와 $y$의 선형성 : $x$와 $y$의 산점도

▶ 오차항의 정규성, 등분산성, 독립성 : 잔차산점도, 정규확률도 등 이용

## 8. 회귀분석 적용상의 유의사항

▶ 자료의 정확성

▶ 확대적용

▶ 일반화

▶ $x$값의 배치

▶ 이상값의 처리

▶ 넌센스 관계

▶ 고려되지 않은 변수의 역할

## 9. 미니탭의 이용

▶ 산점도의 출력 : 그래프(G) > 점도표(D)...

▶ 회귀모형 추정 : 회귀 분석(R) > 회귀 분석(R)...

▶ 반응값의 추정 : 회귀 분석(R) > 회귀 분석(R)... 〉 옵션(N)...

▶ 잔차산점도 : 회귀 분석(R) > 회귀 분석(R)... 〉 그래프(G)...

▶ 정규확률도 : 회귀 분석(R) > 회귀 분석(R)... 〉 그래프(G)...

## ■ 연습문제

**[9.1]** 다음 문장을 읽고 옳으면 '○'표, 또한 틀리면 '×'표를 한 후 틀린 곳을 바르게 고치시오.

a) 회귀모형은 모집단 전체로부터가 아니라 표본으로부터 유도된다.

b) 결정계수는 종속변수의 변화량을 회귀직선에 의하여 얼마나 설명할 수 있는지를 말한다.

c) 결정계수가 0에 가깝다는 것은 $x$와 $y$ 사이에 상관관계가 매우 높다는 것을 의미한다.

d) 추정된 회귀직선은 표본자료의 범위 안에서 사용되는 것이 원칙이다.

e) 최소제곱추정법에 의한 회귀직선에서 잔차의 합은 0이다.

f) 결정계수가 작을 때는 독립변수 $x$를 $1/x$이나 $\ln x$등으로 변환하여 그 값을 증가시킬 수도 있다.

g) $H_0 : \beta_1 = 0$의 가설이 채택되면, $x$와 $y$는 아무런 관계도 없다는 뜻이다.

h) $H_0 : \beta_1 = 0$의 가설이 기각되면, 회귀모형이 적합하다는 뜻이다.

i) 종속변수에 영향을 미치는 독립변수들을 찾아내는 것도 회귀분석의 목적 중 하나이다.

j) 같은 독립변수의 값 $x_0$에서의 개별반응값에 대한 예측구간은 평균반응값에 대한 신뢰구간보다 항상 크다.

*****[9.2]** 최소제곱법을 이용하여 회귀방정식의 회귀계수와 기울기계수를 추정하면 다음과 같이 구해짐을 보이시오.

$$\hat{\beta}_1 = \frac{\sum_{i=1}^{n}(x_i - \bar{x})(y_i - \bar{y})}{\sum_{i=1}^{n}(x_i - \bar{x})^2}, \qquad \hat{\beta}_0 = \bar{y} - \hat{\beta}_1 \bar{x}$$

**[9.3]** 다음은 10개 도시의 차량수($x$)에 따른 교통사고건수($y$)를 나타내고 있다.

| 차 량 수 | 4 | 11 | 16 | 12 | 9 | 16 | 6 | 7 | 9 | 10 |
|---|---|---|---|---|---|---|---|---|---|---|
| 교통사고건수 | 1 | 4 | 5 | 4 | 3 | 4 | 2 | 1 | 4 | 2 |

a) 교통사고건수와 차량수 사이의 회귀방정식을 구하시오.

b) 추정된 회귀모형 및 각각의 회귀계수에 대한 유의성을 5%의 유의수준하에 검정하시오.

c) 결정계수 $R^2$를 구하시오.

**[9.4]** 다음은 어떤 화장품회사의 광고비($x$)와 매출액($y$)을 8개월 동안 조사한 자료이다.

| 광 고 비 | 12 | 8 | 10 | 13 | 7 | 10 | 9 | 11 |
|---|---|---|---|---|---|---|---|---|
| 매 출 액 | 101 | 92 | 108 | 120 | 90 | 93 | 91 | 105 |

a) 광고비와 매출액의 산점도를 작성하시오.

b) 광고비와 매출액 사이의 회귀방정식을 도출하고, 5%의 유의수준으로 추정된 회귀모형 및 회귀계수에 대한 유의성을 검정하시오.

c) 광고비로 10을 투자한다고 할 때, 이 회사의 매출액에 대한 95% 신뢰구간을 구하시오.

d) 결정계수 $R^2$를 구하시오.

**[9.5]** 다음은 미니탭을 이용한 회귀모형의 추정결과이다. 아래의 물음에 답하시오.

```
세션

회귀 방정식은
C1 = 0.131 + 0.241 C2

예측 변수      계수   SE 계수      T      P
상수         0.1309   0.1260   1.04  0.310
광고비(x)   0.24115  0.01905  12.66  0.000


S = 0.2361   R-제곱 = 87.4%   R-제곱(수정) = 86.9%


분산 분석

출처        DF       SS      MS       F      P
회귀         1   8.9296  8.9296  160.26  0.000
잔차 오차   23   1.2816  0.0557
전체        24  10.2112
```

a) 위의 결과물에서 회귀방정식을 구하시오.

b) 5%의 유의수준하에 추정된 회귀모형 및 각각의 회귀계수에 대한 유의성을 검정하시오.

**[9.6]** 어떤 의류회사의 주가지수($x$)와 매출액($y$)은 다음과 같다고 한다.

| | | | | | | | | | | | |
|---|---|---|---|---|---|---|---|---|---|---|---|
| 주가지수 | : | 83 | 72 | 69 | 90 | 90 | 95 | 95 | 91 | 75 | 70 |
| 매 출 액 | : | 56 | 42 | 18 | 84 | 56 | 107 | 90 | 68 | 31 | 48 |

a) 매출액과 주가지수간의 회귀방정식을 구하시오.

b) 주가지수 회귀계수에 대한 유의성을 검정하시오.

c) 이 회사의 주가지수가 92일 때의 매출액을 예측하시오.

d) 결정계수를 구하고 설명하시오.

**[9.7]** 다음 자료는 음식점의 직원수($x$)와 매출액($y$)을 나타내고 있다.

| 직원수 | 3 | 3 | 4 | 5 | 6 | 6 | 7 | 8 | 9 | 9 |
|---|---|---|---|---|---|---|---|---|---|---|
| 매출액 | 9 | 5 | 12 | 9 | 14 | 16 | 22 | 18 | 23 | 22 |

a) 종업원 수와 매출액간의 회귀방정식을 구하시오.

b) 앞 a)에서 구한 회귀방정식이 의미가 있는지를 검정하시오.

c) 종업원이 6명인 음식점의 평균매출액을 구하시오.

**[9.8]** 다음은 어느 선적회사의 선적량($x$)에 따른 선적시간($y$)을 나타내는 자료이다. 아래의 물음에 답하시오.

| 선 적 량 | 20 | 30 | 30 | 40 | 50 | 60 | 60 | 60 | 70 | 80 |
|---|---|---|---|---|---|---|---|---|---|---|
| 선적시간 | 50 | 69 | 73 | 87 | 108 | 128 | 132 | 135 | 148 | 170 |

a) 적절한 회귀모형을 가정하고 회귀방정식을 추정하시오.

b) 5%의 유의수준하에 추정된 회귀방정식의 유의성을 검정하시오.

c) 선적량이 55일 때, 이 회사의 선적시간에 대한 95% 예측구간을 구하시오.

# 10

# 다중회귀분석

# 제 10 장 다중회귀분석

다중회귀분석이란 단순회귀분석의 확장으로 독립변수가 두 개 이상인 경우의 회귀모형을 다루는 것이다. 제9장 1절의 예에서는 사람의 몸무게를 추정하기 위한 신체조건으로 키를 고려하였는데, 이 경우 키뿐만 아니라 가슴둘레 등 다른 변수들도 함께 고려할 수 있다. 즉 키가 똑같은 사람이라도 얼마나 뚱뚱한 지에 따라 몸무게가 다를 수 있으므로 가슴둘레를 함께 고려한다면 좀 더 정확한 추정을 할 수 있을 것이다. 실제 어떠한 변수에 영향을 미치는 변수가 하나가 아니라 두 개 이상인 경우가 대부분이라는 점을 감안할 때, 다중회귀분석이 더 현실적인 회귀모형이라 하겠다.

또 다른 예로 제9장에서 광고비에 따른 기업의 매출액을 검토하였는데, 이때는 기업의 매출액에 영향을 주는 요인으로 광고비 하나만을 고려하였다. 그러나 실제에 있어서 기업의 매출액에 영향을 주는 변수로는 광고비 외에도 기업의 직원수 및 품질수준 등 여러 가지를 들 수 있다.

이 장에서는 단순회귀분석의 연장으로 다중회귀모형에 대한 추정과 유의성 검정을 알아보고, 종속변수에 영향을 주는 여러 독립변수들 중에서 회귀모형에 기여하는 변수만을 고르는 변수선택방법을 다룬다. 또 제4절에서는 독립변수가 양적변수가 아니라 질적변수인 경우의 회귀분석을 다루고, 제5절에서는 일부 독립변수항에 대한 검정이라 할 수 있는 부분회귀계수검정 문제를 다룬다. 제6절에서는 독립변수와 종속변수 사이에 선형관계가 아닌 경우, 이를 선형으로 변환하여 추정하는 문제를 다루고, 제7절에서는 독립변수들 사이에 높은 상관관계가 존재할 때 발생하는 다공선성을 설명한다. 또 제8절에서는 회귀모형의 변수들을 인과관계로 조명하는 경로분석에 대하여 간단히 소개한다.

# 제1절 다중회귀모형

종속변수에 영향을 주는 독립변수가 $x_1$부터 $x_k$까지 $k$개가 존재할 때의 **다중회귀모형**(multiple regression model)은 일반적으로 다음의 형태로 설정된다.

**다중회귀모형**

$$y_i = \beta_0 + \beta_1 x_{1i} + \beta_2 x_{2i} + \cdots + \beta_k x_{ki} + \epsilon_i, \quad i = 1, ..., n$$

$$\text{여기서} \quad \epsilon_i \sim N(0, \sigma^2), \quad \epsilon_i \text{는 독립}$$

위의 다중회귀모형에서 $\beta_j$는 $j$번째 독립변수 $x_j$의 회귀계수를 의미하는데, $x_j$를 제외한 다른 모든 독립변수의 값이 고정된 상태에서 $x_j$의 값이 한 단위 증가할 때의 $y$의 변화량을 나타낸다. 이 때, $\beta_0$는 상수항이다. 또한 $\epsilon_i$는 $i$번째 관찰값 $y_i$의 오차항을 의미하는데, 단순회귀모형에서와 마찬가지로 서로 독립적이며 평균이 0이고 분산이 $\sigma^2$인 정규분포를 따르는 것으로 가정한다.

다중회귀분석과정은 단순회귀분석의 경우와 유사하나, 독립변수항이 하나에서 여러 개로 늘어나게 되어 계산과정은 훨씬 더 복잡해지는 특징이 있다. 이와 같이 독립변수의 수가 많아지면, 직접 계산에 의해 추정량을 얻기가 현실적으로 매우 곤란하므로 통계패키지를 이용하게 된다.

### ▶ 자료의 형태

다중회귀모형에서 $k$개의 독립변수 $x_1, x_2, \cdots, x_k$와 종속변수 $y$에 대한 $n$개의 표본은 <표 10-1>과 같이 정리될 수 있다.

〈표 10-1〉 다중회귀분석을 위한 자료 형태

| 표본 | 독립변수 | | | | 종속변수 |
|---|---|---|---|---|---|
| | $x_1$ | $x_2$ | $\cdots$ | $x_k$ | $y$ |
| 1 | $x_{11}$ | $x_{21}$ | $\cdots$ | $x_{k1}$ | $y_1$ |
| 2 | $x_{12}$ | $x_{22}$ | $\cdots$ | $x_{k2}$ | $y_2$ |
| $\vdots$ | $\vdots$ | $\vdots$ | | $\vdots$ | $\vdots$ |
| $n$ | $x_{1n}$ | $x_{2n}$ | $\cdots$ | $x_{kn}$ | $y_n$ |

▶ **행렬로 정리한 자료**

컴퓨터 패키지에 자료를 입력하거나, 좀 더 전문적인 회귀분석을 다루기 위하여 위의 자료를 행렬 형태로 바꾸어 표현해 보자. 회귀모형에서 $\beta_0$에 상응하는 독립변수에 형식적으로 '1'을 넣으면 모형은 다음과 같다.

$$y_i = \beta_0 \cdot 1 + \beta_1 x_{1i} + \beta_2 x_{2i} + \cdots + \beta_k x_{ki} + \epsilon_i, \quad i = 1, \cdots, n$$

그러면 $\beta_0$에 대한 독립변수값 '1'을 포함하여 <표 10-1>의 자료를 묶어서 표현하고, 또 오차와 모수들을 묶으면 다음과 같다. 이러한 행렬 형태의 표현을 통하여 <표 10-1>의 자료와 회귀모형에 관련된 모수와 오차 등의 모든 표기들이 간단하게 집약될 수 있다.

$$y = \begin{bmatrix} y_1 \\ y_2 \\ \vdots \\ y_n \end{bmatrix}, \quad X = \begin{bmatrix} 1 & x_{11} & x_{21} & \ldots & x_{k1} \\ 1 & x_{12} & x_{22} & \cdots & x_{k2} \\ \vdots & \vdots & \vdots & \vdots & \vdots \\ 1 & x_{1n} & x_{2n} & \cdots & x_{kn} \end{bmatrix}, \quad \beta = \begin{bmatrix} \beta_0 \\ \beta_1 \\ \vdots \\ \beta_k \end{bmatrix}, \quad \epsilon = \begin{bmatrix} \epsilon_1 \\ \epsilon_2 \\ \vdots \\ \epsilon_n \end{bmatrix}$$

그러면 다중회귀모형을 위의 행렬을 이용하여 나타내면 다음과 같다.

$$y = X\beta + \epsilon$$

[예제 10-1] 제9장의 <표 9-2>에서의 자료에 기업의 직원수를 나타내는 독립변수를 추가한 자료가 다음과 같다. 이 자료에 대한 회귀모형을 설정하고, 또 행렬의 형태로 나타내시오.

| | | | | | | | | |
|---|---|---|---|---|---|---|---|---|
| 매출액 ( $y$ ) | : | 140 | 150 | 150 | 170 | 165 | 165 | 180 |
| 광고비 ( $x_1$ ) | : | 10 | 20 | 30 | 40 | 50 | 60 | 70 |
| 직원수 ( $x_2$ ) | : | 10 | 20 | 10 | 30 | 20 | 20 | 30 |

☞ 회귀모형은 다음과 같이 설정된다.

$$y_i = \beta_0 + \beta_1 x_{1i} + \beta_2 x_{2i} + \epsilon, \quad i = 1, 2, \dots, 7$$

또한 행렬의 형태로 이 모형의 값들을 정리하여 나타내면 아래와 같다.

$$y = \begin{bmatrix} 140 \\ 150 \\ 150 \\ 170 \\ 165 \\ 165 \\ 180 \end{bmatrix}, \quad X = \begin{bmatrix} 1 & 10 & 10 \\ 1 & 20 & 20 \\ 1 & 30 & 10 \\ 1 & 40 & 30 \\ 1 & 50 & 20 \\ 1 & 60 & 20 \\ 1 & 70 & 30 \end{bmatrix}, \quad \beta = \begin{bmatrix} \beta_0 \\ \beta_1 \\ \beta_2 \end{bmatrix}, \quad \epsilon = \begin{bmatrix} \epsilon_1 \\ \epsilon_2 \\ \epsilon_3 \\ \epsilon_4 \\ \epsilon_5 \\ \epsilon_6 \\ \epsilon_7 \end{bmatrix}$$

$$y = X\beta + \epsilon$$ ■

## 제2절 모형에 대한 추론

다중회귀모형의 추정이란 모수, 즉 회귀계수 $\beta_j$ 들에 대한 추정을 의미한다. 모수의 추정방법은 단순회귀모형에서와 마찬가지로 잔차의 제곱합을 최소화시키는 최소제곱추정법을 이용한다. 단순회귀분석의 경우에는 독립변수가 하나인 관계로 회귀계수에 대한 유의성 검정이 곧 회귀모형에 대한 유의성 검정과 일치했었으나, 다중회귀분석에서는 회귀모형의 유의성 검정과 회귀계수의 유의성 검정이 구분되는 차이가 있다. 물론 단순회귀모형의 경우와 마찬가지로 회귀모형에 대한 유의성 검정은 분산분석표를 사용하게 된다. 여기서 다루려는 다중회귀모형의 경우 회귀계수 추정량을 구하기 위한 계산과정은 매우 복잡하거나 불가능한 관계로 생략하기로 하며, 다만 미니탭 등의 통계패키시를 이용하여 도출된 결과물을 해석하는데 주안점을 두기로 한다.

이제 최소제곱추정법을 적용하여 다중회귀모형을 다음과 같이 추정하였다고 가정하자.

**추정된 다중회귀모형**

$$\hat{y} = b_0 + b_1 x_1 + b_2 x_2 + \cdots + b_k x_k$$

이러한 다중회귀모형에 대하여 추정된 회귀계수 및 모형의 유의성을 알아보고, 추정된 다중회귀모형을 이용하여 향후 반응값의 추정문제를 다루기로 한다. 앞으로의 설명을 위하여 [예제 10-1]의 자료에 대한 미니탭 결과물을 <표 10-2>에 제시하였다.

〈표 10-2〉 앞의 〔예제 10-1〕 자료에 대한 미니탭 결과물

세션

**회귀 분석: 매출액 대 광고비, 직원수**

① 회귀 방정식
매출액 = 128 + 0.381 광고비 + 0.833 직원수

② 

| 예측 변수 | 계수 | SE 계수 | T | P |
|---|---|---|---|---|
| 상수 | 128.095 | 2.491 | 51.41 | 0.000 |
| 광고비 | 0.38095 | 0.05832 | 6.53 | 0.003 |
| 직원수 | 0.8333 | 0.1543 | 5.40 | 0.006 |

③ S = 2.31455   R-제곱 = 98.1%   R-제곱(수정) = 97.2%

④ 분산 분석

| 출처 | DF | SS | MS | F | P |
|---|---|---|---|---|---|
| 회귀 | 2 | 1128.57 | 564.29 | 105.33 | 0.000 |
| 잔차 오차 | 4 | 21.43 | 5.36 | | |
| 총계 | 6 | 1150.00 | | | |

⑤ 

| 출처 | DF | Seq SS |
|---|---|---|
| 광고비 | 1 | 972.32 |
| 직원수 | 1 | 156.25 |

⑥ 새로운 관측치에 대한 예측치

| 새로운 관측치 | 적합치 | SE 적합치 | 95% CI | 95% PI |
|---|---|---|---|---|
| 1 | 165.714 | 1.237 | (162.279, 169.149) | (158.428, 173.001) |

### ▶ 회귀모형의 추정 : 결과물 ①

위의 결과물 ① 에서는 다중회귀모형이 다음과 같이 추정되었음을 보여준다.

$$\hat{y} = b_0 + b_1 x_1 + b_2 x_2 = 128 + 0.381 x_1 + 0.833 x_2$$

### ▶ 회귀계수에 대한 유의성 검정 : 결과물 ②

결과물 ②에서는 각 항의 회귀계수 추정량, 추정량의 표준편차, $t$값 그리고 $p$값을 보여준다.

예를 들어 $\beta_2$에 대하여 아래의 가설을 검정한다고 하자.

$$\begin{cases} H_0 : \beta_2 = 0 \\ H_1 : \beta_2 \neq 0 \end{cases}$$

앞에서 언급한 바와 같이 $H_0$이 사실일 때, 다음 통계량은 $t$분포를 이룬다.

$$t = \frac{b_2}{\hat{\sigma}_{b_2}} \sim t(7-3)$$

여기서 자유도 4는 표본 수에서 모수의 수를 뺀 것으로 결과물 ④에서의 잔차(오차)의 자유도와 같다. 또한 $\hat{\sigma}_{b_2}$은 $b_2$에 대한 표준편차로 결과물 ②의 직원수 행에서 찾으면 0.1543 이다. 따라서 검정통계량 $t$값은 다음과 같다.

$$t = \frac{0.8333}{0.1543} = 5.40$$

이 $t$값은 결과물 ②의 T 열과 직원수 행에 나오는 값과 같다. 이 때, $t$값 5.40이 기준값인 $t_{.025,\,4} = 2.78$보다 크므로 귀무가설은 기각된다. 한편 $p$값을 이용하여 가설검정을 하는 경우, 검정통계량 $t = 5.40$에서의 $p$값이 0.006으로 역시 유의수준 5%에서 귀무가설이 기각됨을 알 수 있다. 이 관계를 다음의 <그림 10-1>에서 보여준다.

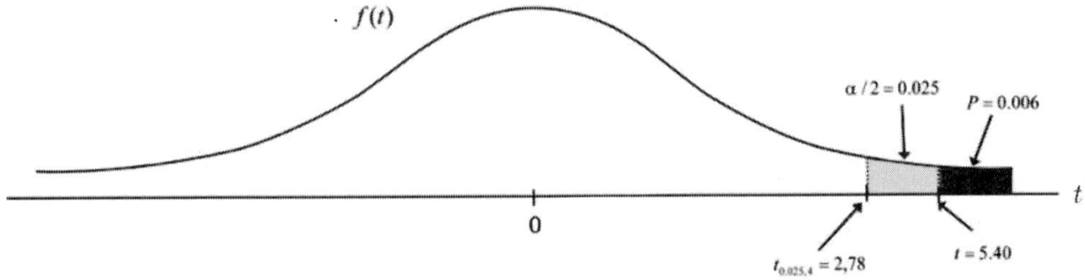


〈그림 10-1〉 검정통계량 $t$ 와 $p$ 값의 관계

### ▶ 분산분석: 결과물 ④와 ⑤

회귀계수(모수)가 추정되면, 추정된 모수에 의한 회귀모형이 $y$를 추정하는데 충분히 기여하는가에 대하여 검정해야 한다. 어쩌면 회귀모형이 단지 표본에 대한 일종의 통계량에 지나지 않고, 표본오차에 크게 다를 바 없을 수도 있다. 이와 같이 추정된 모형으로 $x$와 $y$의 관계를 어느 정도 대변할 수 있는지를 검정하기 위하여 분산분석표를 이용한 $F$검정을 한다.

만약 추정된 회귀모형이 종속변수를 설명하는데 있어 전혀 도움이 되지 않는다면, $\beta_1 = \beta_2 = \cdots = \beta_k = 0$인 경우이다. 즉 종속변수 $y$의 변화를 설명하는 데에 $k$개의 독립변수가 전혀 소용이 없다는 의미이다. 따라서 회귀모형의 필요성 여부에 대한 가설은 다음과 같이 설정된다.

$$\begin{cases} H_0 : \beta_1 = \beta_2 = \cdots = \beta_k = 0 \\ H_1 : \text{적어도 하나의 } \beta_j \text{는 0이 아님} \end{cases}$$

이 가설에 대한 검정은 앞에서 다룬 분산분석표를 이용한다. 총제곱합 $SSTO$는 회귀제곱합 $SSR$과 잔차제곱합 $SSE$로 구성되며, 분산분석표를 작성하면 다음의 <표 10-3>과 같다.

**〈표 10-3〉 다중회귀모형의 유의성 검정을 위한 분산분석표**

| 변동요인 | 자유도 | 제곱합 | 평균제곱합 | $F$ |
|---|---|---|---|---|
| 회귀 | $k$ | $SSR$ | $MSR = SSR/k$ | $MSR/MSE$ |
| 잔차 | $n-k-1$ | $SSE$ | $MSE = SSE/(n-k-1)$ | |
| 총합 | $n-1$ | $SSTO$ | | |

여기서 $H_0$에 대한 기각역은 $F > F_{\alpha,\, k,\, n-k-1}$이다.

이제 미니탭 결과물을 해석하는 요령에 대하여 알아보기로 한다. 앞의 <표 10-2>의 결과물 ④에 분산분석표가 나오는데 '회귀' 행을 보면 자유도(DF)가 2, 제곱합(SS)이 1128.57, 평균제곱합(MS)은 564.29 그리고 검정통계량인 $F$값은 105.33이며 $p$값은 0.000이다. 여기서 $p$값이 0.000이라는 것은 자유도가 2와 4인 $F$분포에서 $F$값이 105.33보다 클 확률이 0.000이라는 뜻이다. 따라서 만약 유의수준 $\alpha$가 5%라면, $p$값이 $\alpha$보다 작으므로 $H_0$이 기각된다. 즉 회귀모형은 의미가 있다는 뜻이다.

한편 결과물 ⑤에서는 결과물 ④의 회귀제곱합 $SSR$을 광고비와 직원수라는 각각의 독립변수에 대하여 구분한 것이다. 즉 결과물 ⑤의 두 제곱합 972.32와 156.25를 합하면 결과물 ④에서의 회귀제곱합 1128.57과 같아진다.

### ▶ 결정계수 : 결과물 ③

결과물 ③에서 표준편차(S)가 2.31455로 나오는데, 이는 결과물 ④의 분산분석표에 있는 평균잔차제곱합 $MSE = 5.36$의 제곱근이 된다. 또한 결정계수(R-제곱)는 98.1%로서 100%에 가까우므로 모형이 종속변수를 잘 표현해 준다고 볼 수 있다.

결정계수에 대하여는 제9장 6절에서 설명한 바 있으며, 맨 끝에 나오는 수정된 결정계수 'R-제곱(수정)'에 대해서는 다음 제3절에서 설명한다.

▶ **반응값 $y$에 대한 추정 : 결과물 ⑥**

회귀모형의 독립변수들에 대하여 어떤 특정한 값 $(x_{10}, x_{20}, \dots, x_{k0})$이 주어졌다고 하자. 이 특정한 독립변수의 값에 대한 종속변수 $y_0$를 추정한다. 제3장 4절에서 단순회귀모형의 경우 $y_0$에 대한 신뢰구간과 예측구간을 설명하였다. 다중회귀분석에서는 독립변수의 수가 두 개 이상으로 늘어났으므로 행렬을 이용하게 된다. 그러므로 여기서는 미니탭을 이용한 결과만을 소개한다.

앞의 [예제 10-1]에서 광고비가 55이고 직원수가 20일 때, 매출액에 대한 95% 신뢰구간과 예측구간을 구한 결과를 <표 10-2>의 결과물 ⑥에서 보여준다. 즉 결과물에서 '95% CI'로 표현된 구간은 평균반응값에 대한 95% 신뢰구간으로 (162.279, 169.149) 그리고 '95% PI'는 개별반응값에 대한 95% 신뢰구간으로 (158.428, 173.001)이다. 이 때, 예측구간이 신뢰구간보다 큰 이유에 대해서는 제9장 5절에서 설명한 바 있다.

## 제3절 변수선택방법

다중회귀모형에서는 종속변수에 영향을 주는 독립변수로 여러 개의 변수가 등장할 수 있는데, 단 하나의 독립변수만을 대상으로 하는 단순회귀모형에 비하여 더 현실적인 회귀모형이라 하겠다. 예를 들어 몸무게를 추정하기 위한 신체지수로는 키, 가슴둘레, 허리둘레, 엉덩이둘레 및 앉은 키 등을 생각할 수 있다. 이러한 신체지수 중에서 과연 어느 것이 몸무게 $y$를 추정하는데 결정적인 역할을 할 것인가를 판단해야 한다. 왜냐하면 $y$에 영향을 주는 독립변수를 찾아내는 그 자체가 분석의 목적일 수도 있고, 또는 효과적인 모형을 만들기 위해서는 모형에 꼭 필요한 변수들만을 선택해야 하기 때문이다.

여기서는 회귀모형에 꼭 포함되어야 할 변수를 선택하기 위한 몇 가지 선택기준과 선택방법에 대하여 각각 알아보기로 한다.

## (1) 독립변수 선택기준

이제 독립변수의 선택기준으로 결정계수 $R^2$와 수정된 결정계수 $\overline{R}^2$에 대하여 알아보기로 한다.

### ▶ 결정계수

**결정계수**(coefficient of determination) $R^2$는 제9장 6절에서 다음과 같이 정의되었다.

$$R^2 = \frac{SSR}{SSTO} = 1 - \frac{SSE}{SSTO}$$

여기서 $SSR$, $SSE$ 및 $SSTO$는 각각 회귀제곱합, 오차제곱합 그리고 총제곱합을 의미한다. 결정계수 $R^2$는 회귀모형을 통하여 반응변수 $y$를 얼마나 설명해 줄 수 있는가를 나타내는 척도로서 0에서 1 사이의 값을 갖는다.

$$0 \le R^2 \le 1$$

그 이유는 $SSR$과 $SSE$가 $SSTO$보다 클 수 없고, 또한 제곱합은 항상 양수이므로 그 비율이 0보다 작을 수 없기 때문이다. 단순회귀모형의 경우에는 한 개의 독립변수만을 취급하므로 $R^2$가 클수록 좋았다. 그러나 다중회귀모형에서는 $R^2$가 크다고 반드시 좋은 회귀모형은 아니다. 왜냐하면 회귀모형에 독립변수가 추가되면 $R^2$는 항상 증가하기 때문이다. 다시 말하여 아무리 쓸모없는 변수가 추가되더라도 $R^2$를 증가시키는 불합리한 결과를 초래한다.

다음의 <그림 10-2>에서는 독립변수의 수가 증가함에 따라 결정계수의 값도 계속 증가하고 있음을 나타내고 있다.

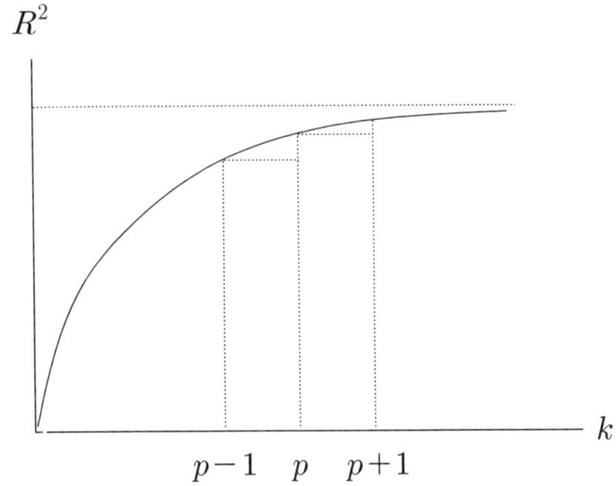


**〈그림 10-2〉 독립변수의 증가에 따른 결정계수의 변화**

따라서 결정계수를 변수선택의 기준으로 하는 경우에는 결정계수의 증가 폭이 현격히 둔화되는 지점에서의 독립변수의 수 $p$를 선택하게 된다. 그러나 이러한 방식으로 독립변수의 수를 결정하는 데에는 분석자의 주관적인 판단이 어느 정도 요구되는 특징이 있다. 한편 독립변수의 수가 고정되었을 때는 $R^2$를 최대로 하는 변수조합을 찾는 것이 최선의 목표가 된다.

### ▶ 수정된 결정계수

앞에서 설명한 바와 같이 독립변수의 수가 증가함에 따라 계속 증가만 하게 되는 결정계수 $R^2$의 단점을 보완한 척도로서 다음과 같이 정의되는 **수정된 결정계수** (adjusted coefficient of determination) $\overline{R}^2$를 고려할 수 있다.

$$\overline{R}^2 = 1 - \frac{n-1}{n-k-1}(1-R^2)$$

여기서 $k$는 독립변수의 수를 의미하는데, 다음의 <그림 10-3>에서는 독립변수의 수가 증가함에 따른 수정된 결정계수의 변화를 보여주고 있다.

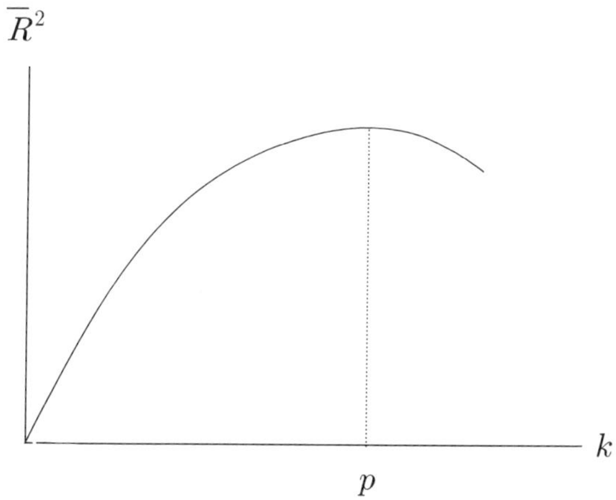


**〈그림 10-3〉 독립변수의 증가에 따른 수정된 결정계수의 변화**

그림에서 보는 바와 같이 수정된 결정계수 $\overline{R}^2$는 독립변수의 추가에 따른 $R^2$의 증가량이 $MSE$의 변화에 비하여 쓸모없을 정도이면 오히려 줄어들기도 한다. 따라서 회귀모형에 어떤 독립변수들을 추가하는 것이 더 좋은가를 검토할 때는 주로 $\overline{R}^2$를 기준으로 한다. 즉 $\overline{R}^2$가 최대가 되는 독립변수의 수 $p$를 선택한다.

## (2) 독립변수 선택방법

앞에서 독립변수의 선택을 위한 몇 가지 기준에 대하여 알아보았다. 여기서는 이러한 선택기준을 적용하여 회귀모형에 포함시킬 독립변수를 구체적으로 결정하게 되는 독립변수의 선택방법을 다루기로 한다. 과거에는 독립변수를 선택하는 과정에서의 계산량이 많고 복잡하여 현실적으로 이러한 방법을 적용하기가 쉽지 않았으나, 이제는 각종 통계패키지의 발달로 이러한 문제가 의외로 쉽게 적용될 수 있는 환경에 있다.

일반적인 변수선택방법으로는 전진선택법, 후진소거법, 단계적 회귀 및 모든 가능한 회귀 등을 들 수 있는데, 다음에서 하나씩 차례로 설명하기로 한다.

### ▶ 전진선택법

적절한 독립변수를 선택하는 방법으로 제일 먼저 **전진선택법**(forward selection method)을 들 수 있는데, 이는 회귀모형의 설정단계에서 포함된 전체 $k$개의 후보 독립변수 중에서 종속변수를 설명하기 위한 기여도가 높은 순서대로 하나씩 선택해 나아가는 방법이다. 다른 선택방법에 비하여 간편하다는 장점이 있는 반면에 그 결과가 항상 최선이라는 보장을 할 수 없는 단점이 있다. 이러한 전진선택법을 이용한 변수선택의 과정을 서술하면 다음과 같다.

① 모든 독립변수에 대하여 개별적으로 다음과 같이 종속변수 $y$와의 단순회귀모형을 추정한다.

$$y = \beta_0 + \beta_1 x_1 + \epsilon, \quad \cdots\cdots, \quad y = \beta_0 + \beta_k x_k + \epsilon$$

$k$개의 단순회귀모형을 추정한 후, 예를 들어 결정계수 $R^2$가 가장 큰 회귀모형의 독립변수를 선택한다. 즉 종속변수에 대한 설명력이 가장 큰 독립변수를

선택하는 것이다. 이를 $x_{(1)}$ 이라 하자.

② 독립변수 $x_{(1)}$ 의 회귀계수 $\beta_{(1)}$ 에 대한 유의성 검정을 한다. 만일 유의성 검정의 결과 유의하지 않다면, 독립변수 $x_{(1)}$ 을 회귀모형에 포함하지 않은 채 변수선택과정을 종료한다. 그러나 만일 유의하다고 판단되었다면, 독립변수 $x_{(1)}$ 을 회귀모형에 포함하고 다음 단계로 넘어 간다.

③ 앞의 단계에서 유의하다고 하여 회귀모형에 포함된 독립변수 $x_{(1)}$ 을 제외한 나머지 $k-1$개의 독립변수 중에서 $x_{(1)}$과 더불어 회귀모형에 포함될 때 결정계수가 가장 큰 독립변수를 선택한다. 이를 $x_{(2)}$ 라 하자.

④ 이제는 단계 ②에서와 같은 방법으로 독립변수 $x_{(2)}$ 의 회귀계수 $\beta_{(2)}$ 에 대한 유의성 검정을 한다. 그 결과 유의하지 않다면 독립변수 $x_{(2)}$ 를 회귀모형에 포함하지 않고 앞에서 선정된 하나의 독립변수 $x_{(1)}$ 만을 선택한 채 변수선택과정을 종료한다. 만일 $\beta_{(2)}$ 에 대한 유의성 검정이 유의하다고 판단되었다면, 독립변수 $x_{(2)}$ 도 회귀모형에 포함하고 다음 단계로 넘어 간다.

이러한 과정을 더 이상 회귀모형에 포함될 유의한 독립변수가 없을 때까지 진행한 후 선택과정을 종료한다.

### ▶ 후진소거법

전진선택법과는 반대의 방법이 **후진소거법**(backward elimination method)이다. 이 방법은 전체 $k$개의 후보 독립변수 모두를 포함하는 회귀모형을 먼저 추정한 후, 기여도가 낮은 순서대로 하나씩 독립변수를 제거하는 방법이다. 이 방법은 회귀모형에서 더 이상 제외할 독립변수가 없을 때까지 계속된다. 후진소거법도 간편하다는 과정상의 장점은 있으나 언제나 최선의 선택결과를 보장할 수는 없다는 단점이 있다.

### ▶ 단계적 회귀

**단계적 회귀**(stepwise regression)는 변수선택과정의 계산을 줄이기 위하여 고안된 방법이다. 단계적 회귀는 앞에서 언급한 전진선택법과 후진소거법을 혼합한 방법이라 할 수 있는데, 이 방법에 의하여 추정된 회귀모형은 항상 최선의 모형이 된다고 보장할 수는 없지만, 적어도 최선에 버금가는 또는 실용적으로 최선과 별 차이가 없는 정도의 회귀모형이라 할 수 있다.

이 방법의 특징은 선택의 대상이 되는 여러 개의 독립변수 중에서 종속변수에 대한 기여도가 가장 높은 독립변수를 선택하여 하나씩 모형에 추가하는 전진선택법의 기능, 그리고 새로운 독립변수가 추가될 때마다 이미 선정된 독립변수의 기여도를 재검토하여 적정 수준이하로 떨어진 것이 있으면 회귀모형에서 제거하는 후진소거법의 기능을 동시에 수행한다는 것이다. 이상의 단계적 변수선택방법의 과정은 다음과 같이 정리된다.

① 전진선택법에서와 마찬가지로 모든 독립변수에 대하여 개별적으로 다음과 같이 종속변수 $y$와 단순회귀모형을 추정한다.

$$y = \beta_0 + \beta_1 x_1 + \epsilon, \quad \cdots\cdots, \quad y = \beta_0 + \beta_k x_k + \epsilon$$

이와 같이 $k$개의 독립변수 각각에 대하여 $k$개의 단순회귀모형을 추정한 후, 결정계수 $R^2$가 가장 큰 또는 $\beta_j$의 $t$값이 가장 큰 모형의 독립변수 $x_j$를 선택한다. 즉 하나의 독립변수로서 $y$에 기여도가 가장 높은 변수를 제일 먼저 선택한다.

② 이미 선택된 변수들을 제외한 나머지 변수 중에서 새로이 회귀모형에 추가될 때, 기여도가 가장 높은 변수를 선택한다. 이를 $x(q)$라 하자.

③ 만약 $x(q)$에 대한 $\beta$의 $p$값이 주어진 기준값 $PIN$보다 작으면 $x(q)$를 새로운 독립변수로서 모형에 추가하고, 또한 $p$값이 주어진 기준값보다 크면 $x(q)$를 모형에 추가하지 않은 상태에서 변수선택과정을 중단한다. 여기서 $x(q)$가 모형에 추가되는 경우에는 이미 선택된 변수들의 $p$값을 조사하여, 또 다른 기준값 $POUT$보다 큰 변수가 생기면 이를 제거한다.

④ 새롭게 추가 또는 삭제되는 변수가 없을 때까지 이상의 ②와 ③의 과정을 반복한 후 변수선택과정을 마감한다.

여기서의 기준값 $PIN$ 및 $POUT$은 각 변수를 선택할 때와 제거할 때의 유의수준 값으로 분석자에 의하여 주어진다. 경우에 따라서는 유의수준 $p$값을 기준으로 하는 $PIN$ 또는 $POUT$ 대신에 $F$값을 기준으로 하는 $FIN$과 $FOUT$이 사용되기도 한다. 미니탭에서는 기준값을 특별히 명시하지 않으면 $FIN$과 $FOUT$ 모두를 4로 간주하여 변수를 선택한다.

**[예제 10-2]** 다음의 자료에 단계적 회귀를 적용하여 각 단계별 회귀모형 및 최종모형을 추정하시오.

| | | | | | | | | | | | | | |
|---|---|---|---|---|---|---|---|---|---|---|---|---|---|
| $y$ | 79 | 74 | 104 | 88 | 96 | 109 | 103 | 73 | 93 | 116 | 84 | 113 | 109 |
| $x_1$ | 7 | 1 | 11 | 11 | 7 | 11 | 3 | 1 | 2 | 21 | 1 | 11 | 10 |
| $x_2$ | 26 | 29 | 56 | 31 | 52 | 55 | 71 | 31 | 54 | 47 | 40 | 66 | 68 |
| $x_3$ | 6 | 15 | 8 | 8 | 6 | 9 | 17 | 22 | 18 | 4 | 23 | 9 | 8 |
| $x_4$ | 60 | 52 | 20 | 47 | 33 | 22 | 6 | 44 | 22 | 26 | 34 | 12 | 12 |

☞ 먼저 미니탭을 이용하여 단계적 회귀를 적용한 결과는 다음과 같다.

세션

**단계적 회귀: y 대 x1, x2, x3, x4**

4개의 예측변수 (N = 13) 에서 반응은 y입니다.

| 단계 | 1 | 2 | 3 | 4 |
|---|---|---|---|---|
| 상수 | 117.31 | 102.88 | 72.63 | 53.18 |
| x4 | -0.728 | -0.604 | -0.241 | |
| T-값 | -4.74 | -12.94 | -1.45 | |
| P-값 | 0.001 | 0.000 | 0.180 | |
| x1 | | 1.44 | 1.45 | 1.46 |
| T-값 | | 10.80 | 12.90 | 12.44 |
| P-값 | | 0.000 | 0.000 | 0.000 |
| x2 | | | 0.400 | 0.651 |
| T-값 | | | 2.25 | 14.65 |
| P-값 | | | 0.051 | 0.000 |
| | 8.91 | 2.62 | 2.21 | 2.33 |
| R-제곱 | 67.13 | 97.41 | 98.34 | 97.95 |
| R-제곱(수정) | 64.14 | 96.89 | 97.79 | 97.54 |
| Mallows C-p | 151.2 | 5.6 | 3.1 | 3.0 |

앞의 결과물로부터 4단계까지의 단계별 추정 결과를 정리하면 다음과 같다.

| 단계 | 추정 모형 | $R^2$ | 변수 | $t$값 | $\overline{R}^2$ |
|---|---|---|---|---|---|
| 1 | $\hat{y} = 117.31 - 0.728\,x_4$ | .6713 | $x_4$ 추가 | -4.74 | .6414 |
| 2 | $\hat{y} = 102.88 - 0.604\,x_4 + 1.44\,x_1$ | .9741 | $x_1$ 추가 | 10.80 | .9689 |
| 3 | $\hat{y} = 72.63 - 0.241\,x_4 + 1.45\,x_1 + 0.400x_2$ | .9834 | $x_2$ 추가 | 2.25 | .9779 |
| 4 | $\hat{y} = 53.18 + 1.46\,x_1 + 0.651x_2$ | .9795 | $x_4$ 제거 | -1.45 | .9754 |

별도의 명령이 없었으므로 미니탭에서 *FIN*과 *FOUT* 값을 모두 4로 하여 변수 선택을 수행한 결과이다. 결과물에서 각 변수의 $t$값을 제곱하면 $F$값이 되는데, 제3단계까지 추가되는 변수들의 $t$값 제곱이 모두 *FIN*값인 4보다 컸으므로 선택되었다. 또한 매 단계마다 이미 선택되었던 변수들도 모두 $t$값의 제곱이 여전히 *FOUT*값인 4보다 컸으므로 제거되지 않았다. 그러나 마지막 제4단계에서는 $x_4$의 $F$값, 즉 $t$값의 제곱이 2.1025로 4보다 작아져서 제거되었다. 따라서 단계적 회귀에 의하여 최종적으로 추정된 회귀모형은 다음과 같다.

$$\hat{y} = 53.18 + 1.46x_1 + 0.651x_2$$

한편 여기서 변수의 선택이나 제거는 *FIN*과 *FOUT*에 따라 달라질 수 있다. 예를 들어 *FOUT*을 1을 기준으로 한다면 제4단계에서 $x_4$가 제거되지 않게 된다.

또한 위 표의 가장 오른쪽 열에는 앞의 결정계수에서 설명한 바 있는 수정된 결정계수인 $\overline{R}^2$를 보여준다. 제3단계와 4단계의 회귀모형은 $\overline{R}^2$가 각각 0.9779와 0.9754로 거의 차이가 없다. 그러나 제4단계에서의 모형은 독립변수의 수가 하나 줄어들게 되어 $\overline{R}^2$가 조금 작더라도 이 모형을 선호할 수 있다. ■

### ▶ 모든 가능한 회귀

끝으로 **모든 가능한 회귀**(all possible regressions)란 가능한 회귀모형을 모두 추정한 후 가장 최선의 회귀모형을 선택하는 방법이다. 예를 들어 독립변수가 5개인 경우에는 모든 가능한 수의 회귀모형이 $2^5 = 32$개가 존재하는데, 이를 모두 검토하여 가장 좋은 회귀모형을 찾아내는 방법이 모든 가능한 회귀인 것이다. 따라서 이 방법만이 항상 최선의 회귀모형을 도출할 수 있게 된다. 한편 독립변수의 수가 큰 경우에는 모든 가능한 경우의 수가 너무 커질 수도 있겠으나, 미니탭 등 통계패키지에서는 이를 효과적으로 처리하고 있어 문제가 되지 않는다.

결론적으로 이 장에서 다룬 독립변수 선택과 관련해서는 모든 가능한 회귀를 통하여 앞에서 언급한 바 있는 결정계수, 수정된 결정계수, 평균제곱오차 및 맬로우 $C_p$ 통계량 등의 선택기준을 종합적으로 적용하여 독립변수를 선택하는 것이 가장 최선이라고 하겠다.

[예제 10-3] 앞의 [예제 10-2]의 자료에 모든 가능한 회귀를 적용하여 회귀모형을 추정하시오.

☞ 미니탭을 이용하여 모든 가능한 회귀를 적용한 결과는 다음과 같다.

세션

**최량 부분 집합 회귀 분석: y 대 x1, x2, x3, x4**

반응은 y입니다.

| 변수 | R-제곱 | R-제곱(수정) | Mallows C-p | S | x 1 | x 2 | x 3 | x 4 |
|---|---|---|---|---|---|---|---|---|
| 1 | 67.1 | 64.1 | 151.2 | 8.9073 | | | | X |
| 1 | 66.2 | 63.1 | 155.7 | 9.0319 | | X | | |
| 2 | 98.0 | 97.5 | 3.0 | 2.3330 | X | X | | |
| 2 | 97.4 | 96.9 | 5.6 | 2.6247 | X | | | X |
| 3 | 98.4 | 97.8 | 3.0 | 2.2011 | X | X | X | |
| 3 | 98.3 | 97.8 | 3.1 | 2.2135 | X | X | | X |
| 4 | 98.4 | 97.5 | 5.0 | 2.3341 | X | X | X | X |

앞에서 다룬 독립변수의 선택기준인 결정계수, 수정된 결정계수 그리고 평균제곱오차 및 맬로우 $C_p$ 통계량 등을 종합적으로 고려할 때, 최적의 회귀모형은 앞의 결과물에서 세 번째 행, 즉 $x_1$과 $x_2$를 포함하는 다음의 모형이 된다.

$$\hat{y} = 53.18 + 1.46x_1 + 0.651x_2$$

이 결과는 앞의 [예제 10-2]의 단계적 회귀의 결과와 동일한 것으로 나타났으나, 두 방법이 언제나 동일한 결과를 보장하지는 않는다는 점에 대해서는 앞에서 언급한 바 있다. ■

## **제4절 지시변수

일반적인 회귀모형에서의 종속변수와 독립변수는 모두 양적변수의 형태를 취하게 된다. 양적변수는 ㎝, ㎏, ℃ 등과 같이 크기로 표현되는 변수이고, 질적변수는 성별, 출신학교, 국적 등 범주를 나타내는 변수이다. 그러나 회귀분석에서는 양적변수 외에 질적변수의 이용도 가능하며, 사실상 많은 경우에 이러한 질적변수가 적용되고 있다. 이러한 질적변수는 독립변수로 이용될 수도 있으며 또한 종속변수로 이용될 수도 있다.

회귀모형에서 종속변수가 질적일 때는 **로짓모형**(logit model) 등 특별한 모형으로 다루거나, **판별분석**(discriminant analysis)을 이용하기도 한다. 여기서는 먼저 질적변수가 독립변수로 이용되는 경우를 다룬 후 종속변수로 사용되는 경우에 대해서도 알아보기로 한다.

### (1) 질적변수가 하나인 모형

회귀모형에서 질적변수를 직접 다룰 수 없으므로 이러한 질적변수를 다른 형태로 계량화하여 사용한다. 예를 들어 앞에서 다룬 몸무게와 키의 예에서 흑인, 백인 및 황인이라는 세 가지 범주를 갖는 질적변수를 반영하기 위해서는 다음과 같이 두 개의 양적변수를 필요로 한다.

$$x_2 = \begin{cases} 1, \text{ 만일 흑인이면} \\ 0, \text{ 그렇지 않으면} \end{cases}, \qquad x_3 = \begin{cases} 1, \text{ 만일 백인이면} \\ 0, \text{ 그렇지 않으면} \end{cases}$$

일반적으로 $a$가지의 범주를 갖는 질적변수는 $(a-1)$개의 지시변수로 계량화된다. 앞의 예에서 질적변수인 세 가지 인종을 구분하기 위하여 도입한 0 또는 1의 값을 갖는 두 개의 독립변수 $x_2$와 $x_3$를 **지시변수**(indicator variable) 또는 **가변수**(dummy variable)라고 한다. 이 때, $x_2 = x_3 = 0$인 경우가 황인을 의미하는데, 종속변수인 몸무게 $y$ 그리고 키를 나타내는 독립변수 $x_1$과 함께 회귀모형을 설정하면 다음과 같다.

$$y = \beta_0 + \underbrace{\beta_1 x_1}_{\text{키}} + \underbrace{\beta_2 x_2 + \beta_3 x_3}_{\text{인종}} + \epsilon$$

그러면 위의 회귀모형은 이제까지와 동일한 방법으로 추정될 수 있는데, 그 결과가 다음과 같다고 가정한다.

$$\hat{y} = b_0 + b_1 x_1 + b_2 x_2 + b_3 x_3$$

한편 추정된 회귀모형은 다음과 같이 세 가지 인종에 따라 구분될 수 있다.

$$\begin{cases} \text{황인} : \hat{y} = b_0 + b_1 x_1 \\ \text{흑인} : \hat{y} = (b_0 + b_2) + b_1 x_1 \\ \text{백인} : \hat{y} = (b_0 + b_3) + b_1 x_1 \end{cases}$$

이를 그림으로 나타내면 다음의 <그림 10-4>와 같은데, 세 가지 인종의 경우 모두 기울기에 대한 회귀계수 추정값이 $b_1$ 으로 동일함을 알 수 있다.

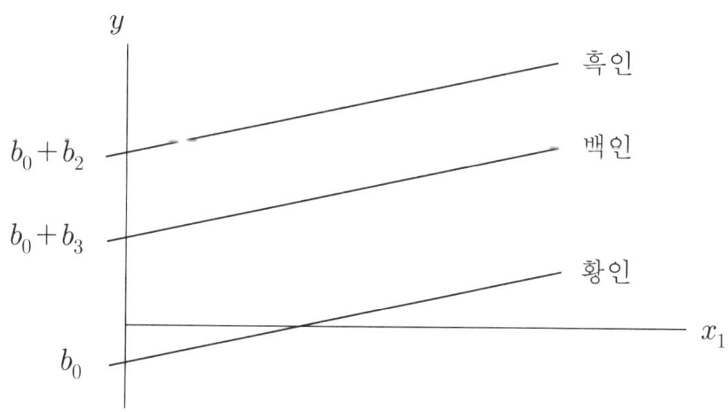


**〈그림 10-4〉 세 가지 인종에 따른 추정된 회귀모형의 비교**

즉 키의 변화에 따른 몸무게의 변화비율이 모두 똑같다는 의미이다.

이제까지의 회귀모형은 두 가지 독립변수인 키와 인종 사이에 **상호작용**(interaction)이 없다고 가정한 경우인데, 이제 키와 인종 사이에 상호작용이 존재하는 다음의 경우를 살펴보기로 한다.

$$y = \beta_0 + \underbrace{\beta_1 x_1}_{\text{키}} + \underbrace{\beta_2 x_2 + \beta_3 x_3}_{\text{인종}} + \underbrace{\beta_4 x_1 x_2 + \beta_5 x_1 x_3}_{\text{교호작용}} + \epsilon$$

그러면 키와 인종 사이에 상호작용이 존재하는 위의 회귀모형에 대한 추정결과가 다음과 같다고 가정한다.

$$\hat{y} = b_0 + b_1 x_1 + b_2 x_2 + b_3 x_3 + b_4 x_1 x_2 + b_5 x_1 x_3$$

앞에서와 마찬가지로 추정된 회귀모형은 다음과 같이 세 가지 인종에 따라 구분될 수 있다.

- 황인 : $\hat{y} = b_0 + b_1 x_1$
- 흑인 : $\hat{y} = (b_0 + b_2) + (b_1 + b_4) x_1$
- 백인 : $\hat{y} = (b_0 + b_3) + (b_1 + b_5) x_1$

다음의 <그림 10-5>는 상호작용이 존재하는 경우의 인종에 따른 회귀모형을 보여주고 있는데, 이 경우에는 절편뿐만 아니라 기울기도 달라짐을 알 수 있다.

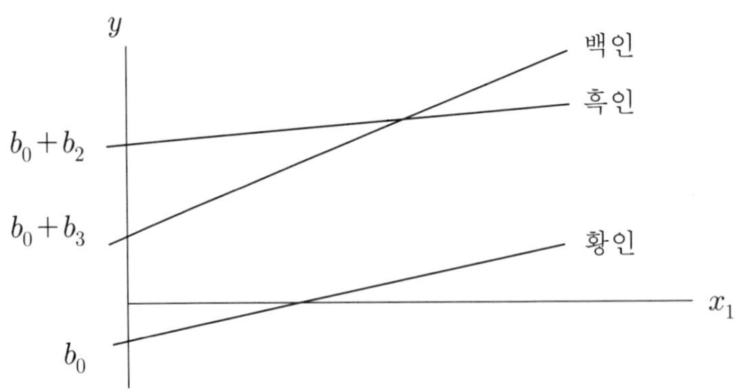


〈그림 10-5〉 상호작용이 존재하는 경우의 회귀모형

[예제 10-4] 다음은 전구의 수명시간과 사용횟수 그리고 제조회사 (A 또는 B)를 나타내는 자료이다. 이 자료로부터 사용횟수와 제조회사를 독립변수로 하며 상호작용을 포함하는 회귀모형을 설정하시오.

| | | | | | | | | | | | |
|---|---|---|---|---|---|---|---|---|---|---|---|
| 수명시간 | : | 30 | 34 | 14 | 23 | 20 | 19 | 42 | 25 | 17 | 18 |
| 사용횟수 | : | 81 | 20 | 266 | 109 | 227 | 261 | 157 | 213 | 294 | 235 |
| 제조회사 | : | A | A | A | A | A | B | B | B | B | B |

☞ 앞의 자료에 회귀모형을 설정하기 위하여 필요한 변수를 정의하면 다음과 같다.

- $y$ : 전구의 수명시간
- $x_1$ : 사용횟수
- $x_2$ : 제조회사 ( 여기서 A → $x_2=0$, B → $x_2=1$ )
- $x_1 x_2$ : 사용횟수와 제조회사의 교호작용

이상에서 정의된 변수를 이용하여 상호작용을 포함하는 회귀모형을 설정하면 다음과 같다.

$$y = \beta_0 + \beta_1 x_1 + \beta_2 x_2 + \beta_3 x_1 x_2 + \epsilon$$

위의 회귀모형을 추정한 결과는 다음과 같다.

$$\hat{y} = 34.613 - 0.074\, x_1 + 32.294\, x_2 - 0.110\, x_1 x_2$$

따라서 제조회사별 추정된 회귀모형은 다음과 같다.

- A회사의 회귀모형 : $\hat{y} = 34.613 - 0.074\, x_1$
- B회사의 회귀모형 : $\hat{y} = 66.907 - 0.184\, x_1$ ■

### (2) 질적변수가 두 개인 모형

이제 질적변수가 두 개인 경우를 다루기로 한다. 예를 들어 앞의 회귀모형에서 만약 성별에 대한 질적변수도 함께 고려하고 싶다면, 성별은 남녀 두 가지이므로 다음과 같이 하나의 지시변수 $x_4$가 새로 추가되어야 할 것이다.

$$x_4 = \begin{cases} 1, \text{ 만일 남자이면} \\ 0, \text{ 만일 여자이면} \end{cases}$$

그러면 성별이라는 질적변수를 추가하여 모형을 설정한 결과는 다음과 같다.

$$y = \beta_0 + \underset{\text{키}}{\underline{\beta_1 x_1}} + \underset{\text{인종}}{\underline{\beta_2 x_2 + \beta_3 x_3}} + \underset{\text{성별}}{\underline{\beta_4 x_4}} + \epsilon$$

위의 회귀모형을 추정한 결과가 다음과 같다고 가정한다.

$$\hat{y} = b_0 + b_1 x_1 + b_2 x_2 + b_3 x_3 + b_4 x_4$$

여기서 추정된 회귀모형을 세 가지 인종과 성별에 따라 구분하면 다음과 같다.

- 황인 여자 : $\hat{y} = b_0 + b_1 x_1$
- 황인 남자 : $\hat{y} = (b_0 + b_4) + b_1 x_1$
- 흑인 여자 : $\hat{y} = (b_0 + b_2) + b_1 x_1$
- 흑인 남자 : $\hat{y} = (b_0 + b_2 + b_4) + b_1 x_1$
- 백인 여자 : $\hat{y} = (b_0 + b_3) + b_1 x_1$
- 백인 남자 : $\hat{y} = (b_0 + b_3 + b_4) + b_1 x_1$

인종과 성별에 따라 여섯 가지의 경우로 구분된 위의 회귀모형에 있어서도 절편만이 다를 뿐 기울기는 모두 동일함을 알 수 있다. 그러면 이제 키와 인종 그리고 성별 사이에 상호작용이 존재하는 다음의 회귀모형을 다루기로 한다.

$$y = \beta_0 + \beta_1 x_1 + \beta_2 x_2 + \beta_3 x_3 + \beta_4 x_4 + \underbrace{\beta_5 x_1 x_2 + \beta_6 x_1 x_3}_{\text{키와 인종}} + \underbrace{\beta_7 x_1 x_4}_{\text{키와 성별}} + \underbrace{\beta_8 x_2 x_4 + \beta_9 x_3 x_4}_{\text{인종과 성별}} + \epsilon$$

앞의 회귀모형이 다음과 같이 추정되었다고 가정하자.

$$\hat{y} = b_0 + b_1 x_1 + b_2 x_2 + b_3 x_3 + b_4 x_4 + b_5 x_1 x_2 + b_6 x_1 x_3 + b_7 x_1 x_4 + b_8 x_2 x_4 + b_9 x_3 x_4$$

그러면 상호작용이 존재한다고 가정하고 추정된 회귀모형을 세 가지 인종과 성별에 따라 구분한 결과는 다음과 같다.

- 황인 여자 : $\hat{y} = b_0 + b_1 x_1$
- 황인 남자 : $\hat{y} = (b_0 + b_4) + (b_1 + b_7) x_1$
- 흑인 여자 : $\hat{y} = (b_0 + b_2) + (b_1 + b_5) x_1$
- 흑인 남자 : $\hat{y} = (b_0 + b_2 + b_4 + b_8) + (b_1 + b_5 + b_7) x_1$
- 백인 여자 : $\hat{y} = (b_0 + b_3) + (b_1 + b_6) x_1$
- 백인 남자 : $\hat{y} = (b_0 + b_3 + b_4 + b_9) + (b_1 + b_6 + b_7) x_1$

## **제5절 부분회귀계수검정

회귀모형의 여러 회귀계수 중에서 일부분의 회귀계수에 대한 유의성 검정은 어떻게 할 수 있을까? 예를 들어 몸무게를 추정하려는 경우에 있어 독립변수로 키를 나타내는 $x_1$ 그리고 인종을 나타내는 $x_2$와 $x_3$가 포함되는 다음의 회귀모형을 고려해 보자.

$$y = \beta_0 + \beta_1 x_1 + \underline{\beta_2 x_2 + \beta_3 x_3} + \epsilon$$

↖ 인종에 대한 변수

여기서 인종에 대한 독립변수들이 과연 종속변수, 즉 몸무게를 추정하는데 도움이 되는지를 알고 싶다면 다음과 같은 가설을 생각할 수 있다.

$$\begin{cases} H_0 : \beta_2 = \beta_3 = 0 \\ H_1 : H_0 \text{이 아님} \end{cases}$$

이와 같이 모형을 구성하고 있는 일부분의 회귀계수에 대한 검정을 **부분회귀계수검정**(tests for partial regression coefficients)이라고 한다. 그러면 일반적인 부분회귀계수검정의 절차를 소개한다. 먼저 $k$개의 독립변수로 구성된 회귀모형에 대한 아래의 가설을 생각하자.

**부분회귀계수검정을 위한 가설**

$$y = \beta_0 + \beta_1 x_1 + \cdots + \beta_r x_r + \beta_{r+1} x_{r+1} + \cdots + \beta_k x_k + \epsilon$$

$H_0 : \beta_{r+1} = \cdots = \beta_k = 0$

$H_1 :$ $H_0$ 이 아님

여기서는 $\beta_{r+1}$ 부터 $\beta_k$ 까지 $k-r$ 개의 회귀계수에 대한 유의성을 검정하는 경우이다. 이 때, $k$ 개의 독립변수로 구성된 모형을 **완전모형**(full model) 그리고 $H_0$ 이 사실일 때의 $r$ 개로 구성된 모형을 **축소모형**(reduced model)이라 한다.

**완전모형과 축소모형**

▶ 완전모형 : $y = \beta_0 + \beta_1 x_1 + \cdots\cdots + \beta_k x_k + \epsilon \rightarrow SSR(F)$

▶ 축소모형 : $y = \beta_0 + \beta_1 x_1 + \cdots + \beta_r x_r + \epsilon \rightarrow SSR(R)$

여기서 $SSR(F)$ 는 완전모형의 회귀제곱합 그리고 $SSR(R)$ 은 축소모형의 회귀제곱합이다. 만약 독립변수 $x_{r+1}, \ldots, x_k$ 가 회귀모형에 기여하는 정도가 크다면 $SSR(F)$ 가 $SSR(R)$ 보다 훨씬 크고, 기여하는 바가 그다지 크지 않은 변수들이면 $SSR(F)$ 와 $SSR(R)$ 은 별 차이가 나지 않을 것이다. 이 때의 검정통계량과 기각역은 다음과 같이 정의된다.

**검정통계량과 기각역**

▶ 검정통계량

$$F = \frac{\{SSR(F) - SSR(R)\} / (k-r)}{SSE(F) / (n-k-1)} \sim F(k-r, n-k-1)$$

▶ 기각역 : $F > F_{\alpha, k-r, n-k-1}$

〔예제 10-5〕 앞의 [예제 10-1]에서 기업의 매출액 자료에 대한 광고비와 직원수의 회귀모형을 다음과 같이 설정하였다.

$$y = \beta_0 + \beta_1 x_1 + \beta_2 x_2 + \epsilon$$

여기서 5%의 유의수준하에 직원수에 대한 부분회귀계수검정을 한 후, 이 결과를 제2절에서 다룬 회귀계수 $\beta_2$에 대한 유의성 검정 결과와 비교하시오.

☞ 먼저 이 경우의 가설을 설정하면 다음과 같다.

$$\begin{cases} H_0 : \beta_2 = 0 \\ H_1 : H_0 \text{이 아님} \end{cases}$$

그러면 <표 10-2>와 [예제 9-2]로부터 완전모형과 축소모형에 대한 각각의 회귀제곱합을 구한 결과는 다음과 같다.

$$SSR(F) = 1128.57, \quad SSR(R) = 972.32, \quad SSE(F) = 21.43$$

이상의 회귀제곱합을 이용하여 검정통계량의 값을 구하면 다음과 같다.

$$F = \frac{\{SSR(F) - SSR(R)\}/(k-r)}{SSE(F)/(n-k-1)}$$

$$= \frac{(1128.57-972.32)/(2-1)}{21.43/(7-2-1)} = 29.165 > 7.71 = F_{.05,1,4}$$

따라서 귀무가설을 기각하고 기업의 매출액에 대한 회귀모형에서 직원수도 의미가 있다는 결론을 내린다. 이는 제2절에서 다룬 회귀계수 $\beta_2$에 대한 유의성 검정 결과와도 일치한다. ■

## ** 제6절 변수의 변환

일반적으로 $x$와 $y$의 관계를 **선형**(linear)으로 가정하고 회귀분석을 시작한다. 그러나 산점도 등을 통하여 $x$와 $y$ 사이의 관계가 **비선형**(nonlinear)으로 나타나기도 한다. 이 때에는 다항식 등과 같이 비선형함수가 적용될 수도 있고, $x$와 $y$를 다른 함수로 변환하여 선형관계로 만들기도 한다. 이 절에서는 $x$와 $y$의 관계를 비선형에서 선형으로 전환하는 방법, 즉 **변수변환**(transformation of variable)에 대하여 설명한다. 다음의 <그림 10-6>에서는 일반적으로 변수의 변환이 가능한 경우의 $x$와 $y$의 함수 개형을 보여준다. 이와 같이 선형으로의 변환이 가능한 함수를 선형가능함수라고 한다.

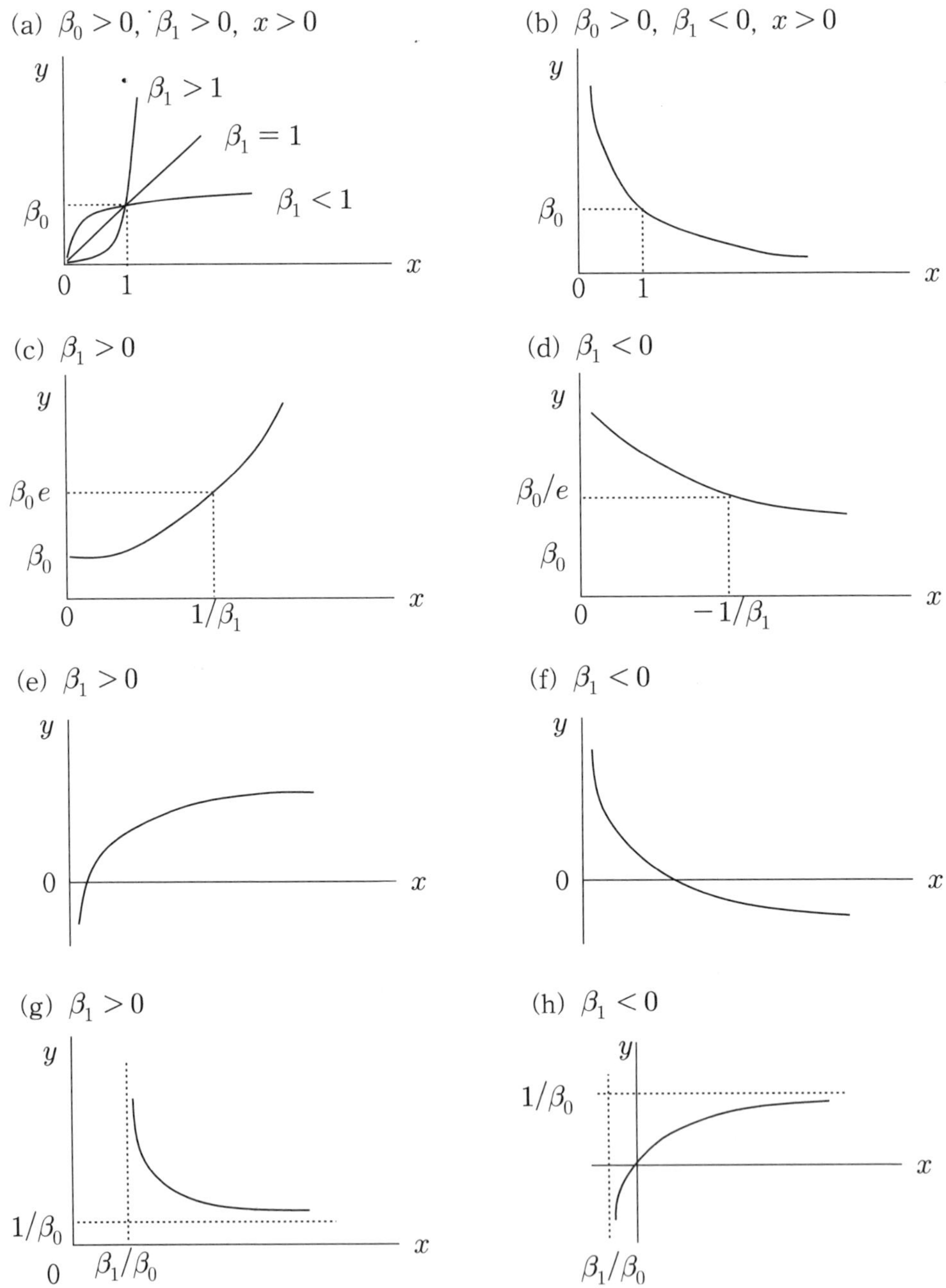


**〈그림 10-6〉 적절한 변수변환이 가능한 일반적인 $x$와 $y$의 산점도 개형**

한편 <표 10-4>에서는 <그림 10-6>의 산점도 형태에 대한 적절한 변환과 그 결과를 나타내고 있다.

### 〈표 10-4〉 산점도 형태에 따른 변수변환

| 구 분 | 선형가능함수 | 변수의 변환 | 변환된 선형 형태 |
|---|---|---|---|
| (a), (b) | $y = \beta_0 x^{\beta_1}$ | $y' = \log y,\ x' = \log x$ | $y' = \log \beta_0 + \beta_1 x'$ |
| (c), (d) | $y = \beta_0 e^{\beta_1 x}$ | $y' = \ln y$ | $y' = \ln \beta_0 + \beta_1 x$ |
| (e), (f) | $y = \beta_0 + \beta_1 \log x$ | $x' = \log x$ | $y = \beta_0 + \beta_1 x'$ |
| (g), (h) | $y = \dfrac{x}{\beta_0 x - \beta_1}$ | $y' = \dfrac{1}{y},\ x' = \dfrac{1}{x}$ | $y' = \beta_0 - \beta_1 x'$ |

예를 들어 <그림 10-6>과 <표 10-4>의 (g)와 (h)를 보자. $x$와 $y$의 관계가 그림 (g) 또는 (h)와 같을 때의 함수는 <표 10-4>로부터 다음과 같다.

$$y = \frac{x}{\beta_0 x - \beta_1}$$

만약 $y$와 $x$를 각각 $y' = \dfrac{1}{y}$ 및 $x' = \dfrac{1}{x}$로 바꾸면, 다음과 같은 선형관계가 성립한다.

$$y' = \beta_0 - \beta_1 x'$$

그러면 이러한 변수변환을 통하여 회귀모형이 향상되었는지를 검토할 필요가 있는데, 이 경우 결정계수 $R^2$를 이용한다. 만일 변수변환 후에 $R^2$가 증가하였으면 변수변환의 효과가 있는 것으로 판단한다. 따라서 몇 가지 형태의 변수변환을 시도한 후, $R^2$가 최대가 되는 회귀모형을 선택하는 것이 현실적인 방법이 된다.

[**예제 10-6**]. 바람속도 $x$가 전기생산량 $y$에 어떤 영향을 주는지를 알아보기 위하여 자료를 수집한 결과가 다음과 같다. 이 자료에 대한 적절한 회귀모형을 추정하시오.

| 표본 | $y$ | $x$ | 표본 | $y$ | $x$ | 표본 | $y$ | $x$ |
|---|---|---|---|---|---|---|---|---|
| 1 | 0.123 | 2.45 | 10 | 1.582 | 5.00 | 19 | 2.166 | 8.15 |
| 2 | 0.500 | 2.70 | 11 | 1.501 | 5.45 | 20 | 2.112 | 8.80 |
| 3 | 0.653 | 2.90 | 12 | 1.737 | 5.80 | 21 | 2.303 | 9.10 |
| 4 | 0.558 | 3.05 | 13 | 1.822 | 6.00 | 22 | 2.294 | 9.55 |
| 5 | 1.057 | 3.40 | 14 | 1.866 | 6.20 | 23 | 2.386 | 9.70 |
| 6 | 1.137 | 3.60 | 15 | 1.930 | 6.35 | 24 | 2.236 | 10.00 |
| 7 | 1.144 | 3.95 | 16 | 1.800 | 7.00 | 25 | 2.310 | 10.20 |
| 8 | 1.194 | 4.10 | 17 | 2.088 | 7.40 | | | |
| 9 | 1.562 | 4.60 | 18 | 2.179 | 7.85 | | | |

☞ 이 자료의 회귀모형은 다음과 같이 추정된다.

$$\hat{y}_i = 0.131 + 0.241\, x_i, \quad R^2 = 0.874, \quad MSE = 0.058$$

다음의 <그림 10-7>은 자료의 산점도를 보여주고 있다.

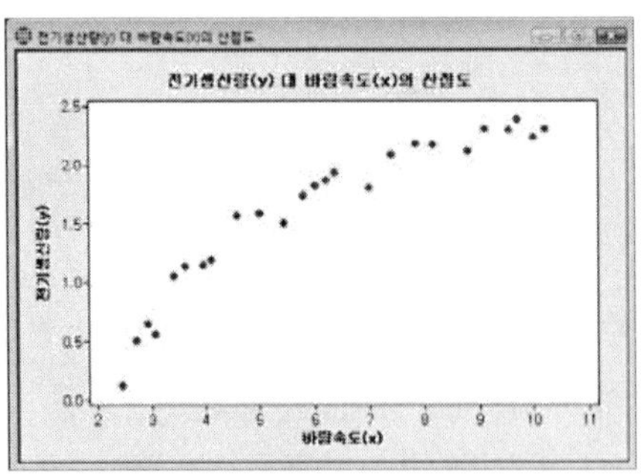


(a)

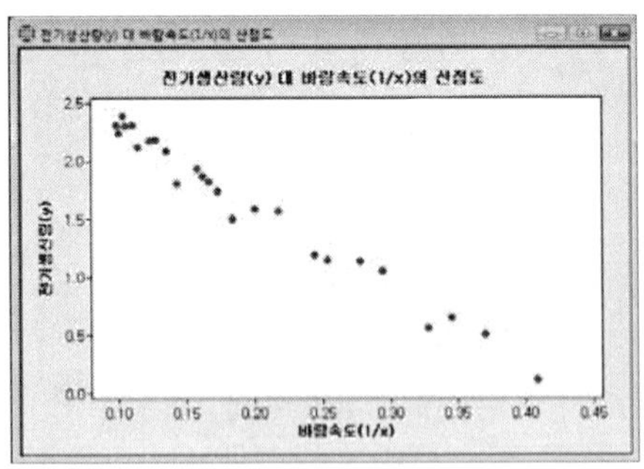


(b)

**〈그림 10-7〉 전기생산량과 바람속도의 산점도**

앞의 <그림 10-7>의 (a)에 나타난 산점도는 직선에 가까우나 $x$가 커짐에 따라 $y$의 증가가 둔화되는 현상을 보인다. 따라서 $x' = 1/x$로 변환하여 분석한 결과 (b)와 같이 산점도가 구해졌으며, 회귀모형은 다음과 같이 추정된다.

$$\hat{y}_i = 2.979 - 6.935\, x_i', \quad R^2 = 0.980, \quad MSE = 0.009$$

이상의 결과로 보면 변환된 모형의 $R^2$가 0.980으로 변환 전의 0.874보다 크게 향상되었음을 알 수 있다. 이제 잔차분석을 통하여 가정사항의 만족 정도를 살펴보기로 한다. 먼저 원래 모형의 잔차산점도를 나타내는 다음의 <그림 10-8>을 보면 잔차가 증가했다가 다시 감소하는 추세를 보이고 있으므로 잔차의 독립성 가정에 위배된다고 하겠다.

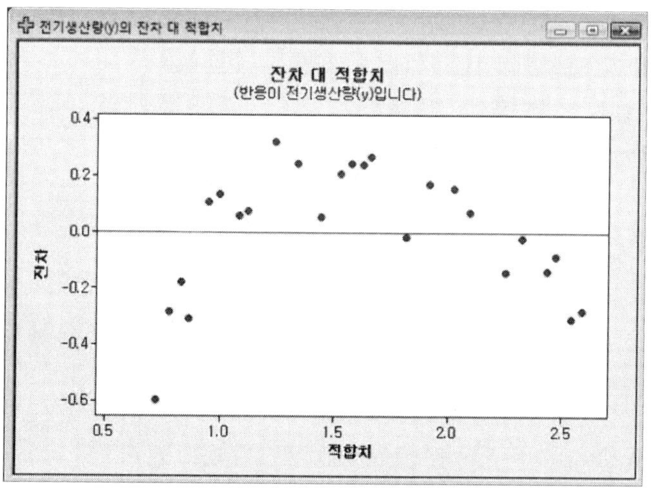


**〈그림 10-8〉 원래 모형에서 $x_i$에 대한 잔차산점도**

그러나 변환된 모형의 잔차산점도인 다음의 <그림 10-9>에서는 잔차가 어떠한 추세도 보이지 않으며 산발적으로 흩어져 있어서 가정사항을 잘 만족시키고 있다.

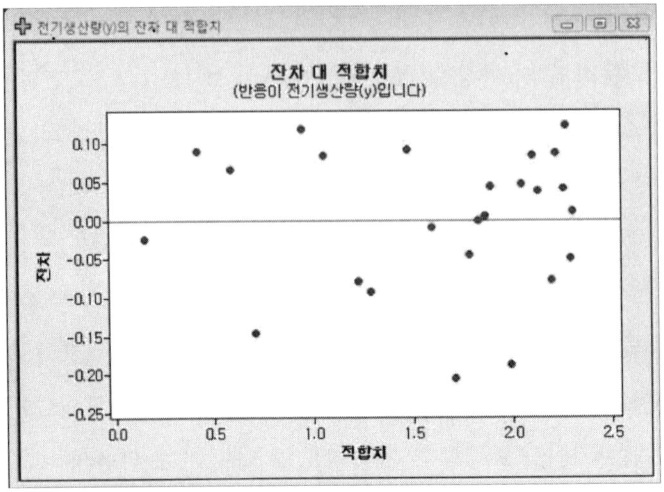


〈그림 10-9〉 **변환된 모형에서의 잔차산점도**

한편 <그림 10-10>에서는 변환된 모형의 정규확률도를 보여주고 있다.

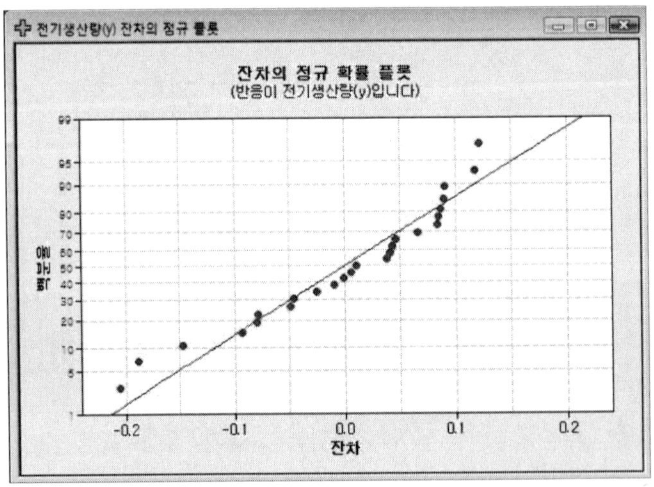


〈그림 10-10〉 **변환된 모형에서의 정규확률도**

위 정규확률도를 보면 자료가 직선에 가까운 형태를 보이므로 정규성 가정에 무리가 없다고 판단된다. ■

## ** 제7절 다공선성

앞에서 다룬 몸무게의 예에서 독립변수로서 키와 앉은키를 고려한다고 가정하자. 이 경우 키가 크면 일반적으로 앉은키도 크게 되므로 두 변수의 상관관계는 높게 나타날 것이다. 이와 같이 독립변수들 사이에 상관관계가 높은 경우, **다공선성**(multicollinearity)이 존재한다고 말한다. 극단적으로 어떤 독립변수가 나머지 독립변수들의 선형결합으로 표현될 수 있다면, 이 회귀모형에는 완전한 다공선성이 존재하는 것이다. 회귀모형에서 독립변수들이 서로 완전히 독립적인 경우는 쉽지 않으므로 다공선성은 대개의 회귀모형에서 어느 정도 존재하게 된다. 따라서 다공선성은 정도의 문제라고 하겠다. 일반적으로 다공선성이 심한 경우에는 회귀모형의 추정에 나쁜 영향을 미치게 되므로, 이러한 다공선성을 제거하는 것이 매우 중요하다.

### (1) 다공선성의 영향

다공선성이 크게 존재하는 경우에는 다공선성을 유발하고 있는 변수들에 대한 회귀계수 추정량의 분산이 매우 커진다. 이 경우 회귀계수에 대한 신뢰구간이 과대하게 나타나므로, 신뢰구간으로서의 현실적인 의미를 상실하게 된다. 따라서 정확한 모수추정이 불가능해 진다. 하지만 종속변수 $y$의 추정에는 다공선성이 크게 영향을 주지 않을 수도 있다. 예를 들어 몸무게를 추정하는 회귀모형에 키와 상관관계가 높은 앉은키를 포함한다고 하자. 몸무게를 추정하는 데는 독립변수로서 키만 사용하는 것보다는 앉은키를 포함하는 것이 좀 더 도움이 될 것이다. 그러나 키와 앉은키는 상관관계가 높으므로 몸무게에 영향을 주는 면에서 겹치는 부분이 많다. 따라서 몸무게에 대한 변동이 키와 앉은 키 중 어느 것에서 비롯된 것인지를 구분하는 것은 쉽지 않다. 이 결과로 두 독립변수에 대한 회귀계수 추정값은 분산이 매우 커진다.

### (2) 다공선성의 발생 원인

다공선성의 발생 원인을 살펴보면 다음과 같다.

**다공선성의 발생 원인**

- ▶ 잘못된 자료수집과정
- ▶ 모집단 또는 모형에서의 제한사항
- ▶ 모형의 형태
- ▶ 과다한 독립변수의 설정

이상에서 언급한 다공선성의 발생 원인에 대하여 차례로 설명하기로 한다.

#### ▶ 잘못된 자료수집과정

다중회귀분석을 적용하기 위하여 독립변수 $x_1$과 $x_2$에 대한 자료가 다음의 <그림 10-11>에서 보는 바와 같이 수집되었다고 가정하자.

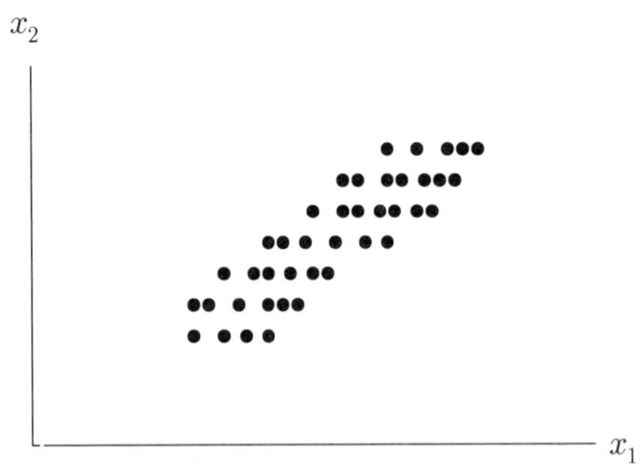


〈그림 10-11〉 다공선성을 유발하는 자료수집

앞의 <그림 10-11>을 보면 $x_1$의 작은 값에서는 $x_2$의 값도 작고 또한 $x_1$의 큰 값에서는 $x_2$의 값도 크게 자료가 수집되었다. 즉 자료수집과정이 두 개의 독립변수 $x_1$과 $x_2$ 사이에 상관관계가 높아질 수밖에 없도록 구성되어 있다. 이러한 경우에는 $x_1$과 $x_2$ 사이에 심한 다공선성이 발생한다.

### ▶ 모집단 또는 모형에서의 제한사항

모집단의 특성상 상관관계가 높은 경우도 있다. 예를 들어 앞에서 언급한 바와 같이 몸무게에 대한 독립변수로 키와 앉은키를 동시에 고려한다면, 두 변수 사이에는 모집단의 특성상 상관관계가 높게 나타날 수밖에 없다. 즉 키가 크면 앉은키도 클 가능성이 높기 때문이다. 이러한 경우는 자료수집방법에 상관없이 모집단 또는 모형 자체에 문제가 있는 경우인데, 화학제품의 생산과정 등에서 많이 발생한다.

### ▶ 모형의 형태

다음과 같이 독립변수 $x$의 2차항을 포함하는 모형을 고려해 보자.

$$y = \beta_0 + \beta_1 x + \beta_2 x^2 + \epsilon$$

이러한 모형에서는 $x$항과 $x^2$항 사이에 다공선성이 발생되는데, 특히 독립변수 $x$의 관찰범위가 좁은 경우에 다공선성의 정도가 더욱 커지게 된다. 이와 같이 다공선성 문제는 특정 독립변수의 2차항 또는 3차항 등을 회귀모형에 포함하게 되는 다항회귀모형에서 흔히 발생한다.

### ▶ 과다한 독립변수의 설정

관찰값의 수에 비하여 독립변수의 수가 많은 경우에도 다공선성이 발생하게 된다. 이러한 현상은 가용한 표본의 수가 제한될 수밖에 없는 의학분야 등에서 주로 나타나는 문제이다.

### (3) 다공선성의 진단

다공선성의 존재여부는 몇 가지 측면에서 파악될 수 있는데, 대표적인 다공선성의 진단방법을 열거하면 다음과 같다.

**다공선성의 진단 방법**

- ▶ 상관관계행렬의 탐색
- ▶ 분산팽창계수의 검토
- ▶ 하나의 독립변수를 추가 또는 삭제시 회귀계수의 추정값이 심하게 변하는 경우
- ▶ 하나의 자료를 추가 또는 삭제시 회귀계수의 추정값이 심하게 변하는 경우

먼저 상관관계행렬의 탐색에서는 두 독립변수 $x_i$와 $x_j$의 상관관계 $r_{ij}$가 높게 나타나면 다공선성을 유발한다. 따라서 상관관계 $r_{ij}$가 높은 두 독립변수 $x_i$와 $x_j$를 동시에 회귀모형에 포함시키는 것은 위험한 일이다.

다공선성의 진단을 위한 또 다른 척도로 **분산팽창계수**(variance inflation factor : VIF)를 들 수 있다. 분산팽창계수는 회귀계수 추정량의 분산이 독립변수들이 선형결합 되어있지 않을 때와 비교하여 얼마나 팽창되었는지를 의미한다. $j$번째 독립변수의 분산팽창계수 $VIF_j$는 다음과 같이 정의된다.

$$VIF_j = \frac{1}{(1-R_j^2)}, \quad j = 1, \cdots, k$$

여기서 $R_j^2$는 독립변수 $x_j$와 회귀모형에 포함된 다른 $(k-1)$개의 독립변수들 사이에 회귀모형을 추정하는 경우의 결정계수를 의미한다. 따라서 독립변수 $x_j$가 다른 독립변수들과 독립적인 관계일수록 $R_j^2$가 작아져서 $VIF_j$가 1에 가까워지게 된다. 반대로 독립변수 $x_j$가 다른 독립변수들의 선형결합을 보일수록 $R_j^2$가 커지며 $VIF_j$의 값도 커지게 된다. 일반적으로 $VIF_j$의 값이 10보다 큰 경우를 문제로 삼는데, $VIF_j$가 10이라는 것은 곧 $R_j^2$가 0.9임을 나타낸다.

끝으로 회귀모형에 하나의 독립변수 또는 소수의 자료를 추가하거나 삭제할 때, 회귀계수의 추정값이 그전에 비하여 심하게 변한다면 이 역시 다공선성을 의심하게 된다.

## (4) 다공선성의 해결방법

여기서는 분석하려는 자료에 다공선성 문제가 발생한 경우, 이를 해결하기 위한 몇 가지 일반적인 방법을 소개한다.

### ▶ 자료의 추가 수집

앞의 <그림 10-11>과 같은 경우에는 자료를 추가로 수집하여 다공선성을 줄일 수 있다. 즉 작은 $x_1$과 큰 $x_2$에서의 관찰값, 그리고 큰 $x_1$과 작은 $x_2$에서의 관찰값 등을 추가로 수집한다. 그러나 이렇게 자료를 추가로 수집하는 것이 항상 가능한 것은 아니며, 때로는 너무 인위적이어서 분석의 목적을 흐리게 할 수도 있다.

### ▶ 모형의 재설정

이는 독립변수 사이의 종속성이 작아지도록 모형에 포함된 독립변수를 새로 정의하는 방법이다. 예를 들어 상관관계가 높은 두 독립변수 $x_1$과 $x_2$를 다음과 같이 새로운 변수 $x_3$로 변환할 수 있다.

$$x_3 = \frac{x_1 + x_2}{2} \quad \text{또는} \quad x_3 = x_1 x_2$$

이 때, 두 변수의 결합은 변수들의 특성에 따라 그 결합 형태를 결정하게 되며, 결합 후 새로운 변수도 의미가 있어야 한다.

한편 상관관계가 높은 변수를 모형에서 제외하는 방법을 들 수 있는데, 위의 예에서는 상관관계가 높은 두 독립변수 $x_1$과 $x_2$ 중에서 어느 하나를 삭제하는 것이다. 그러나 이 방법을 사용할 때는 반응변수 $y$를 설명하는데 매우 중요한 역할을 하는 독립변수를 빠뜨리게 되는 경우를 주의해야 한다.

[예제 10-7] 독립변수의 상관관계행렬 등을 감안할 때, 문제가 되는 두 독립변수 $x_i$와 $x_j$의 결합을 고려하는 다음의 두 가지 상황을 가정한다. 상황 a)는 프로골프 선수들의 평균타수를 추정하려는 모형이고, 상황 b)는 프로야구 투수들의 연봉에 영향을 주는 변수들을 식별하기 위한 회귀모형이다. 여기서 각각의 상황을 고려하여 적절한 형태의 결합을 구하시오.

a)

| $y$ : 평균타수 |
|---|
| ⋮ |
| $x_i$ : 버디 수 |
| $x_j$ : 이글 수 |
| ⋮ |

b)

| $y$ : 투수의 연봉 |
|---|
| ⋮ |
| $x_i$ : 삼진 수 |
| $x_j$ : 사사구 수 |
| ⋮ |

☞ a) 버디와 이글을 더한 새로운 변수로의 결합을 고려할 수 있는데, 이 경우에도 버디는 -1타 그리고 이글은 -2타를 감안한다면 다음과 같이 비중을 달리하는 결합이 더 바람직할 것이다.

$$x_k = \frac{x_i + x_j}{2} \quad \rightarrow \quad x_k = \frac{x_i + 2x_j}{3}$$

b) 여기서도 다음과 같이 삼진 수에서 사사구 수를 빼준 변수도 하나의 결합으로 고려할 수 있으나, 단순한 차이보다는 두 변수의 비율로 정의되는 결합이 투수들의 능력을 더 잘 반영할 수 있는 의미가 있겠다.

$$x_k = x_i - x_j \quad \rightarrow \quad x_k = x_j / x_i$$ ■

### ▶ 다른 모수추정방법의 도입

다공선성을 해결하기 위하여 최소제곱추정법 대신에 다른 모수추정방법을 고려할 수도 있다. 이러한 방법으로는 능형회귀, 주성분회귀 및 고유값회귀(latent root regression) 등을 들 수 있다.

먼저 **능형회귀**(ridge regression)는 회귀계수의 추정량의 불편성(unbiasedness)을 포기하고 편의(bias)를 허용함으로써 다공선성 문제를 해결하는 것이다. 또한 **주성분회귀**(principal components regression)는 독립변수들 사이에 심한 상관관계가 존재하는 경우, 이러한 독립변수들을 대신할 수 있는 서로 독립적인 적은 개수의 새로운 주성분(principal components)을 추출하여 종속변수를 설명하는 방법이다.

그러나 이상의 방법들은 이론적으로는 다공선성의 문제를 다소 해소시킬 수 있다는 점에서 긍정적이라 하겠지만, 편의추정량 및 추정량의 분산 등 다른 측면에서의 또 다른 문제를 야기시키는 단점이 있어 실용적으로는 바람직하지 못한 경우가 많다. 따라서 다공선성을 사전에 줄일 수 있도록 앞에서 언급한 방법들을 적용하는 것이 현실성 있는 대안이 되겠다.

## ** 제8절 경로분석

여기서는 **경로분석**(path analysis)이라는 기법을 통하여 어떤 변수가 다른 특정변수에 직접 또는 간접적으로 미치는 효과에 대하여 알아보기로 한다. 경로분석에서는 변수들을 인과관계, 즉 원인과 효과의 순서로 나열해 놓고 왼쪽 변수에서 오른쪽 변수로의 회귀관계를 각각 고려한다. 이 결과를 이용하여 변수들 사이의 효과를 분석하게 된다.

켄달(Kendall, 1977)의 세계산아실태조사(world fertility survey)를 예로 들어 보자. 이 연구내용 중에서 하나의 경우로 4,700여 명의 피지(Fiji) 여성을 대상으로 이들의 나이, 교육기간 및 출산횟수를 조사한 자료로부터 다음의 두 회귀방정식이 추정되었다고 한다. 여기서 $y$, $x_1$ 및 $x_2$는 각각 출산횟수, 나이 그리고 교육기간을 의미한다.

$$y = 3.4 + 0.059x_1 - 0.16x_2$$
$$x_2 = 7.6 - 0.032x_1$$

앞의 두 회귀방정식 중 첫 번째는 나이와 교육기간이 출산횟수에 미치는 영향을 나타내며, 또한 두 번째 회귀방정식은 여성의 나이와 교육기간 사이의 관계를 나타내고 있다.

그러면 여성의 나이와 교육기간이 출산횟수에 미치는 효과를 살펴보기로 한다. 여기서 **효과**(effect)란 어떤 변수가 특정변수에 미치는 영향력의 정도로 정의되는데, 직접효과와 간접효과로 구분된다. 먼저 교육기간 $x_2$가 출산횟수 $y$에 미치는 효과는 위의 첫 번째 회귀방정식으로부터 -0.16임을 알 수 있다. 즉 교육기간이 1년 더 많은 여성은 출산횟수가 0.16만큼 적음을 의미한다.

| 출산횟수에 대한 교육기간 $x_2$의 효과 = -0.16 |
|---|

한편 나이 $x_1$이 출산횟수 $y$에 미치는 효과는 직접효과와 간접효과의 두 가지로 구분된다. 여기서 **직접효과**(direct effect)란 나이가 출산횟수에 미치는 직접적인 영향이고, **간접효과**(indirect effect)란 나이가 다른 변수 등을 통하여 출산횟수에 미치는 간접적인 영향으로 정의된다. 따라서 출산횟수에 대한 나이의 직접효과는 앞의 교육기간의 경우와 마찬가지로 위의 첫 번째 회귀방정식으로부터 0.059로 구해진다.

| 출산횟수에 대한 나이 $x_1$의 직접효과 = 0.059 |
|---|

또한 간접효과는 나이가 교육기간을 통하여 출산횟수에 미치는 영향을 의미하는데, 이를 구하기 위하여 먼저 앞의 두 회귀방정식으로 표현된 세 변수 사이의 영향력 관계를 나타내면 다음의 <그림 10-12>와 같다.

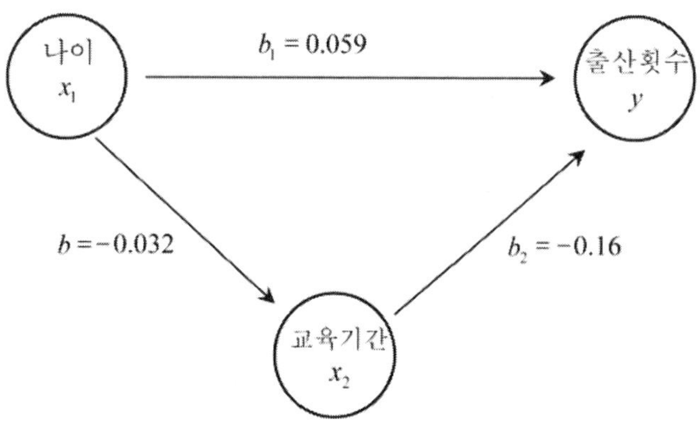


**〈그림 10-12〉 출산횟수에 영향을 미치는 나이와 교육기간의 경로도**

이와 같이 변수들을 원인과 결과의 관계로 구분하여 순서대로 나타낸 그림을 **경로도**(path diagram)라 하는데, 앞의 <그림 10-12>에서 $b_1$과 $b_2$는 출산횟수에 영향을 주는 나이와 교육기간의 다중회귀계수 그리고 $b$는 나이와 교육기간 사이의 단순회귀계수를 나타낸다. 그러면 나이가 교육기간을 통하여 출산횟수에 미치는 간접효과는 위의 경로도 중 $x_1$에서 $x_2$를 통하여 $y$에 이르는 경로를 이용하여 다음과 같이 구해진다.

| 출산횟수에 대한 나이의 간접효과 = (-0.032)×(-0.16) |
|---|
| = 0.005 |

따라서 출산횟수에 대한 나이의 총효과는 앞에서 구한 직접효과 0.059와 간접효과 0.005를 더한 0.064가 된다.

| 출산횟수에 대한 나이의 총효과 = 직접효과 + 간접효과 |
|---|
| = 0.059 + 0.005 = 0.064 |

이와 같이 어떤 변수에 대한 특정 변수의 효과는 경로도를 작성하면 주어진 경로에 따라 직접효과와 간접효과로 구분하여 쉽게 구할 수 있다.

[예제 10-8] 앞에서 다룬 피지 여성을 대상으로 하는 출산횟수에 관한 연구에서 결혼연령이라는 새로운 변수 $x_3$를 추가하여 각 변수 사이의 회귀방정식을 다시 추정한 결과는 다음과 같다.

$$y = 0.062x_1 - 0.05x_2 - 0.28x_3$$
$$x_3 = 0.012x_1 + 0.38x_2$$
$$x_2 = -0.032x_1$$

여기서 출산횟수, 나이, 교육기간 및 결혼연령 사이의 경로도를 구한 후, 출산횟수에 대한 나머지 세 변수의 총효과를 각각 구하시오.

☞ 먼저 앞의 회귀방정식으로부터 네 변수 사이의 경로도를 구하면 다음의 <그림 10-13>과 같다.

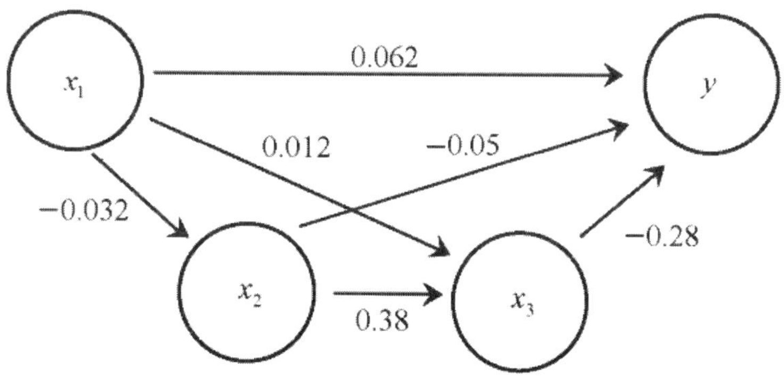


**〈그림 10-13〉 출산횟수에 영향을 미치는 나이, 교육기간 및 결혼연령의 경로도**

a) 결혼연령 $x_3$가 출산횟수에 미치는 효과

$x_3$에서 $y$에 이르는 경로는 위의 그림에서 보는 바와 같이 직접효과 단 하나만이 존재한다. 따라서 결혼연령이 출산횟수에 미치는 효과는 -0.28이다.

b) 교육기간 $x_2$가 출산횟수에 미치는 효과

$x_2$에서 $y$에 이르는 경로는 직접경로와 $x_3$를 통한 간접경로의 두 가지로 구분된다. 따라서 교육기간이 출산횟수에 미치는 총효과는 아래에서 보는 바와 같이 직접효과 -0.05와 간접효과 -0.11을 합한 -0.16이 됨을 알 수 있다.

- 직접효과 : −0.05
- 간접효과 : (0.38) × (−0.28) = −0.11

c) 나이 $x_1$이 출산횟수에 미치는 효과

$x_1$에서 $y$에 이르는 경로는 직접경로와 간접경로의 두 가지로 구분되며, 간접경로는 다시 $x_2$를 통한 경로와 $x_3$를 통한 경로로 구성된다. 또한 $x_2$를 통한 간접경로는 $x_2$만을 통하는 경로와 $x_2$ 및 $x_3$를 모두 통하는 경로로 구분된다. 각 경로별 효과는 다음과 같이 구해진다.

- 직접효과 : 0.062
- 간접효과 : 0.002

① $x_3$를 통한 효과 : (0.12)×(-0.28) = -0.003

② $x_2$만을 통한 효과 : (−0.032)×(−0.05) = 0.002

③ $x_2$와 $x_3$를 통한 효과 : (−0.032)×(0.38)×(−0.28) = 0.003

따라서 나이가 출산횟수에 미치는 총효과는 직접경로에 의한 0.062와 세 가지의 간접경로에 의한 0.002의 합인 0.064가 된다. ■

# 제9절 미니탭의 이용

여기서는 다중회귀모형의 추정과 유의성검정 그리고 반응값의 추정 등 앞에서 다룬 미니탭 결과물을 도출하는 방법을 알아본다.

앞의 단순회귀분석과 마찬가지로 다중회귀분석의 경우도 '**통계분석(S) > 회귀분석(R) > 회귀 분석(R)...**' 메뉴를 이용한다. 다만 대화상자에서 사용하고자 하는 독립변수들을 원하는 만큼 예측변수(I) 상자에 지정하면 된다. 앞의 예에서는 반응(E) 상자에 C1을 그리고 예측변수(I) 상자에는 C2, C3, C4 및 C5를 입력한다. 또한 반응값을 추정하려면 대화상자에서 옵션(N)... 버튼을 선택한 후, 대화상자의 항목 중 새 관측치에 대한 예측 구간(I) 상자에 지정한 독립변수의 순서대로 값을 입력한다. 잔차산점도와 정규확률도를 얻는 과정은 제9장에서와 동일하다.

### (1) 다중회귀모형의 추정 및 유의성 검정

제9장의 단순회귀분석에서 이용된 메뉴 '**회귀 분석(R)...**'을 이용하면 앞의 제2절에서 다룬 바 있는 다중회귀방정식의 추정과 추정된 회귀계수 및 모형에 대한 유의성 검정을 모두 해결할 수 있다. 다만 단순회귀분석의 경우와 다른 점은 다음과 같이 독립변수의 수가 일반적으로 $k$개라는 것이다.

| 통계분석(S) > 회귀 분석(R) > 회귀 분석(R)... |
|---|

그러면 앞에서 입력한 자료에 '**회귀 분석(R)...**'이라는 메뉴를 이용하여 다중회귀모형을 추정하면, 다음과 같은 결과물이 도출된다.

```
세션

회귀 분석: 매출액 대 광고비, 직원수

회귀 방정식
매출액 = 128 + 0.381 광고비 + 0.833 직원수


예측 변수      계수  SE 계수      T      P
상수       128.095    2.491  51.41  0.000
광고비     0.38095  0.05832   6.53  0.003
직원수      0.8333   0.1543   5.40  0.006


S = 2.31455   R-제곱 = 98.1%   R-제곱(수정) = 97.2%


분산 분석

출처        DF       SS      MS       F      P
회귀         2  1128.57  564.29  105.33  0.000
잔차 오차    4    21.43    5.36
총계         6  1150.00


출처    DF  Seq SS
광고비   1  972.32
직원수   1  156.25


새로운 관측치에 대한 예측치

새로운 관측치   적합치  SE 적합치          95% CI                95% PI
            1  165.714     1.237  (162.279, 169.149)  (158.428, 173.001)
```

이에 관한 설명은 앞의 제2절에서 다루었으므로 생략한다.

### (2) 반응값의 추정

이제 제2절의 끝부분에서 다룬 바 있는 반응값의 추정문제에 대하여 알아보기로

한다. 이 경우에는 '**통계분석(S) > 회귀 분석(R) > 회귀 분석(R)...**'을 이용하는데, 역시 독립변수의 숫자만 다를 뿐 단순회귀모형의 경우와 동일함을 알 수 있다. 그러면 <표 10-2>의 ⑥에서와 같이 광고비가 55이고 또한 직원의 수가 20일 때의 매출액을 추정하면 앞의 결과물과 같다.

### (3) 모든 가능한 회귀

여기서는 제3절에서 다룬 모든 가능한 회귀를 미니탭을 이용하여 해결하기로 한다. 먼저 다섯 개의 변수 (C1-C5)를 설정하여 다음과 같이 [예제 10-2]에서의 자료 $y, x_1, \cdots, x_4$를 입력한다.

워크시트 1 ***

| ↓ | C1 | C2 | C3 | C4 | C5 |
|---|---|---|---|---|---|
| | y | x1 | x2 | x3 | x4 |
| 1 | 79 | 7 | 26 | 6 | 60 |
| 2 | 74 | 1 | 29 | 15 | 52 |
| 3 | 104 | 11 | 56 | 8 | 20 |
| 4 | 88 | 11 | 31 | 8 | 47 |
| 5 | 96 | 7 | 52 | 6 | 33 |
| 6 | 109 | 11 | 55 | 9 | 22 |
| 7 | 103 | 3 | 71 | 17 | 6 |
| 8 | 73 | 1 | 31 | 22 | 44 |
| 9 | 93 | 2 | 54 | 18 | 22 |
| 10 | 116 | 21 | 47 | 4 | 26 |
| 11 | 84 | 1 | 40 | 23 | 34 |
| 12 | 113 | 11 | 66 | 9 | 12 |
| 13 | 109 | 10 | 68 | 8 | 12 |
| 14 | | | | | |

모든 가능한 회귀모형을 추정하기 위해서는 다음에서 보는 바와 같이 모든 가능한 회귀를 위한 메뉴인 '**통계분석(S) > 회귀 분석(R) > 최량 부분 집합(B)...**'을 이용한다.

통계분석(S) > 회귀 분석(R) > 최량 부분 집합(B)...

그러면 이상의 과정을 통하여 [예제 10-3]에서 모든 가능한 회귀를 적용하여 구한 바 있는 미니탭 결과물이 다음과 같이 얻어진다.

세션

**최량 부분 집합 회귀 분석: y 대 x1, x2, x3, x4**

반응은 y입니다.

| 변수 | R-제곱 | R-제곱(수정) | Mallows C-p | S | x 1 | x 2 | x 3 | x 4 |
|---|---|---|---|---|---|---|---|---|
| 1 | 67.1 | 64.1 | 151.2 | 8.9073 | | | | X |
| 1 | 66.2 | 63.1 | 155.7 | 9.0319 | | X | | |
| 2 | 98.0 | 97.5 | 3.0 | 2.3330 | X | X | | |
| 2 | 97.4 | 96.9 | 5.6 | 2.6247 | X | | | X |
| 3 | 98.4 | 97.8 | 3.0 | 2.2011 | X | X | X | |
| 3 | 98.3 | 97.8 | 3.1 | 2.2135 | X | X | | X |
| 4 | 98.4 | 97.5 | 5.0 | 2.3341 | X | X | X | X |

## 제10절 요약

### 1. 다중회귀모형

$$y_i = \beta_0 + \beta_1 x_{1i} + \beta_2 x_{2i} + \cdots + \beta_k x_{ki} + \epsilon_i$$

여기서 $\epsilon_i \sim N(0, \sigma^2)$, 서로 독립

### 2. 다중회귀모형의 추정과 검정

▶ 회귀계수에 대한 유의성검정 → $t$검정 이용

$H_0: \beta_j = 0$

$H_1: \beta_j \neq 0$

▶ 회귀모형에 대한 유의성검정 → 분산분석 이용

$H_0: \beta_1 = \beta_2 = \cdots = \beta_k = 0$

$H_1$ : 적어도 하나의 $\beta_j$는 0이 아님

### 3. 변수선택방법

▶ 결정계수 : $R^2 = \dfrac{SSR}{SST} = 1 - \dfrac{SSE}{SST}$

▶ 수정된 결정계수 : $\overline{R}^2 = 1 - \dfrac{n-1}{n-k-1}(1 - R^2)$

▶ 전진선택법 : 기여도가 높은 순서대로 하나씩 선택함

▶ 후진소거법 : 기여도가 낮은 순서대로 차례로 제거함

▶ 단계적 회귀 : 전진선택법 + 후진소거법

▶ 모든 가능한 회귀 : 항상 최선의 결과를 보장함

## 4. 지시변수

▶ 지시변수 : 회귀모형에 질적변수를 반영하기 위하여 설정되는 독립변수로 0 또는 1 의 값을 취함

▶ 적 용 : 모두 $a$개의 수준을 갖는 질적변수를 나타내기 위해서는 $a-1$개의 지시변수가 요구됨

## 5. 부분회귀계수검정

▶ 회귀모형

- 완전모형 : $y = \beta_0 + \beta_1 x_1 + \cdots\cdots + \beta_k x_k + \epsilon \rightarrow SSE(F)$
- 축소모형 : $y = \beta_0 + \beta_1 x_1 + \cdots + \beta_r x_r + \epsilon \rightarrow SSE(R)$

▶ 해당가설

- $H_0 : \beta_{r+1} = \cdots = \beta_k = 0$
- $H_1 :\ H_0$이 아님

▶ 검정통계량 : $F = \dfrac{\{SSR(F) - SSR(R)\} \,/\, (k-r)}{SSE(F) \,/\, (n-k-1)}$

▶ 기각역 : $F > F_{\alpha,\, k-r,\, n-k-1}$

## 6. 변수의 변환

▶ 변수의 변환 : 모형의 적합도를 향상시키고자 원래의 변수를 다음과 같이 변환하여 사용함

▶ 적용 : 먼저 몇 가지 형태의 변수변환에 따른 회귀모형을 추정한 후 이 중에서 가장 결정계수의 값이 큰 회귀모형을 선택함

## 7. 다공선성

▶ 다공선성 : 회귀모형을 구성하는 독립변수 사이의 상관관계가 높은 경우에 발생하는데, 모형의 추정에 나쁜 영향을 초래함

▶ 다공선성의 발생원인 : - 잘못된 자료수집과정
- 모집단 또는 모형에서의 제한사항
- 회귀모형의 형태
- 과다한 독립변수의 설정

▶ 다공선성의 진단방법 : - 상관행렬의 탐색
- 분산팽창계수의 검토
- 하나의 독립변수 또는 자료를 추가하거나 삭제하여 회귀계수 추정값의 변화를 관찰함

▶ 다공선성의 해결방법 : - 자료의 추가 수집
- 회귀모형의 재설정
- 새로운 모수추정방법의 적용

## 8. 경로분석

▶ 경 로 도 : 변수 사이의 영향력 관계를 나타내는 그림

▶ 효　　과 : 어떤 변수가 특정 변수에 미치는 영향력의 정도로 정의되며, 직접효과와 간접효과로 구분됨

▶ 직접효과 : 어떤 변수가 특정 변수에 직접적으로 미치는 효과

▶ 간접효과 : 어떤 변수가 다른 변수를 매개로 하여 특정 변수에 미치는 간접적인 효과

## 9. 미니탭의 이용

▶ 다중회귀모형의 추정 : 회귀 분석(R) > 회귀 분석(R)...

▶ 반응값의 추정 : 회귀 분석(R) > 회귀 분석(R)... > 옵션(N)...

▶ 변수선택방법 : 회귀 분석(R) > 최량 부분 집합(B)...

## ■ 연습문제

**[10.1]** 다음 문장을 읽고 옳으면 '○'표, 또한 틀리면 '×'표를 한 후 틀린 곳을 바르게 고치시오.

a) 다중회귀모형의 가정사항은 단순회귀모형의 경우와 다르다.

b) 다중회귀모형의 회귀계수추정은 단순회귀모형의 경우와 같이 최소제곱추정법을 이용한다.

c) 회귀계수추정량 $\hat{\beta}_j$에 대한 $t$값으로 $\beta_j$에 대한 유의성 검정을 할 수 있다.

d) 만약 다중회귀모형에 $k$개의 독립변수 항이 있다면, 분산분석에서 변동요인 회귀에 대한 자유도는 $k-1$이다.

e) 다중회귀모형에서 결정계수 $R^2$는 종속변수와 독립변수 사이의 상관계수의 제곱이다.

f) 여러 개의 변수들 중에서 회귀모형에 필요한 독립변수를 선택할 때 결정계수를 최대로 하는 변수조합을 찾으면 된다.

g) 단계적 회귀에 의하여 도출된 회귀모형은 항상 최선이다.

h) 단계적 회귀로 만들어진 회귀모형에서 처음 선택된 독립변수가 제일 기여도가 높다.

i) 수준이 5개인 질적변수와 수준이 3개인 질적변수를 교호작용까지 고려하여 회귀모형을 만들면, 독립변수 항의 수는 모두 15개이다.

j) 회귀모형에서 몇 개의 독립변수 항을 제외시키면 $SSR$은 증가한다.

k) 종속변수 $y$의 추정이 목적이라면 다공선성은 크게 문제되지 않을 수도 있다.

l) 경로분석에서는 변수들의 인과관계가 분석에 중요하게 작용한다.

**[10.2]** 가정의 전기사용량을 거실의 평수 및 가족의 구성인원으로 설명해 보고자 여덟 가구를 대상으로 하여 회귀분석을 시도하였다. 다음은 회귀분석 결과물의 일부인데, 이를 참조하여 물음에 답하시오. 이 때, $x_1$은 거실 평수 그리고 $x_2$는 구성인원을 의미한다.

세션

| 예측 변수 | 계수 | SE 계수 |
|---|---|---|
| 상수 | 39.68915 | 32.74231 |
| X1 | 3.37216 | 0.93595 |
| X2 | 0.53211 | 6.97556 |

a) 추정된 회귀방정식을 구하시오.

b) 회귀계수에 대한 유의성을 5%의 유의수준하에 검정하시오.

**[10.3]** 다음은 일조시간과 강수량이 수확량에 미치는 영향을 알아보고자 12개의 표본을 추출한 자료이다. 아래의 물음에 답하시오.

| | | | | | | | | | | | | |
|---|---|---|---|---|---|---|---|---|---|---|---|---|
| 일조시간($x_1$) : | 11 | 12 | 13 | 14 | 11 | 12 | 13 | 14 | 11 | 12 | 13 | 14 |
| 강 수 량($x_2$) : | 10 | 10 | 10 | 10 | 20 | 20 | 20 | 20 | 30 | 30 | 30 | 30 |
| 수 확 량($y$) : | 51 | 63 | 76 | 88 | 48 | 60 | 74 | 83 | 28 | 48 | 65 | 73 |

a) 회귀방정식을 추정하시오.

b) 회귀계수에 대한 유의성을 검정하시오.

c) 일조시간이 15이며 강수량이 20일 때의 평균 수확량을 추정하시오.

**[10.4]** 다음은 흡연량($x_1$) 및 음주량($x_2$)에 따른 건강지수($y$)를 알아보고자 여섯 명의 자료를 근거로 하여 회귀모형을 추정한 결과이다. 다음의 빈칸을 채우시오.

$$\hat{y} = 10.9 + 0.130\,x_1 + 0.034\,x_2$$

| | | |
|---|---|---|
| Stdev | [ .046 ] | [ .010 ] |
| 95% CI | [ ] | [ ] |
| 검정통계량 t | [ ] | [ ] |
| p값 | [ ] | [ ] |

**[10.5]** 독립변수가 두 개인 다중회귀모형에 대한 다음의 미니탭 결과물을 참조하여 아래 물음에 답하시오.

세션

| 예측 변수 | 계수 | SE 계수 | T | P |
|---|---|---|---|---|
| 상수 | 1.032 | 3.176 | 0.32 | 0.755 |
| C2 | 0.09488 | 0.02612 | 3.63 | 0.008 |
| C3 | 0.25024 | 0.06310 | 3.97 | 0.005 |

S = 2.924   R-제곱 = 92.0%   R-제곱(수정) = 89.7%

분산 분석

| 출처 | DF | SS | MS | F | P |
|---|---|---|---|---|---|
| 회귀 | 2 | 689.06 | 344.53 | 40.30 | 0.000 |
| 잔차 오차 | 7 | 59.84 | 8.55 | | |
| 전체 | 9 | 784.90 | | | |

a) 추정된 회귀방정식을 구하시오.

b) 5%의 유의수준하에 다중회귀모형에 대한 유의성을 검정하시오.

c) 5%의 유의수준하에 각각의 회귀계수에 대한 유의성을 검정하시오.

**[10.6]** 다음의 미니탭 결과물을 참조하여 아래 물음에 답하시오.

세션

| 예측변수 | 계수 | SE 계수 | T |
|---|---|---|---|
| 상수 | -85.50 | 12.82 | -6.67 |
| X1 | 13.1667 | 0.9981 | 13.19 |
| X2 | -0.8000 | 0.1367 | -5.85 |

S = 3.886   R-제곱 = 95.9%   R-제곱(수정) = 94.4%

분산 분석

| 출처 | DF | SS | MS | F |
|---|---|---|---|---|
| 회귀 | 2 | 3112.4 | 1556.2 | 104.13 |
| 잔차 오차 | 9 | 134.5 | 14.9 | |
| 전체 | 11 | 3246.9 | | |

a) 추정된 회귀방정식을 구하시오.

b) 1%의 유의수준하에 다중회귀모형에 대한 유의성을 검정하시오.

c) 1%의 유의수준하에 각각의 회귀계수에 대한 유의성을 검정하시오.

**[10.7]** 다음은 어느 의류 매장의 방문고객수, 경쟁매장수, 매장점원수 및 국민소비성향지수에 따른 월간 매출액을 나타내고 있다.

|  | | | | | | | | | | | | | | | |
|---|---|---|---|---|---|---|---|---|---|---|---|---|---|---|---|
| 매 출 액(C1) : | 58 | 179 | 142 | 179 | 125 | 157 | 10 | 271 | 139 | 318 | 148 | 65 | 217 | 86 | 134 |
| 방문고객(C2) : | 29 | 53 | 65 | 48 | 36 | 69 | 28 | 54 | 40 | 71 | 58 | 42 | 48 | 37 | 53 |
| 경쟁매장(C3) : | 7 | 5 | 9 | 4 | 5 | 9 | 9 | 2 | 5 | 2 | 8 | 9 | 3 | 7 | 7 |
| 매장점원(C4) : | 10 | 8 | 11 | 18 | 17 | 19 | 10 | 12 | 6 | 18 | 9 | 14 | 8 | 6 | 6 |
| 소비성향(C5) : | 5 | 2 | 7 | 2 | 2 | 2 | 7 | 8 | 3 | 6 | 5 | 4 | 5 | 4 | 3 |

위 자료의 단계적 회귀모형 추정결과가 다음과 같을 때, 아래 물음에 답하시오.

```
세션

4개의 예측변수 (N = 15) 에서 반응은 C1입니다.

단계                1        2        3
상수           299.35   106.38    97.28

C3             -24.86   -22.05   -21.96
T-값            -4.68   -28.76   -36.17
P-값            0.000    0.000    0.000

C2                        3.61     3.59
T-값                     24.99    31.41
P-값                     0.000    0.000

C5                                 2.17
T-값                               2.86
P-값                              0.015

                 50.6     7.23     5.72
R-제곱          62.78    99.30    99.60
R-제곱(수정)    59.92    99.18    99.49
Mallows C-p     923.2      8.6      3.1
```

a) 각 단계별 회귀모형을 추정하시오.

b) 최종 회귀모형을 구하시오.

**[10.8]** 아래의 결과물을 참조하여 물음에 답하시오.

세션

반응은 y입니다.

| 변수 | R-제곱 | Mallows C-p | MSE | SSE | x 1 | x 2 | x 3 | x 4 |
|---|---|---|---|---|---|---|---|---|
| 0 | 0.00 | 1721.6 | 0.0750 | 3.9728 | | | | |
| 1 | 12.0 | 1510.8 | 0.0672 | 3.4961 | X | | | |
| 1 | 35.2 | 1100.1 | 0.0495 | 2.5763 | | X | | |
| 1 | 44.2 | 939.0 | 0.0426 | 2.2153 | | | X | |
| 1 | 52.7 | 788.2 | 0.0361 | 1.8776 | | | | X |
| 2 | 43.8 | 948.7 | 0.0438 | 2.2325 | X | X | | |
| 2 | 64.6 | 580.2 | 0.0276 | 1.4072 | X | | X | |
| 2 | 52.8 | 789.4 | 0.0368 | 1.8757 | X | | | X |
| 2 | 81.3 | 283.7 | 0.0146 | 0.7430 | | X | X | |
| 2 | 65.0 | 573.5 | 0.0273 | 1.3922 | | X | | X |
| 2 | 68.7 | 507.9 | 0.0244 | 1.2453 | | | X | X |
| 3 | 97.2 | 3.1 | 0.0022 | 0.1099 | X | X | X | |
| 3 | 65.0 | 574.8 | 0.0278 | 1.3905 | X | X | | X |
| 3 | 71.9 | 452.0 | 0.0223 | 1.1156 | X | | X | X |
| 3 | 88.3 | 161.7 | 0.0093 | 0.4652 | | X | X | X |
| 4 | 97.2 | 5.0 | 0.0022 | 0.1098 | X | X | X | X |

a) 최적 모형의 변수조합을 선택하고, 그 기준을 밝히시오.

b) 전진선택법에 의한 최적의 변수 수가 세 개라고 가정할 때, 차례로 각 단계에서 선택되는 독립변수를 밝히고 그 선택이유를 설명하시오.

****[10.9]** 네 개의 독립변수로 설정된 다음의 다중회귀모형을 가정한다.

$$y = \beta_0 + \beta_1 x_1 + \beta_2 x_2 + \beta_3 x_3 + \beta_4 x_4 + \epsilon, \quad \epsilon \sim N(0, \sigma^2)$$

여기서 다음의 가설을 검정하기 위한 절차, 즉 부분회귀계수검정을 위한 적절한 절차를 서술하시오.

$$H_0 : \beta_3 = \beta_4 = 0$$

**[10.10] 골동품 시계수집상 할아버지들은 골동품 경매시장에서의 시계 가격은 나이와 입찰자의 수에 따라 영향을 받게 된다고 경험적으로 생각하고 있다. 이의 분석을 위하여 시계 나이($x_1$)와 입찰자의 수($x_2$)에 따른 시계 가격($y$)을 나타내는 32개 자료를 다음과 같이 수집하였다.

| $x_1$ | $x_2$ | $y$ | $x_1$ | $x_2$ | $y$ |
|---|---|---|---|---|---|
| 127 | 13 | 1235 | 170 | 14 | 2131 |
| 115 | 12 | 1080 | 182 | 8 | 1550 |
| 127 | 7 | 845 | 162 | 11 | 1884 |
| 150 | 9 | 1522 | 184 | 10 | 2041 |
| 156 | 6 | 1047 | 143 | 6 | 854 |
| 182 | 11 | 1979 | 159 | 9 | 1483 |
| 156 | 12 | 1822 | 108 | 14 | 1055 |
| 132 | 10 | 1253 | 175 | 8 | 1545 |
| 137 | 9 | 1297 | 108 | 6 | 792 |
| 113 | 9 | 946 | 179 | 9 | 1792 |
| 137 | 15 | 1713 | 111 | 15 | 1175 |
| 117 | 11 | 1024 | 187 | 8 | 1593 |
| 137 | 8 | 1147 | 111 | 7 | 785 |
| 153 | 6 | 1092 | 115 | 7 | 744 |
| 117 | 13 | 1152 | 194 | 5 | 1356 |
| 126 | 10 | 1336 | 168 | 7 | 1262 |

이 때, 다음의 두 가지 회귀모형에 대한 추정결과를 보여주는 미니탭 결과물을 참고하여 물음에 답하시오.

① $y = \beta_0 + \beta_1 x_1 + \beta_2 x_2 + \epsilon$ 의 추정 결과

세션

| 예측 변수 | 계수 | SE 계수 | T | P |
|---|---|---|---|---|
| 상수 | -1304.1 | 177.6 | -7.34 | 0.000 |
| x1 | 12.6043 | 0.9244 | 13.64 | 0.000 |
| x2 | 84.602 | 8.918 | 9.49 | 0.000 |

S = 136.381   R-제곱 = 88.6%   R-제곱(수정) = 87.8%

분산 분석

| 출처 | DF | SS | MS | F | P |
|---|---|---|---|---|---|
| 회귀 | 2 | 4180278 | 2090139 | 112.37 | 0.000 |
| 잔차 오차 | 29 | 539393 | 18600 | | |
| 전체 | 31 | 4719672 | | | |

② $y = \beta_0 + \beta_1 x_1 + \beta_2 x_2 + \beta_3 x_1 x_2 + \epsilon$ 의 추정 결과

세션

| 예측 변수 | 계수 | SE 계수 | T | P |
|---|---|---|---|---|
| 상수 | 406.4 | 297.9 | 1.36 | 0.183 |
| x1 | 0.377 | 2.051 | 0.18 | 0.855 |
| x2 | -100.13 | 30.18 | -3.32 | 0.003 |
| x1x2 | 1.3378 | 0.2143 | 6.24 | 0.000 |

S = 89.7588   R-제곱 = 95.2%   R-제곱(수정) = 94.7%

분산 분석

| 출처 | DF | SS | MS | F | P |
|---|---|---|---|---|---|
| 회귀 | 3 | 4494085 | 1498028 | 185.94 | 0.000 |
| 잔차 오차 | 28 | 225586 | 8057 | | |
| 전체 | 31 | 4719672 | | | |

a) 회귀모형 ①에 대한 추정식을 구하고, 회귀모형 및 각각의 회귀계수에 대한 유의성을 검정하시오.

b) 회귀모형 ②에 대한 추정식을 구하고, 회귀모형 및 각각의 회귀계수에 대한 유의성을 검정하시오.

c) 이 자료에 교호작용이 존재하는지를 검정하시오.

d) 회귀모형 ②에 대한 추정식에서 $x_2$의 회귀계수가 음수이다. 이는 입찰자의 수가 증가하면 가격이 떨어진다는 뜻이 되는가? 결과물을 참조하여 설명하시오.

e) $x_1$에 대한 회귀계수의 유의성이 회귀모형 ②에서 어떻게 변하는지 설명하고, 그 이유를 밝히시오.

****[10.11]** 다음은 아들의 연소득과 교육기간 그리고 아버지의 연소득과 교육기간이라는 네 변수의 자료로부터 도출된 회귀방정식을 나타내고 있다.

$$x_2 = 0.65\,x_1$$

$$x_3 = 0.15\,x_1 - 0.08\,x_2$$

$$y = 0.10\,x_1 + 0.04\,x_2 + 0.20\,x_3$$

네 변수 사이의 적절한 경로도를 구한 후, 아들의 연소득에 대한 다음 변수의 총효과를 구하시오.

a) 아들의 교육기간 $x_3$

b) 아버지의 연소득 $x_2$

c) 아버지의 교육기간 $x_1$

# 11

# 범주형 자료와 카이제곱 검정

# 제 11 장 범주형 자료와 카이제곱 검정

**범주형 자료**(categorical data)는 관찰값들이 몇몇 범주에 의해 구분되어 얻어지는 경우의 자료를 의미하는데, 우리가 일반적으로 설문조사를 통하여 얻게 되는 자료가 바로 이러한 범주형 자료이다. 예를 들어 대학생의 월평균 용돈이 얼마나 되는지를 설문조사를 통하여 파악하려는 경우를 생각해 보자. 이 경우 조사의 목적에 따라 구하고자 하는 자료의 형태가 달라질 수 있겠으나, 결과적으로 자료가 각자의 용돈이 10만원, 12만원, 8만원 등의 형태로 구해졌다면 이는 연속형 자료인 셈이고, 만일 10만원 이하가 13명, 10만원 이상 15만원 이하가 20명 등의 형태라면 이는 범주형 자료가 되는 것이다.

이러한 범주형 자료에 대한 검정은 주로 카이제곱(chi-square, $\chi^2$) 통계량을 이용하게 되므로 **카이제곱 검정**($\chi^2$ test) 이라 하는데, 이를 **분할표**(contingency table) **검정**이라고도 한다. 카이제곱 검정은 일반적으로 적합도 검정, 독립성 검정 및 동질성 검정 등으로 구분된다.

## 제1절 적합도 검정

멘델의 유전법칙에 의하면 혈액형이 모두 AB형인 부부는 혈액형이 A형, AB형 그리고 B형을 갖는 자녀들을 두게 되며, 또한 이들의 구성비는 1 : 2 : 1을 따른다고 한다. 이러한 멘델의 유전법칙이 잘 맞는지 등을 알아보고자 할 때, 즉 자료가 어떤 특정분포를 따르고 있는가를 검정하고자 할 때 바로 **적합도 검정**(test of goodness of fit)이 적절한 분석기법이 된다. 다음의 <표 11-1>은 AB형의 혈액형을 갖는 부부 100쌍의 자녀 284명의 혈액형을 조사한 자료이다.

### 〈표 11-1〉 부모의 혈액형이 AB형인 자녀 284명의 혈액형 분포

| 혈액형 | 자녀수 |
|---|---|
| A형 | 65 |
| AB형 | 152 |
| B형 | 67 |
| 계 | 284 |

여기서의 관심은 자녀들의 혈액형이 멘델의 유전법칙을 따르는지의 문제이므로 귀무가설은 다음과 같이 설정된다.

$$H_0 : P_A = 0.25,\ P_{AB} = 0.50,\ P_B = 0.25$$

이 검정을 위해서는 <표 11-1>에서 제시된 관찰값들의 분포가 얼마나 위의 가설을 만족하고 있는가를 판단해야 할 것이다. 다시 말하여 혈액형의 관찰값들이 가설에서 제시된 이론적인 분포와 근접해 있다면 가설을 채택하고, 관찰값과 이론값의 분포가 상당히 차이가 난다면 가설을 기각하게 된다. 그러면 이러한 문제의 일반적인 검정절차를 몇 단계로 구분하여 소개한다.

[단계 1] $n$개의 **관찰값**(observed frequency)을 $c$개의 범주로 구분하고, 각 범주에 속하는 관찰값 수를 $O_i$라고 한다. 그리고 관찰값이 각 범주에 속하게 될 확률 $P_i(i = 1, ..., c)$를 계산한다. 앞의 예에서는 표본의 크기가 284이고, 범주는 A형과, B형 및 AB형이므로 $c = 3$이다.

[단계 2] 귀무가설이 사실일 때, 전체 표본 $n$개가 각 범주에 속하게 될 **기대값** (expected frequency) $E_i$는 다음과 같다.

$$E_i = nP_i, \quad i = 1, \cdots, c$$

[단계 3] 실제 관찰값 $O_i$와 기대값 $E_i$의 차이를 가늠하게 되는 검정통계량으로 다음의 **카이제곱 통계량**을 구한다.

$$\chi^2 = \sum_{i=1}^{c} \frac{(O_i - E_i)^2}{E_i}$$

이 때, 검정통계량 $\chi^2$는 귀무가설이 사실이라면 자유도가 $c-1$인 카이제곱 분포를 따른다. 귀무가설이 사실일수록 검정통계량 $\chi^2$의 값이 작아지므로, 검정통계량의 값이 기준값인 ${\chi^2}_{\alpha, c-1}$보다 크면 귀무가설을 기각한다.

이상에서 살펴 본 적합도 검정절차를 귀무가설, 검정통계량 및 의사결정규칙 등으로 구분하여 정리하면 다음과 같다.

**적합도 검정절차의 요약**

▶ 귀무가설 : $H_0 : P_1 = P_{10},\ P_2 = P_{20}, \cdots,\ P_c = P_{c0}$

▶ 검정통계량 : $\chi^2 = \sum_{i=1}^{c} \frac{(O_i - E_i)^2}{E_i}$

▶ 의사결정규칙 : 만일 $\chi^2 > {\chi^2}_{\alpha, c-1}$이면 귀무가설을 기각한다.

〔예제 11-1〕 앞의 <표 11-1>에 주어진 자료를 보고 자녀들의 혈액형이 멘델의 법칙을 따른다는 귀무가설을 5%의 유의수준하에 검정하시오.

☞ 앞의 <표 11-1>에 적합도 검정절차를 적용하여 각 범주에 속하게 될 확률, 기대값, 관찰값과 기대값의 편차 그리고 검정통계량을 구한 결과는 다음과 같다.

| 혈액형 | 자녀수 $O_i$ | 확률 $P_i$ | 기대값 $E_i$ | 편차 $O_i - E_i$ | 검정통계량 $(O_i - E_i)^2/E_i$ |
|---|---|---|---|---|---|
| A형 | 65 | 0.25 | 71 | -6 | 0.507 |
| AB형 | 152 | 0.50 | 142 | 10 | 0.704 |
| B형 | 67 | 0.25 | 71 | -4 | 0.225 |
| 계 | 284 | 1.00 | 284 | 0 | 1.436 |

따라서 이 때의 의사결정을 위한 검정통계량의 값 $\chi^2$는 1.436이 되는데, 이는 기준값 $\chi^2_{\alpha, c-1} = \chi^2_{.05, 2} = 5.99$보다 작으므로 5%의 유의수준하에 귀무가설이 채택된다. 즉 AB형의 혈액형을 갖는 부부들의 자녀들은 1 : 2 : 1 의 비율로 A형, AB형 그리고 B형의 혈액형을 갖게 된다고 할 수 있다. ■

## 제2절 독립성 검정

어떤 모집단의 자료가 두 가지 특성에 의하여 분류되는 경우를 고려해 보자. 이 때, 이 두 가지 특성 간에 관련이 있는지, 아니면 서로 독립적인지를 알고자 하는 경우에 **독립성 검정**(test of independence)이 적용된다. 한 예로 다음의 <표

11-2>의 자료를 생각해 보자. 이 자료는 대학생 300명을 임의로 추출하여 성별과 용돈지출액에 따라 분류한 것이다.

### 〈표 11-2〉 성별과 용돈지출액에 대한 분할표

| 성별 | 용돈지출액 | | | | 소계 |
|---|---|---|---|---|---|
| | 10만원 이하 | 10만-20만원 | 20만-30만원 | 30만원 이상 | |
| 여학생 | 28 | 44 | 33 | 15 | 120 |
| 남학생 | 32 | 46 | 57 | 45 | 180 |
| 소계 | 60 | 90 | 90 | 60 | 300 |

여기서의 관심은 과연 대학생들의 월평균 용돈지출액이 여학생과 남학생이라는 성별에 따라 그 양상이 동일한지를 알고자 하는 것이다. 따라서 이 때의 귀무가설은 '대학생들의 성별과 용돈지출액은 독립적이다.' 즉 '용돈 지출액의 정도는 남녀간 차이가 없다.' 라고 설정될 수 있는데, 일반적으로 다음의 기호로 나타낸다.

$$H_0:\ P_{ij} = P_{i.} \times P_{.j}\,,\quad i = 1, \cdots, r\,,\quad j = 1, \cdots, c$$

여기서 $P_{ij}$는 어떤 학생이 분할표의 $i$번째 행 및 $j$번째 열에 위치할 확률이다. 또한 $P_{i.}$는 $i$번째 행에 속할 확률이고, $P_{.j}$는 $j$번째 열에 속할 확률을 나타낸다.

이러한 독립성 검정도 적합도 검정에서와 마찬가지로 <표 11-2>에 주어진 관찰값들의 분포가 귀무가설을 얼마나 만족하고 있는가에 의존하게 된다. 즉 용돈지출액이 성별과 완전히 독립적일 경우의 기대값을 구하여 실제 조사된 관찰값과 비교하는 절차인 것이다.

먼저 다음의 <표 11-3>에서 보는 바와 같이 각각 $r$개와 $c$개의 수준으로 구성되는 두 가지 특성 $R$과 $C$를 갖는 특정 모집단으로부터 $n$개의 표본이 추출되었다고 가정하고, 이의 독립성 검정을 위한 일반적인 절차를 단계적으로 소개한다. 단, $O_{ij}$는 특성 $R$의 $i$번째 수준과 특성 $C$의 $j$번째 수준에서의 관찰값이다.

**〈표 11-3〉 두 가지 특성에 따른 $r \times c$ 분할표**

| 특성 $R$ | 특성 $C$ | | | | 소계 |
|---|---|---|---|---|---|
| | $C_1$ | $C_2$ | $\cdots$ | $C_c$ | |
| $R_1$ | $O_{11}$ | $O_{12}$ | $\cdots$ | $O_{1c}$ | $n_{1.}$ |
| $R_2$ | $O_{21}$ | $O_{22}$ | $\cdots$ | $O_{2c}$ | $n_{2.}$ |
| $\vdots$ | $\vdots$ | $\vdots$ | | $\vdots$ | $\vdots$ |
| $R_r$ | $O_{r1}$ | $O_{r2}$ | $\cdots$ | $O_{rc}$ | $n_{r.}$ |
| 소계 | $n_{.1}$ | $n_{.2}$ | $\cdots$ | $n_{.c}$ | $n$ |

[단계 1] 두 가지 특성의 각 수준에 따른 비율 $P_{i\cdot}$ 및 $P_{\cdot j}$를 구하고, 이를 이용하여 다음과 같이 분할표상의 각 셀(cell)의 비율 $P_{ij}$를 계산한다.

$$P_{ij} = P_{i.} \times P_{.j}, \quad i = 1, \cdots, r, \quad j = 1, \cdots, c$$

[단계 2] 귀무가설이 사실일 때, 즉 두 가지 특성이 완전히 독립적일 때 이론적으로 각 셀에 속하게 될 기대값 $E_{ij}$를 다음과 같이 구한다.

$$E_{ij} = n P_{ij}, \quad i = 1, \cdots, r, \quad j = 1, \cdots, c$$

[단계 3] 적합도 검정에서와 마찬가지로 실제 관찰값 $O_{ij}$와 기대값 $E_{ij}$의 차이를 구한 후, 다음과 같은 카이제곱 통계량을 계산한다.

$$\chi^2 = \sum_{i=1}^{r} \sum_{j=1}^{c} \frac{(O_{ij} - E_{ij})^2}{E_{ij}}$$

여기서 검정통계량 $\chi^2$는 귀무가설이 사실이고 표본의 크기가 충분히 클 때에는 자유도가 $(r-1)(c-1)$인 카이제곱 분포를 따르게 된다. 만일 귀무가설이 사실이 아니라면 관찰값과 기대값의 차이가 크게 되고 따라서 검정통계량 $\chi^2$값이 증가하게 되므로, 독립성 검정에서의 의사결정규칙도 검정통계량의 값이 기준값인 ${\chi^2}_{\alpha,(r-1)(c-1)}$ 보다 큰 경우에 귀무가설을 기각하게 된다.

이제까지의 독립성 검정절차를 귀무가설, 검정통계량 및 의사결정규칙 등으로 구분해 요약해 보면 다음과 같다.

**독립성 검정절차의 요약**

- ▶ 귀무가설 : $H_0 : P_{ij} = P_{i.} \times P_{.j}$
- ▶ 검정통계량 : $\chi^2 = \sum_{i=1}^{r} \sum_{j=1}^{c} \frac{(O_{ij} - E_{ij})^2}{E_{ij}}$
- ▶ 의사결정규칙 : 만일 $\chi^2 > {\chi^2}_{\alpha,(r-1)(c-1)}$이면, 귀무가설을 기각함

〔예제 11-2〕 앞의 <표 11-2>에서 주어진 자료를 이용하여 성별과 용돈지출액이 독립적이라는 가설을 5%의 유의수준하에 검정하시오.

☞ 성별과 용돈지출액이라는 두 가지 특성을 갖는 앞의 <표 11-2>의 자료에 독립성 검정절차를 적용한다. 먼저 두 가지 특성의 각 수준에 따른 비율 $P_{i.}\,(i = 1, 2)$ 및 $P_{.j}\,(j = 1, 2, 3, 4)$ 그리고 $P_{ij}$를 구한 결과는 다음과 같다.

▶ **성별과 용돈지출액에 따른 각각의 비율 $P_{i\cdot}, P_{\cdot j}$ 및 $P_{ij}$**

| 성별 | 용돈지출액 | | | | $P_{i.}$ |
|---|---|---|---|---|---|
| | 10만원 이하 | 10만-20만원 | 20만-30만원 | 30만원 이상 | |
| 여학생 | 0.08 | 0.12 | 0.12 | 0.08 | 0.40 |
| 남학생 | 0.12 | 0,18 | 0.18 | 0.12 | 0.60 |
| $P_{\cdot j}$ | 0.20 | 0.30 | 0.30 | 0.20 | 1.00 |

또한 위에서 구해진 비율을 이용하여 귀무가설이 사실이라고 할 때, 각 셀에 속하게 될 기대값 $E_{ij}$와 관찰값 수 $O_{ij}$는 다음과 같다.

▶ **성별과 용돈지출액에 따른 관찰값과 기대값**

| 성별 | 용돈지출액 | | | | 소계 |
|---|---|---|---|---|---|
| | 10만원 이하 | 10만-20만원 | 20만-30만원 | 30만원 이상 | |
| 여학생 | 28/24 | 44/36 | 33/36 | 15/24 | 120 |
| 남학생 | 32/36 | 46/54 | 57/54 | 45/36 | 180 |
| 소계 | 60 | 90 | 90 | 60 | 300 |

이제 <표 11-2>에 제시된 실제 관찰값 $O_{ij}$와 위의 기대값 $E_{ij}$로부터 카이제곱 통계량을 구하기 위하여 각 셀의 통계량을 계산하면 다음과 같다.

▶ **성별과 용돈지출액에 따른 카이제곱 통계량 계산과정**

| 성별 | 용돈지출액 | | | |
|---|---|---|---|---|
| | 10만원 이하 | 10만-20만원 | 20만-30만원 | 30만원 이상 |
| 여학생 | 0.667 | 1.778 | 0.250 | 3.375 |
| 남학생 | 0.444 | 1.185 | 0.167 | 2.250 |

이상의 검정절차를 통하여 의사결정을 위한 검정통계량의 값 $\chi^2$는 앞의 8개 통계량의 합인 10.116이 된다.

$$\chi^2 = 0.667 + 1.778 + \cdots + 2.250 = 10.116$$

그런데 이는 $\chi^2$분포표의 기준값 $\chi^2_{\alpha,(r-1)(c-1)} = \chi^2_{.05,3} = 7.81$보다 크므로, 5%의 유의수준하에 성별과 용돈지출액이 독립적이라는 귀무가설을 기각한다. 즉 대학생들의 용돈지출 양상은 성별과 관련이 있다고 판단하게 된다 ■

## *제3절 동질성 검정

끝으로 동질성 검정에 대하여 알아보기로 한다. 여기서 **동질성 검정**(test of homogeneity)이란 다음의 귀무가설에서 보는 바와 같이 어떤 특성이 여러 집단에 대하여 동질적인지를 파악하기 위한 것이다.

$$H_o : P_{1j} = P_{2j} = \cdots = P_{rj}$$

여기서 동질성 검정은 앞에서 다룬 독립성 검정과 검정통계량 및 검정의 의사결정규칙 등의 측면에서 동일한 검정절차를 따르게 되는데, 다만 다음의 <표 11-4>에서 보는 바와 같이 각 집단의 표본크기 $n_{i.}$이 사전에 고정된다는 점이 독립성 검정의 경우와 차이가 있다.

**〈표 11-4〉 동질성 검정의 분할표**

| 집단 | 특성 $C$ | | | | 소계 |
|---|---|---|---|---|---|
| | $C_1$ | $C_2$ | … | $C_c$ | |
| 1 | $O_{11}$ | $O_{12}$ | … | $O_{1c}$ | $n_{1.}$ |
| 2 | $O_{21}$ | $O_{22}$ | … | $O_{2c}$ | $n_{2.}$ |
| ⋮ | ⋮ | ⋮ | | ⋮ | ⋮ |
| $r$ | $O_{r1}$ | $O_{r2}$ | … | $O_{rc}$ | $n_{r.}$ |
| 소계 | $n_{.1}$ | $n_{.2}$ | … | $n_{.c}$ | $n$ |

그러면 앞에서 다룬 독립성 검정절차를 이용하여 다음의 예를 보기로 한다.

**[예제 11-3]** 다음은 낙태법 철폐에 관한 국민의 여론을 알아보기 위하여 기독교인 200명, 천주교인 100명 그리고 불교인 200명을 각각 표본으로 추출하여 조사한 자료이다.

| 집단 | 낙태금지법 철폐 | | 소계 |
|---|---|---|---|
| | 찬성 | 반대 | |
| 기독교 | 120 | 80 | 200 |
| 천주교 | 50 | 50 | 100 |
| 불 교 | 110 | 90 | 200 |
| 소계 | 280 | 220 | 500 |

이 때, 각 종교집단별로 낙태법 철폐에 관하여 동일한 입장을 나타내고 있는지를 5%의 유의수준하에 검정하시오.

☞ 먼저 각 종교별 낙태법 철폐에 관한 의견이 동일하다는 다음의 가설을 설정한다.

$$\begin{cases} H_0 : P_{1j} = P_{2j} = P_{3j} \\ H_1 : H_0 \text{ 이 아님} \end{cases}$$

그러면 앞의 [예제 11-2]에서와 같이 각 셀의 비율 $P_{ij}$를 구한 후, 기대값 $E_{ij}$를 계산한 결과는 다음과 같다.

| 집단 | 낙태금시법 철폐 | | 소계 |
|---|---|---|---|
| | 찬성 | 반대 | |
| 기독교 | 112 | 88 | 200 |
| 천주교 | 56 | 44 | 100 |
| 불　교 | 112 | 88 | 200 |
| 소계 | 280 | 220 | 500 |

위에서 제시된 관찰값 $O_{ij}$와 기대값 $E_{ij}$로부터 카이제곱 통계량을 구하기 위한 각 셀의 통계량을 계산하면 다음과 같다.

| 집단 | 낙태금지법 철폐 | |
|---|---|---|
| | 찬성 | 반대 |
| 기독교 | 0.571 | 0.727 |
| 천주교 | 0.643 | 0.818 |
| 불　교 | 0.036 | 0.045 |
| | 계 | 2.840 |

이상의 과정을 통하여 도출된 검정통계량의 값은 2.840이 되는데, 이는 $\chi^2$ 분포표의 기준값 $\chi^2_{.05,\,2}$인 5.99보다 작으므로 주어진 5%의 유의수준하에서 귀무가설을 채택한다. 즉 낙태금지법 철폐에 대한 각 종교집단의 의견은 동일한 양상을 나타내고 있다고 판단한다. ■

## 제4절 미니탭의 이용

### (1) 적합도 검정

이제 적합도 검정에서의 자료입력과 결과물의 해석을 다루기로 한다. 먼저 미니탭 워크시트에 C1(관찰값)을 설정하여 <표 11-1>의 자료를 입력한다.

적합도 검정에서는 다음과 같이 '**통계분석(S) > 표(T) > 카이 제곱 적합도 검정(단일 변수)(G)...**' 메뉴를 이용한다.

| 통계분석(S) > 표(T) > 카이 제곱 적합도 검정(단일 변수)(G)... |
|---|

다음의 <그림 11-1>에서는 적합도 검정을 위한 대화상자를 보여준다.

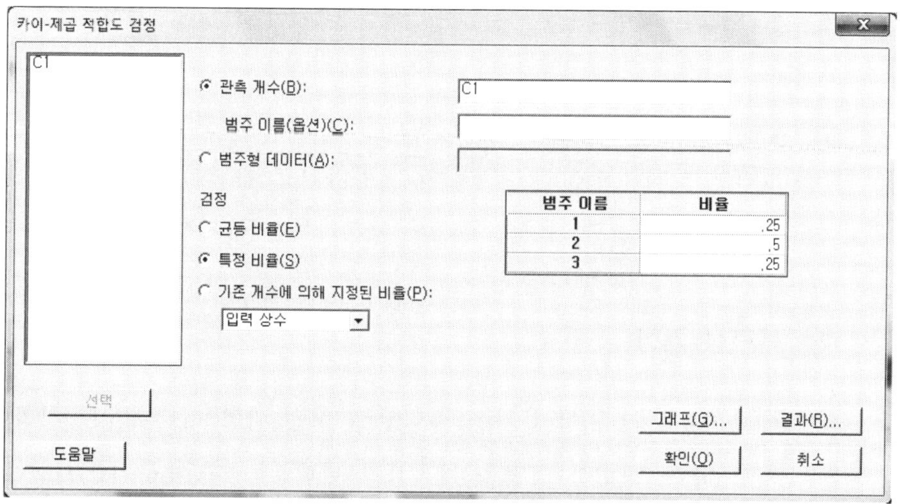


**〈그림 11-1〉 적합도 검정의 대화상자**

위의 대화상자에서 '**관측 개수(B)**'에 C1을 선택하고 또한 '**특정 비율(S)**'에 각 범주의 비율을 입력한 후 확인(O) 버튼을 누르면, 앞의 [예제 11-1]에서와 같은 다음의 결과를 얻는다.

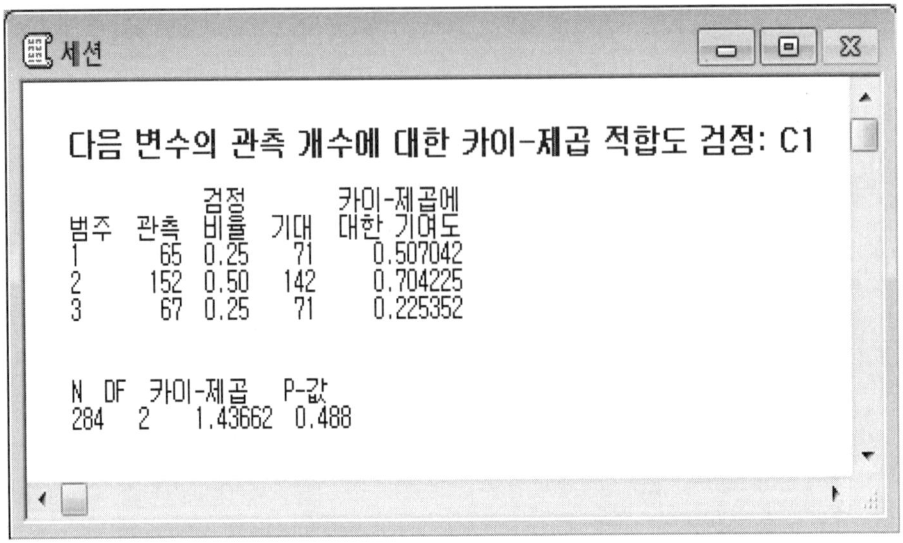


그러면 앞의 [예제 11-1]에서와 마찬가지로 자녀의 혈액형이 1 : 2 : 1 의 비율로 각각 A형, AB형 및 B형의 분포를 따른다는 귀무가설을 채택하게 된다.

### (2) 독립성 검정

이제 [예제 11-2]에서 다룬 독립성 검정을 위한 미니탭 사용절차에 대하여 알아보기로 한다. 독립성 검정을 적용하기 위해서는 '**통계분석(S) > 표(T) > 카이 제곱 검정(워크시트의 이원 표)(E)...**'라는 미니탭 메뉴를 이용한다.

| 통계분석(S) > 표(T) > 카이 제곱 검정(워크시트의 이원 표)(E)... |
|---|

먼저 미니탭 워크시트에 C1, C2, C3, C4라는 변수를 설정하여 <표 11-2>의 자료를 다음과 같이 입력한다.

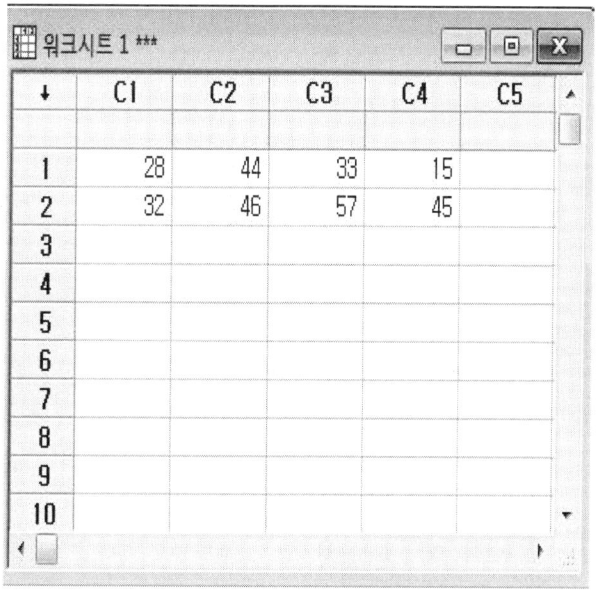


다음의 <그림 11-2>는 독립성 검정을 위한 대화상자를 보여준다.

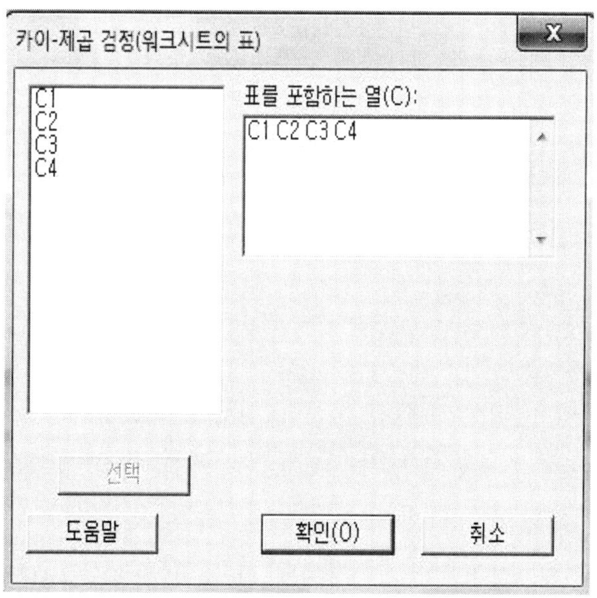


**〈그림 11-2〉 독립성 검정을 위한 대화상자**

독립성 검정을 위한 이상의 미니탭 처리과정을 거치면 다음과 같은 결과물을 얻게 된다.

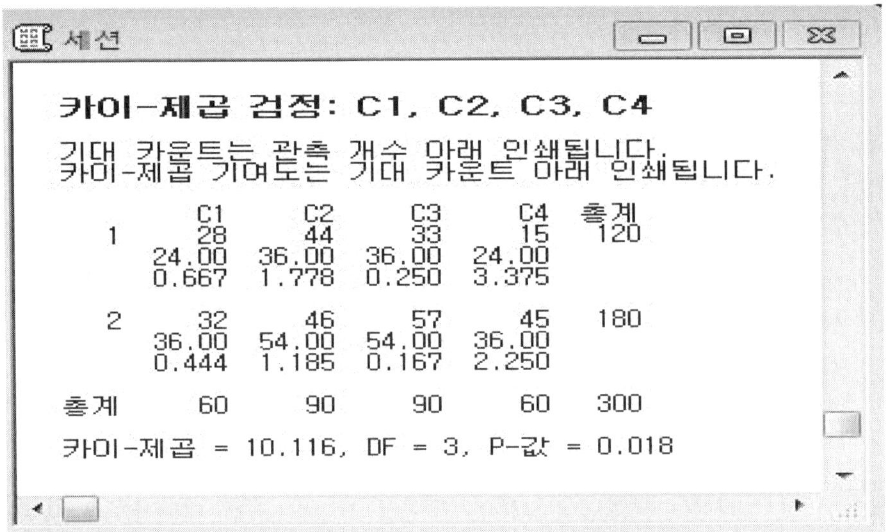


위의 결과물을 보면 맨 끝 행에 [예제 11-2]에서 도출된 바와 같이 검정통계량의 값이 10.116으로 제시되었음을 알 수 있다. 그러나 의사결정을 위해서는 이 검정통계량의 값을 $\chi^2$ 분포의 기준값과 비교할 수도 있겠으나, 결과물 맨 끝에 0.018로 제시된 $p$값을 이용하면 쉽게 귀무가설이 기각됨을 알 수 있다.

### (3) 동질성 검정

끝으로 동질성 검정을 위한 미니탭 절차를 알아보기로 한다. 동질성 검정은 독립성 검정에서와 같은 '**통계분석(S) > 표(T) > 카이 제곱 검정(워크시트의 이원표)(E)...**' 미니탭 메뉴를 이용한다.

먼저 두 변수 C1과 C2를 설정하여 [예제 11-3]의 자료를 미니탭 워크시트에 다음과 같이 입력한다.

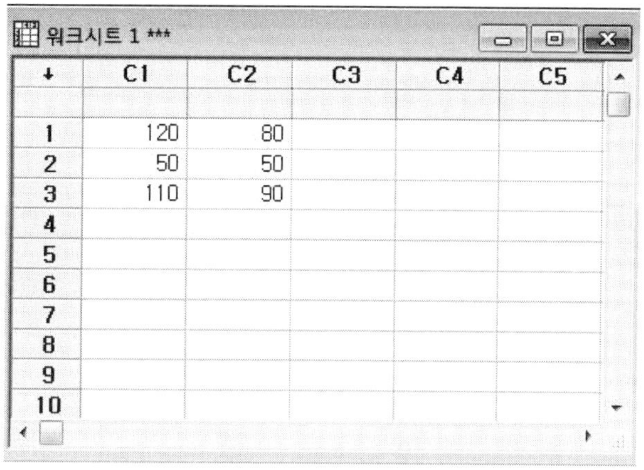

워크시트 1 ***

| ↓ | C1 | C2 | C3 | C4 | C5 |
|---|---|---|---|---|---|
| 1 | 120 | 80 | | | |
| 2 | 50 | 50 | | | |
| 3 | 110 | 90 | | | |
| 4 | | | | | |
| 5 | | | | | |
| 6 | | | | | |
| 7 | | | | | |
| 8 | | | | | |
| 9 | | | | | |
| 10 | | | | | |

이상의 과정을 통하여 얻은 동질성 검정을 위한 미니탭 결과물은 다음과 같다.

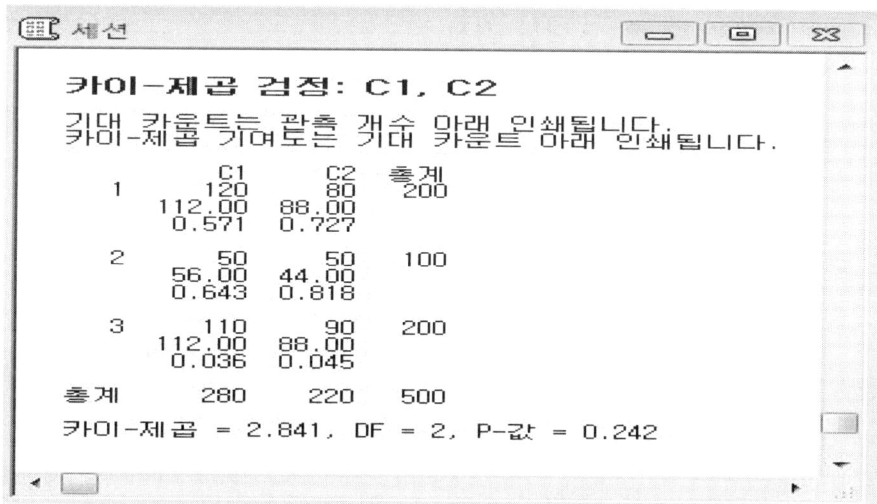

세션

**카이-제곱 검정: C1, C2**

기대 카운트는 관측 개수 아래 인쇄됩니다.
카이-제곱 기여도는 기대 카운트 아래 인쇄됩니다.

```
         C1      C2   총계
  1     120      80    200
     112.00   88.00
      0.571   0.727

  2      50      50    100
      56.00   44.00
      0.643   0.818

  3     110      90    200
     112.00   88.00
      0.036   0.045

총계    280     220    500

카이-제곱 = 2.841, DF = 2, P-값 = 0.242
```

위의 미니탭 결과물에서 보는 바와 같이 검정통계량의 값은 2.841 그리고 $p$값은 0.242로 구해졌다. 따라서 낙태금지법 철폐에 대한 각 종교집단의 의견은 동일한 양상을 나타내고 있다는 귀무가설을 5%의 유의수준하에서 채택하게 된다.

## 제5절 요약

### 1. 적합도 검정

- ▶ 적합도 검정 : 주어진 자료가 특정분포를 따르는지를 검정
- ▶ 귀무가설 : $H_0 : P_1 = P_{10},\ P_2 = P_{20},\ \cdots,\ P_c = P_{c0}$
- ▶ 검정통계량 : $\chi^2 = \sum_{i=1}^{c} \frac{(O_i - E_i)^2}{E_i}$
- ▶ 의사결정규칙 : 만일 $\chi^2 > \chi^2_{\alpha, c-1}$ 이면 귀무가설을 기각함

### 2. 독립성 검정

- ▶ 독립성 검정 : 자료의 두 가지 특성이 서로 독립적인지를 검정
- ▶ 귀무가설 : $H_0 : P_{ij} = P_{i\cdot} \times P_{\cdot j}$; 열과 행의 요소는 서로 독립적
- ▶ 검정통계량 : $\chi^2 = \sum_{i=1}^{r} \sum_{j=1}^{c} \frac{(O_{ij} - E_{ij})^2}{E_{ij}}$
- ▶ 의사결정규칙 : 만일 $\chi^2 > \chi^2_{\alpha, (r-1)(c-1)}$ 이면 귀무가설을 기각함

### 3. 동질성 검정

- ▶ 동질성 검정 : 자료가 각각의 집단에 대하여 동질적인지를 검정
- ▶ 귀무가설, 검정통계량 및 의사결정 규칙 : 독립성 검정과 매우 유사함
- ▶ 독립성 검정과의 차이점 : 각 집단의 표본크기 $n_{i.}$ 이 사전에 고정됨

### 4. 미니탭의 이용

▶ 적합도 검정을 위한 메뉴 이용

: 통계분석(S) > 표(T) > 카이 제곱 적합도 검정(단일 변수)(G)...

▶ 독립성 및 동질성 검정

: 통계분석(S) > 표(T) > 카이 제곱 검정(워크시트의 이원 표)(E)...

## ■ 연습문제

**[11.1]** 다음 문장을 읽고 옳으면 '○'표, 또한 틀리면 '×'표를 하고 틀린 곳을 바르게 고치시오.

a) 분할표에서 $\chi^2$ 통계량의 자유도는 행과 열의 수에 의하여 결정된다.
b) 독립성 검정에서 행과 열의 특성이 서로 독립적이면 $\chi^2$ 통계량은 커진다.
c) 동질성 검정에서 어떤 특성이 각각의 집단에 대하여 동질적이라면 $\chi^2$ 통계량은 커진다.
d) $\chi^2$ 검정도 두 개 이상의 모집단 비율이 같은지를 검정하는데 사용할 수 있다.
e) 만일 $\chi^2$ 통계량 값이 0이라면, 각각의 관찰값과 기대값이 완전히 일치한다는 의미이다.

**[11.2]** 지방의 초등학교 학생들의 자장면, 우동 그리고 짬뽕에 대한 선호도는 7:2:1로 알려져 있다. 과연 이러한 선호도가 서울의 초등학생들의 경우에도 동일한 양상을 나타내는지를 알아보기 위하여 300명을 대상으로 조사한 결과가 다음과 같다고

할 때, 관련된 귀무가설을 설정하고 5%의 유의수준하에 검정하시오.

- 짜장면 : 240명
- 우 동 : 23명
- 짬 뽕 : 37명

**[11.3]** 지난 학력고사에서 외국어 과목의 선택비율은 영어 65%, 일어 20%, 독어 10% 및 불어가 5%이었다. 금년 학력고사에서 이러한 분포에 차이가 있는지를 알아보기 위하여 300명의 수험생을 조사하여 다음과 같은 결과를 얻었다. 적절한 귀무가설을 설정하고 5%의 유의수준하에 검정하시오.

- 영어 선택 : 192명
- 일어 선택 : 48명
- 독어 선택 : 37명
- 불어 선택 : 23명

**[11.4]** 다음은 학력과 종교 사이의 독립성 여부를 알아보기 위하여 유권자 518명을 대상으로 조사한 결과이다. 적절한 귀무가설을 설정하고 5% 의 유의수준하에 검정하시오.

| 학력 | 종교 | | | 소계 |
|---|---|---|---|---|
| | 불교 | 기독교 | 천주교 | |
| 대학원 | 126 | 61 | 38 | 225 |
| 대졸 | 71 | 93 | 69 | 233 |
| 고졸 | 19 | 14 | 27 | 60 |
| 소계 | 216 | 168 | 134 | 518 |

**[11.5]** 다음은 지역에 따른 소득수준에 어떠한 차이가 존재하는지를 알아보기 위하여 도시와 농촌에서 모두 800명을 표본으로 추출하여 조사한 자료이다. 필요한 가설을 설정하고 5%의 유의수준하에 검정하시오.

| 지역 | 소득수준 | | | | 소계 |
|---|---|---|---|---|---|
| | 하 | 중하 | 중상 | 상 | |
| 도시 | 48 | 59 | 53 | 76 | 236 |
| 농촌 | 152 | 141 | 147 | 124 | 564 |
| 소계 | 200 | 200 | 200 | 200 | 800 |

**[11.6]** 다음은 학력과 소득수준에 어떠한 관계가 있는지를 알아보고자 250명을 표본으로 조사한 자료이다. 적절한 가설을 설정하고 5%의 유의수준하에 검정하시오.

| 학력 | 소득수준 | | | | 소계 |
|---|---|---|---|---|---|
| | 하 | 중하 | 중상 | 상 | |
| 대학원 | 25 | 20 | 15 | 10 | 70 |
| 대졸 | 20 | 20 | 20 | 25 | 85 |
| 고졸 | 15 | 25 | 25 | 30 | 95 |
| 소계 | 60 | 65 | 60 | 65 | 250 |

*__[11.7]__ 다음은 야구, 축구, 배구 및 농구 등의 네 가지 구기 종목에 대한 선호도를 파악하고자 여성 100명과 남성 200명을 각각 표본으로 추출하여 조사한 자료이다. 각 종목에 대한 선호도가 성별에 따라 차이가 있는 지에 대한 가설을 설정하고, 5%의 유의수준하에 검정하시오.

| 성별 | 선호종목 | | | | 소계 |
|---|---|---|---|---|---|
| | 야구 | 축구 | 배구 | 농구 | |
| 여성 | 30 | 15 | 20 | 35 | 100 |
| 남성 | 65 | 40 | 30 | 65 | 200 |
| 소계 | 95 | 55 | 50 | 100 | 300 |

# 12

# 비모수검정

# 제 12 장 비모수검정

이제까지 다룬 가설의 검정, 분산분석 그리고 회귀분석 등에서는 모집단이 특정 확률분포를 따른다는 가정하에 자료를 분석하였다. 이러한 경우에는 모수의 값을 알면 모집단의 특성을 파악할 수 있다. 예를 들어 어떤 모집단이 <그림 12-1>에서와 같이 평균이 $\mu$, 분산이 $\sigma^2$인 정규분포를 따른다고 하자.

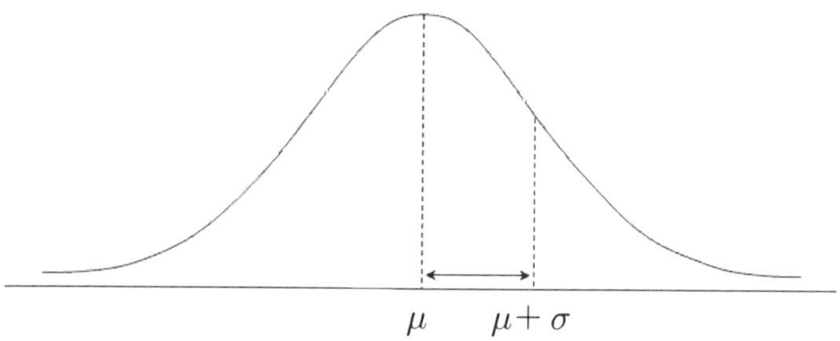


**〈그림 12-1〉 평균이 $\mu$이고 분산이 $\sigma^2$인 정규분포**

이 때, 이 분포의 모수인 평균 $\mu$와 분산 $\sigma^2$를 안다면 이 분포 또는 모집단에 대해서는 모두 아는 것이다.

두 모집단의 표본을 $X$와 $Y$라 하고 그 분포가 다음과 같다고 하자.

$$X \sim N(\mu_1, \sigma_1^2), \quad Y \sim N(\mu_2, \sigma_2^2)$$

여기서 만약 $\mu_1 = \mu_2$ 그리고 $\sigma_1^2 = \sigma_2^2$가 성립한다면, 두 모집단은 똑같게 된다.

이와 같이 정규분포를 따르는 두 모집단이 서로 동일한지를 검정하기 위해서는 두 모집단의 평균과 분산만을 비교해보면 된다. 그러나 모집단의 분포를 가정할 수 없을 경우에는 분포가 다를 수 있기 때문에 모수의 비교만으로는 부족하다. 따라서 비모수검정에서는 모집단의 분포를 짐작할 수 없을 때, 모수를 비교하는 대신에 확률분포 전체를 비교하게 된다.

## 제1절 비모수검정의 개요

두 모집단의 동일성 여부를 비교하기 위한 **모수검정**(parametric test)과 **비모수검정**(nonparametric test)의 가설은 각각 다음과 같다.

① 모수검정 → $H_0 : \mu_1 = \mu_2$

② 비모수검정 → $H_0 : P_1 = P_2$

여기서 $P_1$과 $P_2$는 두 모집단의 확률분포를 나타낸다.

위의 가설 ①은 모수검정의 경우로, 다음의 <그림 12-2>에서는 두 모집단이 정규분포를 따르며 모분산이 같다는 가정하에 두 모평균을 비교하고 있다.

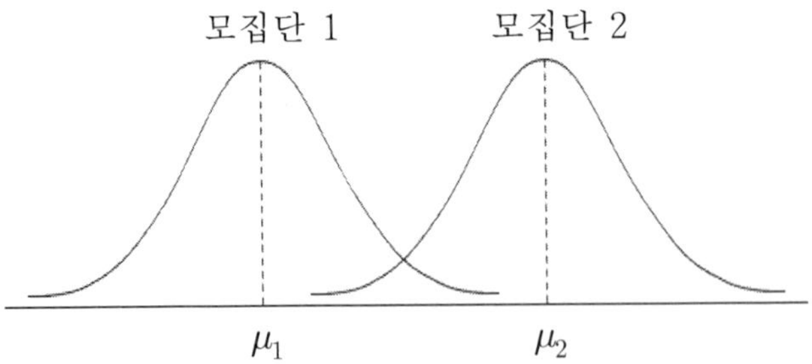


〈그림 12-2〉 정규분포를 따르는 두 모집단의 비교

그러나 비모수검정에서는 정규분포를 가정할 수 없으므로 두 모집단의 평균이 같더라도 두 모집단이 동일하다고 할 수가 없다. 따라서 비모수검정의 경우에는 두 모집단의 동일성 여부를 검정하기 위해서는 평균이 아니라 다음의 <그림 12-3>에서와 같이 확률분포 자체를 비교해야 할 것이다.

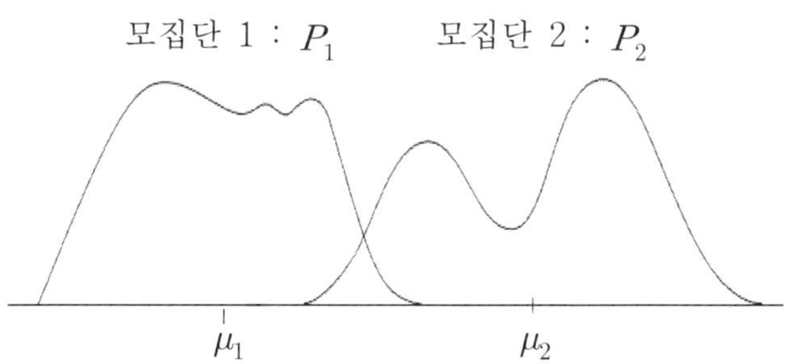


**〈그림 12-3〉 정규분포를 따르지 않는 두 모집단의 비교**

모수검정을 위해서는 사전에 정규분포 등의 확률분포가 가정되어야 하는데, 실제 검정에서는 자료의 수가 너무 작다든지 또는 자료의 형태가 제한된다든지 등의 이유로 그러한 가정이 불가능한 경우도 있다. 따라서 다음의 경우에는 비모수검정을 적용하여 문제를 해결하는 것이 바람직할 것이다.

**비모수검정의 적용**

① 모집단의 분포를 가정할 수 없는 경우

② 관찰값이 확률변수의 실제값이 아니라 부호나 순위 등으로 얻어진 경우

③ 표본의 수가 매우 작은 경우

이상에서 살펴본 비모수검정의 장점 및 한계점 등의 특징을 요약하면 다음과 같이 정리된다.

### 비모수검정의 특징

① 모집단의 확률분포에 대한 가정이 필요하지 않으므로 어떠한 형태의 모집단에 대해서도 적용이 가능하다.

② 검정과정에 평균 대신 중앙값 또는 순위 등을 사용하므로 이상값의 영향을 감소시킨다.

③ 실제 관찰값 대신에 부호나 순위 등을 이용한 검정이므로 검정력이 떨어진다.

다음의 <표 12-1>에서는 대표적인 비모수검정법의 종류를 열거하고 그에 해당하는 모수검정법과 대응시켜 보았다. 예를 들어 제5절에서 설명할 후리드만검정은 앞의 제8장 3절에서 다룬 랜덤완전블럭계획법에 해당하는 비모수검정이라 하겠다.

**〈표 12-1〉 비모수검정의 종류 및 해당 모수검정과의 비교**

| 비모수검정 | 모수검정 | 비고 |
|---|---|---|
| 부호검정 | 하나의 모평균 검정 | 제7장 2절 |
| | 짝을 이룬 표본의 검정 | 제7장 5절 |
| 윌칵슨 순위합검정 | 독립적인 두 표본의 검정 | 제7장 4절 |
| | 짝을 이룬 표본의 검정 | 제7장 5절 |
| 크루스칼-월리스 순위검정 | 완전랜덤계획법 | 제8장 2절 |
| 후리드만검정 | 랜덤완전블럭계획법 | 제8장 3절 |
| 스피어맨 순위상관계수검정 | 상관관계검정 | 제5장 5절 |

# *제2절 부호검정

모평균에 대한 가설을 검정하고 싶지만 자료가 충분하지 않거나 순위로 주어졌을 때, 또는 모집단의 분포가 $t$검정을 할 수 없는 경우로 생각될 때는 평균에 대한 검정을 해서는 안 된다. 예를 들어 어느 대학 졸업생의 20년 후의 월평균 수입, 서울 강남에 있는 아파트의 평당 가격, 주식투자의 평균투자액 등은 모두 그 분포가 한쪽으로 몰려서 $t$검정을 하기 위한 **정규성**(normality) 가정사항을 만족하지 못한다. 이러한 경우 평균보다는 **중앙값**이 모집단의 중심에 대하여 더 적절한 정보를 제공해 준다.

**부호검정**(sign test)은 모집단의 중앙값에 대하여 검정한다. 중앙값에 대한 검정은 모평균에 대한 검성을 내신힐 수는 없지만, 모집단분포가 한쪽으로 치우쳤을 경우에는 적절한 검정기법이 될 수 있다. 여기서는 하나의 모집단에 대한 검정과 두 모집단을 비교하는 검정을 다룬다.

## (1) 하나의 중앙값에 대한 검정

이제 표본의 평균 대신에 중앙값 $\nu$가 특정값 $\nu_0$와 같은지를 검정하는데, 해당 가설은 다음과 같다.

$$H_0: \nu = \nu_0$$

이 경우의 검정은 표본 중에서 중앙값을 초과한 개수를 파악하는 것이 중요하다. 왜냐하면 만일 귀무가설이 사실이라면, 전체 $n$개 표본 중에서 절반인 $n/2$개는 중앙값을 초과하고 나머지 $n/2$개는 중앙값에 미치지 못할 것이기 때문이다. 즉 어떤 표본이 귀무가설에서의 중앙값 $\nu_0$보다 클 확률과 작을 확률은 1/2로 같게 된다. 따라서 중앙값을 초과한 수 또는 중앙값에 미달된 수가 바로 검정통계량 $S$가 되는데, 귀무가설이 사실이면 모수가 $n$과 1/2인 이항분포를 따르게 된다.

$$S = n\text{개의 표본 중에서 중앙값을 초과한 표본의 수}$$

따라서 $n$개의 표본 중 $s$개가 중앙값을 초과하였다면, 의사결정을 위한 $p$값은 다음과 같이 이러한 현상이 발생하게 될 확률로 정의된다.

$$p\text{값} = P(S \geq s) = P(S \leq n-s), \quad s \geq \frac{n}{2}$$

이상의 과정을 통하여 $p$값을 구한 후, 유의수준 $\alpha$와 비교하여 귀무가설의 기각여부를 결정한다.

그러면 이상의 부호검정절차를 요약하면 다음과 같다.

**부호검정의 가설 및 $p$값**

▶ 가설

- 양측검정

$$\begin{cases} H_0 : \nu = \nu_0 \\ H_1 : \nu \neq \nu_0 \end{cases}$$

- 단측검정

$$\begin{cases} H_0 : \nu = \nu_0 \\ H_1 : \nu > \nu_0 \quad (\text{또는 } \nu < \nu_0) \end{cases}$$

▶ $p$값

$$p\text{값} = P(S \geq s) = P(S \leq n-s) = \sum_{x=0}^{n-s} \binom{n}{x} \left(\frac{1}{2}\right)^n, \quad s \geq \frac{n}{2}$$

$$\text{또는 } p\text{값} = P(S \leq s) = P(S \geq n-s) = \sum_{x=0}^{s} \binom{n}{x} \left(\frac{1}{2}\right)^n, \quad s \leq \frac{n}{2}$$

앞에서 언급한 바와 같이 검정통계량 $S$는 이항분포 $B(n, 1/2)$ 을 따르므로, 평균이 $n/2$이고 표준편차는 $\sqrt{n}/2$이다. 따라서 표본수가 클 때는 다음과 같이 정규분포로 근사화 할 수 있다.

$$Z = \frac{S - n/2}{\sqrt{n}/2} \sim N(0,1)$$

그러나 이산형분포에서 연속형분포로의 변환에 따른 조정지수를 사용하면 $p$값은 다음과 같이 된다(제4장 5절 참조).

$$p\text{값} = P(S \geq s - 0.5) = P(Z \geq \frac{s - 0.5 - n/2}{\sqrt{n}/2})$$

〔예제 12-1〕 우리나라 전체 고등학생의 IQ 중앙값이 115라고 할 때, 어느 특정 고등학교의 IQ 수준이 이보다 높은지를 알아보고자 한다. 이를 위하여 이 학교에서 여덟 명의 학생을 표본으로 추출하여 그들의 IQ를 조사한 자료는 다음과 같다고 한다. 적절한 귀무가설을 설정하고 5%의 유의수준하에 검정하시오.

| | | | | | | | |
|---|---|---|---|---|---|---|---|
| 108 | 110 | 117 | 118 | 120 | 122 | 128 | 132 |

☞ 이 문제의 가설은 다음과 같이 설정된다.

$$\begin{cases} H_0 : \nu = 115 \\ H_1 : \nu > 115 \end{cases}$$

그러면 앞의 자료 중에서 중앙값으로 가정한 115보다 큰 값과 작은 값을 조사하면, 여섯 개는 크고 또한 두 개의 값이 작음을 알 수 있다. 한편 <부표 2>의 이항분포표에서 $p=0.5$일 때의 $p$값을 구하면 다음과 같다.

$$p\text{값} = P(S \geq 6) = .109 + .031 + .004 = .144$$

따라서 중앙값이 115라는 위의 귀무가설은 5%의 유의수준하에서 채택된다.
한편 정규분포로 근사화하여 $p$값을 구하면 다음과 같다.

$$p\text{값} = P(S \geq 5.5) = P(Z \geq 1.06) = 0.145$$

이는 이항분포를 이용한 $p$값 0.144에 매우 근접하다. ■

### (2) 짝을 이룬 표본에서 두 모집단의 중앙값 비교

짝을 이룬 두 표본에 대한 부호검정의 귀무가설은 다음과 같이 두 집단의 중앙값의 차이가 0이라고 설정된다.

$$H_0 : \nu_1 - \nu_2 = 0$$

이 때는 단일 표본의 경우에서 중앙값 $\nu$를 $\nu_1 - \nu_2$로 대체한 것과 동일한데, 귀무가설이 사실이라면 짝을 이룬 표본값의 차이가 양수일 확률이 1/2이 된다.

$$P[\text{짝을 이룬 표본값의 차이가 양수}] = 1/2$$

따라서 검정절차는 단일 표본의 경우와 마찬가지로 전체 $n$개의 표본 중 짝을 이룬 두 자료의 차이가 양수인 표본의 수 가 몇 개인지를 파악한 후, 이항분포표를 이용하여 $p$값을 결정하게 된다.

[예제 12-2] 다음은 남매의 IQ 수준이 같은지 여부를 알아보고자 여덟 쌍의 남매를 대상으로 조사한 자료이다. 적절한 귀무가설을 설정하고 5%의 유의수준하에 검정하시오.

| | | | | | | | | |
|---|---|---|---|---|---|---|---|---|
| $X$ : | 108 | 110 | 117 | 118 | 120 | 122 | 128 | 132 |
| $Y$ : | 104 | 112 | 113 | 110 | 115 | 120 | 124 | 130 |

☞ 이 경우의 가설을 다음과 같이 설정한다.

$$\begin{cases} H_0: \nu_1 - \nu_2 = 0 \\ H_1: \nu_1 - \nu_2 \neq 0 \end{cases}$$

그러면 위의 자료로부터 남매간의 IQ 차이의 부호를 구한 결과는 다음과 같다.

| $X$ | $Y$ | 부호 |
|---|---|---|
| 108 | 104 | + |
| 110 | 112 | − |
| 117 | 113 | + |
| 118 | 110 | + |
| 120 | 115 | + |
| 122 | 120 | + |
| 128 | 124 | + |
| 132 | 130 | + |

따라서 <부표 2>의 이항분포표에서 $p$ = 0.5일 때의 $p$값을 구한 결과는 다음과 같다.

$$p\text{값} = P(S \geqq 7) = .031 + .004 = .035$$

검정의 유의수준보다 $p$값이 작으므로 남매간 IQ 차이가 없다는 귀무가설은 5%의 유의수준하에서 기각된다. ■

## 제3절 윌칵슨 순위합검정

**윌칵슨 순위합검정**(Wilcoxon rank sum test)은 윌칵슨에 의하여 처음 도입되었고, 맨-휘트니(Mann-Whitney)에 의하여 더욱 발전되었던 까닭에 **맨-휘트니 검정**이라고도 한다. 순위합검정은 모집단에 대한 분포를 가정하기 어려운 경우 또는 표본이 순위로 표현될 수밖에 없는 경우에 있어 두 모집단의 확률분포가 같은지에 대한 가설을 검정한다. 즉 두 모집단의 확률분포를 $P_1$과 $P_2$라고 할 때, 해당 가설은 다음과 같이 설정된다.

$H_0: P_1 - P_2 = 0$ → 두 모집단의 확률분포가 같다.

$H_1: P_1 - P_2 \neq 0$ → 두 모집단의 확률분포가 같지 않다.

또는 $H_1: P_1 - P_2 > 0$ → 모집단 Ⅰ이 모집단 Ⅱ보다 오른쪽에 위치한다.

$H_1: P_1 - P_2 < 0$ → 모집단 Ⅰ이 모집단 Ⅱ보다 왼쪽에 위치한다.

여기서는 제7장 4절과 5절에서 다룬 독립적인 표본 및 짝을 이룬 표본에 대한 검정에 해당하는 비모수검정을 순서대로 다루기로 한다.

### (1) 독립적인 두 모집단의 확률분포 차이에 대한 검정

다음의 예를 통하여 검정절차를 알아보기로 한다. 먼저 검정하고자 하는 두 모집단에서 독립적으로 추출한 표본이 아래와 같다고 하자.

Ⅰ : 104 110
Ⅱ : 108 112 113

두 표본을 결합하여 1부터 차례로 순위를 부여하는데, 순위가 동률(tie)인 경우에는 해당 순위값의 평균을 부여한다. 그러면 위의 사료에 순위를 부여한 결과는 <표 12-2>와 같다.

〈표 12-2〉 윌칵슨 순위합검정의 절차

| Ⅰ | Ⅱ |
|---|---|
| 104 (1) | |
| | 108 (2) |
| 110 (3) | |
| | 112 (4) |
| | 113 (5) |
| $W$ = 4 → 작은 집단의 순위합 | |

윌칵슨 순위합검정의 검정통계량 $W$는 표본의 크기가 작은 집단의 순위합으로 정의되는데, 위의 자료에서 검정통계량 $W$는 집단 Ⅰ의 순위합 4가 된다. 이렇게 도출된 검정통계량의 값 4에 대한 $p$값은 <부표 9>에 제시된 **윌칵슨 순위합검정**

표에서 구한다. 만약 두 모집단의 순위합이 비슷하면 두 모집단 확률분포가 비슷하다는 뜻이고, 또한 순위합의 차이가 많이 나면 두 모집단은 다른 확률분포를 따른다고 볼 수 있다.

그러면 <부표 9>에서 작은 집단의 크기가 2이고 큰 집단의 크기가 3일 때, $W=4$에 해당하는 $p$값은 0.200이다. 따라서 단측검정인 경우에는 이 값이 $p$값이며, 양측검정인 경우에는 이 값의 두 배인 0.400이 $p$값이다.

그러면 독립적인 표본에 대한 윌칵슨 순위합검정을 정리하면 다음과 같다.

**독립적인 표본에 대한 윌칵슨 순위합검정**

▶ 양측검정

- 가설 : $H_0: P_1 - P_2 = 0$, $H_1: P_1 - P_2 \neq 0$
- 검정통계량 $W$ : 표본수가 작은 쪽의 표본 순위합
- $p$값 : $2P(W \leq w)$ → <부표 9>를 이용함

▶ 단측검정

- 가설 : $H_0: P_1 - P_2 = 0$, $H_1: P_1 - P_2 > 0$ (또는 $P_1 - P_2 < 0$ )
- 검정통계량 $W$ : 표본수가 작은 쪽의 표본 순위합
- $p$값 : $P(W \leq w)$ → <부표 9>를 이용함

한편 두 모집단의 표본수 $n_1$과 $n_2$가 10이상인 경우에는 검정통계량 $W$가 정규분포에 접근한다는 이론에 따라 다음과 같은 $Z$검정을 유도하기도 한다.

$$Z = \frac{W - \dfrac{n_1(n_1 + n_2 + 1)}{2}}{\sqrt{\dfrac{n_1 n_2 (n_1 + n_2 + 1)}{12}}}$$

〔예제 12-3〕 다음은 통계학을 수강하는 두 학급의 시험점수를 비교한 자료이다. 두 학급의 점수분포가 동일한가를 5%의 유의수준하에 검정하시오.

A : 82 74 87 86 75
B : 88 77 91 88 94 93 83 94

☞ 이 경우의 가설과 자료의 순위를 정한 결과는 다음과 같다.

$$\begin{cases} H_0 : P_1 - P_2 = 0 \\ H_1 : P_1 - P_2 \neq 0 \end{cases}$$

| A | B |
|---|---|
| 74 (1) | |
| 75 (2) | |
| | 77 (3) |
| 82 (4) | |
| | 83 (5) |
| 86 (6) | |
| 87 (7) | |
| | 88 (8.5) |
| | 88 (8.5) |
| | 91 (10) |
| | 93 (11) |
| | 94 (12.5) |
| | 94 (12.5) |
| $W = 20$ | |

그러면 <부표 9>의 윌칵슨 순위합검정표를 이용하여 $p$값을 구하면 다음과 같다.

$$p\text{값} = 2 \times P(W \leq 20) = 2(.015) = .030$$

따라서 두 분포가 동일하다는 귀무가설은 5%의 유의수준하에서 기각된다. ■

## (2) 짝을 이룬 두 모집단의 확률분포 차이에 대한 검정

이제 짝을 이룬 표본을 비모수적 방법으로 검정하기로 한다. 예를 들어 두 회사에서 생산하는 화장지를 비교한다. 열 명의 검사관이 두 가지 화장지에 대하여 10점 만점으로 점수를 매긴 결과는 다음과 같다.

**〈표 12-3〉 짝을 이룬 표본에 대한 윌칵슨 순위합검정의 절차**

| 검사관 | 생산품 | | 차이 | 차이의 | 절대값의 |
|---|---|---|---|---|---|
| | I | II | (I - II) | 절대값 | 순위 |
| 1 | 6 | 4 | 2 | 2 | 5 |
| 2 | 8 | 5 | 3 | 3 | 7.5 |
| 3 | 4 | 5 | -1 | 1 | * 2 |
| 4 | 9 | 8 | 1 | 1 | 2 |
| 5 | 4 | 1 | 3 | 3 | 7.5 |
| 6 | 7 | 9 | -2 | 2 | * 5 |
| 7 | 6 | 2 | 4 | 4 | 9 |
| 8 | 5 | 3 | 2 | 2 | 5 |
| 9 | 6 | 7 | -1 | 1 | * 2 |
| 10 | 8 | 2 | 6 | 6 | 10 |
| | | | | | 순위합 : 9, 46 |
| | | | | | $W = 9$ |

앞의 <표 12-3>에서 각 쌍의 표본으로부터 차이를 구하고 그 절대값에 순위를 부여한다. 차이에서 '+' 순위합과 '−' 순위합('*' 표시된 순위합)을 구한 후, 작은 순위합을 검정통계량 $W$로 한다.

예로 든 <표 12-3>의 자료에서는 $W=9$가 된다. 그런데 <부표 10>의 **짝을 이룬 순위합검정 임계값**으로부터 양쪽검정의 $\alpha=0.05$일 때의 기각역은 $W\leq 8$ 이므로 귀무가설이 채택된다.

그러면 이상에서 설명한 짝을 이룬 표본에 대한 윌칵슨 순위합검정을 정리하면 다음과 같다.

**짝을 이룬 표본에 대한 윌칵슨 순위합검정**

▶ 양측검정

- 가설 : $H_0: P_1 - P_2 = 0$
  $H_1: P_1 - P_2 \neq 0$
- 검정통계량 $W$ : 두 표본의 차이에 절대값을 취하여 순위를 매긴 후, 차이가 음수인 표본의 순위합과 양수인 표본의 순위합 중 작은 것
- 기각역 : $W \leq W_0$ , $W_0$는 <부표 10>의 양측검정을 이용함

▶ 단측검정

- 가설 : $H_0: P_1 - P_2 = 0$
  $H_1: P_1 - P_2 > 0$ (또는 $P_1 - P_2 < 0$ )
- 검정통계량 $W$ : 양측검정과 동일함
- 기각역 : $W \leq W_0$ , $W_0$는 <부표 10>의 단측검정을 이용함

이 때, 표본의 크기가 충분히 크다면 다음의 $Z$검정을 시도할 수도 있다.

$$Z = \frac{W - \dfrac{n(n+1)}{4}}{\sqrt{\dfrac{n(n+1)(2n+1)}{24}}}$$

## 제4절 크루스칼-월리스 순위검정

제8장 2절의 완전랜덤계획법에서 $a$개의 모집단의 평균을 비교하였다. 이 절에서는 $a$개의 모집단에서 정규분포의 가정을 할 수 없는 경우에 대하여 비모수적 검정절차인 **크루스칼-월리스 순위검정**(Kruskal-Wallis rank test)을 다룬다. 여기서의 가설은 다음과 같이 설정되는데, 모든 모집단들의 확률분포가 동일한가의 문제이다.

$$\begin{cases} H_0 : P_1 = P_2 = \cdots = P_a & \rightarrow a\text{개의 확률분포가 모두 동일하다.} \\ H_1 : H_0 \text{ 이 아님} \end{cases}$$

다음의 <표 12-4>에서 이 경우의 자료 형태를 보여준다. 모든 관찰값 $n$개에 대하여 순위를 부여한다. 그러면 각 모집단에 해당하는 순위를 합하여 $i$번째 모집단의 순위합 $R_i$를 얻는다.

〈표 12-4〉 크루스칼-월리스 순위검정의 자료 형태

| 모집단 | 관찰값 | 순위합 |
|---|---|---|
| 1 | $x_{11},\ x_{12},\ \cdots,\ x_{1n_1}$ | $R_1$ |
| 2 | $x_{21},\ x_{22},\ \cdots,\ x_{2n_2}$ | $R_2$ |
| $\vdots$ | $\vdots\ \ \vdots\ \ \ \vdots$ | $\vdots$ |
| $a$ | $x_{a1},\ x_{a2},\ \cdots,\ x_{an_a}$ | $R_a$ |

크루스칼-월리스 순위검정에서 검정통계량 $H$는 $R_i$의 함수로 다음과 같다.

$$H = \frac{12}{n(n+1)} \sum_{i=1}^{a} \frac{R_i^2}{n_i} - 3(n+1) \sim \chi^2(a-1)$$

각 집단의 표본크기가 모두 5 이상인 경우에는 위의 검정통계량 $H$가 매우 정확하게 자유도가 $a-1$인 $\chi^2$분포를 따른다. 만약 모집단들이 서로 비슷한 경우라면 $R_i/n_i$는 별로 차이가 없게 되어 검정통계량 $H$의 값은 작아질 것이고, 반대로 모집단들이 서로 차이가 많다면 $H$의 값이 커지게 된다. 따라서 $H_0$에 대한 기각역은 다음과 같다.

$$H > \chi^2_{\alpha,\ a-1}$$

이상에서 살펴본 크루스칼-월리스 순위검정의 가설, 검정통계량 및 기각역을 정리하면 다음과 같다.

## 크루스칼-월리스 순위검정

▶ 가설 :

$$\begin{cases} H_0 : P_1 = P_2 = \cdots = P_a \\ H_1 : H_0 \text{ 이 아님} \end{cases}$$

▶ 검정통계량 : $H = \dfrac{12}{n(n+1)} \sum_{i=1}^{k} \dfrac{R_i^2}{n_i} - 3(n+1)$

▶ 기각역 : $H > \chi^2_{\alpha,\, a-1}$

〔예제 12-4〕 다음은 세 종류의 살충제에 대하여 그 효과를 백분율로 나타낸 자료이다. 살충효과에 차이가 없다는 귀무가설을 크루스칼-월리스 순위검정을 이용하여 5%의 유의수준하에 검정하시오.

A : 72 65 67 75 62 73
B : 55 59 68 70 53 50
C : 64 74 61 58 51 69

☞ 앞의 자료에서 각각의 순위합을 구한 결과는 다음과 같다.

| A | B | C |
|---|---|---|
| 72 (15) | 55 ( 4) | 64 ( 9) |
| 65 (10) | 59 ( 6) | 74 (17) |
| 67 (11) | 68 (12) | 61 ( 7) |
| 75 (18) | 70 (14) | 58 ( 5) |
| 62 ( 8) | 53 ( 3) | 51 ( 2) |
| 73 (16) | 50 ( 1) | 69 (13) |
| $R_1$=78 | $R_2$= 40 | $R_3$= 53 |

앞의 순위자료로부터 검정통계량 $H$를 구하면 다음과 같다.

$$H = \frac{12}{n(n+1)} \sum_{i=1}^{a} \frac{R_i^2}{n_i} - 3(n+1)$$

$$= \frac{12}{18(18+1)} \cdot \frac{78^2 + 40^2 + 53^2}{6} - 3(18+1) = 4.36$$

이 때, 검정통계량의 값 4.36은 $\chi^2_{.05,2} = 5.99$ 보다 작으므로 5%의 유의수준하에 귀무가설을 채택한다. 즉 세 가지 종류의 살충제는 그 효과가 모두 동일하다. ■

한편 일부 통계학자에 따라서는 이러한 크루스칼-월리스 순위검정에 있어서 앞에서의 검정통계량 $H$를 이용하지 않고, 일반적인 분산분석기법의 적용을 주장하는 경우도 있다. 즉 $a$개 집단에서 표본이 관찰되면 앞에서와 마찬가지로 결합순위를 부여한 후, 이 순위자료를 갖고 통상적인 분산분석을 적용한다는 것이다. 이를 **순위변환검정**(rank transformation test)이라고 하는데, 일반적인 통계기법을 적용한다는 측면에서 분석절차상의 장점을 갖기도 한다.

[예제 12-5] 앞의 [예제 12-4] 자료에 대하여 순위변환을 한 후, 일반적인 분산분석 절차를 통하여 크루스칼-월리스 순위검정을 실시하시오.

☞ [예제 12-4]의 순위합 자료를 이용하여 분산분석표를 구하면 다음과 같다.

| 구 분 | 제곱합 | 자유도 | 평균제곱합 | $F$ |
|---|---|---|---|---|
| 살충제 | 124.25 | 2 | 62.13 | 2.58 |
| 오 차 | 360.16 | 15 | 24.01 | |
| 총 합 | 484.41 | 17 | | |

위의 분산분석표에서 검정통계량 $F$의 값은 2.58 로 $F_{.05,2,15} > F_{.05,2,16} =$ 3.63 보다 작으므로 5%의 유의수준하에 귀무가설을 채택한다. ■

## *제5절 후리드만검정

**후리드만검정**(Friedman's test)은 제8장 3절의 랜덤완전블럭계획법의 경우에 있어 자료가 정규성 가정사항을 만족시키지 못하거나 또는 순위로 나타날 때에 사용한다. 다음의 <표 12-5>에서는 후리드만검정에 적합한 자료 형태를 보여준다.

**〈표 12-5〉 후리드만검정을 위한 자료 형태**

| 인자 $A$ | 인자 $B$ | | | | 순위합 |
|---|---|---|---|---|---|
| | 1 | 2 | $\cdots$ | $b$ | |
| 1 | $x_{11}$ | $x_{12}$ | $\cdots$ | $x_{1b}$ | $R_1$ |
| 2 | $x_{21}$ | $x_{22}$ | $\cdots$ | $x_{2b}$ | $R_2$ |
| $\vdots$ | $\vdots$ | $\vdots$ | | $\vdots$ | $\vdots$ |
| $a$ | $x_{a1}$ | $x_{a2}$ | $\cdots$ | $x_{ab}$ | $R_a$ |

인자 $B$의 각 수준에서 관찰한 $a$개의 자료에 대하여 순위를 부여한다. 예를 들어 인자 $B$의 수준 $j$에서의 관찰값은 $(x_{1j}, x_{2j}, \ldots, x_{aj})$ 인데, 이 관찰값들의 순위를 1부터 $a$까지 매긴다. $R_i$는 이렇게 순위를 매긴 후 인자 $A$의 각 수준에서 순위합을 구한 것이다.

한편 후리드만검정의 가설은 크루스칼-월리스 순위검정 경우의 가설과 똑같이 설정된다.

$$\begin{cases} H_0 : P_1 = P_2 = \cdots = P_a & \rightarrow a\text{개의 확률분포가 모두 동일하다.} \\ H_1 : H_0 \text{ 이 아님} \end{cases}$$

후리드만검정의 검정통계량 $F_r$은 다음과 같은데, 귀무가설이 사실이고 각각의 인자수준이 5개 이상이면 근사적으로 $\chi^2(a-1)$ 분포를 따른다.

$$F_r = \frac{12}{ab(a+1)} \sum_{i=1}^{a} R_i^2 - 3b(a+1) \sim \chi^2(a-1)$$

만약 인자 $A$의 효과들이 비슷하다면 $R_i$들의 차이가 작아짐으로 $F_r$도 작아신나. 따라서 유의수준 $\alpha$에서 기각역은 다음과 같다.

$$F_r > \chi^2_{\alpha,\, a-1}$$

이상의 후리드만검정절차를 정리하면 다음과 같다.

**후리드만검정의 요약**

▶ 가설 : $\begin{cases} H_0 : P_1 = P_2 = \cdots = P_a \\ H_1 : H_0 \text{ 이 아님} \end{cases}$

▶ 검정통계량 : $F_r = \dfrac{12}{ab(a+1)} \displaystyle\sum_{i=1}^{a} R_i^2 - 3b(a+1)$

▶ 기각역 : $F_r > \chi^2_{\alpha,\,(a-1)}$

〔예제 12-6〕 제8장 3절의 <표 8-7>의 자료에 대하여 후리드만검정을 적용하여 네 가지 작업시간에 따른 생산량에 차이가 있는지를 검정하시오.

☞ 앞의 <표 8-7>의 자료에 순위를 부여한 후, 네 가지 작업시간에 따른 순위합을 구한 결과는 다음과 같다.

| 작업시간 | 작업자 | | | | 순위합 |
|---|---|---|---|---|---|
| | 1 | 2 | 3 | 4 | |
| 오전 | 69 (3) | 75 (4) | 70 (2) | 66 (2) | 11 |
| 오후 | 72 (4) | 74 (3) | 78 (3) | 68 (3) | 13 |
| 야간 | 60 (1) | 64 (1) | 65 (1) | 55 (1) | 4 |
| 새벽 | 67 (2) | 71 (2) | 79 (4) | 71 (4) | 12 |

후리드만검정의 검정통계량 $F_r$ 을 구한다.

$$F_r = \frac{12}{ab(a+1)} \sum_{i=1}^{a} R_i^2 - 3b(a+1)$$

$$= \frac{12}{4 \cdot 4(4+1)} (11^2 + 13^2 + 4^2 + 12^2) - 3 \cdot 4(4+1)$$

$$= 7.5$$

검정통계량 $F_r$의 값이 7.5로 기준값인 $\chi^2_{.05,\,3} = 7.81$보다 작으므로 5%의 유의수준하에 생산량에 차이가 없다는 귀무가설을 채택한다. ■

## **제6절 스피어맨 순위상관계수검정

관찰값이 순위로 주어진 경우 비모수적 방법을 통하여 상관관계를 분석할 때에 **스피어맨 순위상관계수검정**(Spearman's ordered coefficient of test)을 적용한다. 예를 들어 미녀 선발대회에서 6명의 최종 결선자를 순위로 심사한다. 심사 자료가 <표 12-6>과 같을 때, 두 심사위원의 평가가 서로 상관관계가 있는지를 살펴보자.

**〈표 12-6〉 미녀 선발대회의 순위자료**

| 구 분 | | 1 | 2 | 3 | 4 | 5 | 6 |
|---|---|---|---|---|---|---|---|
| 심사위원 A | $u_i$ | 4 | 5 | 1 | 6 | 2 | 3 |
| 심사위원 B | $v_i$ | 2 | 4 | 3 | 6 | 1 | 5 |
| 차이 | $d_i$ | 2 | 1 | -2 | 0 | 1 | -2 |

여기서 두 심사위원의 심사결과가 양의 상관관계일 때는 두 심사위원의 심사결과가 비슷할 것이고, 만약 음의 상관관계를 가지면 두 심사위원의 차이가 커질 것이다. 여기서 $d_i$를 첫 번째 모집단의 순위 $u_i$와 두 번째 모집단의 순위 $v_i$의 차이라고 하면, 스피어맨의 순위상관계수는 다음과 같이 정의된다.

$$r_s = 1 - \frac{6\sum d_i^2}{n(n^2-1)}$$

이때 $n$은 짝을 이룬 관찰값 수이다. 그러면 앞의 예에서의 순위상관계수 $r_s$는 다음과 같이 계산된다.

$$r_s = 1 - \frac{6(2^2 + 1^2 + \dots + (-2)^2)}{6(6^2 - 1)} = 0.657$$

이상에서 설명한 스피어맨의 순위상관계수검정의 가설과 기각역을 정리하면 다음과 같다.

**스피어맨 순위상관계수검정의 가설과 기각역**

▶ 양측검정

- 가설 : $H_0: \rho_s = 0$, $H_1: \rho_s \neq 0$

- 기각역 : $r_s < -r_s(\alpha/2, n)$ , $r_s > r_s(\alpha/2, n)$

▶ 단측검정

- 가설 : $H_0: \rho_s = 0$, $H_1: \rho_s > 0$ (또는 $\rho_s < 0$ )

- 기각역 : $r_s > r_s(\alpha, n)$ (또는$r_s < -r_s(\alpha, n)$ )

여기서 $r_s(\alpha, n)$ 은 <부표 11>의 **스피어맨 순위상관계수검정 임계값**에서 찾는다. 위의 예에서 $n=6$이므로 임계값은 $r_s(.025,6) = 0.886$이다. 따라서 여기서의 순위상관계수 $r_s$는 0.657로 기준값 0.886보다 작게 나타나 $H_0$은 채택된다. 즉 두 심사위원의 평가는 서로 상관관계가 없다는 결론이다.

# **제7절 런검정

표본의 독립성 여부를 검정하기 위하여 **런검정**(run test)이 이용된다. 다음의 <그림 12-4>에서는 독립적인 표본과 그렇지 않은 표본을 나타내고 있다.

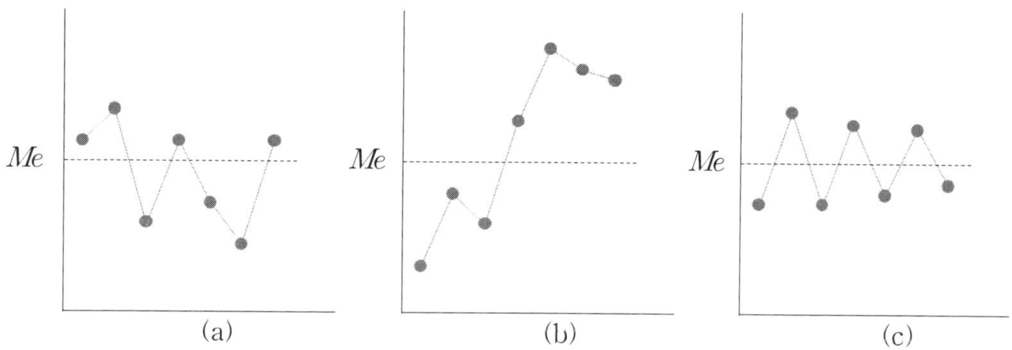


〈그림 12-4〉 독립적인 표본과 비독립적인 표본

만일 표본이 독립적이지 않은 경우에는 그림 (b)에서와 같이 관찰값들이 중앙값 선을 너무 적게 지나가거나, 또한 그림 (c)와 같이 너무 빈번하게 지나가게 된다. 그러나 표본이 독립적이라면 그림 (a)의 경우와 같이 관찰값들이 중앙값 선을 너무 빈번하지도 않고 너무 드물지도 않게 지나가는 것을 말한다.

이 때, **런**(run)은 관찰값의 변화가 중앙값 선을 교차한 횟수에 1을 더한 값으로 정의된다. 따라서 <그림 12-4>에서 (a)의 경우에는 런이 5가 되며, 또한 (b)의 경우에는 런의 수가 2이다.

한편 표본의 크기가 $n$이고 런의 수가 $R$일 때 표본이 독립이라는 귀무가설이 사실이라면, 런의 수 $R$은 다음과 같은 근사적 정규분포를 따르게 된다.

$$R \doteq N(E(R), S^2(R)), \quad \text{단 } E(R) = \frac{n}{2} + 1, \; S(R) = \frac{\sqrt{n-1}}{2}$$

그러면 다음과 같이 런의 수 $R$을 표준화시켜 검정통계량 $Z$를 유도하여, <부표 4>의 표준정규분포표를 이용하여 검정을 한다.

$$Z = \frac{R - E(R)}{S(R)}$$

[예제 12-7] 매 시각 관찰한 12개 표본의 산점도를 다음과 같이 중앙값을 기준으로 하여 나타내었다. 다음 자료에 런검정을 적용하여 표본의 독립성 여부를 판단하시오.

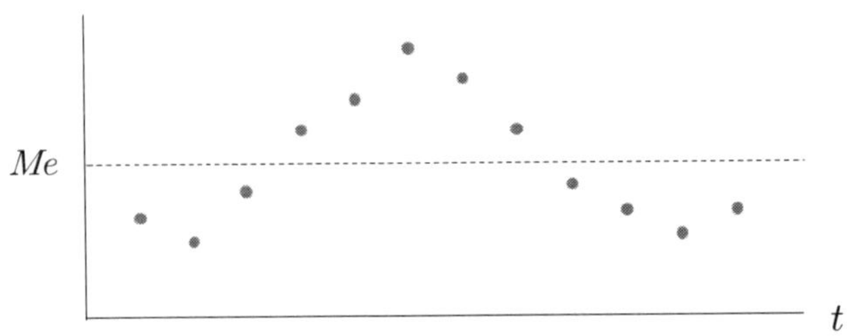


☞ 문제에서 제시된 12개 자료는 다음과 같이 런의 수가 3이다.

$$(\text{L L L / H H H H H / L L L L}) \rightarrow R = 3$$

$R$에 대한 평균과 표준편차를 구하면 다음과 같이 각각 7과 1.66을 얻게 된다.

$$E(R) = 7, \quad S(R) = 1.66$$

이를 이용하여 검정통계량 $Z$의 값을 구하면 다음과 같다.

$$Z = \frac{R - E(R)}{S(R)} = \frac{3 - 7}{1.66} = -2.41$$

그러면 <부표 4>의 표준정규분포표를 이용하여 $p$값을 구하면 다음과 같은데, 결국 표본이 독립적이라는 귀무가설을 5%의 유의수준하에 기각하게 된다.

$$p\text{값} = P(R \leq 3) = P(Z \leq -2.41) = .008$$ ■

## 제8절 미니탭의 이용

이제 앞에서 다룬 부호검정, 순위합검정 및 크루스칼-월리스 순위검정 그리고 후리드만검정 등을 미니탭을 이용하여 해결하는 방법에 대하여 알아보기로 한다.

비모수검정은 '**통계분석(S) > 비모수 통계(N)**' 메뉴에 포함된 항목들 가운데 원하는 분석방법을 선택하여 나타나는 대화상자를 이용한다.

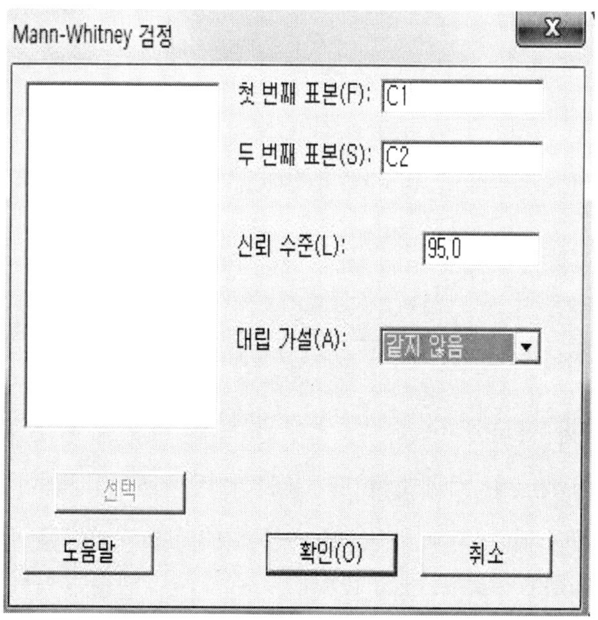


**〈그림 12-5〉 윌칵슨 순위합검정 대화상자**

비모수검정에서 다루는 여러 가지 분석방법 가운데 앞의 <그림 12-5>는 '**통계분석(S) > 비모수 통계(N) >** Mann-Whitney **검정(M)**...' 메뉴를 선택한 경우의 대화상자이다.

윌칵슨 순위합검정을 위한 대화상자는 2-표본 t 검정(2) 메뉴를 실행시켜 나타나는 경우의 대화상자인 <그림 7-9>의 구성과 유사한데, 분석하고자 하는 표본의 값들인 C1과 C2를 각각 **첫 번째 표본**(F)과 **두 번째 표본**(S)에 입력하고 대립가설의 형태를 **대립 가설**(A)에서 지정한 후 확인(O) 버튼을 누르면 된다. <그림 12-5>에서와 같이 다른 비모수분석방법들의 대화상자들을 이용하는 것도 제7장과 제8장에서 다룬 것과 유사하다. 따라서 여기서는 검정을 수행하는데 필요한 메뉴만을 제시하도록 한다. 아래에 제시된 순서로 메뉴를 선택한 후, 나타나는 대화상자를 이용하면 검정결과를 얻을 수 있다.

통계분석(S) > 비모수 통계학(N)

| | | |
|---|---|---|
| > 1-표본 부호 검정(1)... | : | 부호검정 |
| > Mann-Whitney 검정(M)... | : | 윌칵슨 순위합검정 |
| > Kruskal-Wallis 검정(K)... | : | 크루스칼-월리스 순위검정 |
| > Friedman 검정(F)... | : | 후리드만검정 |
| > 런 검정(R)... | : | 런검정 |

여기서 두 평균의 차이에 대한 부호검정은 짝을 이룬 표본에 대한 것으로 메뉴 **계산(C) > 계산기(L)**...를 사용하여 두 표본의 차이를 계산하여 새로운 열에 저장한 후, 새로운 변수에 대하여 '**1-표본 부호 검정(1)**...' 메뉴를 이용하면 된다.

런검정의 대화상자는 변수목록상자, 변수(V) 상자, 그리고 런의 계산에 필요한 기준값 선택부분으로 구성되어 있다. 변수목록상자에서 검정하고자 하는 변수를 선택하여 변수(V) 상자로 이동한 후 확인(O) 버튼을 누르면 된다. 런 계산의 기준으로 표본평균을 사용하려면 평균 초과 및 미만(A)을 선택하고, 분석자가 원하는 값을 사용하려면 초과 및 미만(B) 상자를 선택한 후 값을 입력하면 된다.

## (1) 부호검정

여기서는 제2절에서 언급한 단일 표본에 대한 부호검정을 다루기로 한다. 먼저 변수 C1(IQ)을 설정하여 앞의 제2절의 [예제 12-1]의 자료를 입력한다.

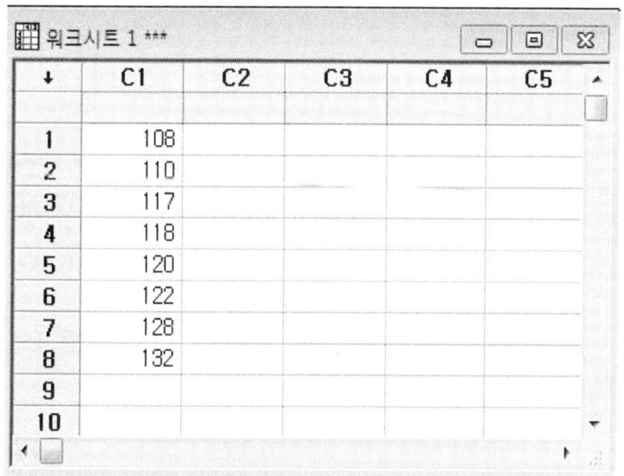


부호검정의 미니탭 메뉴는 다음과 같이 '**1-표본 부호 검정(1)...**'을 이용한다.

> **통계분석(S) > 비모수 통계(N) > 1-표본 부호 검정(1)...**

이때, 앞의 메뉴에서 중위수 검정(T)에는 귀무가설에서 가정하는 중앙값을 부여한다. 또한 '대립 가설(A)'은 대립가설의 형태에 따라 다음과 같이 같지 않음, 보다 큼 또는 보다 작음의 값을 선택하게 된다.

$$
\begin{cases} H_1 : \nu \neq \nu_0 & \rightarrow \text{ 같지 않음} \\ H_1 : \nu > \nu_0 & \rightarrow \text{ 보다 큼} \\ H_1 : \nu < \nu_0 & \rightarrow \text{ 보다 작음} \end{cases}
$$

여기서 대립 가설(A)을 생략하면 미니탭에서는 자동적으로 '같지 않음'의 값을 부여하여 양쪽 검정을 수행한다.

그러면 앞의 제2절의 [예제 12-1]에서 설정한 가설을 검정하기 위하여 중앙값을 115로 하고, 대립 가설(A)은 '보다 큼'을 선택하여 부호검정을 수행하면 다음의 결과를 얻는다.

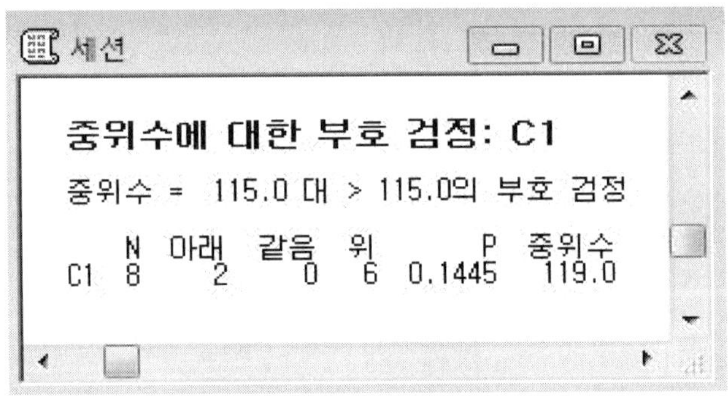


한편 대립 가설(A)에서 '같지 않음' 또는 이를 생략한 채 양쪽 부호검정을 수행하면, $p$값이 한쪽 검정의 두 배가 되는 다음의 결과를 얻는다.

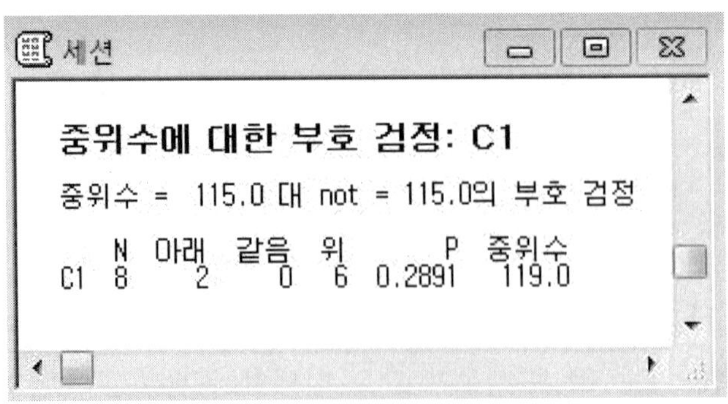

### (2) 두 평균의 차이에 대한 부호검정

이제는 [예제 12-2]에서 다룬 바 있는 짝을 이룬 두 표본에 대한 부호검정 문제를 미니탭을 이용하여 해결하기로 한다. 먼저 미니탭 워크시트에 다음과 같이 변수 C1과 C2를 설정하여 [예제 12-2]의 자료를 입력한다.

워크시트 1 ***

| ↓ | C1 | C2 | C3 | C4 | C5 |
|---|---|---|---|---|---|
| | | | | | |
| 1 | 108 | 104 | | | |
| 2 | 110 | 112 | | | |
| 3 | 117 | 113 | | | |
| 4 | 118 | 110 | | | |
| 5 | 120 | 115 | | | |
| 6 | 122 | 120 | | | |
| 7 | 128 | 124 | | | |
| 8 | 132 | 130 | | | |
| 9 | | | | | |
| 10 | | | | | |

또한 '**계산(C) > 계산기(L)...**' 메뉴를 활용하여 새로운 변수 C3를 설정하고 짝을 이룬 두 관찰값의 차이인 (C1-C2)를 부여한 결과는 다음과 같다.

워크시트 1 ***

| ↓ | C1 | C2 | C3 | C4 | C5 |
|---|---|---|---|---|---|
| | | | | | |
| 1 | 108 | 104 | 4 | | |
| 2 | 110 | 112 | -2 | | |
| 3 | 117 | 113 | 4 | | |
| 4 | 118 | 110 | 8 | | |
| 5 | 120 | 115 | 5 | | |
| 6 | 122 | 120 | 2 | | |
| 7 | 128 | 124 | 4 | | |
| 8 | 132 | 130 | 2 | | |
| 9 | | | | | |
| 10 | | | | | |

한편 짝을 이룬 표본의 부호검정은 새로운 변수 C3에 대한 단일 표본의 부호검정과 마찬가지이므로, 미니탭 메뉴도 앞에서와 동일한 '**1-표본 부호 검정(1)...**'이다. 이제 중앙값을 0으로 하고 C3에 대한 부호검정을 수행한 결과는 다음과 같다.

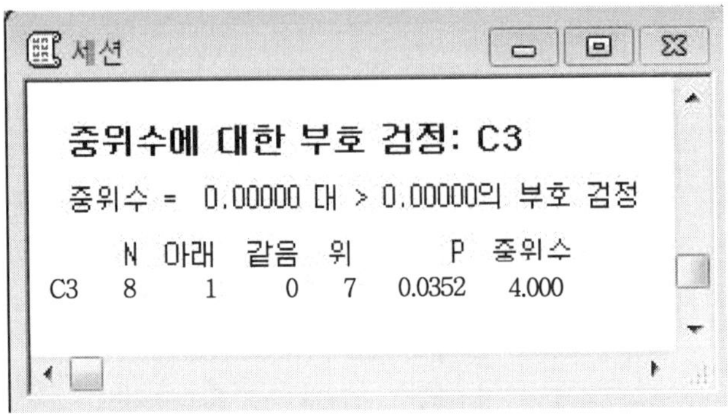


## (3) 윌칵슨 순위합검정

이제는 독립적인 두 표본에 대한 비모수검정인 윌칵슨 순위합검정을 다루기로 한다. 먼저 미니탭 워크시트에 새로운 변수 C1 및 C2를 설정하여 다음과 같이 제3절 [예제 12-3]의 자료를 입력한다.

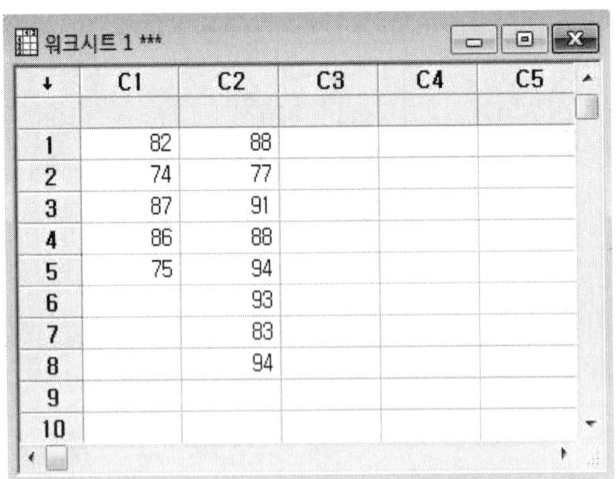

워크시트 1 ***

| ↓ | C1 | C2 | C3 | C4 | C5 |
|---|---|---|---|---|---|
| | | | | | |
| 1 | 82 | 88 | | | |
| 2 | 74 | 77 | | | |
| 3 | 87 | 91 | | | |
| 4 | 86 | 88 | | | |
| 5 | 75 | 94 | | | |
| 6 | | 93 | | | |
| 7 | | 83 | | | |
| 8 | | 94 | | | |
| 9 | | | | | |
| 10 | | | | | |

윌칵슨 순위합검정을 위한 미니탭 메뉴는 다음의 'Mann-Whitney 검정(M)...'을 이용하며, '대립 가설(A)'의 사용은 앞에서 다룬 부호검정의 경우와 동일하다.

| 통계분석(S) > 비모수 통계(N) > Mann-Whitney 검정(M)... |
|---|

그러면 앞에서 입력한 [예제 12-3]의 자료에 윌칵슨 순위합 단측검정을 수행한 결과는 다음과 같다.

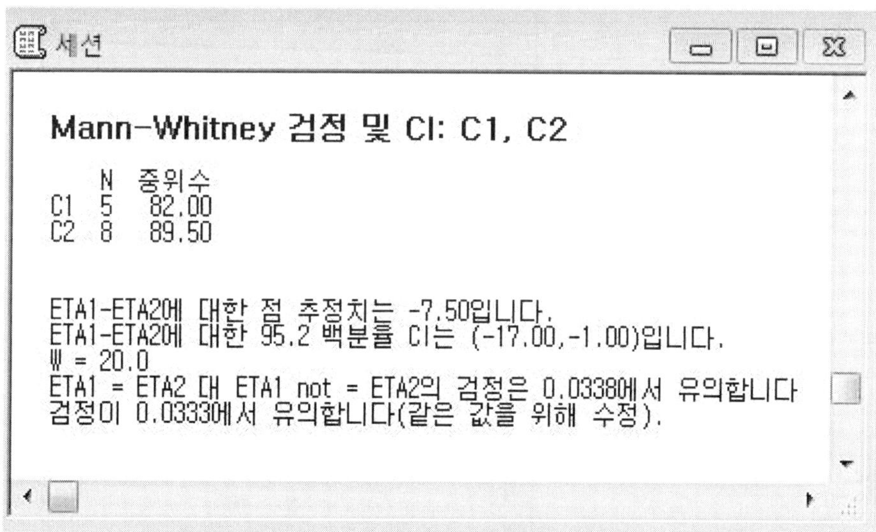


### (4) 크루스칼-월리스 순위검정

여러 개의 독립된 집단에 대한 크루스칼-월리스 순위검정을 위한 미니탭 메뉴는 다음과 같이 'Kruskal-Wallis 검정(K)...'을 이용한다.

> 통계분석(S) > 비모수 통계(N) > Kruskal-Wallis 검정(K)…

이 때, 변수 C1에는 자료값을 입력하고, 또한 C2에는 표본이 추출된 각 집단을 의미하는 코드를 입력한다. 따라서 이러한 기준에 따라 앞의 [예제 12-4]의 자료를 다음과 같이 마나탭 워크시트에 입력해야 한다.

워크시트 1 ***

| ↓ | C1 | C2 | C3 | C4 | C5 |
|---|---|---|---|---|---|
| | | | | | |
| 1 | 72 | 1 | | | |
| 2 | 65 | 1 | | | |
| 3 | 67 | 1 | | | |
| 4 | 75 | 1 | | | |
| 5 | 62 | 1 | | | |
| 6 | 73 | 1 | | | |
| 7 | 55 | 2 | | | |
| 8 | 59 | 2 | | | |
| 9 | 68 | 2 | | | |
| 10 | 70 | 2 | | | |
| 11 | 53 | 2 | | | |
| 12 | 50 | 2 | | | |
| 13 | 64 | 3 | | | |
| 14 | 74 | 3 | | | |
| 15 | 61 | 3 | | | |
| 16 | 58 | 3 | | | |
| 17 | 51 | 3 | | | |
| 18 | 69 | 3 | | | |
| 19 | | | | | |

그러면 미니탭 메뉴 Kruskal-Wallis 검정(K)...을 이용하여 크루스칼-월리스 순위검정을 수행한 결과는 다음과 같다.

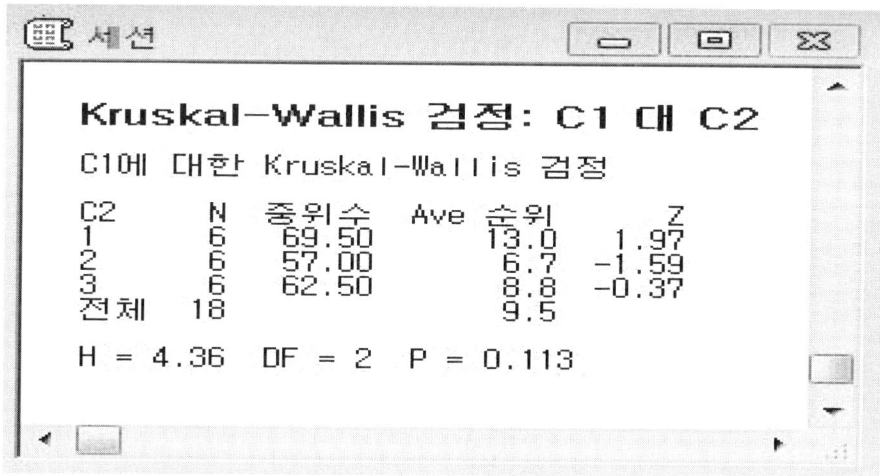


**Kruskal-Wallis 검정: C1 대 C2**

C1에 대한 Kruskal-Wallis 검정

| C2 | N | 중위수 | Ave 순위 | Z |
|---|---|---|---|---|
| 1 | 6 | 69.50 | 13.0 | 1.97 |
| 2 | 6 | 57.00 | 6.7 | -1.59 |
| 3 | 6 | 62.50 | 8.8 | -0.37 |
| 전체 | 18 | | 9.5 | |

H = 4.36 DF = 2 P = 0.113

## (5) 후리드만검정

각 인자수준의 효과를 비교하기 위한 후리드만검정의 미니탭 메뉴는 다음과 같이 'Friedman 검정(F)...'을 이용한다.

| 통계분석(S) > 비모수 통계(N) > Friedman 검정(F)... |
|---|

이 때, 변수 C1에는 자료의 순위를 입력하고, C2에는 제1인자 그리고 C3에는 제2인자의 코드를 입력하게 된다. 이러한 방식으로 앞의 [예제 12-6]의 순위자료를 다음과 같이 입력한다.

워크시트 1 ***

| ↓ | C1 | C2 | C3 | C4 | C5 |
|---|---|---|---|---|---|
| | | | | | |
| 1 | 3 | 1 | 1 | | |
| 2 | 4 | 1 | 2 | | |
| 3 | 2 | 1 | 3 | | |
| 4 | 2 | 1 | 4 | | |
| 5 | 4 | 2 | 1 | | |
| 6 | 3 | 2 | 2 | | |
| 7 | 3 | 2 | 3 | | |
| 8 | 3 | 2 | 4 | | |
| 9 | 1 | 3 | 1 | | |
| 10 | 1 | 3 | 2 | | |
| 11 | 1 | 3 | 3 | | |
| 12 | 1 | 3 | 4 | | |
| 13 | 2 | 4 | 1 | | |
| 14 | 2 | 4 | 2 | | |
| 15 | 4 | 4 | 3 | | |
| 16 | 4 | 4 | 4 | | |
| 17 | | | | | |

그러면 미니탭 메뉴 Friedman 검정(F)...을 이용하여 [예제 12-6]에서와 같은 후리드만검정을 적용한 결과는 다음과 같다.

세션

**Friedman 검정: C1 대 C2(C3(으)로 블럭화)**

```
S = 7.50  DF = 3  P = 0.058

           추정
C2  N   중위수   순위 합
1   4   2.313      11.0
2   4   3.063      13.0
3   4   0.938       4.0
4   4   2.938      12.0

총 중위수 = 2.313
```

# 제9절 요약

### 1. 비모수검정의 개요

▶ 비모수검정 : 검정하고자 하는 모집단의 확률분포에 대한 별도의 가정이 필요없으며, 자료의 중앙값 또는 순위 등을 이용한 검정이므로 이상값이 존재하는 경우에도 영향을 거의 받지 않음

### 2. 부호검정

▶ 용도 : 하나의 모평균 또는 두 모평균의 차이에 대한 중앙값 검정

▶ 검정통계량 $S$ : 중앙값을 초과하는 자료의 수 또는 짝을 이룬 두 자료의 차이가 양수인 표본의 수

▶ $p$값 : 모수가 $n$과 1/2 인 이항분포를 적용하여 계산

### 3. 윌칵슨 순위합검정

▶ 용도 : 독립적인 또는 짝을 이룬 두 확률분포의 차이에 대한 검정

▶ 검정통계량 $W$

① 독립적인 표본 → 표본크기가 작은 집단의 순위합

② 짝을 이룬 표본 → 양의 순위합과 음의 순위합 중 작은 값

▶ $p$값

① 독립적인 표본 → <부표 9> 윌칵슨 순위합검정표를 이용함

② 짝을 이룬 표본 → <부표 10> 짝을 이룬 순위합검정 임계값을 이용함

## 4. 크루스칼-월리스 순위검정

▶ 용도 : 여러 모평균이 존재하는 분산분석에 해당(완전랜덤계획법)

▶ 검정통계량 : $H = \frac{12}{n(n+1)} \sum_{i=1}^{a} \frac{R_i^{\,2}}{n_i} - 3(n+1) \sim \chi^2(a-1)$

▶ 기각역 : $H > \chi^2_{\alpha,\, a-1}$

## 5. 후리드만검정

▶ 용도 : 각 인자수준의 효과에 대한 검정

▶ 검정통계량 : $F_r = \frac{12}{ab(a+1)} \sum_{i=1}^{a} R_i^2 - 3b(a+1) \sim \chi^2(a-1)$

▶ 기각역 : $F_r > \chi^2_{\alpha,\, a-1}$

## 6. 스피어맨 순위상관계수검정

▶ 용도 : 순위 관찰값에 대한 상관관계 분석

▶ 검정통계량 : $r_s = 1 - \frac{6\sum d_i^2}{n(n^2-1)}$

▶ 기각역 : - 양측검정 : $r_s < -r_s(\alpha/2, n)$ , $r_s > r_s(\alpha/2, n)$

- 단측검정 : $r_s > r_s(\alpha, n)$ (또는 $r_s < -r_s(\alpha, n)$ )

### 7. 런검정

▶ 용도 : 자료의 독립성여부를 검정

▶ 검정통계량 : $R$ → 관찰값들의 연결이 중앙선을 교차한 수 + 1

$$Z = \frac{R - E(R)}{S(R)}$$

여기서 $E(R) = \frac{n}{2} + 1$, $S(R) = \frac{\sqrt{n-1}}{2}$

▶$p$값 : 〈부표 4〉의 표준정규분포표를 이용함

### 8. 미니탭의 이용

▶ 부호검정 : 비모수 통계(N) > 1-표본 부호 검정(1)...

▶ 윌칵슨 순위합검정 : 비모수 통계(N) > Mann-Whitney 검정(M)...

▶ 크루스칼-윌리스 순위검정 : 비모수 통계(N) > Kruskal-Wallis 검정(K)...

▶ 후리드만검정 : 비모수 통계(N) > Friedman 검정(F)...

▶ 런검정 : 비모수 통계(N) > 런 검정(R)...

## ■ 연습문제

**[12.1]** 다음 문장을 읽고 옳으면 '○'표, 또한 틀리면 '×'표를 한 후 틀린 곳을 바르게 고치시오

a) 비모수검정의 특징 중 하나는 반드시 순위를 사용하는 것이다.

b) 부호검정은 이항분포를 이용하지만, 표본수가 클 때는 정규분포를 사용한다.

c) 부호검정은 중앙값만 다루지만, 윌칵슨 순위합검정은 확률분포를 비교한다.

d) 비모수검정은 모수검정보다 더 효율적이다.

e) 런검정에서 대립가설은 일련의 관찰값들이 랜덤하지 않다는 것이다.

f) 윌칵슨 순위합검정에서 두 표본의 수가 같아야 할 필요는 없다.

g) 크루스칼-월리스검정은 분산분석에 해당하는 비모수검정이다.

h) 크루스칼-월리스 검정통계량의 표본분포는 모든 모집단의 표본수가 5 이상일 때에만 $\chi^2$ 분포로 볼 수 있다.

i) 후리드만 검정에서 제2인자(블록)의 효과는 검정할 수 없다.

j) 런검정은 자료의 등분산성 여부를 검정한다.

k) 런은 관찰값이 평균선을 지나는 횟수에 1을 더한 값으로 정의된다.

*[12.2] 다음은 어떤 대학교의 재학생 중 10명을 표본으로 추출하여 월 용돈지출액을 조사한 자료이다. 이 때, 이 대학교 재학생의 용돈지출액의 중앙값을 140,000원이라고 할 수 있는지에 대한 가설을 설정하고, 5%의 유의수준하에 검정하시오.

| | | | | |
|---|---|---|---|---|
| 50,000 | 70,000 | 100,000 | 100,000 | 100,000 |
| 120,000 | 150,000 | 150,000 | 150,000 | 200,000 |

*[12.3] 어떤 제약회사에서는 기존의 혈압치료제보다 효과가 좋은 새로운 치료제를 개발하였다고 주장한다. 따라서 이의 효과를 알아보기 위하여 여섯 명의 혈압환자를 대상으로 기존약과 신약을 각각 복용시킨 후 혈압을 관찰한 자료가 다음과 같다고 한다.

| 환자 | 기존약 | 신약 |
|---|---|---|
| A | 140 | 136 |
| B | 144 | 144 |
| C | 152 | 155 |
| D | 158 | 152 |
| E | 160 | 148 |
| F | 162 | 155 |

이 자료를 통하여 볼 때, 과연 새로운 혈압치료제를 효과적이라 할 수 있는지를 5%의 유의수준하에 검정하시오.

**[12.4]** 다음은 어느 학과의 통계학 중간고사 및 기말고사 점수를 비교하기 위하여 각각 표본을 수집한 자료이다. 중간고사와 기말고사의 점수분포가 동일한가를 5%의 유의수준하에 검정하시오.

| | | | | | | | |
|---|---|---|---|---|---|---|---|
| 중간고사 | : | 54 | 62 | 78 | 89 | | |
| 기말고사 | : | 65 | 70 | 73 | 82 | 87 | 93 |

**[12.5]** 다음은 특정 조건하에서 토끼와 고양이의 생존시간을 나타내고 있다. 관심있는 가설을 설정하고, 5%의 유의수준하에 검정하시오.

| | | | | | | | | | | | |
|---|---|---|---|---|---|---|---|---|---|---|---|
| 토 끼 | : | 16 | 22 | 30 | | | | | | | |
| 고양이 | : | 15 | 18 | 20 | 23 | 25 | 28 | 28 | 31 | 33 | 35 |

**[12.6]** 어떤 회사에서 직원들의 생산능률을 향상시키기 위하여 일련의 복지정책을 실시하였다. 실시 전후의 생산효과를 10명의 직원에 대하여 관찰한 결과 다음의 자료

를 얻었다. 생산능률의 변화가 있는지를 5%의 유의수준하에 검정하시오.

| 직원 | 실시전 | 실시후 |
|---|---|---|
| 1 | 54 | 68 |
| 2 | 25 | 42 |
| 3 | 80 | 80 |
| 4 | 76 | 91 |
| 5 | 63 | 70 |
| 6 | 82 | 88 |
| 7 | 94 | 90 |
| 8 | 72 | 81 |
| 9 | 33 | 39 |
| 10 | 90 | 93 |

**[12.7]** 다음은 세 가지 종류의 비료에 따른 밀의 수확량을 관찰한 자료이다. 비료의 효과가 모두 동일하다는 귀무가설을 설정하고, 크루스칼-월리스 순위검정을 통하여 5%의 유의수준하에 검정하시오.

| A | B | C |
|---|---|---|
| 46 | 52 | 49 |
| 47 | 54 | 50 |
| 49 | 55 | 51 |
| 50 | 58 | 51 |
| 53 | 61 | 54 |

**[12.8]** 앞의 [12.7] 자료에 순위변환검정을 수행하여 앞의 결과와 비교하시오.

*[12.9] 미녀선발대회에서 6명의 심사위원이 5명의 최종 결선대상자를 심사한다. 심사결과는 순위로 나타내어 다음과 같다.

| 심사위원 | 후 보 자 | | | | |
|---|---|---|---|---|---|
| | 1 | 2 | 3 | 4 | 5 |
| 1 | 2 | 4 | 1 | 3 | 5 |
| 2 | 4 | 3 | 2 | 1 | 5 |
| 3 | 2 | 4 | 3 | 1 | 5 |
| 4 | 1 | 3 | 5 | 4 | 2 |
| 5 | 1 | 5 | 2 | 3 | 4 |
| 6 | 3 | 4 | 2 | 1 | 5 |

이와 같은 방법으로 심사하여 각 후보의 총점을 계산하였다. 과연 순위에 따라 차이가 있다고 할 수 있을까?

**[12.10] 어느 은행에서 개인의 소득과 예금액에 어떠한 상관관계가 있는지를 알아보기 위하여 10명의 고객을 대상으로 자료를 수집한 결과가 다음과 같다. 이 때, 스피어맨 순위상관계수를 구하고, 소득과 예금액에 상관관계가 있는지 5%의 유의수준하에 검정하시오.

| 대상자 | 1 | 2 | 3 | 4 | 5 | 6 | 7 | 8 | 9 | 10 |
|---|---|---|---|---|---|---|---|---|---|---|
| 월소득 | 70 | 256 | 420 | 135 | 181 | 510 | 98 | 220 | 317 | 161 |
| 연평균예금액 | 327 | 875 | 1205 | 470 | 623 | 752 | 427 | 512 | 123 | 622 |

**[12.11]** 시간대별로 10개의 표본을 관찰한 결과는 다음과 같다고 한다. 런검정을 적용하여 표본의 독립성 여부를 판단하시오.

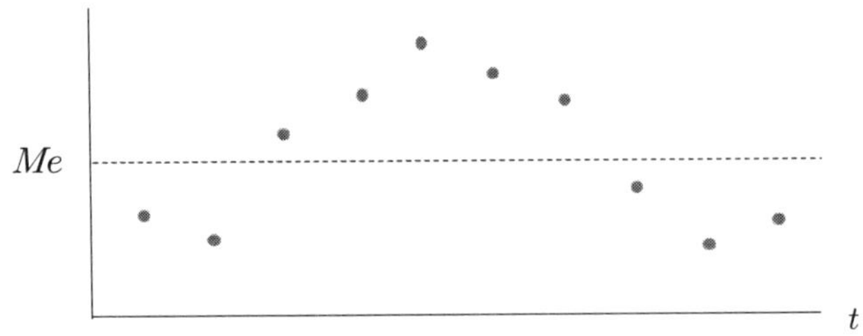

# 13

# 시계열분석

# 제13장 시계열분석

자료의 형태는 크게 두 가지로 구분될 수 있는데, 횡단면자료와 시계열자료가 그것이다. 예를 들어 어느 시점에 있어서의 국가별 GNP를 비교한다면 **횡단면자료**(cross-sectional data)를 이용하는 것이고, 만일 해방이후 우리나라의 GNP 추이 등을 분석한다면 **시계열자료**(time series data)를 이용하게 된다. 즉 시계열자료란 시간별 주가지수, 요일별 교통사고건수, 월별 강우량, 분기별 매출액 및 연도별 수출액 등과 같이 어느 일정한 기간 동안에 걸쳐 관찰된 자료를 의미한다. 이 때, 시계열자료는 올바른 분석을 위하여 서로 비교될 수 있어야 하기 때문에 다음의 조건이 충족되어야 한다.

**시계열자료의 조건**

① 시계열자료의 시간 간격, 즉 각 시점간의 간격이 동일해야 한다.
② 각 관찰시점에서 동일한 정의와 조건하에 자료가 관찰되어야 한다.

이 장에서는 이러한 시계열자료의 특성과 형태에 대하여 알아보고, 이를 통하여 미래의 값을 예측하는 것과 관련한 **시계열분석**(time series analysis)을 다루기로 한다. 시계열분석의 목적은 다음에서 보는 바와 같이 과거 자료를 모형화하여 미래의 값을 예측하는 것인데, 이는 회귀분석에서의 목적과 동일하나 다만 자료의 특성상 분석방법이 다르게 된다.

**시계열분석의 목적**

① 시계열자료의 성격을 파악하여 모형화한다.

② 파악된 시계열자료의 성격을 토대로 미래의 자료값을 예측한다.

## 제1절 시계열자료의 특성

다른 자료와 구분되는 시계열자료의 두드러진 특성으로 자기상관을 들 수 있다. **자기상관**(autocorrelation)이란 자료가 독립적이지 못하고 과거자료의 영향을 받는 것을 의미한다. 예를 들어 다음의 <그림 13-1>에서 보는 바와 같이 어느 시점의 자료값은 과거의 자료, 특히 바로 이전시점의 자료값에 영향을 받고 있다.

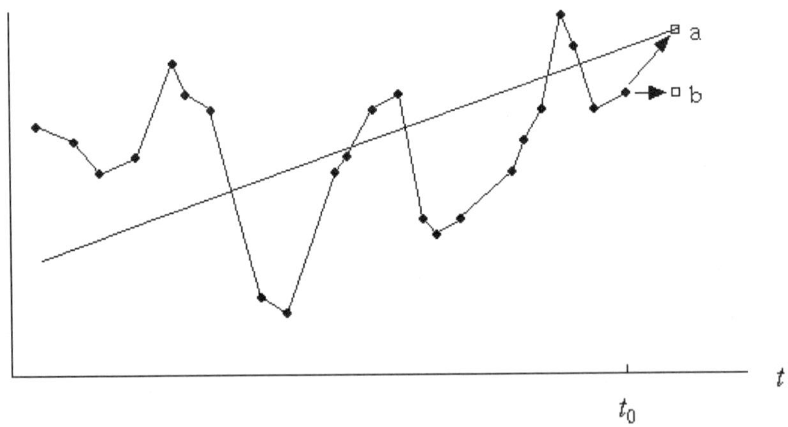


〈그림 13-1〉 시계열자료

따라서 이와 같은 시계열자료는 앞에서 다룬 바 있는 회귀분석을 적용하기가 어렵게 된다. 그 이유는 다음의 경우에서 알 수 있다. 예를 들어 <그림 13-1>의 시점 $t_0$에서 다음 시점의 자료값을 예측한다고 가정해 보자. 이 경우 추정된 회귀직선을 이용하여 <그림 13-1>의 'a'를 다음 시점에 대한 예측값으로 하는 것은 합리적이지 못할 것이다. 이러한 경우에는 오히려 회귀직선을 무시하고 <그림 13-1>의 'b'와 같이 현재의 값을 다음 시점의 예측값으로 결정하는 것이 차라리 현명할 것이다. 앞으로 이 장에서는 이와 같은 문제를 감안하여 더 좋은 예측을 할 수 있는 방안을 강구하고자 한다.

한편 이상의 예에서와 같이 자기상관이 존재하는 자료에 일반적인 회귀분석방법을 적용하는 것은 다음과 같은 몇 가지 문제를 초래한다.

**자기상관이 존재하는 경우**

① 회귀계수 추정량은 불편추정량이지만 최소분산을 갖지는 못한다.

② 평균제곱오차 $MSE$는 분산 $\sigma^2$에 대한 과소추정량이 될 수 있다.

따라서 자기상관이 존재하는 자료의 경우에는 통상적인 회귀분석법이 아니라 시계열분석법을 적용해야 올바른 분석이 가능하게 된다.

## 제2절 시계열자료의 구성요소

일반적으로 시계열자료는 추세, 계절변동, 순환변동 및 불규칙변동의 네 가지 변동요인으로 구성되며, 이러한 시계열자료를 분석하기 위한 시계열모형으로는 가법모형과 승법모형이 주로 가정된다. 먼저 시계열자료 $Y_t$를 구성하는 추세, 계절변동, 순환변동 및 불규칙변동을 각각 $T_t$, $S_t$, $C_t$, $I_t$라고 할 때, **가법모형**(additive model)은 다음과 같이 시계열자료의 각 요소를 모두 더한 형태로 정의된다.

$$Y_t = T_t + S_t + C_t + I_t$$

또한 **승법모형**(multiplicative model)은 다음에서와 같이 각 구성요소의 곱으로 표현되며, 이 장에서는 승법모형을 중심으로 시계열분석을 설명하기로 한다.

$$Y_t = T_t \times S_t \times C_t \times I_t$$

이 절에서는 이러한 시계열자료의 구성요소에 관하여 차례로 설명하기로 한다.

### (1) 추세

**추세**(trend)는 시계열자료의 장기적인 성장 또는 퇴화 등의 경향을 의미한다.

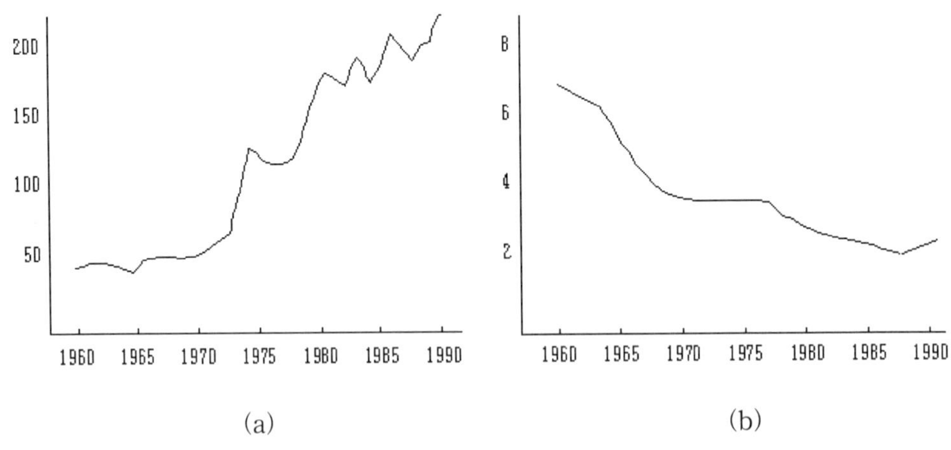


**〈그림 13-2〉 시계열자료의 추세**

예를 들어 <그림 13-2>의 (a)에서는 1960년부터 1990년까지 30년에 걸친 미국 농가소득의 성장추세를 나타내고 있으며, (b)에서는 그 기간 동안의 농촌 고용인구의 감소추세를 보여 주고 있다.

추세분석의 목적은 추세방정식을 통하여 장기적인 변동을 측정하는데 있다. 여기서 추세방정식은 앞에서 다룬 일반적인 회귀분석에서의 최소제곱법을 통하여 추정될 수 있는데, 이는 시계열자료의 예측을 위한 기초가 된다.

### (2) 계절변동

시계열자료의 또 다른 구성요소로 계절변동을 들 수 있다. **계절변동**(seasonal variation)이란 시계열자료가 계절적 요인에 의하여 영향을 받는 것을 의미하는데, 여기서 계절이란 일정한 주기의 시간을 총칭한다고 할 수 있다. 예를 들어 계절변동에는 1주일 주기의 요일변동, 1개월 주기의 주별변동 그리고 1년 주기의 월별변동 또는 분기별변동 등이 포함될 수 있다. 다음의 <그림 13-3>에서는 계절변동의 한 예로 요일별 영화관 출입자수 통계를 나타내고 있다.

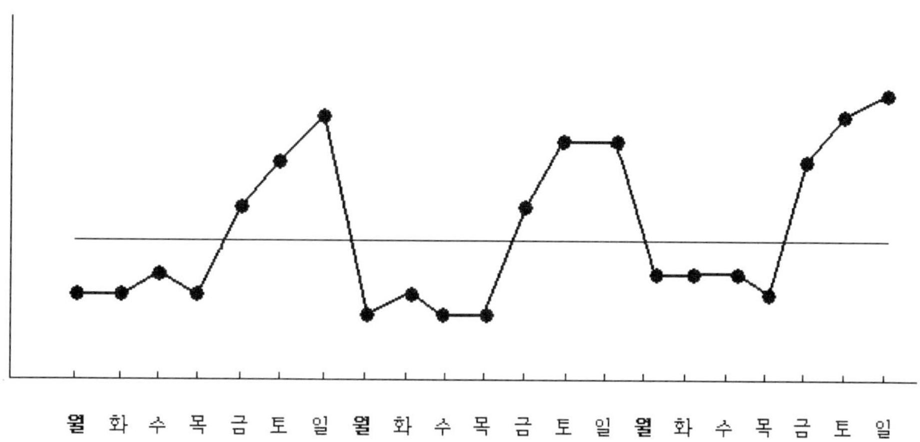


〈그림 13-3〉 시계열자료의 계절변동

한편 계절분석의 결과로서 일련의 지수를 도출하게 되는데, 이러한 **계절지수**(seasonal indexes)를 통하여 각 시점에서의 계절효과를 얻게 된다. 그리고 이러한 계절지수는 추정된 추세방정식을 이용한 시계열자료의 예측을 더욱 정확하게 하는 역할을 한다.

### (3) 순환변동

계절변동과 유사한 개념으로 **순환변동**(cyclical variation)을 들 수 있는데, 이의 특징으로는 계절변동에 비하여 그 변동의 주기가 일반적으로 길며 또한 일정하지 못하다는 점을 지적할 수 있겠다. 순화변동의 예로는 경제상황 등을 들 수 있다.

예를 들어 자동차에 대한 수요는 경제상황에 많은 영향을 받을 수 있다. 즉 경제상황이 좋을 때에는 새 차 또는 고급 대형차에 대한 수요가 증가할 것이고, 반대의 경우에는 중고차나 소형차에 대한 선호도가 높을 것이다. 따라서 이와 관련한 부문의 예측에는 순환변동을 함께 고려해야만 정확한 예측결과를 기대할 수 있게 된다.

### (4) 불규칙변동

시계열자료에서 **불규칙변동**(irregular variation)이란 추세, 계절변동 및 순환변동으로 설명할 수 없는 변동부분을 의미한다. 즉 불규칙변동은 예측이 불가능한 오차로 간주되며, 임의적으로 발생한다고 하겠다. 따라서 이와 같은 불규칙변동을 모형화 한다는 것은 불가능하며 또한 체계적인 분석조차도 어려운 일이다. 다만 시계열자료에 매우 커다란 불규칙적 변동이 존재하는 경우에는 이에 관한 분석이 시도되기도 한다. 그러나 이와 같은 불규칙변동에 대한 원인 규명이 곧 불규칙변동을 계량화할 수 있다는 것을 의미하지는 않는다.

## 제3절 추세분석

**추세분석**(trend analysis)의 목적은 분석하려는 시계열자료에 적절한 **추세방정식**(trend equation)을 적합시킴으로써 장기적인 패턴을 도출하여 향후 자료값에 대한 예측을 하는 것이다. 여기서는 먼저 추세의 대표적인 유형을 알아보고, 적절한 유형의 선택과 각각의 추세유형에 따른 적합방법을 살펴보기로 한다.

### (1) 추세의 유형과 선택

이 절에서는 다음의 세 가지 대표적인 추세유형을 다루기로 한다.

**추세의 대표적 유형**

- ▶ 선형 추세 : $\widehat{Y}_t = b_0 + b_1 t$
- ▶ 2차형 추세 : $\widehat{Y}_t = b_0 + b_1 t + b_2 t^2$
- ▶ 지수형 추세 : $\widehat{Y}_t = Y_0 (1+g)^t$

여기서 $\widehat{Y}_t$은 시점 $t$에서의 추정값 그리고 $g$는 성장률을 의미한다.

다음의 <그림 13-4>에는 추세방정식의 대표적인 유형이 예시되어 있는데, 그림에서 보는 바와 같이 **선형**(linear) 추세방정식, **2차형**(second-order) 추세방정식 그리고 **지수형**(exponential) 추세방정식 등 다양한 추세방정식을 고려할 수 있다.

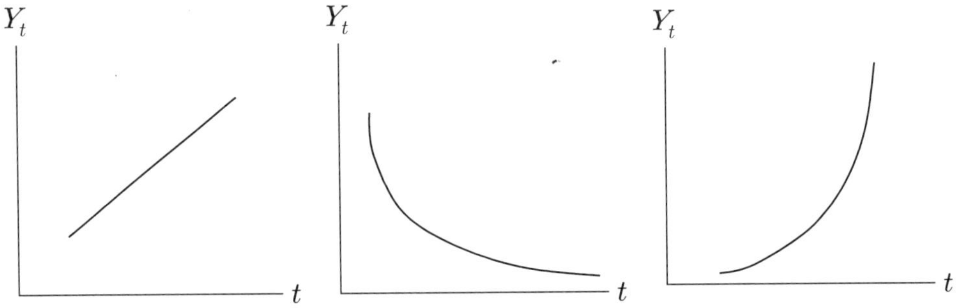


〈그림 13-4〉 추세방정식의 대표적인 유형

추세분석의 첫 단계는 바로 추세방정식의 선택이 된다. 즉 시계열자료에 적합시킬 추세방정식의 유형을 결정하는 일이다. 이러한 작업은 시계열자료를 직선으로 순서대로 연결한 후, 그 그래프의 패턴을 관찰함으로써 해결할 수 있다. 물론 이러한 결정이 불분명한 경우도 있을 것이다. 이러한 경우에는 두 가지 이상의 추세방정식을 적합시킨 후, 각각의 $F$통계량의 값을 관찰하여 큰 값을 갖는 모형을 선택하게 된다.

한편 이상에서 다룬 추세방정식의 유형 이외에도 다음의 <그림 13-5>에서 보는 바와 같이 **3차형**(third-order) 및 **4차형**(fourth-order) 등의 추세방정식을 경우에 따라 고려할 수 있다.

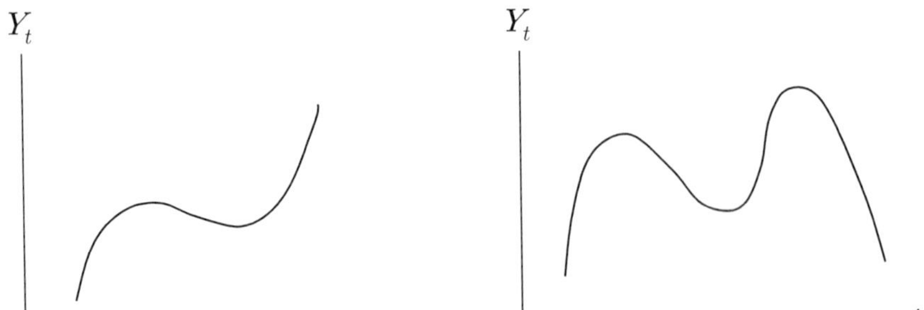


〈그림 13-5〉 3차형 및 4차형 추세방정식

그러나 미래 값의 예측이라는 추세분석의 근본목적을 감안할 때, 추세방정식의 방향이 빈번히 변하게 되는 3차형 및 4차형 추세방정식의 선택에는 신중을 기해야 할 것이다.

### (2) 추세유형별 적합방법

이제 앞에서 언급한 세 가지 유형에 따른 추세방정식의 적합방법에 대하여 알아보기로 한다.

#### ▶ 선형 추세방정식의 적합

추세방정식의 추정은 다음과 같이 실제 관찰값과 추정값의 차이, 즉 잔차의 제곱합을 최소화하는 차원에서 이루어진다.

$$\sum(Y_t - \widehat{Y}_t)^2$$

따라서 적합시키고자 하는 추세방정식이 선형인 경우에는 회귀분석에서 다룬 바 있는 최소제곱법을 이용하여 다음과 같이 추정한다.

$$\widehat{Y}_t = b_0 + b_1 t$$

다만 차이점으로는 회귀분석에서의 독립변수 $X$가 시계열분석에서는 시점 $t$로 바뀐 것을 들 수 있다.

[예제 13-1] 다음은 어느 백화점의 2004년부터 2013년까지의 매출액을 나타내고 있다. 선형 추세방정식을 이용하여 2014년과 2015년의 매출액을 각각 예측하시오.

| 연 도 | : | 2004 | 2005 | 2006 | 2007 | 2008 | 2009 | 2010 | 2011 | 2012 | 2013 |
|---|---|---|---|---|---|---|---|---|---|---|---|
| 매출액 | : | 1006 | 1029 | 1087 | 1284 | 1507 | 1496 | 1660 | 1616 | 1506 | 1740 |

☞ 2004년부터 2013년까지의 연도를 1부터 10까지의 시점 $t$로 변환하여 추세방정식을 구한 결과는 다음과 같다.

$$\widehat{Y}_t = 936.2 + 83.0727t$$

한편 2014년과 2015년도의 매출액을 예측하기 위하여 위의 추세방정식에 각각 $t=11$과 $t=12$를 대입하여 매출액의 점추정량을 도출한 결과는 다음과 같다.

$$\widehat{Y}_t(t=11) = 936.2 + 83.1(11) = 1850.00$$

$$\widehat{Y}_t(t=12) = 936.2 + 83.1(12) = 1933.07$$

■

### ▶ 2차형 추세방정식의 적합

추정하려는 추세방정식이 다음과 같이 2차형인 경우에는 다중회귀분석에서 독립변수가 두 개인 경우를 적용하여 추정할 수 있겠다.

$$\widehat{Y}_t = b_0 + b_1 t + b_2 t^2$$

역시 다중회귀분석에서의 두 독립변수 $x_1$과 $x_2$가 각각 $t$와 $t^2$으로 바뀐 것이 차이점이 된다.

### ▶ 지수형 추세방정식의 적합

이제 다음과 같은 지수형 추세방정식의 추정문제를 살펴보기로 한다.

$$\widehat{Y}_t = Y_0(1+g)^t$$

이 경우에는 역시 앞에서 다룬 변수의 변환을 이용하여 다음과 같이 지수형 추세방정식을 선형 추세방정식의 형태로 전환한다.

$$\log \widehat{Y}_t = \log Y_0 + \log(1+g)\cdot t$$

그러면 이와 같이 전환된 선형 추세방정식을 먼저 추정하고, 이를 다시 지수형 추세방정식으로 환원한다.

〔예제 13-2〕 다음은 2005년부터 2013년까지의 어느 회사의 평균주가를 나타내고 있다. 지수형 추세방정식을 가정하여 2014년의 평균주가를 예측하시오.

| 연 도 | 2005 | 2006 | 2007 | 2008 | 2009 | 2010 | 2011 | 2012 | 2013 |
|---|---|---|---|---|---|---|---|---|---|
| 평균주가 | 122.9 | 140.6 | 168.4 | 182.1 | 222.3 | 241.6 | 302.1 | 351.6 | 398.5 |

☞ 2005년부터 2013년까지의 연도를 1부터 9까지의 시점 $t$로 변환하고 다음의 지수형 추세방정식을 추정하기로 한다.

$$\widehat{Y}_t = Y_1(1+g)^t$$

먼저 위의 지수형 추세방정식을 다음의 선형 추세방정식으로 전환한다.

$$\log \widehat{Y}_t = \log Y_1 + \log(1+g)\cdot t$$

그러면 [예제 13-1]에서와 같이 선형 추세방정식을 추정한 결과는 다음과 같다.

$$\log \widehat{Y}_t \;=\; \log Y_1 + \log(1+g)\cdot t \;=\; 2.02 + .0645\, t$$

이를 지수형 추세방정식으로 환원하기 위하여 $Y_1$과 $g$를 구하면 다음과 같다.

$$Y_1 \;=\; antilog\,(2.02) \;=\; 104.707$$

$$1 + g \;=\; antilog(.0645) \;=\; 1.16003 \;=\; 1 + .16003$$

따라서 추정하고자 하는 지수형 추세방정식은 다음과 같이 구해진다.

$$\widehat{Y}_t \;=\; 104.707(1+.16003)^t$$

그러면 2014년의 평균주가는 위의 추세방정식에 $t$=10을 대입하여 얻어진다.

$$\widehat{Y}_t(t=10) \;=\; 104.707(1+.16003)^{10} \;=\; 462.03$$ ■

## 제4절 계절분석

앞에서 시계열자료의 한 특징으로 하루, 일주일 또는 한 달 등의 주기에 따른 계절적 변동을 언급한 바 있다. 예를 들어 백화점의 매출액 자료 경우에는 졸업과 입학 그리고 크리스마스 시즌 등에 매출이 급증하게 되며, 매 시간대별 전력소모량 자료에 있어서는 새벽보다는 낮 또는 저녁시간대에 소모량이 많음을 알 수 있다.

**계절분석**(seasonal analysis)에서는 이러한 계절효과를 지수화하여 반영함으로써 시계열자료에 대한 예측의 정확성을 높이는데 그 목적이 있다. 여기서는 계절효과를 분석하기 위한 지수화 방법으로 **추세비율법**(ratio-to-trend method)과 **이동평균비율법**(ratio-to-moving-average method)을 중심으로 다루고자 한다. 추세비율법과 이동평균비율법을 이용하여 계절지수를 산출하기 위해서는 먼저 **이동평균**(moving average)을 계산하여야 한다. 따라서 이동평균을 계산하는 절차를 먼저 살펴보고 추세비율법과 이동평균비율법을 설명하기로 한다.

### (1) 이동평균

이동평균을 산출하는 과정을 살펴보기 위해 다음의 예를 이용하기로 한다. 다음은 어느 도시의 요일별 교통사고 발생건수를 2주 동안 관찰한 자료이다.

**〈표 13-1〉 요일별 교통사고건수**

| 구 분 | 제1주 | 제2주 |
|---|---|---|
| 월요일 | 11 | 9 |
| 화요일 | 8 | 10 |
| 수요일 | 14 | 15 |
| 목요일 | 11 | 10 |
| 금요일 | 10 | 3 |
| 토요일 | 9 | 8 |
| 일요일 | 12 | 10 |

시계열자료에서 이동평균이란 다음의 <표 13-2>에서와 같이 연속된 일정 개수의 자료로부터 평균을 구한 것을 의미한다. 여기서 일정 개수의 자료란 평균을 구하

기 위하여 이용된 자료의 수를 말한다. 일반적으로 자료의 수는 분석하려는 시계열자료가 월별자료이면 전체 개월 수인 12개, 또한 일별자료이면 전체 요일 수인 7개가 된다. 따라서 <표 13-2>에서는 이동평균이 각각 7개의 자료로부터 구해진 것을 알 수 있다.

**〈표 13-2〉 이동평균의 산출**

| 구 분 | 교통사고건수 | 이동합계 | 이동평균 |
|---|---|---|---|
| 월요일 | 11 | | |
| 화요일 | 8 | | |
| 수요일 | 14 | | |
| 목요일 | 11 | 75 | 10.7 |
| 금요일 | 10 | 73 | 10.4 |
| 토요일 | 9 | 75 | 10.7 |
| 일요일 | 12 | 76 | 10.9 |
| 월요일 | 9 | 75 | 10.7 |
| 화요일 | 10 | 68 | 9.7 |
| 수요일 | 15 | 67 | 9.6 |
| 목요일 | 10 | 65 | 9.3 |
| 금요일 | 3 | | |
| 토요일 | 8 | | |
| 일요일 | 10 | | |

위의 표에서 첫 번째 이동평균인 10.7은 처음 일곱 개의 자료로부터 얻어진 것이고, 두 번째 이동평균 10.4는 두 번째 자료인 화요일의 8부터 여덟 번째 자료인 월요일의 9까지에 대한 평균이 된다. 이러한 방식으로 마지막 이동평균 9.3은 역시 끝의 일곱 개 자료로부터 구한 평균이다.

한편 월별자료 및 분기별자료 등과 같이 시계열자료의 주기를 구성하는 자료의 수가 짝수인 경우에는 <표 13-3>에서 볼 수 있듯이 두 단계의 이동합계를 구한 후에 이동평균이 얻어진다. 다음의 <표 13-3>은 어느 백화점의 매출액을 2년간 분기별로 관찰한 자료로부터 이동평균을 구한 결과이다.

**〈표 13-3〉 짝수 개 자료로부터의 이동평균 산출**

| 분기 | 매출액 | 이동합계(1) | 이동합계(2) | 이동평균 |
|---|---|---|---|---|
| I | 128 | | | |
| II | 61 | | | |
| | | 412 | | |
| III | 11 | | 837 | 104.6 |
| | | 425 | | |
| IV | 212 | | 842 | 105.2 |
| | | 417 | | |
| I | 141 | | 836 | 104.5 |
| | | 419 | | |
| II | 53 | | 812 | 101.5 |
| | | 393 | | |
| III | 13 | | | |
| IV | 186 | | | |

위의 표에서 첫 번째 이동합계(1)인 412는 처음 네 개의 자료합이고, 두 번째 이동합계(1)인 425는 두 번째 자료인 61부터 다섯 번째 자료인 141까지의 합이다. 이는 앞의 <표 13-2>에서 이동합계를 구한 과정과 동일하다. 그러나 이동합계(2)의 네 자료는 이동합계(1)의 각 자료를 두 개씩 합한 것이고, 이동평균은 이동합계(2)의 자료를 8로 나누어 구한 평균이다.

일반적으로 이동평균을 구하는 방법에는 <표 13-2>에서와 같이 구하는 시점을 기준으로 과거와 현재, 그리고 미래의 자료를 모두 이용하는 방법과 과거의 자료만을 사용하는 방법이 있다. 예를 들어 주가의 움직임을 살펴보는데 중요한 자료

중의 하나인 5일 이동평균은 구하는 시점을 포함하여 과거 5일간의 주가를 평균한 것이다. 이처럼 과거의 자료만을 이용하여 이동평균을 구할 경우에는 기준시점을 포함하여 원하는 수만큼의 과거자료에 대한 평균값을 구하면 된다. 다음의 <표 13-4>는 <표 13-1>의 요일별 교통사고 자료에 대하여 과거의 7개 자료를 이용하여 이동평균을 구한 결과이다.

**〈표 13-4〉 과거 자료만을 이용한 이동평균의 산출**

| 구 분 | 교통사고건수 | 이동합계 | 이동평균 |
|---|---|---|---|
| 월요일 | 11 | | |
| 화요일 | 8 | | |
| 수요일 | 14 | | |
| 목요일 | 11 | | |
| 금요일 | 10 | | |
| 토요일 | 9 | | |
| 일요일 | 12 | 75 | 10.7 |
| 월요일 | 9 | 73 | 10.4 |
| 화요일 | 10 | 75 | 10.7 |
| 수요일 | 15 | 76 | 10.9 |
| 목요일 | 10 | 75 | 10.7 |
| 금요일 | 3 | 68 | 9.7 |
| 토요일 | 8 | 67 | 9.6 |
| 일요일 | 10 | 65 | 9.3 |

### (2) 추세비율법

시계열자료에 추세방정식을 적합시켰다면 추세비율법을 이용하여 계절지수를 산출한다. 추세비율법에 적용한 계절지수의 도출과정을 각 단계별로 나타내면 다음과 같다.

**추세비율법을 이용한 계절지수의 도출**

① 시계열자료의 각 시점을 정의한다.
② 추세방정식을 추정한다.
③ 추정된 추세방정식을 이용하여 각 시점에서의 추정값을 구한다.
④ 각 시점에서의 관찰값과 추정값의 백분율자료 $100(Y_t / T_t)$를 구한다.
⑤ 시계열자료에 계절효과가 존재하는지를 판단한다.
⑥ 불규칙변동을 제거하기 위하여 계절주기에 맞춰 ④에서 구한 백분율자료의 이동평균을 구한다.
⑦ 위 ④에서 구한 백분율 자료를 ⑥에서 구한 이동평균으로 나누고, 이에 대한 중앙값 또는 수정평균을 구하여 계절지수를 도출한다.
⑧ 필요한 경우에는 계절지수를 조정하여 수정된 계절지수를 구한다.

먼저 단계 ①에서는 분석하려는 시계열자료의 시간단위를 의미한다. 예를 들어 월별 매출액을 파악하고자 한다면, 매월이 시간단위가 된다. 따라서 매월의 시계열자료가 분석되어야 하며, 그 결과로서 12개의 월별 계절지수가 도출된다.

한편 단계 ②와 ③에서의 추세방정식과 관련한 내용은 앞의 제3절을 참고하여 해결할 수 있다.

단계 ④는 시계열자료에서 추세변동을 제거하는 과정이다. 앞의 제2절에서 언급한 바와 같이 시계열자료는 추세변동, 계절변동, 순환변동 및 불규칙변동을 포함하고 있는데, 승법모형의 시계열자료는 다음과 같이 표현된다.

$$Y_t = T_t \times S_t \times C_t \times I_t$$

여기서 순환변동 부분은 일반적으로 그 주기가 수 년 또는 수십 년 등이 되므로, 월별자료 또는 시간별자료 등의 비교적 단기간에 걸친 시계열자료를 다룰 때에는 순환변동이 존재하지 않는 것으로 가정해도 무방할 것이다. 이러한 경우에는 시계열자료를 다음과 같이 추세변동, 계절변동 및 불규칙변동만으로 나타낼 수 있다.

$$Y_t = T_t \times S_t \times I_t$$

따라서 단계 ④에서 각 시점에서의 관찰값 $Y_t$를 추세방정식의 추정값 $T_t$로 나누는 것은 다음과 같이 시계열자료에서 추세변동 부분을 제거하고 계절변동과 불규칙변동만으로 구성되는 새로운 자료를 생성하는 과정인 것이다.

$$Y_t / T_t = S_t \times I_t$$

단계 ⑤는 분석중인 시계열자료에 계절효과가 존재하는가를 판단하는 과정이다. 만일 시계열자료에 계절효과가 존재한다면, 단계 ④에서 구한 관찰값과 추정값의 백분율자료에 있어 각 계절 간에는 서로 다른 값을 그리고 동일한 계절에서는 비슷한 값을 나타내게 된다.

단계 ⑥은 시계열자료의 불규칙변동을 제거하는 과정이다. 일반적으로 시계열자료의 불규칙변동을 제거하기 위해서는 이동평균을 이용한다. 이동평균은 앞에서 설명한 방법으로 구할 수 있다.

단계 ⑦은 계절지수를 도출하는 과정이다. 이를 위해서는 중앙값을 이용하는 방법과 수정평균을 이용하는 방법이 있다. 먼저 중앙값을 이용하는 방법을 설명한다. 앞의 단계 ⑤에서 시계열자료에 계절효과가 존재한다면, 동일한 계절에서는 관찰값과 추정값의 백분율자료가 서로 비슷한 값을 나타낸다고 언급하였다. 그러나 시계열자료에 내재하는 불규칙변동의 영향으로 동일한 계절에서의 백분율자료

중에서도 일부는 극단값을 갖게 되는 경우도 있다. 이러한 극단값의 영향을 제거하기 위하여 특정 계절에서의 백분율자료 중 중앙값을 취하여 계절지수로 삼으며, 이를 그 계절에서의 계절효과로 간주하는 것이다. 한편 수정평균을 이용하는 방법은 백분율자료의 중앙값 대신에 백분율자료 중에서 최대값과 최소값을 제외하고 얻은 평균, 즉 수정평균을 계절지수로 이용한다는 차이만이 있을 뿐이다.

끝으로 단계 ⑧은 이상에서 구한 계절지수의 평균이 100이 되도록 조정하여 **수정된 계절지수**(adjusted seasonal indexes)를 도출하는 과정이다.

〔예제 13-3〕 다음은 어느 벤처기업의 최근 3년 동안의 분기별 평균주가를 관찰한 자료이다. 추세비율법의 각 단계를 적용하여 계절지수를 산출하시오.

| 구분 | 2011 | 2012 | 2013 |
|---|---|---|---|
| I | 19650 | 24100 | 26900 |
| II | 23680 | 28860 | 31390 |
| III | 24930 | 28980 | 31840 |
| IV | 30420 | 33870 | 36660 |

☞ 계절지수를 도출하기 위하여 추세비율법의 각 단계를 적용한 결과는 다음과 같다.

[단계 1] 분기별 평균주가를 관찰한 시계열자료이므로 각 시점 $t$는 분기로 정의된다.

[단계 2] 먼저 추세의 유형을 선택하고자 다음의 <그림 13-6>을 참조한 결과, 이 자료는 선형 추세방정식을 가정하게 된다. 이상의 분기별 자료를 1부터 12까지의 시점 $t$로 전환하여 추세방정식을 추정한 결과는 아래와 같다.

$$\widehat{Y}_t = 21222 + 1110t$$

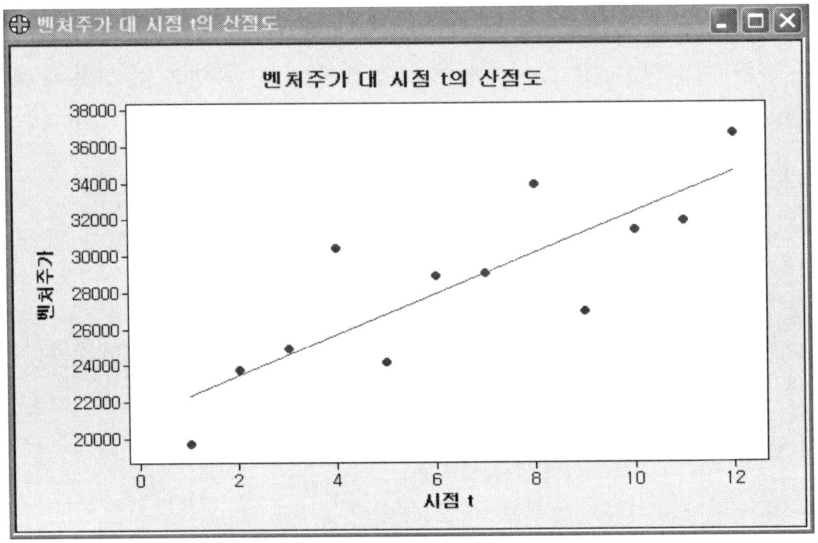


〈그림 13-6〉 어느 벤처기업의 분기별 평균주가자료

[단계 3-4] 앞의 추세방정식을 이용하여 각 시점에서의 추정값 또한 각 시점에서의 관찰값과 추정값의 백분율자료를 구한 결과는 다음과 같다.

| 연도 | 분기 | 시점 | 평균주가 | 추정값 | 백분율자료 |
|---|---|---|---|---|---|
| 2011 | I | 1 | 19650 | 21222+1110( 1)=22332 | 100(19650/22332)= 88.0 |
|  | II | 2 | 23680 | 21222+1110( 2)=23442 | 100(23680/23442)=101.0 |
|  | III | 3 | 24930 | 21222+1110( 3)=24552 | 100(24930/24552)=101.5 |
|  | IV | 4 | 30420 | 21222+1110( 4)=25662 | 100(30420/25662)=118.5 |
| 2012 | I | 5 | 24100 | 21222+1110( 5)=26772 | 100(24100/26772)= 90.0 |
|  | II | 6 | 28860 | 21222+1110( 6)=27882 | 100(28860/27882)=103.5 |
|  | III | 7 | 28980 | 21222+1110( 7)=28992 | 100(28980/28992)=100.0 |
|  | IV | 8 | 33870 | 21222+1110( 8)=30102 | 100(33870/30102)=112.5 |
| 2013 | I | 9 | 26900 | 21222+1110( 9)=31212 | 100(26900/31212)= 86.2 |
|  | II | 10 | 31390 | 21222+1110(10)=32322 | 100(31390/32322)= 97.1 |
|  | III | 11 | 31840 | 21222+1110(11)=33432 | 100(31840/33432)= 95.2 |
|  | IV | 12 | 36660 | 21222+1110(12)=34542 | 100(36660/34542)=106.1 |

[단계 5] 다음에 정리한 바와 같이 Ⅰ분기의 백분율자료는 Ⅱ분기 및 Ⅲ분기의 백분율자료에 비하여 모두 작게 그리고 Ⅳ분기의 백분율 자료는 Ⅱ분기 및 Ⅲ분기의 자료에 비하여 모두 크게 나타나므로, 계절효과가 존재하는 것으로 판단하게 된다.

| 구분 | 2011 | 2012 | 2013 |
|---|---|---|---|
| Ⅰ | 88.0 | 90.0 | 86.2 |
| Ⅱ | 101.0 | 103.5 | 97.1 |
| Ⅲ | 101.5 | 100.0 | 95.2 |
| Ⅳ | 118.5 | 112.5 | 106.1 |

[단계 6] 불규칙변동을 제거하기 위하여 위에서 구한 백분율자료에 대하여 계절주기를 이용하여 이동평균을 구한다.

| 연도 | 분기 | 백분율 자료 | 이동합계 (1) | 이동합계 (2) | 이동평균 | 백분율자료 /이동평균 |
|---|---|---|---|---|---|---|
| 2011 | Ⅰ | 88.0 | | | | |
| | Ⅱ | 101.0 | | | | |
| | | | 409 | | | |
| | Ⅲ | 101.5 | | 820 | 102.5 | 99 |
| | | | 411 | | | |
| | Ⅳ | 118.5 | | 824.5 | 103.1 | 114.9 |
| | | | 413.5 | | | |
| 2012 | Ⅰ | 90.0 | | 825.5 | 103.2 | 87.2 |
| | | | 412 | | | |
| | Ⅱ | 103.5 | | 818 | 102.3 | 101.2 |
| | | | 406 | | | |
| | Ⅲ | 100.0 | | 808.2 | 101 | 99 |
| | | | 402.2 | | | |
| | Ⅳ | 112.5 | | 798 | 99.8 | 112.7 |
| | | | 395.8 | | | |
| 2013 | Ⅰ | 86.2 | | 786.8 | 98.4 | 87.6 |
| | | | 391 | | | |
| | Ⅱ | 97.1 | | 775.6 | 97 | 100.1 |
| | | | 384.6 | | | |
| | Ⅲ | 95.2 | | | | |
| | Ⅳ | 106.1 | | | | |

이 자료는 분기별로 계절효과가 존재하므로 계절주기는 4가 된다. 따라서 이동평균은 두 단계의 이동합계를 구하여 계산한다.

[단계 7] 계절지수를 계산하기 위하여 앞의 [단계 4]에서 구한 백분율자료를 [단계 6]에서의 이동평균으로 나누고, 이에 대한 중앙값을 다음의 표와 같이 구한다. 백분율자료를 이동평균으로 나눈 값은 위 표의 마지막 열에 나타나 있으며, 이를 분기별로 정리한 결과는 다음의 표와 같다. 또한 표의 마지막 열은 각 계절에 있어서의 중앙값을 구한 것인데, 이것이 바로 계절효과를 의미하는 계절지수가 된다.

| 구분 | 2011 | 2012 | 2013 | 중앙값 |
|---|---|---|---|---|
| Ⅰ | | 87.2 | 87.6 | 87.4 |
| Ⅱ | | 101.2 | 100.1 | 100.65 |
| Ⅲ | 99.0 | 99.0 | | 99.0 |
| Ⅳ | 114.9 | 112.7 | | 113.8 |

[단계 8] 계절지수의 평균은 그 의미상 100이 되어야 하는데, 여기서 구한 계절지수의 평균은 100.2125이다. 따라서 계절지수의 평균이 정확히 100이 되도록 수정된 계절지수를 구한 결과는 다음과 같다.

| 구분 | 계절지수 | 수정된 계절지수 |
|---|---|---|
| Ⅰ | 87.4 | 100( 88.4 /100.2125) = 87.2 |
| Ⅱ | 100.65 | 100(100.65/100.2125) = 100.4 |
| Ⅲ | 99.0 | 100( 99.0 /100.2125) = 98.8 |
| Ⅳ | 113.8 | 100(113.8 /100.2155) = 113.6 |

■

### (3) 이동평균비율법

앞에서 시계열자료의 추세방정식을 이용하여 계절지수를 도출하는 추세비율법을 다루었다. 그러나 경우에 따라서는 시계열자료로부터 추세방정식의 추정이 불필요한 경우가 있다. 예를 들어 시계열자료의 시점 범위가 그다지 길지 않은 경우 또는 원래 시계열자료의 산점도에서 추세를 나타내지 않는 경우 등을 들 수 있다. 이러한 경우에는 추세방정식의 추정과정이 생략되고, 바로 시계열자료에서 **이동평균**(moving averages)을 산출하여 계절지수를 구하게 된다.

시계열자료에서 불규칙변동은 계절주기만큼의 이동평균을 구함으로써 제거할 수 있다. 따라서 시계열자료로부터의 이동평균은 다음과 같이 추세변동과 순환변동만으로 구성됨을 알 수 있다.

$$MA_t = T_t \times C_t$$

그러면 앞에서 다룬 추세비율법에서 각 시점에서의 관찰값 $Y_t$를 추세방정식의 추정값 $T_t$로 나누었던 것과 마찬가지로, 이동평균비율법에서는 각 시점에서의 관찰값 $Y_t$를 이동평균 $MA_t$에 대비한 백분율자료를 구함으로써 다음과 같이 추세변동과 순환변동이 제거되고 계절변동과 불규칙변동만으로 구성되는 새로운 자료를 얻게 된다.

$$Y_t \,/\, MA_t = S_t \times I_t$$

이상에서 언급한 이동평균비율법을 이용한 계절지수의 도출과정을 정리하면 다음과 같다.

**이동평균비율법을 이용한 계절지수의 도출**

① 시계열자료로부터 이동평균을 구한다.

② 관찰값과 이동평균의 백분율자료, 즉 $100(Y_t/MA_t)$를 구한다.

③ 시계열자료에 계절효과가 존재하는지를 판단한다.

④ 불규칙변동을 제거하기 위하여 백분율자료에 대한 중앙값 또는 수정평균을 구하여 계절지수를 도출한다.

⑤ 필요한 경우에는 계절지수를 조정하여 수정된 계절지수를 구한다.

〔예제 13-4〕 다음은 3 주간에 걸쳐 어느 헬스클럽의 출입자 수를 요일별로 관찰한 자료이다. 이동평균비율법의 각 단계를 적용하여 계절지수를 도출하시오.

| 구 분 | 제1주 | 제2주 | 제3주 |
|---|---|---|---|
| 월요일 | 37 | 35 | 34 |
| 화요일 | 33 | 28 | 39 |
| 수요일 | 34 | 32 | 30 |
| 목요일 | 38 | 39 | 41 |
| 금요일 | 93 | 104 | 100 |
| 토요일 | 128 | 134 | 148 |
| 일요일 | 83 | 73 | 86 |

☞ 계절지수를 도출하기 위하여 이동평균비율법의 각 단계를 적용한 결과는 다음과 같다.

[단계 1-2] 시계열자료로부터 이동평균을 구한 후, 각 시점에서의 관찰값과 이동평균의 백분율자료를 구한 결과는 다음과 같다.

| 구 분 | 출입자 수 | 이동합계 | 이동평균 | $100(Y_t/MA_t)$ |
|---|---|---|---|---|
| 월요일 | 37 | | | |
| 화요일 | 33 | | | |
| 수요일 | 34 | | | |
| 목요일 | 38 | 446 | 63.7 | 100( 38/63.7)= 59.7 |
| 금요일 | 93 | 444 | 63.4 | 100( 93/63.4)=146.7 |
| 토요일 | 128 | 439 | 62.7 | 100(128/62.7)=204.1 |
| 일요일 | 83 | 437 | 62.4 | 100( 83/62.4)=133.0 |
| 월요일 | 35 | 438 | 62.6 | 100( 35/62.6)= 55.9 |
| 화요일 | 28 | 449 | 64.1 | 100( 28/64.1)= 43.7 |
| 수요일 | 32 | 455 | 65.0 | 100( 32/65.0)= 49.2 |
| 목요일 | 39 | 445 | 63.6 | 100( 39/63.6)= 61.3 |
| 금요일 | 104 | 444 | 63.4 | 100(104/63.4)=164.0 |
| 토요일 | 134 | 455 | 65.0 | 100(134/65.0)=206.2 |
| 일요일 | 73 | 453 | 64.7 | 100( 73/64.7)=112.8 |
| 월요일 | 34 | 455 | 65.0 | 100( 34/65.0)= 52.3 |
| 화요일 | 39 | 451 | 64.4 | 100( 39/64.4)= 60.6 |
| 수요일 | 30 | 465 | 66.4 | 100( 30/66.4)= 45.2 |
| 목요일 | 41 | 478 | 68.3 | 100( 41/68.3)= 60.0 |
| 금요일 | 100 | | | |
| 토요일 | 148 | | | |
| 일요일 | 86 | | | |

[단계 3-4] 다음의 표에서 보는 바와 같이 금요일부터 일요일까지의 백분율자료가 월요일부터 목요일까지의 백분율자료에 비하여 모두 크게 나타나므로 계절효과가 존재함을 알 수 있다. 따라서 계절지수를 도출하기 위하여 표의 마지막 열에 백분율자료의 중앙값을 구하였다.

| 구 분 | 제1주 | 제2주 | 제3주 | 중앙값 |
|---|---|---|---|---|
| 월요일 | | 55.9 | 52.3 | 54.1 |
| 화요일 | | 43.7 | 60.6 | 52.2 |
| 수요일 | | 49.2 | 45.2 | 47.2 |
| 목요일 | 59.7 | 61.3 | 60.0 | 60.0 |
| 금요일 | 146.7 | 164.0 | | 155.4 |
| 토요일 | 204.1 | 206.2 | | 205.2 |
| 일요일 | 133.0 | 112.8 | | 122.9 |

[단계 5] 계절지수의 평균이 100이 되도록 수정된 계절지수를 구한 결과는 다음과 같다.

| 구 분 | 계절지수 | 수정된 계절지수 |
|---|---|---|
| 월요일 | 54.1 | 54.1 / 99.57 = 54.3 |
| 화요일 | 52.2 | 52.2 / 99.57 = 52.4 |
| 수요일 | 47.2 | 47.2 / 99.57 = 47.4 |
| 목요일 | 60.0 | 60.0 / 99.57 = 60.3 |
| 금요일 | 155.4 | 155.4 / 99.57 = 156.1 |
| 토요일 | 205.2 | 205.2 / 99.57 = 206.1 |
| 일요일 | 122.9 | 122.9 / 99.57 = 123.4 |

■

## 제5절 순환분석

일반적으로 순환변동의 특징은 장기간에 걸쳐서 나타난다는 것이고, 추세 및 계절변동과는 달리 그 변동의 양상이 안정적이지 못하기 때문에 모형화하기가 어렵다.

즉 순환변동은 일정한 기간 내에 반복되어 나타나지도 않으며, 변동의 진폭도 일정하지가 않다. 그러나 수많은 경제현상 및 경영활동에 있어서 순환변동이 존재하는 것이 사실이므로 이에 관한 분석도 결코 간과할 수는 없겠다. 따라서 여기서는 시계열자료에서 **순환지수**(cyclical indexes)의 산출을 그 목적으로 하는 **순환분석**(cyclical analysis)에 대하여 알아보기로 한다.

순환분석의 목적은 다음과 같이 네 가지 변동요소로 구성되는 시계열자료에서 순환변동 $C_t$ 만을 분리하고자 하는 것이다.

$$Y_t = T_t \times S_t \times C_t \times I_t$$

그런데 계절변동은 하루, 일주일 또는 한 달 등의 짧은 주기 내에서 표현되는 관계로 연도별자료 등을 다루는 순환분석에서는 그 영향을 미치지 못하는 것이 일반적이다. 또한 불규칙변동 역시 전쟁과 가뭄 등 매우 특별한 경우를 제외하고는 연도별자료에서는 별 효력이 없다. 따라서 연도별자료 등과 같이 주기가 긴 경우의 시계열자료를 대상으로 하는 순환분석에서는 시계열자료를 다음과 같이 추세와 순환변동만으로 나타낼 수 있다.

$$Y_t = T_t \times C_t$$

그러면 이와 같이 표현되는 시계열자료의 양변을 추세방정식의 추정값 $T_t$ 로 나누어 백분율자료를 구함으로써 순환변동을 분리할 수 있다.

다음은 이제까지 언급한 순환지수의 도출과정을 정리한 것이다.

**순환지수의 도출**

① 추세방정식을 추정한다.

② 추정된 추세방정식을 이용하여 각 시점에서의 추정값을 구한다.

③ 관찰값과 추정값의 백분율자료, 즉 $100(Y_t/T_t)$를 구하여 순환지수를 도출한다.

이렇게 도출한 순환지수는 100을 기준으로 하여 그 해석이 달라진다. 즉 순환지수의 값이 100을 초과하면 양의 순화변동이 존재한다고 하며, 100보다 작은 경우에는 음의 순환변동이 존재한다고 정의한다.

〔예제 13-5〕 다음은 최근 15년 동안 수도권 지역에 있어서의 신규 아파트 분양건수를 연도별로 조사한 자료이다. 계절변동 및 불규칙변동은 존재하지 않는 것으로 가정하고 순환지수를 도출하시오.

| 연도 | 분양건수 | 연도 | 분양건수 | 연도 | 분양건수 |
|---|---|---|---|---|---|
| 2000 | 15 | 2005 | 19 | 2010 | 24 |
| 2001 | 18 | 2006 | 22 | 2011 | 23 |
| 2002 | 21 | 2007 | 25 | 2012 | 25 |
| 2003 | 20 | 2008 | 27 | 2013 | 28 |
| 2004 | 18 | 2009 | 26 | 2014 | 33 |

☞ 자료로부터 선형 추세방정식을 추정한 결과는 다음과 같다.

$$\widehat{Y}_t = 15.65 + .91t$$

추정된 추세방정식을 이용하여 연도별 추정값 그리고 관찰값과 추정값의 백분율 자료, 즉 연도별 순환지수를 구한 결과는 다음과 같다.

| 연도 | 시점 | 분양건수 | 추정값 | 순환지수 |
|---|---|---|---|---|
| 2000 | 1 | 15 | 15.65+.91( 1)=16.56 | 100(15/16.56)= 90.6 |
| 2001 | 2 | 18 | 15.65+.91( 2)=17.47 | 100(18/17.47)=103.0 |
| 2002 | 3 | 21 | 15.65+.91( 3)=18.38 | 100(21/18.38)=114.3 |
| 2003 | 4 | 20 | 15.65+.91( 4)=19.29 | 100(20/19.29)=103.7 |
| 2004 | 5 | 18 | 15.65+.91( 5)=20.20 | 100(18/20.20)= 89.1 |
| 2005 | 6 | 19 | 15.65+.91( 6)=21.11 | 100(19/21.11)= 90.0 |
| 2006 | 7 | 22 | 15.65+.91( 7)=22.02 | 100(22/22.02)= 99.9 |
| 2007 | 8 | 25 | 15.65+.91( 8)=22.93 | 100(25/22.93)=109.0 |
| 2008 | 9 | 27 | 15.65+.91( 9)=23.84 | 100(27/23.84)=113.2 |
| 2009 | 10 | 26 | 15.65+.91(10)=24.75 | 100(26/24.75)=105.0 |
| 2010 | 11 | 24 | 15.65+.91(11)=25.66 | 100(24/25.66)= 93.5 |
| 2011 | 12 | 23 | 15.65+.91(12)=26.57 | 100(23/26.57)= 86.5 |
| 2012 | 13 | 25 | 15.65+.91(13)=27.48 | 100(25/27.48)= 91.0 |
| 2013 | 14 | 28 | 15.65+.91(14)=28.39 | 100(28/28.39)= 98.6 |
| 2014 | 15 | 33 | 15.65+.91(15)=29.30 | 100(33/29.30)=112.6 |

■

## 제6절 시계열자료의 예측

이제까지 시계열자료의 특징과 시계열자료를 구성하고 있는 추세, 계절변동 및 순환변동 등의 각 구성요소별로 이를 계량화할 수 있는 방법에 대하여 다루었다. 이 절에서는 추세방정식과 계절지수 등을 활용하여 시계열자료에 대한 예측의 정확성을 제고하는 방안에 대하여 살펴보고자 한다.

먼저 기간이 1년 이내인 시계열자료에 대하여 계절지수를 감안한 추세방정식을 통한 예측을 알아보고, 또한 일반적인 예측방법이라 할 수 있는 지수평활법에 대해서도 다루기로 한다.

### (1) 추세방정식과 계절지수를 이용한 예측

회귀분석에서의 회귀방정식과 마찬가지로 시계열분석에서의 추세방정식도 분명 예측을 위한 도구이다. 그러나 추세방정식에 의한 시계열자료의 예측은 적절한 계절효과를 감안한다면 그 정확성을 더욱 제고할 수 있다.

앞의 제4절에서 다룬 바 있는 어느 벤처기업의 분기별 평균주가자료를 예를 들어 보자. [예제 13-3]에서 구한 바와 같이 Ⅳ분기의 평균주가가 언제나 추세방정식에 의한 추정값보다 12.1% 정도 크다면, 이러한 계절효과를 추세방정식과 더불어 분석에 반영해야만 정확한 평균주가를 예측할 수 있게 된다. 다음은 추세방정식에 계절지수를 적용하여 시계열자료의 예측값을 구하는 일반적인 공식을 보여준다.

**추세방정식과 계절지수에 의한 예측**

예측값 = (추세방정식의 추정값) × (계절지수/100)

**[예제 13-6]** 앞의 [예제 13-3]에서 다룬 바 있는 어느 벤처기업의 평균주가자료로부터 추세방정식과 계절지수를 이용하여 2015년의 각 분기별 평균주가를 예측하시오.

☞ 앞의 [예제 13-3]의 분기별 시계열자료를 1부터 12까지의 시점 $t$로 전환하여 추세방정식을 추정한 결과는 다음과 같다.

$$\widehat{Y}_t = 21222 + 1110t$$

또한 다음은 각 분기별 수정된 계절지수를 구한 결과이다.

| 분기 | 수정된 계절지수 |
|---|---|
| Ⅰ | 87.2 |
| Ⅱ | 100.4 |
| Ⅲ | 98.8 |
| Ⅳ | 113.6 |

한편 2013년의 Ⅳ분기 시점 $t$가 12이므로, 구하고자 하는 2015년의 각 분기의 시점은 각각 17부터 20까지임을 알 수 있다. 그러면 추세방정식과 계절지수를 적용하여 예측한 2015년의 각 분기별 평균주가는 다음과 같이 산출된다.

| 분기 | 평균주가의 예측 |
|---|---|
| Ⅰ | {21222+1110(17)}( 87.2/100) = 34960 |
| Ⅱ | {21222+1110(18)}(100.4/100) = 41367 |
| Ⅲ | {21222+1110(19)}( 98.8/100) = 41804 |
| Ⅳ | {21222+1110(20)}(113.6/100) = 49327 |

■

### (2) 지수평활법

앞에서 추세방정식과 계절지수에 의한 시계열자료의 예측문제를 다루었다. 여기서는 미래의 값을 예측하는데 있어 최근의 자료에 더 많은 비중을 부여하는, 즉 최근의 자료에 더 큰 값의 가중값을 두는 **지수평활법**(exponential smoothing)을 다루고자 한다.

지수평활법을 적용하는 경우에 있어 시점 $(t+1)$에 대한 예측값 $\hat{Y}_{t+1}$은 다음과 같이 시점 $t$에서의 관찰값 $Y_t$와 예측값 $\hat{Y}_t$의 가중평균으로 정의된다.

**지수평활법에 의한 예측**

$$\begin{aligned}\hat{Y}_{t+1} &= \alpha Y_t + (1-\alpha)\hat{Y}_t \\ &= \alpha Y_t + (1-\alpha)\alpha Y_{t-1} + \cdots + (1-\alpha)^{t-1}\hat{Y}_1\end{aligned}$$

여기서 $\alpha$는 **지수평활상수**(exponential smoothing constant)라 하는데, 0부터 1 사이의 값을 갖는다. 만일 $\alpha$가 0에 가까우면 예측값은 최근의 자료뿐만 아니라 과거자료에도 어느 정도 비중을 두어 산출되는 것이며, 그 결과 시계열이 부드러워진다. 반면에 $\alpha$가 1에 가까우면 예측값은 최근 자료에 더 큰 비중을 두게 되어 시계열이 뾰족해진다. 따라서 시계열이 들쭉날쭉하다면 지수평활상수 $\alpha$를 0에 가까운 작은 값으로 하고, 시계열이 안정적이라면 1에 가까운 큰 값을 부여하는 것이 원칙이다. 한편 초기 추정값 $\hat{Y}_1$은 일반적으로 초기 관찰값 $Y_1$으로 대체한다.

다음은 지수평활법에 의한 시계열자료의 예측과정을 정리한 것이다.

**지수평활법에 의한 예측과정**

① 지수평활상수 $\alpha$ 값을 정한다.

② 초기 예측값을 초기 관찰값으로 하여 다음과 같이 각 시점에서의 예측값을 구한다.

$$\hat{Y}_{t+1} = \alpha Y_t + (1-\alpha)\hat{Y}_t$$

〔예제 13-7〕 다음은 어느 전자상가의 PC 판매대수를 2012년 Ⅲ분기부터 2014년 Ⅱ분기까지 분기별로 관찰한 자료이다.

| 구분 | 2012 | 2013 | 2014 |
|---|---|---|---|
| Ⅰ | | 326 | 364 |
| Ⅱ | | 342 | 350 |
| Ⅲ | 317 | 295 | |
| Ⅳ | 279 | 311 | |

지수평활법을 이용하여 2014년 Ⅲ분기의 판매대수를 예측하시오.

☞ 제시된 분기별 시계열자료가 비교적 들쭉날쭉하므로 지수평활계수 $\alpha$를 작은 값으로 하는 것이 바람직한 추정이 될 것이다. 따라서 $\alpha$를 0.3으로 정하여 2014년 Ⅲ분기의 판매대수를 예측한 결과는 다음과 같이 334.5가 된다.

$$\hat{Y}_2 = Y_1 = 317$$

$$\hat{Y}_3 = .3\,Y_2 + (1-.3)\,\hat{Y}_2 = .3(279) + .7(317) = 305.6$$

$$\widehat{Y}_4 = .3\,Y_3 + (1-.3)\,\widehat{Y}_3 = .3(326) + .7(305.6) = 311.7$$

$$\vdots$$

$$\widehat{Y}_9 = .3\,Y_8 + (1-.3)\,\widehat{Y}_8 = .3(350) + .7(327.9) = 334.5$$

다음은 $\alpha$를 0.3에서 0.8로 변화한 경우의 예측값을 비교하여 나타내고 있다.

| 구분 | | 시점 | 판매대수 | 예 측 값 | |
|---|---|---|---|---|---|
| | | | | $\alpha = .3$ | $\alpha = .8$ |
| 2012 | Ⅲ | 1 | 317 | | |
| | Ⅳ | 2 | 279 | 317 | 317 |
| 2013 | Ⅰ | 3 | 326 | 305.6 | 286.6 |
| | Ⅱ | 4 | 342 | 311.7 | 318.1 |
| | Ⅲ | 5 | 295 | 320.8 | 337.2 |
| | Ⅳ | 6 | 311 | 313.1 | 303.4 |
| 2014 | Ⅰ | 7 | 364 | 312.4 | 309.5 |
| | Ⅱ | 8 | 350 | 327.9 | 353.1 |
| | Ⅲ | 9 | | 334.5 | 350.6 |

앞서 언급한 바와 같이 지수평활계수 $\alpha$를 0.8로 한 경우의 예측값이 0.3으로 한 경우보다 진폭이 더 크게 나타나는 것을 알 수 있다. ■

## 제7절 미니탭의 이용

여기서는 앞에서 다룬 시계열분석의 내용을 미니탭을 이용하여 처리하는 절차에 대하여 알아보고자 한다. 먼저 자료는 워크시트 윈도우의 변수열에 입력되어 있는 것으로 간주하여 추세분석, 이동평균, 계절분석, 지수평활법을 이용한 자료의 분석 방법을 설명한다. 자료를 입력할 때에는 시계열 자료만 입력하면 되고 시간을 나타내는 변수는 입력하지 않아도 된다.

### (1) 추세분석

추세분석을 수행하려면 '**통계분석(S) > 시계열 분석(S) > 추세 분석(N)...**' 순서로 메뉴를 선택함으로써 나타나는 대화상자의 내용을 완성하면 된다. 대화상자는 크게 '변수(V)' 및 '모형 유형'으로 되어 있다. 이중 '변수(V)'는 분석할 시계열 자료가 입력되어 있는 변수열을 지정하면 되고, '모형 유형'에서는 선형(L), 2차(Q), 지수 성장(E) 등을 지정할 수 있다. 예측값을 얻으려면 '예측 생성(G)'을 이용하면 되고, '저장(S)...' 버튼을 이용하면 추정값과 예측값 등을 변수열에 저장할 수 있다.

[예제 13-1]을 미니탭을 이용하여 분석하려면 C1열에 자료를 입력하고 위에 제시된 순서대로 메뉴를 선택한다. 이 때, 나타나는 대화상자의 '변수(V)' 상자에 매출액을 입력하고 '모형 유형'은 선형(L)을 선택한다. 시점 11과 12과 같이 연속된 두 시점의 값을 예측하길 원하면 '예측 생성(G)'을 선택하고 '예측 개수(N)'에 2를 입력한 후, '확인(O)' 버튼을 누르면 다음과 같은 결과를 얻을 수 있다.

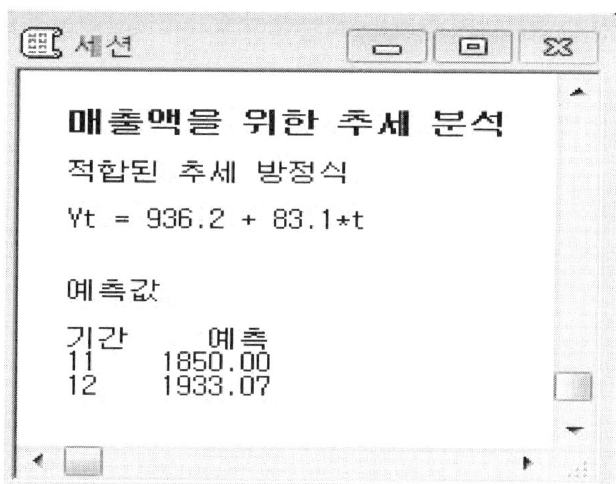

한편 [예제 13-2]의 지수형 추세방정식을 구하려면 '모형 유형'에서 지수 성장(E)을 선택하면 다음의 결과를 얻는다.

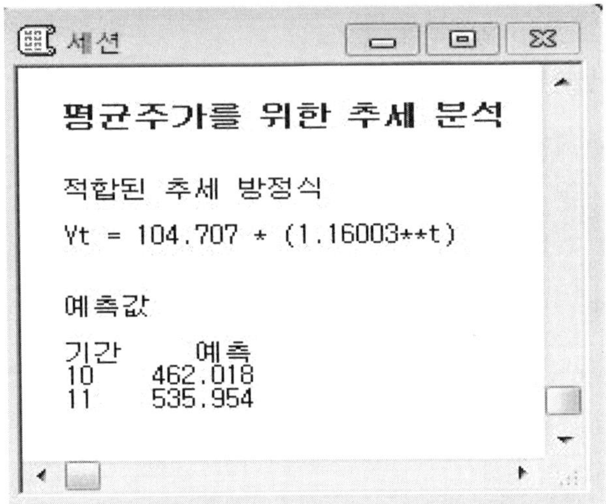


### (2) 이동평균

이동평균을 계산하려면 '**통계분석(S) > 시계열 분석(S) > 이동 평균(M)...**' 순서로 메뉴를 선택한다. 이 경우의 대화상자는 크게 '변수(V)'와 'MA 길이(M)'로 되어있다. '변수(V)' 칸에는 이동평균을 구하고자 하는 변수열을 지정하면 되고, 'MA길이(M)' 칸에는 이동평균을 구하는데 필요한 관찰값의 수를 입력하면 된다.

기본적으로 이동평균은 과거의 자료를 이용하여 계산하게 되며, 만약 과거와 현재 그리고 미래의 자료를 이용하여 이동평균을 구하려면 대화상자에 있는 '이동평균 가운데 배치(C)' 기능을 선택한다. 앞에서와 같이 예측값을 얻으려면 '예측 생성(G)'을 이용하면 되고, '저장(S)...' 버튼을 이용하면 추정값과 예측값 등을 변수열에 저장할 수 있다.

<표 13-1>의 자료에 대하여 이동평균을 구하려면 '변수(V)' 칸에는 변수가 입력되어 있는 변수열을 지정하고, 'MA 길이(M)' 칸에는 7을 입력한다. 또한 '이동평균 가운데 배치(C)' 기능을 선택해야 <표 13-2>와 같은 결과를 얻을 수 있다.

또한 세션 윈도우로 이동평균 값을 출력하기 위해서는 대화상자에서 '결과(R)...' 기능을 이용해야 한다. 이상의 미니탭 과정을 통하여 <표 13-1>에서 구한 이동평균은 다음과 같다.

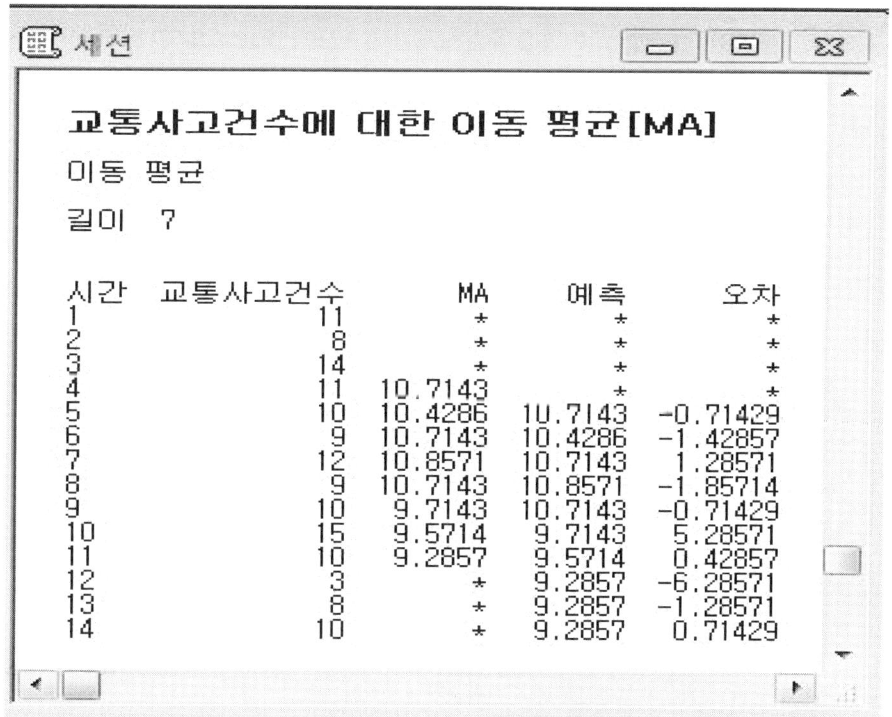
세션

**교통사고건수에 대한 이동 평균[MA]**

이동 평균

길이 7

| 시간 | 교통사고건수 | MA | 예측 | 오차 |
|---|---|---|---|---|
| 1 | 11 | * | * | * |
| 2 | 8 | * | * | * |
| 3 | 14 | * | * | * |
| 4 | 11 | 10.7143 | * | * |
| 5 | 10 | 10.4286 | 10.7143 | -0.71429 |
| 6 | 9 | 10.7143 | 10.4286 | -1.42857 |
| 7 | 12 | 10.8571 | 10.7143 | 1.28571 |
| 8 | 9 | 10.7143 | 10.8571 | -1.85714 |
| 9 | 10 | 9.7143 | 10.7143 | -0.71429 |
| 10 | 15 | 9.5714 | 9.7143 | 5.28571 |
| 11 | 10 | 9.2857 | 9.5714 | 0.42857 |
| 12 | 3 | * | 9.2857 | -6.28571 |
| 13 | 8 | * | 9.2857 | -1.28571 |
| 14 | 10 | * | 9.2857 | 0.71429 |

### (3) 계절분석 - 승법모형

추세비율법을 이용하여 계절분석을 수행하려면 '**통계분석(S) > 시계열 분석(S) > 분해(E)...**' 순서로 메뉴를 선택한다. 이 경우 대화상자는 크게 '변수(V)'와 '계절 길이(H)', '모형 유형', '모형 성분' 및 '예측 생성(G)'으로 구성되어 있다. '변수(V)'의 이용은 앞에서와 같으며 '계절 길이(H)'에는 계절주기를 입력한다.

'모형 유형'에서는 '승법(M)'과 '가법(I)' 중 하나를 선택할 수 있고, '모형 성분'에서는 분석하고자 하는 시계열의 구성요소가 추세와 계절변동을 모두 포함하고 있는 경우의 '추세 더하기 계절(D)'과 계절변동 만을 포함하는 경우의 '계절에 국한(E)' 중에서 하나를 선택하면 된다. '예측 생성(G)'을 이용하면 예측값을 얻을 수 있고, '저장(S)...' 기능을 이용하면 추세의 추정값, 추세가 제거된 값, 계절지수 등을 워크시트 윈도우에 저장할 수 있다. 이러한 값들을 세션 윈도우로 출력하려면 '결과(R)...' 버튼을 선택한 후 나타나는 '요약 표 및 결과 표(S)' 항목을 선택해야 한다.

[예제 13-3]의 자료에 추세비율법을 이용하여 계절지수를 산출하려면 '변수(V)' 칸에 변수가 입력되어 있는 변수열을 지정하고, '계절 길이(H)' 칸에 계절주기인 4를 입력하면 된다. 또한 '모형 유형'에서 승법(M)'을 선택하고, '모형 성분'에서는 '추세 더하기 계절(D)'을 선택하면 된다.

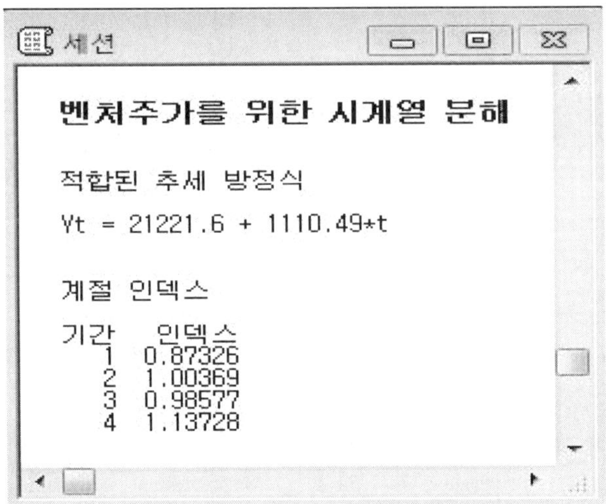


## (4) 지수평활법

지수평활법을 이용하여 시계열 자료를 예측하려면 '**통계분석(S) > 시계열 분석(S) > 단일 지수 평활(S)...**' 순서로 메뉴를 선택하면 된다. 대화상자는 '변수(V)'와 '평활에 사용할 가중치' 및 '예측 생성(G)'으로 구성된다. '변수(V)' 칸에는 지수평활법으로 예측하고자 하는 자료가 저장되어 있는 변수열을 지정하면 되고, '평활에 사용할 가중치'에는 분석에 사용할 평활상수 $\alpha$값을 지정하면 된다. 만약 적절한 평활상수 값을 알고 있다면 '사용(U)' 항목을 선택하여 평활상수 값을 입력하면 되고, 그렇지 않고 평활상수 값을 모른다면 '최적(M)' 항목을 선택하면 자체적으로 적절한 평활상수 값을 계산하여 분석하게 된다. 한편 지수평활법의 경우 초기 추정값을 선택하는 방법에 따라 추정값에 약간의 차이가 발생하게 된다. 미니탭의 경우 초기 추정값으로 처음 6개 자료의 평균이 기본적으로 사용되고 있으나, '옵션(P)...' 기능을 이용한다면 분석자가 원하는 개수로 변경이 가능하다.

'예측 생성(G)'을 이용하면 예측값을 얻을 수 있고, '저장(S)...' 기능을 이용하면 평활값, 적합값, 잔차 등을 워크시트 윈도우에 저장할 수 있다. 이러한 값들을 세션 윈도우로 출력하려면 '결과(R)...' 버튼을 선택한 후 나타나는 '요약 표 및 결과 표(S)' 항목을 선택하면 된다.

다음은 '사용(U)' 항목에 평활상수 0.3을 적용하고 초기 추정값으로 첫 번째 관찰값을 사용한 [예제 13-7]의 분석결과이다.

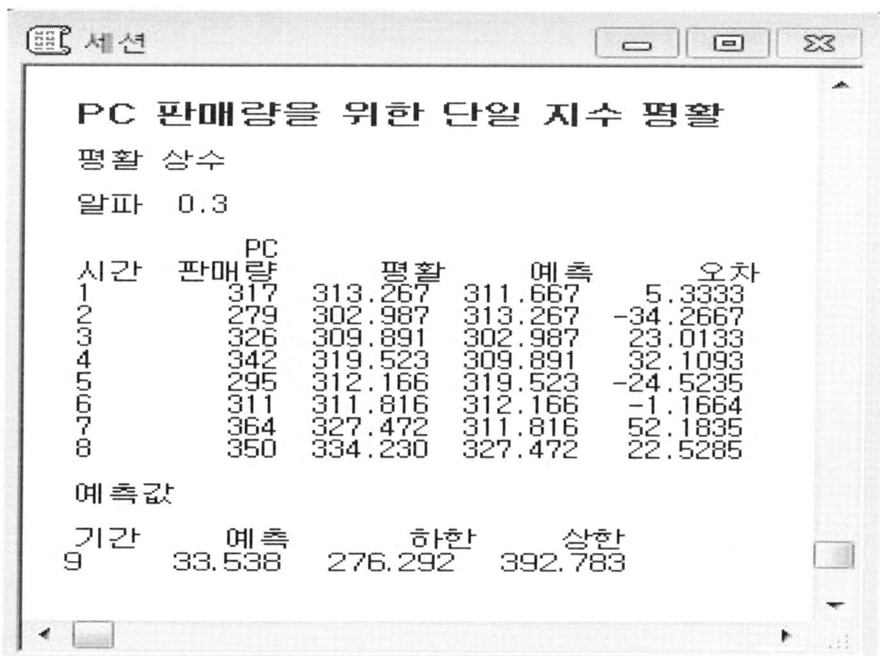
세션

PC 판매량을 위한 단일 지수 평활

평활 상수

알파 0.3

| 시간 | PC 판매량 | 평활 | 예측 | 오차 |
|---|---|---|---|---|
| 1 | 317 | 313.267 | 311.667 | 5.3333 |
| 2 | 279 | 302.987 | 313.267 | -34.2667 |
| 3 | 326 | 309.891 | 302.987 | 23.0133 |
| 4 | 342 | 319.523 | 309.891 | 32.1093 |
| 5 | 295 | 312.166 | 319.523 | -24.5235 |
| 6 | 311 | 311.816 | 312.166 | -1.1664 |
| 7 | 364 | 327.472 | 311.816 | 52.1835 |
| 8 | 350 | 334.230 | 327.472 | 22.5285 |

예측값

| 기간 | 예측 | 하한 | 상한 |
|---|---|---|---|
| 9 | 33.538 | 276.292 | 392.783 |

# 제8절 요약

## 1. 시계열자료의 특성

▶ 시계열자료 : 일정한 기간 동안에 걸쳐 관찰된 자료

▶ 시계열자료의 조건 : ① 각 시점간의 간격이 동일해야 함
② 동일한 정의와 조건하에 관찰되어야 함

▶ 시계열분석의 목적 : ① 자료의 모형화
② 미래값의 예측

▶ 자기상관
- 정 의 : 자료가 독립적이지 않고 과거자료의 영향을 받는 경우
- 문제점 : ① 회귀계수 추정량은 불편추정량이지만 최소분산을 갖지는 못한다.
② 평균제곱오차 MSE는 분산에 대한 과소추정량이 될 수 있다.
- 자기상관의 존재 여부 : 더빈-왓슨 검정

## 2. 시계열자료의 구성요소

▶ 추세 : 장기적인 성장 또는 퇴화 등의 경향

▶ 계절변동 : 계절적 요인에 의한 주기적인 변동

▶ 순환변동 : 계절변동과 유사하나 변동의 주기가 길고 또한 일정하지 못한 변동

▶ 불규칙변동 : 위의 세 가지 요소로는 설명할 수 없는 부분으로 예측이 불가능한 오차로 간주됨

## 3. 추세분석

▶ 목적 : 시계열자료로부터 적절한 추세방정식을 추정하여 장기적인 패턴을 도출하고 또한 미래값을 예측하고자 함

▶ 추세의 대표적인 유형

① 선형 추세 : $\hat{Y}_t = b_0 + b_1 t$

② 2차형 추세 : $\hat{Y}_t = b_0 + b_1 t + b_2 t^2$

③ 지수형 추세 : $\hat{Y}_t = Y_0(1+g)^t$

▶ 추세의 적합방법

① 선형 추세 : 단순회귀분석과 유사

② 2차형 추세 : 다중회귀분석과 유사

③ 지수형 추세 : 선형변환하여 추정한 후 지수형으로 환원

## 4. 계절분석

▶ 목적 : 시계열자료의 계절효과를 반영하여 정확한 예측을 도모함

▶ 추세비율법의 주요 과정

① 추세방정식의 추정

② 관찰값과 추정값의 백분율자료, 즉 $100(Y_t/T_t)$를 산출

③ 계절지수 또는 수정된 계절지수의 도출

▶ 이동평균비율법의 주요 과정

① 이동평균의 계산

② 관찰값과 이동평균의 백분율자료, 즉 $100(Y_t/MA_t)$를 산출

③ 계절지수 또는 수정된 계절지수의 도출

## 5. 순환분석

▶ 특징 : 장기간에 걸친 변동이며, 추세 및 계절변동과는 달리 변동의 양상이 안정적이지 못함

▶ 순환지수의 도출 과정

① 추세방정식의 추정

② 관찰값과 추정값의 백분율자료, 즉 $100(Y_t/T_t)$를 산출하여 순환지수를 도출

## 6. 시계열자료의 예측

▶ 추세방정식과 계절지수에 의한 예측

예측값 = (추세방정식의 추정값) × (계절지수/100)

▶ 지수평활법

① 특징 : 과거의 자료보다 최근의 자료에 더 많은 비중을 부여

② 지수평활계수 $\alpha$ : 시계열이 안정적이지 못하면 0에 가까운 값 또한 안정적이면 1에 가까운 값을 부여

③ 예측값 : $\hat{Y}_{t+1} = \alpha Y_t + (1-\alpha)\hat{Y}_t$

## 7. 미니탭의 이용

▶ 추세분석 : 통계분석(S) > 시계열 분석(S) > 추세 분석(N)...

▶ 이동평균 : 통계분석(S) > 시계열 분석(S) > 이동 평균(M)...

▶ 계절분석 : 통계분석(S) > 시계열 분석(S) > 분해(E)...

▶ 지수평활법 : 통계분석(S) > 시계열 분석(S) > 단일 지수 평활(S)...

## ■ 연습문제

**[13.1]** 다음 문장을 읽고 옳으면 '○'표, 또한 틀리면 '×'표를 한 후 틀린 곳을 바르게 고치시오.

a) 시계열자료에서 각 시점간의 간격은 항상 동일해야 한다.

b) 계절변동의 주기는 순환변동의 주기보다 일반적으로 길다.

c) 미래값의 예측이라는 시계열분석의 목적을 감안할 때, 추세방정식의 차수가 높을수록 바람직하다.

d) 분석하고자 하는 시계열자료의 추세방정식이 이미 추정되어 있다면, 이동평균비율법을 이용하여 계절지수를 구하는 것이 효과적이다.

e) 순환변동은 그 주기가 짧고 변동의 양상이 안정적이지 못한 특징이 있다.

f) 지수평활법을 적용하는 경우 자료가 안정적이라면 지수평활계수 $\alpha$를 큰 값으로 정하는 것이 원칙이다.

**[13.2]** 다음은 최근 10년간 마약범죄와 관련한 범죄건수 및 거래금액 자료이다. 아래 물음에 답하시오.

| 연도 | 범죄건수 | 거래금액 | 연도 | 범죄건수 | 거래금액 |
|---|---|---|---|---|---|
| 2004 | 3 | 385 | 2009 | 10 | 563 |
| 2005 | 4 | 420 | 2010 | 14 | 601 |
| 2006 | 4 | 463 | 2011 | 18 | 652 |
| 2007 | 5 | 511 | 2012 | 24 | 693 |
| 2008 | 8 | 549 | 2013 | 31 | 738 |

a) 두 가지 시계열자료의 산점도를 검토하여 적절한 추세방정식을 추정하시오.

b) 각각의 추세방정식을 이용하여 2015년의 범죄건수 및 거래금액에 대한 예측값을 구하시오.

**[13.3]** 다음은 어느 실내수영장의 월별 정기회원수를 관찰한 자료이다. 아래의 물음에 답하시오.

| 구분 | 2012 | 2013 | 2014 |
|---|---|---|---|
| 1월 | 78 | 80 | 82 |
| 2월 | 74 | 76 | 80 |
| 3월 | 82 | 83 | 83 |
| 4월 | 87 | 88 | 89 |
| 5월 | 100 | 103 | 102 |
| 6월 | 112 | 118 | 120 |
| 7월 | 123 | 129 | 132 |
| 8월 | 119 | 120 | 121 |
| 9월 | 104 | 108 | 109 |
| 10월 | 97 | 98 | 99 |
| 11월 | 83 | 83 | - |
| 12월 | 79 | 80 | - |

a) 월별 시계열자료의 산점도를 작성하고 적절한 추세방정식을 추정하시오.

b) 추세비율법의 각 단계를 적용하여 월별 계절지수를 구하시오.

**[13.4]** 다음은 최근 3년간의 도시가스 소비량을 분기별로 조사한 자료이다.

| 구분 | 2011 | 2012 | 2013 |
|---|---|---|---|
| Ⅰ | 117 | 125 | 142 |
| Ⅱ | 110 | 123 | 139 |
| Ⅲ | 94 | 108 | 126 |
| Ⅳ | 120 | 138 | 154 |

a) 분기별 시계열자료의 산점도를 검토하여 적절한 추세방정식을 추정하시오.

b) 추세비율법을 적용하여 분기별 계절지수를 구하시오.

**[13.5]** 다음 자료는 어느 전자대리점의 3년간 분기별 에어콘 판매대수를 나타내고 있다. 산점도를 작성하고 이동평균비율법의 각 단계를 적용하여 분기별 계절지수를 구하시오.

| 구분 | 2011 | 2012 | 2013 |
|---|---|---|---|
| Ⅰ | 48 | 50 | 52 |
| Ⅱ | 73 | 70 | 74 |
| Ⅲ | 60 | 58 | 63 |
| Ⅳ | 35 | 38 | 40 |

**[13.6]** 다음은 어느 갤러리의 방문자수를 3주간에 걸쳐 요일별로 조사한 자료이다. 산점도를 작성하고 이동평균비율법을 이용하여 요일별 계절지수를 구하시오.

| 구 분 | 제1주 | 제2주 | 제3주 |
|---|---|---|---|
| 월요일 | 32 | 36 | 30 |
| 화요일 | 33 | 34 | 31 |
| 수요일 | 30 | 29 | 32 |
| 목요일 | 31 | 32 | 34 |
| 금요일 | 43 | 44 | 42 |
| 토요일 | 40 | 42 | 40 |
| 일요일 | 25 | 27 | 28 |

**[13.7]** 다음은 어느 자동차회사의 연구개발비를 연도별로 관찰한 자료이다. 아래 물음에 답하시오.

| 연도 | 연구개발비 | 연도 | 연구개발비 | 연도 | 연구개발비 |
|---|---|---|---|---|---|
| 1990 | 260.5 | 1999 | 410.3 | 2008 | 576.9 |
| 1991 | 259.1 | 2000 | 381.5 | 2009 | 575.2 |
| 1992 | 288.6 | 2001 | 419.3 | 2010 | 509.3 |
| 1993 | 307.1 | 2002 | 465.4 | 2011 | 545.5 |
| 1994 | 325.9 | 2003 | 520.8 | 2012 | 447.3 |
| 1995 | 367.0 | 2004 | 481.3 | 2013 | 503.4 |
| 1996 | 390.5 | 2005 | 383.3 | 2014 | 661.3 |
| 1997 | 374.4 | 2006 | 453.5 | | |
| 1998 | 391.8 | 2007 | 521.3 | | |

a) 산점도를 검토하여 적절한 추세방정식을 추정하시오.

b) 계절변동 및 불규칙변동은 존재하지 않는 것으로 가정하고 순환지수를 도출하시오.

**[13.8]** 앞의 [13.3]에서 구한 추세방정식과 계절지수를 이용하여 2015년의 월별 정기회원수를 예측하시오.

**[13.9]** 앞의 [13.4]에서 구한 추세방정식과 계절지수를 이용하여 2014년의 도시가스 소비량을 각 분기별로 예측하시오.

**[13.10]** 앞의 [13.3]에서 다룬 실내수영장의 월별 정기회원수 자료에 지수평활계수를 0.4 및 0.6으로 하는 지수평활법을 적용하여 2014년 11월의 정기회원수를 각각 예측하시오.

# 부 표

## 〈부표 1〉 난수표

| | | | |
|---|---|---|---|
| 79 17 65 52 82 | 58 63 64 58 60 | 19 83 90 05 92 | 22 16 37 03 53 |
| 31 07 93 71 30 | 52 75 46 67 19 | 84 47 88 58 53 | 63 12 96 88 52 |
| 23 51 23 94 05 | 02 92 36 82 31 | 43 80 89 20 78 | 23 94 82 35 99 |
| 84 49 52 73 75 | 78 24 27 14 48 | 45 73 40 73 79 | 97 39 12 33 33 |
| 81 86 42 52 06 | 56 35 11 72 56 | 19 33 29 77 96 | 10 36 17 81 45 |
| 96 81 40 04 16 | 83 13 32 01 08 | 60 51 24 21 15 | 36 81 09 34 87 |
| 74 62 77 45 52 | 66 74 82 30 57 | 04 46 69 84 71 | 74 17 74 64 88 |
| 35 68 46 77 99 | 73 67 22 17 03 | 47 44 25 58 24 | 88 59 34 28 99 |
| 63 98 04 23 62 | 09 96 94 48 48 | 36 55 33 04 64 | 74 87 24 82 79 |
| 64 81 89 91 84 | 75 78 17 96 69 | 97 85 16 63 98 | 80 36 28 08 56 |
| 90 81 76 66 18 | 80 24 29 97 10 | 23 96 60 25 23 | 89 75 16 11 63 |
| 04 40 05 97 31 | 62 80 00 41 86 | 34 39 40 66 45 | 91 77 01 38 78 |
| 02 06 20 94 26 | 28 24 95 57 72 | 04 09 62 21 34 | 72 17 66 92 31 |
| 21 62 41 94 50 | 11 27 58 19 18 | 79 51 08 32 88 | 85 22 25 70 93 |
| 56 20 32 81 28 | 05 51 90 38 59 | 46 48 35 91 58 | 08 51 92 14 01 |
| 27 97 84 43 44 | 00 90 65 43 91 | 98 26 63 48 95 | 02 40 42 67 63 |
| 33 75 50 55 81 | 19 07 14 63 85 | 24 61 95 44 97 | 95 53 23 81 72 |
| 41 53 13 52 62 | 48 70 73 06 22 | 73 86 36 94 71 | 47 89 56 86 82 |
| 42 42 87 08 37 | 02 55 45 20 70 | 11 02 98 51 29 | 98 15 82 20 90 |
| 47 26 97 41 94 | 90 02 72 19 43 | 14 46 65 55 98 | 05 23 39 70 37 |
| 01 05 67 23 54 | 40 49 63 47 52 | 49 14 39 88 82 | 31 01 09 72 79 |
| 54 13 63 67 44 | 85 68 54 72 94 | 93 93 05 48 61 | 02 28 78 23 22 |
| 28 80 69 96 77 | 34 15 58 93 74 | 59 18 85 44 55 | 12 50 74 40 62 |
| 63 42 16 32 19 | 60 49 37 64 78 | 42 32 15 24 10 | 92 86 24 67 93 |
| 61 30 07 76 80 | 20 81 13 32 72 | 66 68 13 13 89 | 46 81 25 36 10 |
| 90 33 29 71 73 | 53 15 19 31 68 | 23 87 50 94 73 | 76 86 20 58 60 |
| 65 97 82 81 19 | 68 66 69 48 20 | 12 72 11 80 95 | 87 98 13 24 42 |
| 12 18 44 72 49 | 79 91 11 09 37 | 59 59 49 52 79 | 97 76 26 31 53 |
| 28 33 67 76 85 | 44 98 07 01 62 | 62 18 03 82 92 | 54 29 06 32 74 |
| 13 84 94 94 37 | 36 16 47 67 92 | 17 97 27 93 30 | 48 63 05 12 22 |
| 41 37 84 28 12 | 55 61 68 38 78 | 06 45 68 65 59 | 57 32 53 45 85 |
| 81 77 51 16 28 | 94 66 23 45 63 | 09 50 01 41 00 | 49 62 80 53 72 |
| 44 98 99 36 64 | 82 57 85 85 34 | 36 36 61 10 68 | 72 03 23 44 38 |
| 13 08 56 93 15 | 06 53 55 11 01 | 50 87 82 81 14 | 11 81 03 85 21 |
| 10 36 14 10 59 | 32 38 71 92 43 | 06 96 90 98 68 | 27 67 58 05 46 |

## 〈부표 2〉 이항분포표

$$P(X) = \binom{n}{X} p^X (1-p)^{n-X}$$

| n | x | .10 | .20 | .30 | .40 | .50 | .60 | .70 | .80 | .90 |
|---|---|---|---|---|---|---|---|---|---|---|
| 1 | 0 | .900 | .800 | .700 | .600 | .500 | .400 | .300 | .200 | .100 |
| | 1 | .100 | .200 | .300 | .400 | .500 | .600 | .700 | .800 | .900 |
| 2 | 0 | .810 | .640 | .490 | .360 | .250 | .160 | .090 | .040 | .010 |
| | 1 | .180 | .320 | .420 | .480 | .500 | .480 | .420 | .320 | .180 |
| | 2 | .010 | .040 | .090 | .160 | .250 | .360 | .490 | .640 | .810 |
| 3 | 0 | .729 | .512 | .343 | .216 | .125 | .064 | .027 | .008 | .001 |
| | 1 | .243 | .384 | .441 | .432 | .375 | .288 | .189 | .096 | .027 |
| | 2 | .027 | .096 | .189 | .288 | .375 | .432 | .441 | .384 | .243 |
| | 3 | .001 | .008 | .027 | .064 | .125 | .216 | .343 | .512 | .729 |
| 4 | 0 | .656 | .410 | .240 | .130 | .063 | .026 | .008 | .002 | .000 |
| | 1 | .292 | .410 | .412 | .346 | .250 | .154 | .076 | .026 | .004 |
| | 2 | .049 | .154 | .265 | .346 | .375 | .346 | .265 | .154 | .049 |
| | 3 | .004 | .026 | .076 | .154 | .250 | .346 | .412 | .410 | .292 |
| | 4 | .000 | .002 | .008 | .026 | .063 | .130 | .240 | .410 | .656 |
| 5 | 0 | .590 | .328 | .168 | .078 | .031 | .010 | .002 | .000 | .000 |
| | 1 | .328 | .410 | .360 | .259 | .156 | .077 | .028 | .006 | .000 |
| | 2 | .073 | .205 | .309 | .346 | .313 | .230 | .132 | .051 | .008 |
| | 3 | .008 | .051 | .132 | .230 | .313 | .346 | .309 | .205 | .073 |
| | 4 | .000 | .006 | .028 | .077 | .156 | .259 | .360 | .410 | .328 |
| | 5 | .000 | .000 | .002 | .010 | .031 | .078 | .168 | .328 | .590 |
| 6 | 0 | .531 | .262 | .118 | .047 | .016 | .004 | .001 | .000 | .000 |
| | 1 | .354 | .393 | .303 | .187 | .094 | .037 | .010 | .002 | .000 |
| | 2 | .098 | .246 | .324 | .311 | .234 | .138 | .060 | .015 | .001 |
| | 3 | .015 | .082 | .185 | .276 | .313 | .276 | .185 | .082 | .015 |
| | 4 | .001 | .015 | .060 | .138 | .234 | .311 | .324 | .246 | .098 |
| | 5 | .000 | .002 | .010 | .037 | .094 | .187 | .303 | .393 | .354 |
| | 6 | .000 | .000 | .001 | .004 | .016 | .047 | .118 | .262 | .531 |

(이항분포표의 계속)

| n | x | p .10 | .20 | .30 | .40 | .50 | .60 | .70 | .80 | .90 |
|---|---|---|---|---|---|---|---|---|---|---|
| 7 | 0 | .478 | .210 | .082 | .028 | .008 | .002 | .000 | .000 | .000 |
| | 1 | .372 | .367 | .247 | .131 | .055 | .017 | .004 | .000 | .000 |
| | 2 | .124 | .275 | .318 | .261 | .164 | .077 | .025 | .004 | .000 |
| | 3 | .023 | .115 | .227 | .290 | .273 | .194 | .097 | .029 | .003 |
| | 4 | .003 | .029 | .097 | .194 | .273 | .290 | .227 | .115 | .023 |
| | 5 | .000 | .004 | .025 | .077 | .164 | .261 | .318 | .275 | .124 |
| | 6 | .000 | .000 | .004 | .017 | .055 | .131 | .247 | .367 | .372 |
| | 7 | .000 | .000 | .000 | .002 | .008 | .028 | .082 | .210 | .478 |
| 8 | 0 | .430 | .168 | .058 | .017 | .004 | .001 | .000 | .000 | .000 |
| | 1 | .383 | .336 | .198 | .090 | .031 | .008 | .001 | .000 | .000 |
| | 2 | .149 | .294 | .296 | .209 | .109 | .041 | .010 | .001 | .000 |
| | 3 | .033 | .147 | .254 | .279 | .219 | .124 | .047 | .009 | .000 |
| | 4 | .005 | .046 | .136 | .232 | .273 | .232 | .136 | .046 | .005 |
| | 5 | .000 | .009 | .047 | .124 | .219 | .279 | .254 | .147 | .033 |
| | 6 | .000 | .001 | .010 | .041 | .109 | .209 | .296 | .294 | .149 |
| | 7 | .000 | .000 | .001 | .008 | .031 | .090 | .198 | .336 | .383 |
| | 8 | .000 | .000 | .000 | .001 | .004 | .017 | .058 | .168 | .430 |
| 9 | 0 | .387 | .134 | .040 | .010 | .002 | .000 | .000 | .000 | .000 |
| | 1 | .387 | .302 | .156 | .060 | .018 | .004 | .000 | .000 | .000 |
| | 2 | .172 | .302 | .267 | .161 | .070 | .021 | .004 | .000 | .000 |
| | 3 | .045 | .176 | .267 | .251 | .164 | .074 | .021 | .003 | .000 |
| | 4 | .007 | .066 | .172 | .251 | .246 | .167 | .074 | .017 | .001 |
| | 5 | .001 | .017 | .074 | .167 | .246 | .251 | .172 | .066 | .007 |
| | 6 | .000 | .003 | .021 | .074 | .164 | .251 | .267 | .176 | .045 |
| | 7 | .000 | .000 | .004 | .021 | .070 | .161 | .267 | .302 | .172 |
| | 8 | .000 | .000 | .000 | .004 | .018 | .060 | .156 | .302 | .387 |
| | 9 | .000 | .000 | .000 | .000 | .002 | .010 | .040 | .134 | .387 |
| 10 | 0 | .349 | .107 | .028 | .006 | .001 | .000 | .000 | .000 | .000 |
| | 1 | .387 | .268 | .121 | .040 | .010 | .002 | .000 | .000 | .000 |
| | 2 | .194 | .302 | .233 | .121 | .044 | .011 | .001 | .000 | .000 |
| | 3 | .057 | .201 | .267 | .215 | .117 | .042 | .009 | .001 | .000 |
| | 4 | .011 | .088 | .200 | .251 | .205 | .111 | .037 | .006 | .000 |
| | 5 | .001 | .026 | .103 | .201 | .246 | .201 | .103 | .026 | .001 |
| | 6 | .000 | .006 | .037 | .111 | .205 | .251 | .200 | .088 | .011 |
| | 7 | .000 | .001 | .009 | .042 | .117 | .215 | .267 | .201 | .057 |
| | 8 | .000 | .000 | .001 | .011 | .044 | .121 | .233 | .302 | .194 |
| | 9 | .000 | .000 | .000 | .002 | .010 | .040 | .121 | .268 | .387 |
| | 10 | .000 | .000 | .000 | .000 | .001 | .006 | .028 | .107 | .349 |

## 〈부표 3〉 포아송분포표

$$P(X) = \frac{\lambda^X}{X!}\exp(-\lambda)$$

| $x$ | $\lambda$ .10 | .20 | .30 | .40 | .50 | .60 | .70 | .80 | .90 | 1.0 |
|---|---|---|---|---|---|---|---|---|---|---|
| 0 | .905 | .819 | .741 | .670 | .607 | .549 | .497 | .449 | .407 | .368 |
| 1 | .090 | .164 | .222 | .268 | .303 | .329 | .348 | .359 | .366 | .368 |
| 2 | .005 | .016 | .033 | .054 | .076 | .099 | .122 | .144 | .165 | .184 |
| 3 | | .001 | .003 | .007 | .013 | .020 | .028 | .038 | .049 | .061 |
| 4 | | | | .001 | .002 | .003 | .005 | .008 | .011 | .015 |
| 5 | | | | | | | .001 | .001 | .002 | .003 |
| 6 | | | | | | | | | | .001 |

| $x$ | $\lambda$ 2.0 | 3.0 | 4.0 | 5.0 | 6.0 | 7.0 | 8.0 | 9.0 | 10.0 | 20.0 |
|---|---|---|---|---|---|---|---|---|---|---|
| 0 | .135 | .050 | .018 | .007 | .002 | .001 | .000 | .000 | .000 | .000 |
| 1 | .271 | .149 | .073 | .034 | .015 | .006 | .003 | .001 | .000 | .000 |
| 2 | .271 | .224 | .147 | .084 | .045 | .022 | .011 | .005 | .002 | .000 |
| 3 | .180 | .224 | .195 | .140 | .089 | .052 | .029 | .015 | .008 | .000 |
| 4 | .090 | .168 | .195 | .175 | .134 | .091 | .057 | .034 | .019 | .000 |
| 5 | .036 | .101 | .156 | .175 | .161 | .128 | .092 | .061 | .038 | .000 |
| 6 | .012 | .050 | .104 | .146 | .161 | .149 | .122 | .091 | .063 | .000 |
| 7 | .003 | .022 | .060 | .104 | .138 | .149 | .140 | .117 | .090 | .001 |
| 8 | .001 | .008 | .030 | .065 | .103 | .130 | .140 | .132 | .113 | .001 |
| 9 | | .003 | .013 | .036 | .069 | .101 | .124 | .132 | .125 | .003 |
| 10 | | .001 | .005 | .018 | .041 | .071 | .099 | .119 | .125 | .006 |
| 11 | | | .002 | .008 | .023 | .045 | .072 | .097 | .114 | .011 |
| 12 | | | .001 | .003 | .011 | .026 | .048 | .073 | .095 | .018 |
| 13 | | | | .001 | .005 | .014 | .030 | .050 | .073 | .027 |
| 14 | | | | | .002 | .007 | .017 | .032 | .052 | .039 |
| 15 | | | | | .001 | .003 | .009 | .019 | .035 | .052 |
| 16 | | | | | | .001 | .005 | .011 | .022 | .065 |
| 17 | | | | | | .001 | .002 | .006 | .013 | .076 |
| 18 | | | | | | | .001 | .003 | .007 | .084 |
| 19 | | | | | | | | .001 | .004 | .089 |
| 20 | | | | | | | | .001 | .002 | .089 |
| 21 | | | | | | | | | .001 | .085 |
| 22 | | | | | | | | | | .077 |
| 23 | | | | | | | | | | .067 |
| 24 | | | | | | | | | | .056 |
| 25 | | | | | | | | | | .045 |
| 26 | | | | | | | | | | .034 |
| 27 | | | | | | | | | | .025 |
| 28 | | | | | | | | | | .018 |
| 29 | | | | | | | | | | .013 |
| 30 | | | | | | | | | | .008 |
| 31 | | | | | | | | | | .005 |
| 32 | | | | | | | | | | .003 |
| 33 | | | | | | | | | | .002 |
| 34 | | | | | | | | | | .001 |

## 〈부표 4〉 표준정규분포표

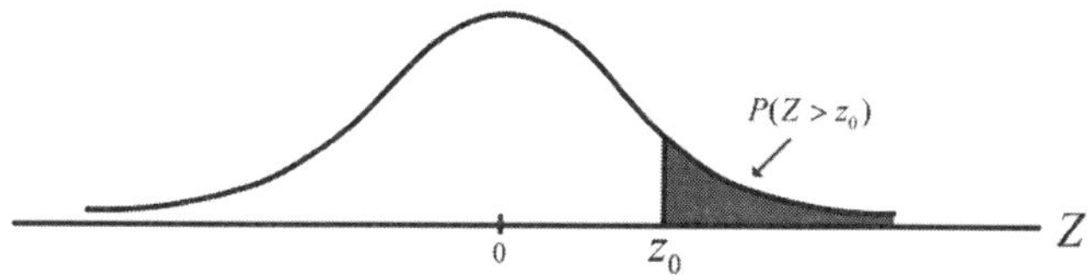


| $z_0$ | 0 | 1 | 2 | 3 | 4 | 5 | 6 | 7 | 8 | 9 |
|---|---|---|---|---|---|---|---|---|---|---|
| 0.0 | .500 | .496 | .492 | .488 | .484 | .480 | .476 | .472 | .468 | .464 |
| 0.1 | .460 | .456 | .452 | .448 | .444 | .440 | .436 | .433 | .429 | .425 |
| 0.2 | .421 | .417 | .413 | .409 | .405 | .401 | .397 | .394 | .390 | .386 |
| 0.3 | .382 | .378 | .374 | .371 | .367 | .363 | .359 | .356 | .352 | .348 |
| 0.4 | .345 | .341 | .337 | .334 | .330 | .326 | .323 | .319 | .316 | .312 |
| 0.5 | .309 | .305 | .302 | .298 | .295 | .291 | .288 | .284 | .281 | .278 |
| 0.6 | .274 | .271 | .268 | .264 | .261 | .258 | .255 | .251 | .248 | .245 |
| 0.7 | .242 | .239 | .236 | .233 | .230 | .227 | .224 | .221 | .218 | .215 |
| 0.8 | .212 | .209 | .206 | .203 | .200 | .198 | .195 | .192 | .189 | .187 |
| 0.9 | .184 | .181 | .179 | .176 | .174 | .171 | .169 | .166 | .164 | .161 |
| 1.0 | .159 | .156 | .154 | .152 | .149 | .147 | .145 | .142 | .140 | .138 |
| 1.1 | .136 | .133 | .131 | .129 | .127 | .125 | .123 | .121 | .119 | .117 |
| 1.2 | .115 | .113 | .111 | .109 | .107 | .106 | .104 | .102 | .100 | .099 |
| 1.3 | .097 | .095 | .093 | .092 | .090 | .089 | .087 | .085 | .084 | .082 |
| 1.4 | .081 | .079 | .078 | .076 | .075 | .074 | .072 | .071 | .069 | .068 |
| 1.5 | .067 | .066 | .064 | .063 | .062 | .061 | .059 | .058 | .057 | .056 |
| 1.6 | .055 | .054 | .053 | .052 | .051 | .049 | .048 | .047 | .046 | .046 |
| 1.7 | .045 | .044 | .043 | .042 | .041 | .040 | .039 | .038 | .038 | .037 |
| 1.8 | .036 | .035 | .034 | .034 | .033 | .032 | .031 | .031 | .030 | .029 |
| 1.9 | .029 | .028 | .027 | .027 | .026 | .026 | .025 | .024 | .024 | .023 |
| 2.0 | .023 | .022 | .022 | .021 | .021 | .020 | .020 | .019 | .019 | .018 |
| 2.1 | .018 | .017 | .017 | .017 | .016 | .016 | .015 | .015 | .015 | .014 |
| 2.2 | .014 | .014 | .013 | .013 | .013 | .012 | .012 | .012 | .011 | .011 |
| 2.3 | .011 | .010 | .010 | .010 | .010 | .009 | .009 | .009 | .009 | .008 |
| 2.4 | .008 | .008 | .008 | .008 | .007 | .007 | .007 | .007 | .007 | .006 |
| 2.5 | .006 | .006 | .006 | .006 | .006 | .005 | .005 | .005 | .005 | .005 |
| 2.6 | .005 | .005 | .004 | .004 | .004 | .004 | .004 | .004 | .004 | .004 |
| 2.7 | .003 | .003 | .003 | .003 | .003 | .003 | .003 | .003 | .003 | .003 |
| 2.8 | .003 | .002 | .002 | .002 | .002 | .002 | .002 | .002 | .002 | .002 |
| 2.9 | .002 | .002 | .002 | .002 | .002 | .002 | .002 | .001 | .001 | .001 |

## 〈부표 5〉 t 분포표

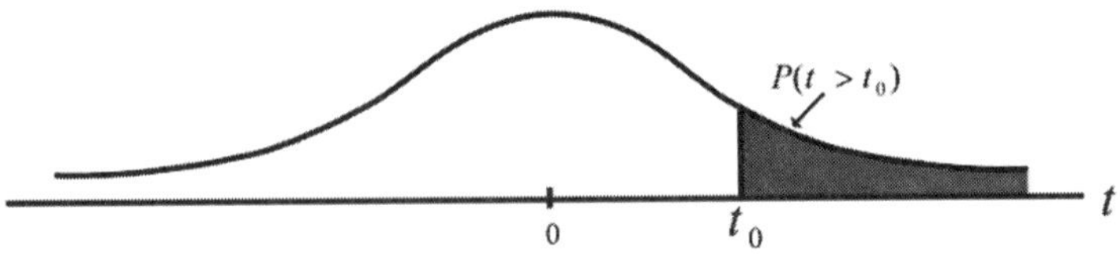


| $df$ | $t_{.25}$ | $t_{.10}$ | $t_{.05}$ | $t_{.025}$ | $t_{.010}$ | $t_{.005}$ | $t_{.0025}$ | $t_{.0010}$ | $t_{.0005}$ |
|---|---|---|---|---|---|---|---|---|---|
| 1 | 1.00 | 3.08 | 6.31 | 12.7 | 31.8 | 63.7 | 127 | 318 | 637 |
| 2 | 0.82 | 1.89 | 2.92 | 4.30 | 6.96 | 9.92 | 14.1 | 22.3 | 31.6 |
| 3 | 0.76 | 1.64 | 2.35 | 3.18 | 4.54 | 5.84 | 7.45 | 10.2 | 12.9 |
| 4 | 0.74 | 1.53 | 2.13 | 2.78 | 3.75 | 4.60 | 5.60 | 7.17 | 8.61 |
| 5 | 0.73 | 1.48 | 2.02 | 2.57 | 3.36 | 4.03 | 4.77 | 5.89 | 6.87 |
| 6 | 0.72 | 1.44 | 1.94 | 2.45 | 3.14 | 3.71 | 4.32 | 5.21 | 5.96 |
| 7 | 0.71 | 1.41 | 1.89 | 2.36 | 3.00 | 3.50 | 4.03 | 4.79 | 5.41 |
| 8 | 0.71 | 1.40 | 1.86 | 2.31 | 2.90 | 3.36 | 3.83 | 4.50 | 5.04 |
| 9 | 0.70 | 1.38 | 1.83 | 2.26 | 2.82 | 3.25 | 3.69 | 4.30 | 4.78 |
| 10 | 0.70 | 1.37 | 1.81 | 2.23 | 2.76 | 3.17 | 3.58 | 4.14 | 4.59 |
| 11 | 0.70 | 1.36 | 1.80 | 2.20 | 2.72 | 3.11 | 3.50 | 4.02 | 4.44 |
| 12 | 0.70 | 1.36 | 1.78 | 2.18 | 2.68 | 3.05 | 3.43 | 3.93 | 4.32 |
| 13 | 0.69 | 1.35 | 1.77 | 2.16 | 2.65 | 3.01 | 3.37 | 3.85 | 4.22 |
| 14 | 0.69 | 1.35 | 1.76 | 2.14 | 2.62 | 2.98 | 3.33 | 3.79 | 4.14 |
| 15 | 0.69 | 1.34 | 1.75 | 2.13 | 2.60 | 2.95 | 3.29 | 3.73 | 4.07 |
| 16 | 0.69 | 1.34 | 1.75 | 2.12 | 2.58 | 2.92 | 3.25 | 3.69 | 4.01 |
| 17 | 0.69 | 1.33 | 1.74 | 2.11 | 2.57 | 2.90 | 3.22 | 3.65 | 3.97 |
| 18 | 0.69 | 1.33 | 1.73 | 2.10 | 2.55 | 2.88 | 3.20 | 3.61 | 3.92 |
| 19 | 0.69 | 1.33 | 1.73 | 2.09 | 2.54 | 2.86 | 3.17 | 3.58 | 3.88 |
| 20 | 0.69 | 1.33 | 1.72 | 2.09 | 2.53 | 2.85 | 3.15 | 3.55 | 3.85 |
| 21 | 0.69 | 1.32 | 1.72 | 2.08 | 2.52 | 2.83 | 3.14 | 3.53 | 3.82 |
| 22 | 0.69 | 1.32 | 1.72 | 2.07 | 2.51 | 2.82 | 3.12 | 3.50 | 3.79 |
| 23 | 0.69 | 1.32 | 1.71 | 2.07 | 2.50 | 2.81 | 3.10 | 3.48 | 3.77 |
| 24 | 0.68 | 1.32 | 1.71 | 2.06 | 2.49 | 2.80 | 3.09 | 3.47 | 3.75 |
| 25 | 0.68 | 1.32 | 1.71 | 2.06 | 2.49 | 2.79 | 3.08 | 3.45 | 3.73 |
| 26 | 0.68 | 1.31 | 1.71 | 2.06 | 2.48 | 2.78 | 3.07 | 3.43 | 3.71 |
| 27 | 0.68 | 1.31 | 1.70 | 2.05 | 2.47 | 2.77 | 3.06 | 3.42 | 3.69 |
| 28 | 0.68 | 1.31 | 1.70 | 2.05 | 2.47 | 2.76 | 3.05 | 3.41 | 3.67 |
| 29 | 0.68 | 1.31 | 1.70 | 2.05 | 2.46 | 2.76 | 3.04 | 3.40 | 3.66 |
| 30 | 0.68 | 1.31 | 1.70 | 2.04 | 2.46 | 2.75 | 3.03 | 3.39 | 3.65 |
| 40 | 0.68 | 1.30 | 1.68 | 2.02 | 2.42 | 2.70 | 2.97 | 3.31 | 3.55 |
| 60 | 0.68 | 1.30 | 1.67 | 2.00 | 2.39 | 2.66 | 2.91 | 3.23 | 3.46 |
| 120 | 0.68 | 1.29 | 1.66 | 1.98 | 2.36 | 2.62 | 2.86 | 3.16 | 3.37 |
| $\infty$ | 0.67 $=Z_{.25}$ | 1.28 $=Z_{.10}$ | 1.645 $=Z_{.05}$ | 1.96 $=Z_{.025}$ | 2.33 $=Z_{.010}$ | 2.58 $=Z_{.005}$ | 2.81 $=Z_{.0025}$ | 3.09 $=Z_{.0010}$ | 3.29 $=Z_{.0005}$ |

## 〈부표 6〉 $F$ 분포표

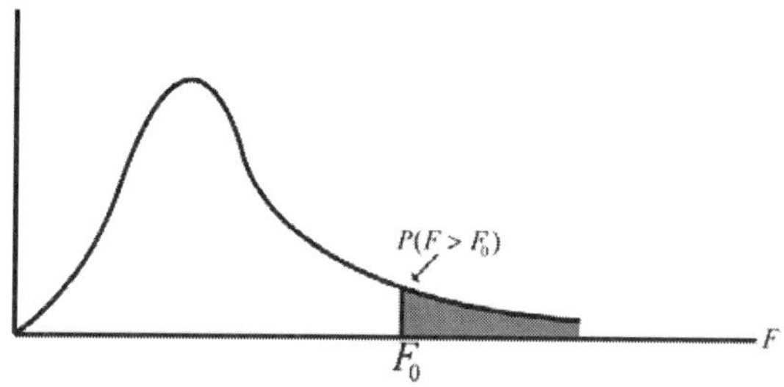


| 분모의 자유도 | 및 $\alpha$ | 1 | 2 | 3 | 4 | 5 | 6 | 8 | 10 | 20 | 40 | $\infty$ |
|---|---|---|---|---|---|---|---|---|---|---|---|---|
| | | 분자의 자유도 | | | | | | | | | | |
| 1 | $F_{.25}$ | 5.83 | 7.50 | 8.20 | 8.58 | 8.82 | 8.98 | 9.19 | 9.32 | 9.58 | 9.71 | 9.85 |
| | $F_{.10}$ | 39.9 | 49.5 | 53.6 | 55.8 | 57.2 | 58.2 | 59.4 | 60.2 | 61.7 | 62.5 | 63.3 |
| | $F_{.05}$ | 161 | 200 | 216 | 225 | 230 | 234 | 239 | 242 | 248 | 251 | 254 |
| 2 | $F_{.25}$ | 2.57 | 3.00 | 3.15 | 3.23 | 3.28 | 3.31 | 3.35 | 3.38 | 3.43 | 3.45 | 3.48 |
| | $F_{.10}$ | 8.53 | 9.00 | 9.16 | 9.24 | 9.29 | 9.33 | 9.37 | 9.39 | 9.44 | 9.47 | 9.49 |
| | $F_{.05}$ | 18.5 | 19.0 | 19.2 | 19.2 | 19.3 | 19.3 | 19.4 | 19.4 | 19.4 | 19.5 | 19.5 |
| | $F_{.025}$ | 38.5 | 39.0 | 39.2 | 39.3 | 39.3 | 39.3 | 39.4 | 39.4 | 39.5 | 39.5 | 39.5 |
| | $F_{.01}$ | 98.5 | 99.0 | 99.2 | 99.2 | 99.3 | 99.3 | 99.4 | 99.4 | 99.4 | 99.5 | 99.5 |
| 3 | $F_{.25}$ | 2.02 | 2.28 | 2.36 | 2.39 | 2.41 | 2.42 | 2.44 | 2.44 | 2.46 | 2.47 | 2.47 |
| | $F_{.10}$ | 5.54 | 5.46 | 5.39 | 5.34 | 5.31 | 5.28 | 5.25 | 5.23 | 5.18 | 5.16 | 5.13 |
| | $F_{.05}$ | 10.1 | 9.55 | 9.28 | 9.12 | 9.10 | 8.94 | 8.85 | 8.79 | 8.66 | 8.59 | 8.53 |
| | $F_{.025}$ | 17.4 | 16.0 | 15.4 | 15.1 | 14.9 | 14.7 | 14.5 | 14.4 | 14.2 | 14.0 | 13.9 |
| | $F_{.01}$ | 34.1 | 30.8 | 29.5 | 28.7 | 28.2 | 27.9 | 27.5 | 27.2 | 26.7 | 26.4 | 26.1 |
| 4 | $F_{.25}$ | 1.81 | 2.00 | 2.05 | 2.06 | 2.07 | 2.08 | 2.08 | 2.08 | 2.08 | 2.08 | 2.08 |
| | $F_{.10}$ | 4.54 | 4.32 | 4.19 | 4.11 | 4.05 | 4.01 | 3.95 | 3.92 | 3.84 | 3.80 | 3.76 |
| | $F_{.05}$ | 7.71 | 6.94 | 6.59 | 6.39 | 6.26 | 6.16 | 6.04 | 5.96 | 5.80 | 5.72 | 5.63 |
| | $F_{.025}$ | 12.2 | 10.7 | 9.93 | 9.60 | 9.36 | 9.20 | 8.98 | 8.84 | 8.56 | 8.41 | 8.26 |
| | $F_{.01}$ | 21.2 | 18.0 | 16.7 | 16.0 | 15.5 | 15.2 | 14.8 | 14.5 | 14.0 | 13.7 | 13.5 |
| 5 | $F_{.25}$ | 1.69 | 1.85 | 1.88 | 1.89 | 1.89 | 1.89 | 1.89 | 1.89 | 1.88 | 1.88 | 1.87 |
| | $F_{.10}$ | 4.06 | 3.78 | 3.62 | 3.52 | 3.45 | 3.40 | 3.34 | 3.30 | 3.21 | 3.16 | 3.10 |
| | $F_{.05}$ | 6.61 | 5.79 | 5.41 | 5.19 | 5.05 | 4.95 | 4.82 | 4.74 | 4.56 | 4.46 | 4.36 |
| | $F_{.025}$ | 10.0 | 8.43 | 7.76 | 7.39 | 7.15 | 6.98 | 6.76 | 6.62 | 6.33 | 6.18 | 6.02 |
| | $F_{.01}$ | 16.3 | 13.3 | 12.1 | 11.4 | 11.0 | 10.7 | 10.3 | 10.1 | 9.55 | 9.29 | 9.02 |
| 6 | $F_{.25}$ | 1.62 | 1.76 | 1.78 | 1.79 | 1.79 | 1.78 | 1.77 | 1.77 | 1.76 | 1.75 | 1.74 |
| | $F_{.10}$ | 3.78 | 3.46 | 3.29 | 3.18 | 3.11 | 3.05 | 2.98 | 2.94 | 2.84 | 2.78 | 2.72 |
| | $F_{.05}$ | 5.99 | 5.14 | 4.76 | 4.53 | 4.39 | 4.28 | 4.15 | 4.06 | 3.87 | 3.77 | 3.67 |
| | $F_{.025}$ | 8.81 | 7.26 | 6.60 | 6.23 | 5.99 | 5.82 | 5.60 | 5.46 | 5.17 | 5.01 | 4.85 |
| | $F_{.01}$ | 13.7 | 10.9 | 9.78 | 9.15 | 8.75 | 8.47 | 8.10 | 7.87 | 7.40 | 7.14 | 6.88 |

(*F* 분포표의 계속)

| 분모의 자유도 및 $\alpha$ | | 분자의 자유도 | | | | | | | | | | |
|---|---|---|---|---|---|---|---|---|---|---|---|---|
| | | 1 | 2 | 3 | 4 | 5 | 6 | 8 | 10 | 20 | 40 | $\infty$ |
| 7 | $F_{.25}$ | 1.57 | 1.70 | 1.72 | 1.72 | 1.71 | 1.71 | 1.70 | 1.69 | 1.67 | 1.66 | 1.65 |
| | $F_{.10}$ | 3.59 | 3.26 | 3.07 | 2.96 | 2.88 | 2.83 | 2.75 | 2.70 | 2.59 | 2.54 | 2.47 |
| | $F_{.05}$ | 5.59 | 4.74 | 4.35 | 4.12 | 3.97 | 3.87 | 3.73 | 3.64 | 3.44 | 3.34 | 3.23 |
| | $F_{.025}$ | 8.07 | 6.54 | 5.89 | 5.52 | 5.29 | 5.12 | 4.90 | 4.76 | 4.47 | 4.31 | 4.14 |
| | $F_{.01}$ | 12.2 | 9.55 | 8.45 | 7.85 | 7.46 | 7.19 | 6.84 | 6.62 | 6.16 | 5.91 | 5.65 |
| 8 | $F_{.25}$ | 1.54 | 1.66 | 1.67 | 1.66 | 1.66 | 1.65 | 1.64 | 1.63 | 1.61 | 1.59 | 1.58 |
| | $F_{.10}$ | 3.46 | 3.11 | 2.92 | 2.81 | 2.73 | 2.67 | 2.59 | 2.54 | 2.42 | 2.36 | 2.29 |
| | $F_{.05}$ | 5.32 | 4.46 | 4.07 | 3.84 | 3.69 | 3.58 | 3.44 | 3.35 | 3.15 | 3.04 | 2.93 |
| | $F_{.025}$ | 7.57 | 6.06 | 5.42 | 5.05 | 4.82 | 4.65 | 4.43 | 4.30 | 4.00 | 3.84 | 3.67 |
| | $F_{.01}$ | 11.3 | 8.65 | 7.59 | 7.01 | 6.63 | 6.37 | 6.03 | 5.81 | 5.36 | 5.12 | 4.86 |
| 9 | $F_{.25}$ | 1.51 | 1.62 | 1.63 | 1.63 | 1.62 | 1.61 | 1.60 | 1.59 | 1.56 | 1.55 | 1.53 |
| | $F_{.10}$ | 3.36 | 3.01 | 2.81 | 2.69 | 2.61 | 2.55 | 2.47 | 2.42 | 2.30 | 2.23 | 2.16 |
| | $F_{.05}$ | 5.12 | 4.26 | 3.86 | 3.63 | 3.48 | 3.37 | 3.23 | 3.14 | 2.94 | 2.83 | 2.71 |
| | $F_{.025}$ | 7.21 | 5.71 | 5.08 | 4.72 | 4.48 | 4.32 | 4.10 | 3.96 | 3.67 | 3.51 | 3.33 |
| | $F_{.01}$ | 10.6 | 8.02 | 6.99 | 6.42 | 6.06 | 5.80 | 5.47 | 5.26 | 4.81 | 4.57 | 4.31 |
| 10 | $F_{.25}$ | 1.49 | 1.60 | 1.60 | 1.59 | 1.59 | 1.58 | 1.56 | 1.55 | 1.52 | 1.51 | 1.48 |
| | $F_{.10}$ | 3.28 | 2.92 | 2.73 | 2.61 | 2.52 | 2.46 | 2.38 | 2.32 | 2.20 | 2.13 | 2.06 |
| | $F_{.05}$ | 4.96 | 4.10 | 3.71 | 3.48 | 3.33 | 3.22 | 3.07 | 2.98 | 2.77 | 2.66 | 2.54 |
| | $F_{.025}$ | 6.94 | 5.46 | 4.83 | 4.47 | 4.24 | 4.07 | 3.85 | 3.72 | 3.42 | 3.25 | 3.08 |
| | $F_{.01}$ | 10.0 | 7.56 | 6.55 | 5.99 | 5.64 | 5.39 | 5.06 | 4.85 | 4.41 | 4.17 | 3.91 |
| 12 | $F_{.25}$ | 1.56 | 1.56 | 1.56 | 1.55 | 1.54 | 1.53 | 1.51 | 1.50 | 1.47 | 1.45 | 1.42 |
| | $F_{.10}$ | 3.18 | 2.81 | 2.61 | 2.48 | 2.39 | 2.33 | 2.24 | 2.19 | 2.06 | 1.99 | 1.90 |
| | $F_{.05}$ | 4.75 | 3.89 | 3.49 | 3.26 | 3.11 | 3.00 | 2.85 | 2.75 | 2.54 | 2.43 | 2.30 |
| | $F_{.025}$ | 6.55 | 5.10 | 4.47 | 4.12 | 3.89 | 3.73 | 3.51 | 3.37 | 3.07 | 2.91 | 2.72 |
| | $F_{.01}$ | 9.33 | 6.93 | 5.95 | 5.41 | 5.06 | 4.82 | 4.50 | 4.30 | 3.86 | 3.62 | 3.36 |
| 14 | $F_{.25}$ | 1.44 | 1.53 | 1.53 | 1.52 | 1.51 | 1.50 | 1.48 | 1.46 | 1.43 | 1.41 | 1.38 |
| | $F_{.10}$ | 3.10 | 2.73 | 2.52 | 2.39 | 2.31 | 2.24 | 2.15 | 2.10 | 1.96 | 1.89 | 1.80 |
| | $F_{.05}$ | 4.60 | 3.74 | 3.34 | 3.11 | 2.96 | 2.85 | 2.70 | 2.60 | 2.39 | 2.27 | 2.13 |
| | $F_{.025}$ | 6.30 | 4.86 | 4.24 | 3.89 | 3.66 | 3.50 | 3.29 | 3.18 | 2.84 | 2.67 | 2.49 |
| | $F_{.01}$ | 8.86 | 5.51 | 5.56 | 5.04 | 4.69 | 4.46 | 4.14 | 3.94 | 3.51 | 3.27 | 3.00 |
| 16 | $F_{.25}$ | 1.42 | 1.51 | 1.51 | 1.50 | 1.48 | 1.48 | 1.46 | 1.45 | 1.40 | 1.37 | 1.34 |
| | $F_{.10}$ | 3.05 | 2.67 | 2.46 | 2.33 | 2.24 | 2.18 | 2.09 | 2.03 | 1.89 | 1.81 | 1.72 |
| | $F_{.05}$ | 4.49 | 3.63 | 3.24 | 3.01 | 2.85 | 2.74 | 2.59 | 2.49 | 2.28 | 2.15 | 2.01 |
| | $F_{.025}$ | 6.12 | 4.69 | 4.08 | 3.73 | 3.50 | 3.34 | 3.12 | 2.99 | 2.68 | 2.51 | 2.32 |
| | $F_{.01}$ | 8.53 | 6.23 | 5.29 | 4.77 | 4.44 | 4.20 | 3.89 | 3.69 | 3.26 | 3.02 | 2.75 |

(*F* 분포표의 계속)

| 분모의 자유도 및 $\alpha$ | 분자의 자유도 | | | | | | | | | | |
|---|---|---|---|---|---|---|---|---|---|---|---|
| | 1 | 2 | 3 | 4 | 5 | 6 | 8 | 10 | 20 | 40 | $\infty$ |
| 18 $F_{.25}$ | 1.41 | 1.50 | 1.49 | 1.48 | 1.46 | 1.45 | 1.43 | 1.42 | 1.38 | 1.34 | 1.32 |
| $F_{.10}$ | 3.01 | 2.62 | 2.42 | 2.29 | 2.20 | 2.13 | 2.04 | 1.98 | 1.84 | 1.75 | 1.66 |
| $F_{.05}$ | 4.41 | 3.55 | 3.16 | 2.93 | 2.77 | 2.66 | 2.51 | 2.41 | 2.19 | 2.06 | 1.92 |
| $F_{.025}$ | 5.98 | 4.56 | 3.95 | 3.61 | 3.38 | 3.22 | 3.01 | 2.87 | 2.56 | 2.38 | 2.19 |
| $F_{.01}$ | 8.29 | 6.01 | 5.09 | 4.58 | 4.25 | 4.01 | 3.71 | 3.51 | 3.08 | 2.84 | 2.57 |
| 20 $F_{.25}$ | 1.40 | 1.49 | 1.48 | 1.46 | 1.45 | 1.44 | 1.42 | 1.40 | 1.36 | 1.33 | 1.29 |
| $F_{.10}$ | 2.97 | 2.59 | 2.38 | 2.25 | 2.16 | 2.09 | 2.00 | 1.94 | 1.79 | 1.71 | 1.61 |
| $F_{.05}$ | 4.35 | 3.49 | 3.10 | 2.87 | 2.71 | 2.60 | 2.45 | 2.35 | 2.12 | 1.99 | 1.84 |
| $F_{.025}$ | 5.87 | 4.46 | 3.86 | 3.51 | 3.29 | 3.13 | 2.91 | 2.77 | 2.46 | 2.29 | 2.09 |
| $F_{.01}$ | 8.10 | 5.85 | 4.94 | 4.43 | 4.10 | 3.87 | 3.56 | 3.37 | 2.94 | 2.69 | 2.42 |
| 30 $F_{.25}$ | 1.38 | 1.45 | 1.44 | 1.42 | 1.41 | 1.39 | 1.37 | 1.35 | 1.30 | 1.27 | 1.23 |
| $F_{.10}$ | 2.88 | 2.49 | 2.28 | 2.14 | 2.05 | 1.98 | 1.88 | 1.82 | 1.67 | 1.57 | 1.46 |
| $F_{.05}$ | 4.17 | 3.32 | 2.92 | 2.69 | 2.53 | 2.42 | 2.27 | 2.16 | 1.93 | 1.79 | 1.62 |
| $F_{.025}$ | 5.57 | 4.18 | 3.59 | 3.25 | 3.03 | 2.87 | 2.65 | 2.51 | 2.20 | 2.01 | 1.79 |
| $F_{.01}$ | 7.56 | 5.39 | 4.51 | 4.02 | 3.70 | 3.47 | 3.17 | 2.98 | 2.55 | 2.30 | 2.01 |
| 40 $F_{.25}$ | 1.36 | 1.44 | 1.42 | 1.40 | 1.39 | 1.37 | 1.35 | 1.33 | 1.28 | 1.24 | 1.19 |
| $F_{.10}$ | 2.84 | 2.44 | 2.23 | 2.09 | 2.00 | 1.93 | 1.83 | 1.76 | 1.61 | 1.51 | 1.38 |
| $F_{.05}$ | 4.08 | 3.23 | 2.84 | 2.61 | 2.45 | 2.34 | 2.18 | 2.08 | 1.84 | 1.69 | 1.51 |
| $F_{.025}$ | 5.42 | 4.05 | 3.46 | 3.13 | 2.90 | 2.74 | 2.53 | 2.39 | 2.07 | 1.88 | 1.64 |
| $F_{.01}$ | 7.31 | 5.18 | 4.31 | 3.83 | 3.51 | 3.29 | 2.99 | 2.80 | 2.37 | 2.11 | 1.80 |
| 60 $F_{.25}$ | 1.35 | 1.42 | 1.41 | 1.38 | 1.37 | 1.35 | 1.32 | 1.30 | 1.25 | 1.21 | 1.15 |
| $F_{.10}$ | 2.79 | 2.39 | 2.18 | 2.04 | 1.95 | 1.87 | 1.77 | 1.71 | 1.54 | 1.44 | 1.29 |
| $F_{.05}$ | 4.00 | 3.15 | 2.76 | 2.53 | 2.37 | 2.25 | 2.10 | 1.99 | 1.75 | 1.59 | 1.39 |
| $F_{.025}$ | 5.29 | 3.93 | 3.34 | 3.01 | 2.79 | 2.63 | 2.41 | 2.27 | 1.94 | 1.74 | 1.48 |
| $F_{.01}$ | 7.08 | 4.98 | 4.13 | 3.65 | 3.34 | 3.12 | 2.82 | 2.63 | 2.20 | 1.94 | 1.60 |
| 120 $F_{.25}$ | 1.34 | 1.40 | 1.39 | 1.37 | 1.35 | 1.33 | 1.30 | 1.28 | 1.22 | 1.18 | 1.10 |
| $F_{.10}$ | 2.75 | 2.35 | 2.13 | 1.99 | 1.90 | 1.82 | 1.72 | 1.65 | 1.48 | 1.37 | 1.19 |
| $F_{.05}$ | 3.92 | 3.07 | 2.68 | 2.45 | 2.29 | 2.17 | 2.02 | 1.91 | 1.66 | 1.50 | 1.25 |
| $F_{.025}$ | 5.15 | 3.90 | 3.23 | 2.89 | 2.67 | 2.52 | 2.30 | 2.16 | 1.82 | 1.61 | 1.31 |
| $F_{.01}$ | 6.85 | 4.79 | 3.95 | 3.48 | 3.17 | 2.96 | 2.66 | 2.47 | 2.03 | 1.76 | 1.38 |
| $\infty$ $F_{.25}$ | 1.32 | 1.39 | 1.37 | 1.35 | 1.33 | 1.31 | 1.28 | 1.25 | 1.19 | 1.14 | 1.00 |
| $F_{.10}$ | 2.71 | 2.30 | 2.08 | 1.94 | 1.85 | 1.77 | 1.67 | 1.60 | 1.42 | 1.30 | 1.00 |
| $F_{.05}$ | 3.84 | 3.00 | 2.60 | 2.37 | 2.21 | 2.10 | 1.94 | 1.83 | 1.57 | 1.39 | 1.00 |
| $F_{.025}$ | 5.02 | 3.69 | 3.12 | 2.79 | 2.57 | 2.41 | 2.19 | 2.05 | 1.71 | 1.48 | 1.00 |
| $F_{.01}$ | 6.63 | 4.61 | 3.78 | 3.32 | 3.02 | 2.80 | 2.51 | 2.32 | 1.88 | 1.59 | 1.00 |

## 〈부표 7〉 $\chi^2$ 분포표

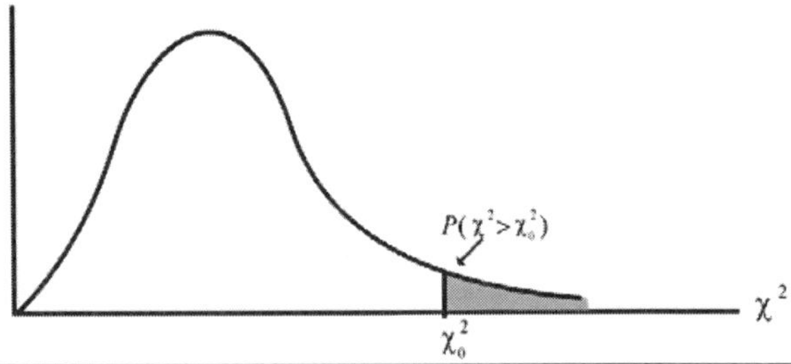


| $df$ | $\chi^2_{.99}$ | $\chi^2_{.975}$ | $\chi^2_{.95}$ | $\chi^2_{.05}$ | $\chi^2_{.025}$ | $\chi^2_{.01}$ |
|---|---|---|---|---|---|---|
| 1 | 0.00 | 0.00 | 0.00 | 3.84 | 5.02 | 6.63 |
| 2 | 0.02 | 0.05 | 0.10 | 5.99 | 7.38 | 9.21 |
| 3 | 0.11 | 0.22 | 0.35 | 7.81 | 9.35 | 11.3 |
| 4 | 0.30 | 0.48 | 0.71 | 9.49 | 11.1 | 13.3 |
| 5 | 0.55 | 0.83 | 1.15 | 11.1 | 12.8 | 15.1 |
| 6 | 0.87 | 1.24 | 1.64 | 12.6 | 14.4 | 16.8 |
| 7 | 1.24 | 1.69 | 2.17 | 14.1 | 16.0 | 18.5 |
| 8 | 1.65 | 2.18 | 2.73 | 15.5 | 17.5 | 20.1 |
| 9 | 2.09 | 2.70 | 3.33 | 16.9 | 19.0 | 21.7 |
| 10 | 2.56 | 3.25 | 3.94 | 18.3 | 20.5 | 23.2 |
| 11 | 3.05 | 3.82 | 4.57 | 19.7 | 21.9 | 24.7 |
| 12 | 3.57 | 4.40 | 5.23 | 21.0 | 23.3 | 26.2 |
| 13 | 4.11 | 5.01 | 5.89 | 22.4 | 24.7 | 27.7 |
| 14 | 4.66 | 5.63 | 6.57 | 23.7 | 26.1 | 29.1 |
| 15 | 5.23 | 6.26 | 7.26 | 25.0 | 27.5 | 30.6 |
| 16 | 5.81 | 6.91 | 7.96 | 26.3 | 28.8 | 32.0 |
| 17 | 6.41 | 7.56 | 8.67 | 27.6 | 30.2 | 33.4 |
| 18 | 7.01 | 8.23 | 9.39 | 28.9 | 31.5 | 34.8 |
| 19 | 7.63 | 8.91 | 10.1 | 30.1 | 32.9 | 36.2 |
| 20 | 8.26 | 9.59 | 10.9 | 31.4 | 34.2 | 37.6 |
| 21 | 8.90 | 10.3 | 11.6 | 32.7 | 35.5 | 38.9 |
| 22 | 9.54 | 11.0 | 12.3 | 33.9 | 36.8 | 40.3 |
| 23 | 10.2 | 11.7 | 13.1 | 35.2 | 38.1 | 41.6 |
| 24 | 10.9 | 12.4 | 13.8 | 36.4 | 39.4 | 43.0 |
| 25 | 11.5 | 13.1 | 14.6 | 37.7 | 40.6 | 44.3 |
| 26 | 12.2 | 13.8 | 15.4 | 38.9 | 41.9 | 45.6 |
| 27 | 12.9 | 14.6 | 16.2 | 40.1 | 43.2 | 47.0 |
| 28 | 13.6 | 15.3 | 16.9 | 41.3 | 44.5 | 48.3 |
| 29 | 14.3 | 16.0 | 17.7 | 42.6 | 45.7 | 49.6 |
| 30 | 15.0 | 16.8 | 18.5 | 43.8 | 47.0 | 50.9 |
| 40 | 22.2 | 24.4 | 26.5 | 55.8 | 59.3 | 63.7 |
| 50 | 29.7 | 32.4 | 34.8 | 67.5 | 71.4 | 76.2 |
| 60 | 37.5 | 40.5 | 43.2 | 79.1 | 83.3 | 88.4 |
| 70 | 45.4 | 48.8 | 51.7 | 90.5 | 95.0 | 100 |
| 80 | 53.5 | 57.2 | 60.4 | 101 | 107 | 112 |
| 90 | 61.6 | 65.6 | 69.1 | 113 | 118 | 124 |
| 100 | 70.1 | 74.2 | 77.9 | 124 | 130 | 136 |

## 〈부표 8〉 던칸의 다중범위검정 임계값

$$r_\alpha(P, f)$$

| $f$ | $\alpha$ | P: 2 | 3 | 4 | 5 | 6 | 7 | 8 | 9 | 10 |
|---|---|---|---|---|---|---|---|---|---|---|
| 1 | $r_{.05}$ | 17.97 | 17.97 | 17.97 | 17.97 | 17.97 | 17.97 | 17.97 | 17.97 | 17.97 |
| | $r_{.01}$ | 90.03 | 90.03 | 90.03 | 90.03 | 90.03 | 90.03 | 90.03 | 90.03 | 90.03 |
| 2 | $r_{.05}$ | 6.09 | 6.09 | 6.09 | 6.09 | 6.09 | 6.09 | 6.09 | 6.09 | 6.09 |
| | $r_{.01}$ | 14.04 | 14.04 | 14.04 | 14.04 | 14.04 | 14.04 | 14.04 | 14.04 | 14.04 |
| 3 | $r_{.05}$ | 4.50 | 4.52 | 4.52 | 4.52 | 4.52 | 4.52 | 4.52 | 4.52 | 4.52 |
| | $r_{.01}$ | 8.26 | 8.32 | 8.32 | 8.32 | 8.32 | 8.32 | 8.32 | 8.32 | 8.32 |
| 4 | $r_{.05}$ | 3.93 | 4.01 | 4.03 | 4.03 | 4.03 | 4.03 | 4.03 | 4.03 | 4.03 |
| | $r_{.01}$ | 6.51 | 6.68 | 6.74 | 6.76 | 6.76 | 6.76 | 6.76 | 6.76 | 6.76 |
| 5 | $r_{.05}$ | 3.64 | 3.75 | 3.80 | 3.81 | 3.81 | 3.81 | 3.81 | 3.81 | 3.81 |
| | $r_{.01}$ | 5.70 | 5.89 | 5.99 | 6.04 | 6.07 | 6.07 | 6.07 | 6.07 | 6.07 |
| 6 | $r_{.05}$ | 3.46 | 3.59 | 3.65 | 3.68 | 3.69 | 3.70 | 3.70 | 3.70 | 3.70 |
| | $r_{.01}$ | 5.24 | 5.44 | 5.55 | 5.61 | 5.66 | 5.68 | 5.69 | 5.70 | 5.70 |
| 7 | $r_{.05}$ | 3.34 | 3.48 | 3.55 | 3.59 | 3.61 | 3.62 | 3.63 | 3.63 | 3.63 |
| | $r_{.01}$ | 4.95 | 5.15 | 5.26 | 5.33 | 5.38 | 5.42 | 5.44 | 5.45 | 5.46 |
| 8 | $r_{.05}$ | 3.26 | 3.40 | 3.48 | 3.52 | 3.55 | 3.57 | 3.58 | 3.58 | 3.58 |
| | $r_{.01}$ | 4.75 | 4.94 | 5.06 | 5.14 | 5.19 | 5.23 | 5.26 | 5.28 | 5.29 |
| 9 | $r_{.05}$ | 3.20 | 3.34 | 3.42 | 3.47 | 3.50 | 3.52 | 3.54 | 3.54 | 3.55 |
| | $r_{.01}$ | 4.60 | 4.79 | 4.91 | 4.99 | 5.04 | 5.09 | 5.12 | 5.14 | 5.16 |
| 10 | $r_{.05}$ | 3.15 | 3.29 | 3.38 | 3.43 | 3.47 | 3.49 | 3.51 | 3.52 | 3.52 |
| | $r_{.01}$ | 4.48 | 4.67 | 4.79 | 4.87 | 4.93 | 4.98 | 5.01 | 5.04 | 5.06 |
| 11 | $r_{.05}$ | 3.11 | 3.26 | 3.34 | 3.40 | 3.44 | 3.46 | 3.48 | 3.49 | 3.50 |
| | $r_{.01}$ | 4.39 | 4.58 | 4.70 | 4.78 | 4.84 | 4.89 | 4.92 | 4.95 | 4.98 |
| 12 | $r_{.05}$ | 3.08 | 3.23 | 3.31 | 3.37 | 3.41 | 3.44 | 3.46 | 3.47 | 3.48 |
| | $r_{.01}$ | 4.32 | 4.50 | 4.62 | 4.71 | 4.78 | 4.82 | 4.85 | 4.88 | 4.91 |

(던칸의 다중범위검정 임계값의 계속)

| $f$ | $\alpha$ | $P$ 2 | 3 | 4 | 5 | 6 | 7 | 8 | 9 | 10 |
|---|---|---|---|---|---|---|---|---|---|---|
| 13 | $r_{.05}$ | 3.06 | 3.20 | 3.29 | 3.35 | 3.39 | 3.42 | 3.44 | 3.46 | 3.47 |
| | $r_{.01}$ | 4.26 | 4.44 | 4.56 | 4.64 | 4.71 | 4.76 | 4.79 | 4.82 | 4.85 |
| 14 | $r_{.05}$ | 3.03 | 3.18 | 3.27 | 3.33 | 3.37 | 3.40 | 3.43 | 3.44 | 3.46 |
| | $r_{.01}$ | 4.21 | 4.39 | 4.51 | 4.59 | 4.65 | 4.70 | 4.74 | 4.78 | 4.80 |
| 15 | $r_{.05}$ | 3.01 | 3.16 | 3.25 | 3.31 | 3.36 | 3.39 | 3.41 | 3.43 | 3.45 |
| | $r_{.01}$ | 4.17 | 4.35 | 4.46 | 4.55 | 4.61 | 4.66 | 4.70 | 4.73 | 4.76 |
| 16 | $r_{.05}$ | 3.00 | 3.14 | 3.24 | 3.30 | 3.34 | 3.38 | 3.40 | 3.42 | 3.44 |
| | $r_{.01}$ | 4.13 | 4.31 | 4.43 | 4.51 | 4.57 | 4.62 | 4.66 | 4.70 | 4.72 |
| 17 | $r_{.05}$ | 2.98 | 3.13 | 3.22 | 3.29 | 3.33 | 3.37 | 3.39 | 3.41 | 3.43 |
| | $r_{.01}$ | 4.10 | 4.28 | 4.39 | 4.48 | 4.54 | 4.59 | 4.63 | 4.66 | 4.69 |
| 18 | $r_{.05}$ | 2.97 | 3.12 | 3.21 | 3.27 | 3.32 | 3.36 | 3.38 | 3.41 | 3.42 |
| | $r_{.01}$ | 4.07 | 4.25 | 4.36 | 4.45 | 4.51 | 4.56 | 4.60 | 4.64 | 4.66 |
| 19 | $r_{.05}$ | 2.96 | 3.11 | 3.20 | 3.26 | 3.31 | 3.35 | 3.38 | 3.40 | 3.42 |
| | $r_{.01}$ | 4.05 | 4.22 | 4.34 | 4.42 | 4.48 | 4.53 | 4.58 | 4.61 | 4.64 |
| 20 | $r_{.05}$ | 2.95 | 3.10 | 3.19 | 3.26 | 3.30 | 3.34 | 3.37 | 3.39 | 3.41 |
| | $r_{.01}$ | 4.02 | 4.20 | 4.31 | 4.40 | 4.46 | 4.51 | 4.55 | 4.59 | 4.62 |
| 30 | $r_{.05}$ | 2.89 | 3.04 | 3.13 | 3.20 | 3.25 | 3.29 | 3.32 | 3.35 | 3.37 |
| | $r_{.01}$ | 3.89 | 4.06 | 4.17 | 4.25 | 4.31 | 4.37 | 4.41 | 4.45 | 4.48 |
| 40 | $r_{.05}$ | 2.86 | 3.01 | 3.10 | 3.17 | 3.22 | 3.27 | 3.30 | 3.33 | 3.35 |
| | $r_{.01}$ | 3.83 | 3.99 | 4.10 | 4.18 | 4.24 | 4.30 | 4.34 | 4.38 | 4.41 |
| 60 | $r_{.05}$ | 2.83 | 2.98 | 3.07 | 3.14 | 3.20 | 3.24 | 3.28 | 3.31 | 3.33 |
| | $r_{.01}$ | 3.76 | 3.92 | 4.03 | 4.11 | 4.17 | 4.23 | 4.27 | 4.31 | 4.34 |
| 120 | $r_{.05}$ | 2.80 | 2.95 | 3.05 | 3.12 | 3.17 | 3.22 | 3.25 | 3.29 | 3.31 |
| | $r_{.01}$ | 3.70 | 3.86 | 3.97 | 4.04 | 4.11 | 4.16 | 4.20 | 4.24 | 4.27 |
| $\infty$ | $r_{.05}$ | 2.77 | 2.92 | 3.02 | 3.09 | 3.15 | 3.19 | 3.23 | 3.27 | 3.29 |
| | $r_{.01}$ | 3.64 | 3.80 | 3.90 | 3.98 | 4.04 | 4.09 | 4.14 | 4.17 | 4.21 |

## 〈부표 9〉 윌칵슨 순위합검정표

$p$값 $= P(W \leq w)$

| $w$ | 작은표본의 수 $n_1 = 2$ | | | | | | | | |
|---|---|---|---|---|---|---|---|---|---|
| | $n_2 =$ 2 | 3 | 4 | 5 | 6 | 7 | 8 | 9 | 10 |
| 3 | .167 | .100 | .067 | .048 | .036 | .028 | .022 | .018 | .015 |
| 4 | .333 | .200 | .133 | .095 | .071 | .056 | .044 | .036 | .030 |
| 5 | | .400 | .267 | .190 | .143 | .111 | .089 | .073 | .061 |
| 6 | | | .400 | .286 | .214 | .167 | .133 | .109 | .091 |
| 7 | | | | .429 | .321 | .250 | .200 | .164 | .136 |
| 8 | | | | | .429 | .333 | .267 | .218 | .182 |
| 9 | | | | | | .444 | .356 | .291 | .242 |
| 10 | | | | | | | .444 | .364 | .303 |
| 11 | | | | | | | | .455 | .379 |

| $w$ | 작은표본의 수 $n_1 = 3$ | | | | | | | |
|---|---|---|---|---|---|---|---|---|
| | $n_2 =$ 3 | 4 | 5 | 6 | 7 | 8 | 9 | 10 |
| 6 | .050 | .029 | .018 | .012 | .008 | .006 | .005 | .003 |
| 7 | .100 | .057 | .026 | .024 | .017 | .012 | .009 | .007 |
| 8 | .200 | .114 | .071 | .048 | .033 | .024 | .018 | .014 |
| 9 | .350 | .200 | .125 | .083 | .058 | .042 | .032 | .024 |
| 10 | .500 | .314 | .196 | .131 | .092 | .067 | .050 | .038 |
| 11 | | .429 | .286 | .190 | .133 | .097 | .073 | .056 |
| 12 | | | .393 | .274 | .192 | .139 | .105 | .080 |
| 13 | | | .500 | .357 | .258 | .188 | .141 | .108 |
| 14 | | | | .452 | .333 | .248 | .186 | .143 |
| 15 | | | | | .417 | .315 | .241 | .185 |
| 16 | | | | | .500 | .388 | .300 | .234 |
| 17 | | | | | | .461 | .364 | .287 |
| 18 | | | | | | | .432 | .346 |
| 19 | | | | | | | .500 | .406 |

(윌칵슨 순위합검정표의 계속)

| $w$ | 작은표본의 수 $n_1$ = 4 | | | | | | |
|---|---|---|---|---|---|---|---|
| | $n_2$ = 4 | 5 | 6 | 7 | 8 | 9 | 10 |
| 10 | .014 | .008 | .005 | .003 | .002 | .001 | .001 |
| 11 | .029 | .016 | .010 | .006 | .004 | .003 | .002 |
| 12 | .057 | .032 | .019 | .012 | .008 | .006 | .004 |
| 13 | .100 | .056 | .033 | .021 | .014 | .010 | .007 |
| 14 | .171 | .095 | .057 | .036 | .024 | .017 | .012 |
| 15 | .243 | .143 | .086 | .055 | .036 | .025 | .018 |
| 16 | .343 | .206 | .129 | .082 | .055 | .038 | .027 |
| 17 | .443 | .278 | .176 | .115 | .077 | .053 | .038 |
| 18 | | .365 | .238 | .158 | .107 | .074 | .053 |
| 19 | | .452 | .305 | .206 | .141 | .099 | .071 |
| 20 | | | .381 | .264 | .184 | .130 | .094 |
| 21 | | | .457 | .324 | .230 | .165 | .120 |
| 22 | | | | .394 | .285 | .207 | .152 |
| 23 | | | | .464 | .341 | .252 | .187 |
| 24 | | | | | .404 | .302 | .227 |
| 25 | | | | | .467 | .355 | .270 |
| 26 | | | | | | .413 | .318 |
| 27 | | | | | | .470 | .367 |

| $w$ | 작은표본의 수 $n_1$ = 5 | | | | | |
|---|---|---|---|---|---|---|
| | $n_2$ = 5 | 6 | 7 | 8 | 9 | 10 |
| 15 | .004 | .002 | .001 | .001 | .000 | .000 |
| 16 | .008 | .004 | .003 | .002 | .001 | .001 |
| 17 | .016 | .009 | .005 | .003 | .002 | .001 |
| 18 | .028 | .015 | .009 | .005 | .003 | .002 |
| 19 | .048 | .026 | .015 | .009 | .006 | .004 |
| 20 | .075 | .041 | .024 | .015 | .009 | .006 |
| 21 | .111 | .063 | .037 | .023 | .014 | .010 |
| 22 | .155 | .089 | .053 | .033 | .021 | .014 |
| 23 | .210 | .123 | .074 | .047 | .030 | .020 |
| 24 | .274 | .165 | .101 | .064 | .041 | .028 |
| 25 | .345 | .214 | .134 | .085 | .056 | .038 |
| 26 | .421 | .268 | .172 | .111 | .073 | .050 |
| 27 | .500 | .331 | .216 | .142 | .095 | .065 |
| 28 | | .396 | .265 | .177 | .120 | .082 |
| 29 | | .465 | .319 | .218 | .149 | .103 |
| 30 | | | .387 | .262 | .182 | .127 |
| 31 | | | .438 | .311 | .219 | .155 |
| 32 | | | .500 | .362 | .259 | .185 |

## 〈부표 10〉 짝을 이룬 순위합검정 임계값

임계값 $W_0$

| 단측검정 $\alpha$ | 양측검정 $\alpha$ | $n$ = 5 | 6 | 7 | 8 | 9 | 10 | 11 | 12 |
|---|---|---|---|---|---|---|---|---|---|
| .05 | .10 | 1 | 2 | 4 | 6 | 8 | 11 | 14 | 17 |
| .025 | .05 | | 1 | 2 | 4 | 6 | 8 | 11 | 14 |
| .01 | .02 | | | 0 | 2 | 3 | 5 | 7 | 10 |
| .005 | .01 | | | | 0 | 2 | 3 | 5 | 7 |
| $\alpha$ | $\alpha$ | 13 | 14 | 15 | 16 | 17 | 18 | 19 | 20 |
| .05 | .10 | 21 | 26 | 30 | 36 | 41 | 47 | 54 | 60 |
| .025 | .05 | 17 | 21 | 25 | 30 | 35 | 40 | 46 | 52 |
| .01 | .02 | 13 | 16 | 20 | 24 | 28 | 33 | 38 | 43 |
| .005 | .01 | 10 | 13 | 16 | 19 | 23 | 28 | 32 | 37 |
| $\alpha$ | $\alpha$ | 21 | 22 | 23 | 24 | 25 | 26 | 27 | 28 |
| .05 | .10 | 68 | 75 | 83 | 92 | 101 | 110 | 120 | 130 |
| .025 | .05 | 59 | 66 | 73 | 81 | 90 | 98 | 107 | 117 |
| .01 | .02 | 49 | 56 | 62 | 69 | 77 | 85 | 93 | 102 |
| .005 | .01 | 43 | 49 | 55 | 61 | 68 | 76 | 84 | 92 |
| $\alpha$ | $\alpha$ | 29 | 30 | 31 | 32 | 33 | 34 | 35 | 36 |
| .05 | .10 | 141 | 152 | 163 | 175 | 188 | 201 | 214 | 228 |
| .025 | .05 | 127 | 137 | 148 | 159 | 171 | 183 | 195 | 208 |
| .01 | .02 | 111 | 120 | 130 | 141 | 151 | 162 | 174 | 186 |
| .005 | .01 | 100 | 109 | 118 | 128 | 138 | 149 | 160 | 171 |
| $\alpha$ | $\alpha$ | 37 | 38 | 39 | 40 | 45 | 50 | | |
| .05 | .10 | 242 | 256 | 271 | 287 | 371 | 466 | | |
| .025 | .05 | 222 | 235 | 250 | 264 | 344 | 434 | | |
| .01 | .02 | 198 | 211 | 224 | 238 | 313 | 398 | | |
| .005 | .01 | 183 | 195 | 208 | 221 | 292 | 373 | | |

## 〈부표 11〉 스피어맨 순위상관계수검정 임계값

$$r_s(\alpha, n)$$

| $n$ | $\alpha$=.05 | $\alpha$=.025 | $\alpha$=.01 | $\alpha$=.005 |
|---|---|---|---|---|
| 5 | .900 | - | - | - |
| 6 | .829 | .886 | .943 | - |
| 7 | .714 | .786 | .893 | - |
| 8 | .643 | .738 | .833 | .881 |
| 9 | .600 | .683 | .783 | .833 |
| 10 | .564 | .648 | .745 | .794 |
| 11 | .523 | .623 | .736 | .818 |
| 12 | .497 | .591 | .703 | .780 |
| 13 | .475 | .566 | .673 | .745 |
| 14 | .457 | .545 | .646 | .716 |
| 15 | .441 | .525 | .623 | .689 |
| 16 | .425 | .507 | .601 | .666 |
| 17 | .412 | .490 | .582 | .645 |
| 18 | .399 | .476 | .564 | .625 |
| 19 | .388 | .462 | .549 | .608 |
| 20 | .377 | .450 | .534 | .591 |
| 21 | .368 | .438 | .521 | .576 |
| 22 | .359 | .428 | .508 | .562 |
| 23 | .351 | .418 | .496 | .549 |
| 24 | .343 | .409 | .485 | .537 |
| 25 | .336 | .400 | .475 | .526 |
| 26 | .329 | .392 | .465 | .515 |
| 27 | .323 | .385 | .456 | .505 |
| 28 | .317 | .377 | .448 | .496 |
| 29 | .311 | .370 | .440 | .487 |
| 30 | .305 | .364 | .432 | .478 |

# 부록

## 미니탭의 개요

1. 미니탭의 시작과 종료
2. 미니탭의 화면 구성
3. 미니탭에서의 작업 수행
4. 미니탭에서의 파일 생성
5. 미니탭 결과물의 출력

# 부록 : 미니탭의 개요

미니탭은 여러 종류가 이용되고 있는데, 여기서는 윈도우즈 7에 설치된 윈도우즈용 미니탭 16을 기준으로 설명한다. 다른 운영체제에서 사용할 경우에도 사용법에는 크게 다를 것이 없다. 이 책의 목적이 미니탭의 사용법을 다루는 것이 아닌 만큼 본문에서 다룬 통계적 방법들을 분석하는데 필요한 부분을 골라 간단히 설명하기로 한다. 따라서 미니탭 사용을 위한 더 이상의 자세한 설명은 미니탭 매뉴얼 등을 참고할 수 있겠다.

## 1. 미니탭의 시작과 종료

미니탭을 시작하는 방법에는 윈도우즈의 바탕화면에서 시작 메뉴를 이용하는 방법과-미니탭의 단축아이콘을 이용하는 방법이 있다. 먼저 미니탭이 프로그램 그룹에 등록되어 있다면 '**시작 > 프로그램(P) > Minitab > Minitab 16 Statistical Software**' 순서로 선택하면 된다. 또한 미니탭이 설치된 폴더를 선택하여 실행아이콘을 두 번 누르기 하여 시작할 수도 있다. 일반적으로 실행아이콘을 단축아이콘으로 만들어 바탕화면에 위치시킨 후, 단축아이콘을 두 번 누르기 하는 방법이 가장 편리하다.

미니탭의 사용을 완료하였거나 또는 중단하고자 하는 경우에는 다음의 두 가지 방법이 이용될 수 있다. 첫 번째 방법은 미니탭의 메뉴를 이용하는 것인데, 메뉴바에서 '**파일(F) > 종료(X)**' 순서로 선택하면 된다. 두 번째 방법은 '**창 종료 버튼**'을 클릭함으로써 종료할 수 있다.

## 2. 미니탭의 화면 구성

다음의 <그림 A-1>은 미니탭을 실행시키면 나타나는 초기 화면이다. 그림에서 볼 수 있듯이 미니탭은 크게 세션 윈도우와 워크시트 윈도우로 구성되어 있다. **세션 윈도우**는 미니탭의 명령문을 입력하여 실행하고, 그 실행결과를 표시하는 곳이다. **워크시트 윈도우**는 엑셀 등에서 사용하는 시트(sheet) 형태를 띠고 있으며, 분석에 사용할 자료가 입력된다.

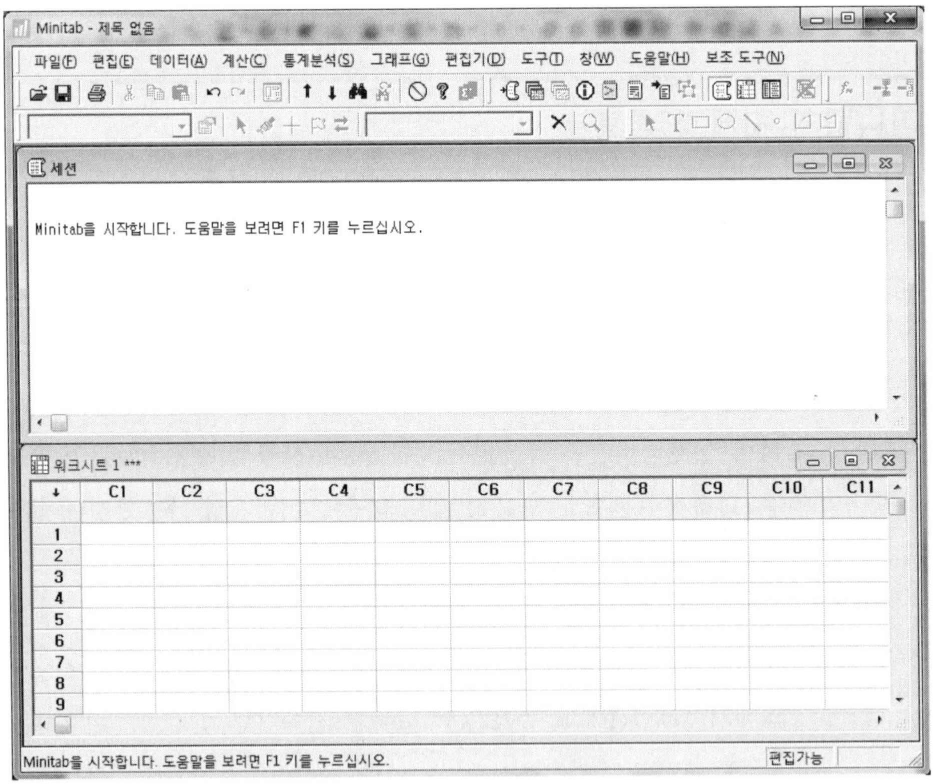


〈그림 A-1〉 미니탭의 초기 화면

앞의 초기화면에는 나타나지 않지만 미니탭에는 세션 윈도우와 워크시트 윈도우 외에도 프로젝트 매니저 윈도우 및 그래프 윈도우 등이 있다. 먼저 **프로젝트 매니저**(Project Manager) **윈도우**에서는 현재 작업중인 워크시트와 관련된 정보의 요약 그리고 세션 윈도우에서 수행한 작업과 관련된 명령어들을 보여 준다. 또한 **그래프 윈도우**는 막대그래프 및 상자그림 등과 같은 형태의 그래프를 작성할 경우에 활성화되는 창이다.

## 3. 미니탭에서의 작업 수행

미니탭에서의 작업은 기본적으로 워크시트에 있는 자료를 사시고 메뉴를 이용하거나 명령어를 이용하는 방법으로 나눌 수 있다. 워크시트에서의 행은 자료의 값을 열은 변수를 의미한다. 또한 각각의 열 바로 밑의 칸에는 변수명을 입력할 수 있음을 알아두자.

다음은 작업의 수행 방법이다. 윈도우즈를 기반으로 하는 다른 소프트웨어와 마찬가지로 미니탭의 메뉴도 그 운영 방법이 동일하다. 또한 미니탭에서 취급하는 명령어는 200개가 넘으며, 이를 사용하기 위해서는 명령어를 숙지해야만 한다. 메뉴를 이용하든 또는 명령어를 이용하든 같은 작업에 대한 결과는 동일하다. 여기서는 메뉴를 이용하여 작업을 수행하는데 필요한 기본적인 절차만을 기술할 것이다. 그밖에 분석에 필요한 자세한 절차나 명령문의 형식 등은 관련 매뉴얼 등을 참고하기 바란다.

메뉴를 이용하는 방식은 먼저 화면의 가장 위에 위치한 주메뉴에서 원하는 작업을 선택하면, 그와 관련된 부메뉴가 나타나고 더 이상의 관련된 부메뉴가 없을 경우 작업을 수행하는데 필요한 대화상자가 나타난다. 이 때, 사용자는 대화상자에 필요한 요소를 키보드나 마우스를 통해 입력한 후 '확인(O)' 버튼을 클릭하면 선택된 작업이 수행된다.

그러면 미니탭에서 제공되는 대표적인 그래프라 할 수 있는 '줄기와 잎 그림'을 통하여 작업 수행 절차를 알아보도록 한다. 다음의 <그림 A-2>는 제2장의 <표 2-1>에서 사용된 19명의 통계학 시험성적 자료를 워크시트에 입력한 것이다.

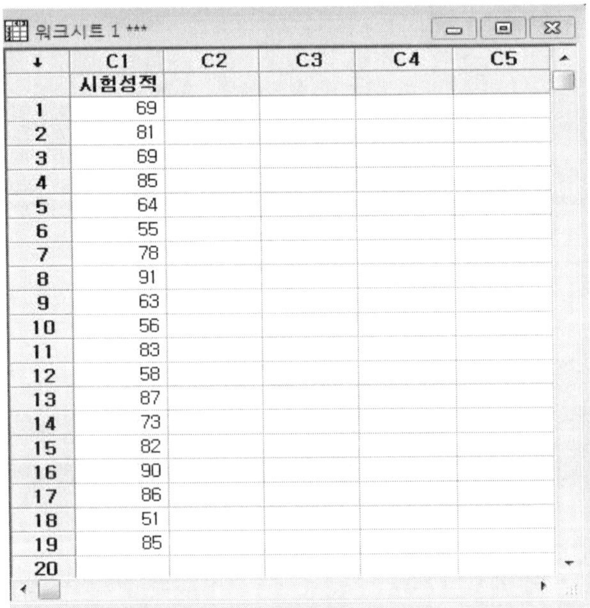



| ↓ | C1 | C2 | C3 | C4 | C5 |
|---|---|---|---|---|---|
| | 시험성적 | | | | |
| 1 | 69 | | | | |
| 2 | 81 | | | | |
| 3 | 69 | | | | |
| 4 | 85 | | | | |
| 5 | 64 | | | | |
| 6 | 55 | | | | |
| 7 | 78 | | | | |
| 8 | 91 | | | | |
| 9 | 63 | | | | |
| 10 | 56 | | | | |
| 11 | 83 | | | | |
| 12 | 58 | | | | |
| 13 | 87 | | | | |
| 14 | 73 | | | | |
| 15 | 82 | | | | |
| 16 | 90 | | | | |
| 17 | 86 | | | | |
| 18 | 51 | | | | |
| 19 | 85 | | | | |
| 20 | | | | | |

**〈그림 A-2〉 워크시트의 예**

미니탭에서 '**그래프(<u>G</u>)**' 메뉴를 선택하면 줄기와 잎 그림 외에도 제2장에서 다루었던 히스토그램, 상자그림, 파이차트 등을 작성할 수 있다. 이제 줄기와 잎 그림을 작성하고자 '**그래프(<u>G</u>) > 줄기-잎 그림(<u>F</u>)...**' 순서로 메뉴를 선택하면 다음의 <그림 A-3>과 같은 대화상자가 나타난다.

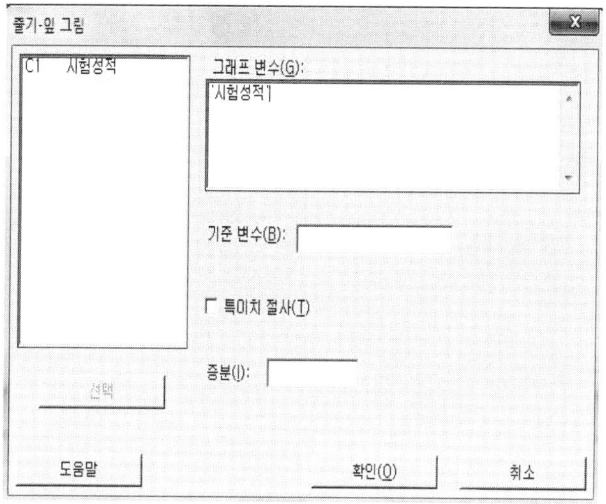


〈그림 A-3〉 줄기와 잎 그림의 대화상자

위의 대화상자에서 변수 C1을 '**선택**' 버튼을 이용하여 오른쪽 '**그래프 변수(G)**'로 이동시킨 후, '**확인(O)**' 버튼을 클릭하면 다음의 결과물이 출력된다.

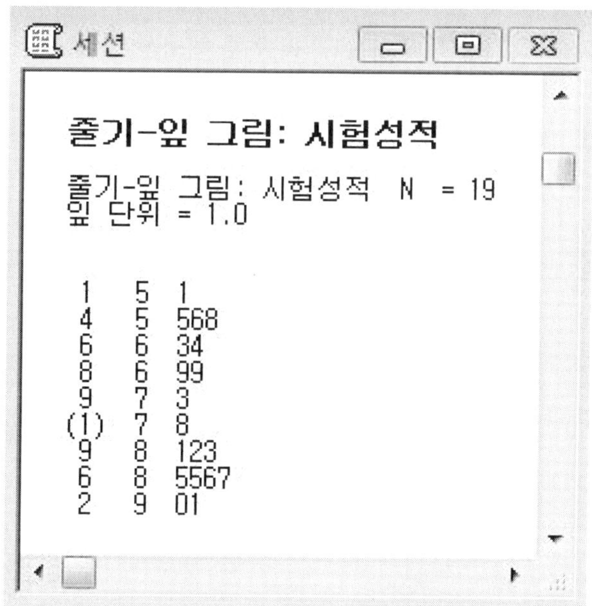

유사한 방법으로 '**통계분석(S) > 기초 통계(B) > 기술 통계량 표시(D)...**' 순서로 메뉴를 선택하면 다음의 <그림 A-4>와 같은 대화상자가 나타난다.

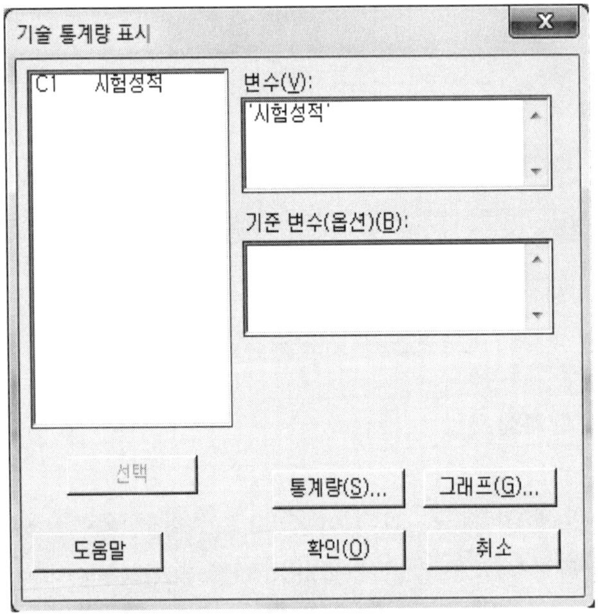


**〈그림 A-4〉 기술 통계량을 구하는데 필요한 대화상자**

<그림 A-4>와 같이 변수 C1을 '선택' 버튼을 클릭하면 오른쪽 변수(V)로 넘어가고, '확인(O)' 버튼을 클릭하면 다음의 결과물이 출력된다.

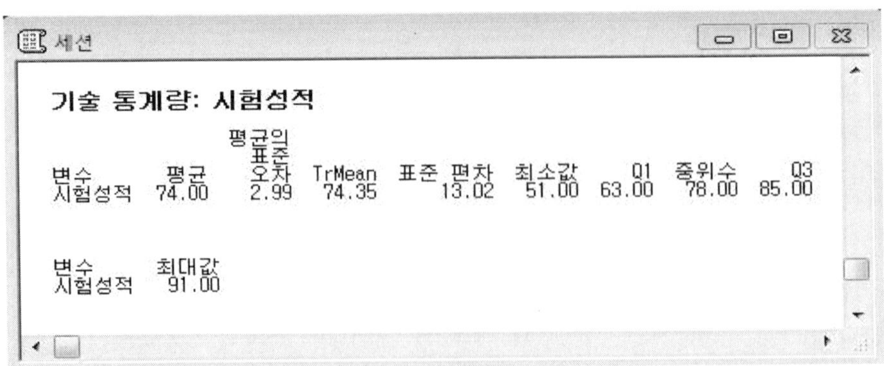

이제까지 워크시트와 메뉴를 이용하여 작업을 수행하는데 필요한 기본적 절차에 대해서 살펴보았다. 이와 같은 방식으로 사용자는 자료를 워크시트에 입력하고, 적절한 분석방법을 선택함으로써 편리하게 미니탭에서의 작업을 수행할 수 있다.

## 4. 미니탭에서의 파일 생성

미니탭에서 이용 가능한 파일에는 여러 가지가 있으나 여기서는 워크시트 윈도우의 작업표에서 생성한 자료를 저장하는 것과 작업 수행 결과물을 저장하는 과정을 중심으로 다루기로 한다.

### (1) 작업표 저장파일의 생성

작업표 저장파일이란 워크시트 윈도우의 작업표에 생성된 자료 전체가 저장된 파일을 말한다. 작업표 저장파일을 생성하기 위해서는 메뉴를 이용할 수 있다. 이 경우 나타나는 대화상자에 새로운 파일 이름을 지정하면 된다. 작업표 저장파일에는 작업표상의 모든 변수와 상수 그리고 변수명 등의 정보를 담게 되고 자동적으로 'MTW'라는 확장자가 부여된다. 메뉴를 이용한다면 다음과 같다.

| **파일(F) > 현재 워크시트 저장(C)** |
|---|

한편 저장된 파일은 메뉴를 통하여 저장할 당시의 상태 그대로를 다시 복원할 수 있다. 이 과정을 메뉴를 이용한다면 다음과 같다.

| 파일(F) > 워크시트 열기(W) |
|---|

이 때 나타나는 대화상자에서 원하는 파일명을 선택하면 된다.

### (2) 결과물 저장파일의 생성

결과물 저장파일이란 미니탭을 이용한 작업의 결과를 저장해 놓기 위한 파일을 말한다. 미니탭을 이용한 결과는 다음 두 가지 방법에 의하여 생성된다. 먼저 대부분의 분석결과는 세션 윈도우에 나타나며, 필요한 경우 별도의 그래프 윈도우에 여러 가지 그래프 작업결과가 나타난다.

세션 윈도우에 나타난 작업결과는 메뉴를 선택하여 나타나는 대화상자에 파일명을 입력함으로써 파일로 생성할 수 있다.

| 파일(F) > 프로젝트 저장(S) |
|---|

'**파일(F) > 프로젝트 저장(S)**' 메뉴를 이용할 경우 대화상자에서 저장하길 원하는 파일의 형태를 지정하여야 한다. 대개의 경우 작업한 결과 전체를 저장할 경우에는 메뉴를 이용하는 것이 간편하며, 부분적인 결과만을 저장할 경우에는 명령어를 사용하는 것이 편리하다. 그래프 윈도우의 내용을 저장하려면 그래프 윈도우를 활성화시킨 후 '**파일(F) > 프로젝트 저장(S)**' 메뉴를 선택하면 된다.

미니탭 작업을 종료하려 할 때, 만약 종료 직전에 수행한 작업의 결과를 저장하지 않았을 경우에는 미니탭에서 자동적으로 저장 여부를 사용자에게 확인하게 되므로 이를 이용하여 저장할 수도 있다.

## 5. 미니탭 결과물의 출력

이제 미니탭의 작업내용 및 결과물을 용지에 출력하고자 하는 경우에 대하여 알아보기로 한다. 윈도우에 있는 내용 전체를 출력하려면 먼저 출력하고자 하는 윈도우를 활성화시킨 후, '**파일(F) > 세션 창 인쇄(P)**' 메뉴를 선택하여 나타나는 대화상자에서 '**모두**' 항목을 선택하면 된다.

선택한 윈도우 중 일부분만을 출력하길 원한다면 먼저 출력하길 원하는 영역을 마우스 끌기를 이용하여 선택한 후, '**파일(F) > 세션 창 인쇄(P)**' 메뉴를 선택하여 나타나는 대화상자에서 '**인쇄 범위**' 항목을 선택하면 원하는 부분만을 출력할 수 있다.

# 참 고 문 헌


김철응, 고급미니탭, 자유아카데미, 1992.

김철응 · 박상언, 미니탭, 자유아카데미, 2002.

박정섭, 미니탭 프로그래밍, 자유아카데미, 2011.

이태섭, 미니탭을 이용한 실용회귀분석, 자유아카데미, 2011.

최종후 등, 미니탭을 이용한 통계적 방법, 자유아카데미, 2009.

한국통계학회, 통계용어사전, 자유아카데미, 1987.

한국통계학회, 통계학용어집, 자유아카데미, 1997.

Devore, J.L., *Probability and Statistics for Engineering and the Sciences*, third ed., Brooks/Cole, 1991.

Hogg, R.V., and Tanis, E.A., *Probability and Statistical Inference*, Macmillan, 1977.

Larsen, R.J., and Marx, M.L., *An Introduction to Mathematical Statistics and its Applications*, Prentice-Hall, 1981.

McClave, J.T., and Benson, P.G., *Statistics for Business and Economics*, third ed., Macmillan, 1985.

Montgomery, D.C., and Peck, E.A., *Introduction to Linear Regression Analysis*, John Wiley & Sons, 1982.

Morse, L.B., *Statistics for Business and Economics,* Harper Collins College. Publishers, 1993.

Ott, R.L., *An Introduction to Statistical Methods and Data Analysis*, fourth ed., Duxbury, 1993.

Randle, R.H., and Wolfe, D.A., *Introduction to the Theory of Nonparametric Statistics*, John Wiley & Sons, 1979.

Wonnacott, T.H., and Wonnacott, R.J., *Introductory Statistics for Business and Economics*, fourth ed., John Wiley & Sons, 1990.

Zehna, P.W., *A MINITAB Companion with Macros*, Addison-Wesley, 1992.

# 찾 아 보 기

**| 저자 약력 |**

**윤 상 운**(尹 祥 雲)

연세대학교 공과대학 기계공학과
미국 플로리다주립대학교 통계학과 (통계학박사)
한국국방연구원 책임연구원
국방정책자문위원
연변과학기술대학교 부총장
한국통계학회 편집위원장 및 감사
한국품질경영학회 이사
한국신뢰성학회 이사
연세대학교 대외협력처장
평양과학기술대학교 설립추진위원장
현재: 미국 서던조지아대학교 초빙교수

**이 태 섭**(李 台 燮)

연세대학교 상경대학 응용통계학과
연세대학교 대학원 응용통계학과 (통계학박사)
한국국방연구원 선임연구원
미국 뉴저지주립대학교 통계학과 방문교수
미국 조지워싱턴대학교 통계학과 방문교수
현재: 안양대학교 이공대학 정보통계학과 교수
안양대학교 입학처장

미니탭을 이용한

# 실용통계학

| 저 자 | 윤상운 · 이태섭
| 발 행 인 | 김지영
| 발 행 처 | 자유아카데미
| 주 소 | 경기도 파주시 회동길 37-42 파주출판도시
| 전 화 | 031-955-1321
| 팩 스 | 031-955-1322
| 홈페이지 | www.freeaca.com
| 전자우편 | main@freeaca.com(대표) editor@freeaca.com(편집) crm@freeaca.com(영업)
| 등 록 | 제406-2003-017호, 1980. 7. 12
| 제1판1쇄 | 2013년 12월 23일 발행
| 제1판5쇄 | 2024년 12월 26일 발행
| 정 가 | 37,000원

저자와의 협의하에 인지생략



ISBN 978-89-7338-290-3 93310